U0263649

环 境 监 测

主　编　肖　昕
副主编　黄周满

科 学 出 版 社
北　京

内 容 简 介

本书在跟踪现行的环境监测相关的法律法规、技术规范等基础上，对环境监测理论基础、监测质量保障体系、监测点位布设、样品的采集与预处理、分析测试、数据处理以及综合评估等环境监测过程进行了阐述，内容偏重方案设计，同时将质量控制贯穿于所有章节。

本书可以作为高等学校环境类相关专业、职业技术学校环境监测等专业教学用书，也可以作为环境监测从业人员的培训教材。

图书在版编目(CIP)数据

环境监测／肖昕主编．—北京：科学出版社，2017.8
ISBN 978-7-03-054225-0

Ⅰ．①环…　Ⅱ．①肖…　Ⅲ．①环境监测-教材　Ⅳ．①X83

中国版本图书馆 CIP 数据核字(2017)第 206257 号

责任编辑：赵晓霞／责任校对：郭瑞芝
责任印制：张　伟／封面设计：陈　敬

科学出版社 出版
北京东黄城根北街 16 号
邮政编码：100717
http://www.sciencep.com
北京厚诚则铭印刷科技有限公司 印刷
科学出版社发行　各地新华书店经销
*
2017 年 8 月第　一　版　开本：787 × 1092　1/16
2023 年 1 月第 二 次印刷　印张：21 1/2
字数：544 000

定价：79.00 元
（如有印装质量问题，我社负责调换）

前　言

环境监测是所有环境相关工作的基础，通过环境监测过程及时、准确、全面地反映环境质量现状及发展趋势，才可以为环境规划、评价、工程治理及环境科学研究提供可靠的依据。环境监测课程是高等学校环境科学、环境工程等专业本科生必修的一门专业基础课，课程的主要任务是使学生掌握环境监测的基本理论和基本知识，从而具备从事环境监测工作的能力和综合素质。随着国家对环境监测工作的重视，近年来环境监测概念的时间和空间尺度均有了较大拓展，同时也出台了相关的监测规范和标准。为更好地反映监测的新理念和方法，我们编写了本书。

本书共十章，包括绪论、环境监测质量保证、水和废水监测、空气与废气污染监测、固体废物监测、土壤污染监测、生物与生态监测、物理污染监测、突发环境污染事件应急监测和现代环境监测技术，并附有习题。其中第一章和第十章由中国矿业大学肖昕编写；第二章由甘肃农业科学院车宗贤编写；第三章由中国矿业大学王晓和宜都市环境监测站杨斌共同编写；第四章由宜都市环境监测站杨斌和武昌理工学院黄周满共同编写；第五章由武昌理工学院黄周满和河南城建学院朱淑丽编写；第六章由河南农业大学化党领编写；第七章由湖北省标准化与质量研究院资源与环境标准化研究所李明编写；第八章由洮南市环境保护监测站付友宝编写；第九章由中国矿业大学袁丽梅和黑龙江科技大学任广萌共同编写。此外，中国矿业大学孙晓菲和罗萍老师对本书进行了多次修改。编写人员包括高校教学人员、环境监测工作人员和相关科研人员，保证了本书的理论深度和实践应用性。

在本书的编写过程中参考了大量相关教材、论文、规范和标准及科研成果等相关资料，在此对所引用成果的单位和个人表示由衷的感谢。

环境监测涉及内容广泛，监测目标复杂，分析方法多样，相关标准规范更新快，同时由于时间仓促、学识有限，书中难免存在不足和疏漏之处，恳请广大读者将意见和建议通过科学出版社反馈给我们，以便使后续版本不断改进和完善。

编　者

2017 年 6 月

目　录

第一章　绪　　论

【本章教学要点】

知识要点	掌握程度	相关知识
环境监测的概念	掌握环境监测的基本概念和内涵	环境监测的目的、过程和发展
环境监测的分类与特点	了解监测的分类与特点	监测分类方法，环境监测的特点
环境监测技术概述	了解监测技术及其发展趋势	物理化学监测技术，生物监测技术，生态监测技术，简易监测技术
环境标准与规范	熟悉环境相关的标准和监测规范	标准分类分级，质量标准，排放标准，监测规范

【导入案例】

近年来我国大部地区出现了不同程度的大范围雾霾天气，雾霾天气是如何形成的？雾霾中有什么污染因子？这种天气会对人体产生什么影响？运用什么手段可以科学客观地描述这种天气及其变化规律？

环境监测是运用现代科学技术方法定量地测定环境因子及其变化规律，分析其环境影响过程与程度的科学活动。从执法监督的意义上说，它是用科学的方法监视和检测代表环境质量和变化趋势的各种数据的全过程。

环境监测的目的是全面、客观、准确地揭示环境因子的时空分布和变化规律，对环境质量及其变化作出正确的评价。主要包括五个方面：

(1) 通过对环境因子定点、定时、长期监测，为研究环境背景值、环境容量、污染物总量控制、环境目标管理和环境质量预测预报提供基础数据。

(2) 根据污染物的分布特点、迁移规律和影响因素，追踪污染源，预测污染趋势，为控制污染提供依据。

(3) 为开展科学研究或环境质量评价提供依据。

(4) 为保护人类健康和生态环境，合理使用自然资源，制订环境法规、标准、规划等提供依据。

(5) 通过应急监测为正确处理污染事故提供服务。

环境监测的过程一般为现场调查、监测计划设计、优化布点、样品采集、运送保存、分析测试、数据处理和综合评价等。环境监测的对象包括水体、大气、土壤、生物、噪声和辐射等环境要素。

环境监测技术的发展变化是与环境保护工作重心的变化休戚相关的。20世纪七八十年代，我国环境保护工作主要着眼于污染源的控制管理，因此环境监测工作往往以单点采样、理化分析为主。近年来，随着对环境问题的日益关注，人们对环境监测的范围、精度、准确度也提出了更高的要求，而新的规范标准、新技术、新理论也极大地促进了环境监测学科的发展。环境监测的概念不断深化，监测的项目日益增多，监测范围从一个断面发展到一个城市、一个区域、整个国家乃至全球。而监测技术日新月异，从单点的手工采样监测发展到连续自动监测，进而扩展到天地一体化监测，大大加强了环境监测工作的时间和空间覆盖度。同时，布点技术、采样技术、数据处理技术和综合评价技术也得到了飞速发展。因此，环境监测已经形成了以环境分析为基础、以物理化学测定为主导、以生物监测和遥感监测为补充的学科体系。目前，环境监测已成为环境科学的一个重要分支学科，环境化学、环境物理学、环境地质学、环境工程学、环境医学、环境管理学、环境经济学及环境法学等所有环境科学学科，都是建立在了解、评价环境质量及其变化趋势的基础上。因此，环境监测也是环境科学与工程重要的基础学科。

第一节　环境监测的分类与特点

一、环境监测的分类

环境监测通常按其监测目的或监测介质对象进行分类。

(一) 按监测目的分类

1. 监视性监测

监视性监测又称为常规监测或例行监测，是指根据国家的有关技术规范，对指定的有关项目进行定期的、长期的监测，以掌握环境质量现状和污染源状况，为环境质量评价、环境规划与管理、污染控制等提供基础数据。这类监测包括环境质量监测和污染源监督监测两大方面。

1) 环境质量监测

(1) 大气环境质量监测。对大气环境中的主要污染物进行定期或连续的监测，积累大气质量的基础数据，定期编制大气质量状况的评价报告，研究大气质量的变化规律及发展趋势，为大气污染预测提供依据。

(2) 水环境质量监测。对江河、湖泊、水库等地表水体、地下水体及其底泥、水生生物等进行定期、定点的常年性监测，适时地对地表水及地下水质量现状及其变化趋势作出评价，为开展水环境管理提供可靠的数据和资料。

(3) 环境噪声监测。对城镇各功能区的噪声、道路交通噪声、区域环境噪声进行经常性监测，及时、准确地掌握城镇噪声现状，分析其变化趋势和规律，为城镇噪声的管理和治理提供系统的监测资料。

2) 污染源监督监测

目的是掌握污染源向环境排放的污染物种类、浓度、数量，分析和判断污染物在时间和空间上的分布、迁移、转化和稀释、自净规律，掌握污染的影响程度和污染水平，确定控制和防治的对策。

2. 特定目的监测

特定目的监测又称特例监测，包括以下四种类型：

(1) 污染事故监测。在发生污染事故时进行应急监测，以确定污染物扩散方向、速度和影响范围，为控制和消除污染提供依据。这类监测常采用流动监测(车、船等)、简易监测、低空航测、遥感等手段。

(2) 仲裁监测。针对污染事故纠纷、环境法执行过程中所产生的矛盾进行监测。仲裁监测应由国家指定的权威部门进行，以向执法部门、司法部门提供具有法律责任的数据(公证数据)。

(3) 考核验证监测。包括环保人员业务考核、监测方法验证和污染治理项目竣工时的验收监测。

(4) 咨询服务监测。为政府部门、科研机构和生产单位所提供的服务性监测。例如，建设新企业进行环境影响评价时，需要依据评价要求进行环境监测。

3. 研究性监测

研究性监测是针对特定的科学研究项目而进行的高层次、高水平、技术比较复杂的一种监测，该类监测的取样要求、测试方法和数据处理取决于科研目的，如背景调查监测及研究，标准物质标准方法研制监测，污染规律研究监测和综合研究监测等。研究性监测往往涉及多部门、多学科，因此需要制订周密的监测计划。

(二) 按监测介质对象分类

按监测介质对象分类可分为空气污染监测、水质污染监测、土壤污染监测、固体废物污染监测、生物生态监测、噪声和振动监测、电磁辐射监测、放射性监测、热监测、光监测及卫生(病原体、病毒、寄生虫等)监测等。

1. 空气污染监测

空气污染监测是对大气或室内空气中的污染物及其含量的检测。目前已认识的空气污染物有 100 多种，空气污染监测的项目主要有 PM_{10}、$PM_{2.5}$、SO_2、NO_x、CO、O_3、总氧化剂、卤化氢和碳氢化合物、TSP、重金属等。另外，酸雨的监测也是空气污染监测的重要内容。由于空气污染的浓度与气象条件有密切关系，在监测空气污染的同时要测定风向、风速、气温、气压等气象参数。

2. 水质污染监测

水质污染监测包括对未被污染或已受污染的天然水体(江、河、湖、海和地下水)、各种工业废水和生活污水的监测。主要监测项目大体可分为两类：一类是反映水质污染的综合指标，如温度、色度、浊度、pH、电导率、悬浮物、溶解氧(DO)、化学需氧量(COD)和生化需氧量(BOD_5)等；另一类是一些有毒物质，如酚、氰、砷、铅、铬、镉、汞、镍和有机农药、苯并芘等。在监测过程中还要对水体的温度、流速和流量进行测定。

3. 土壤污染监测

土壤污染与大气沉降、污水排放、固体废弃物堆放、农业活动等因素有关，土壤污染的主要监测项目是土壤作物中有害的重金属如铬、铅、镉、汞等和残留的有机农药。

4. 生物生态监测

地球上的生物以大气、水体、土壤及其他生物为生存和生长条件，当环境受到污染时，污染物进入生物体内，其中有些毒物在不同的生物体中还会被富集或放大，最终危害人类健康。因此，生物体内有害物的监测、生物群落种群的变化监测也是环境监测的对象之一。

生态监测就是观测与评价生态系统对自然变化及人为变化所做出的反应，是对各类生态系统结构和功能的时空格局的度量。生态监测是比生物监测更复杂、更综合的一种监测技术，是以生命系统(无论哪一层次)为主进行的环境监测。

5. 物理污染监测

物理污染监测包括噪声、振动、电磁辐射和放射性等物理能量的环境污染监测。

扩展案例 1-1

水质常规监测主要是以流域为单元，优化断面为基础，采用手工采样、实验室分析的监测方法。

目前，国家环境保护部在全国重点水域共布设环境空气质量监测 3001 个点位(其中国控监测 1436 个点位)、酸雨监测 1176 个点位、沙尘天气影响环境质量监测 82 个点位、地表水水质监测断面 9414 个点位(其中国控断面 972 个点位)、饮用水水源地监测 912 个点位、近岸海域监测 882 个点位、开展污染源监督性监测的重点企业 61454 个。

二、环境监测的特点

环境质量的变化是各种自然因素和人为因素的综合效应，同时，环境质量的变化又体现在不同的环境中，各种要素随着时间和空间的变化而变化。例如，不同监测点的空气质量与污染物排放量、季节变化、风速、光照、地形地貌密切相关，同一监测点的空气质量随着时间的推移而变化，不仅如此，某一污染组分也会随着条件的改变发生物理化学转化，不同组分之间则发生相加作用、相乘作用和拮抗作用，这些作用使得环境质量的变化更加复杂。

正是环境污染、环境质量变化的复杂性，使得环境监测具有以下特点。

1. 监测对象的复杂性

监测对象包括空气、水体(江、河、湖、海及地下水)、土壤、固体废物、生物等环境要素，不同的要素之间相互联系、相互影响，每一个要素都是巨大的开放体系，污染物在该体系中发生复杂的迁移转化，迁移转化的方式有物理的、化学的和生物的。只有对一个或多个要素进行综合分析，才能确切描述环境质量状况。

2. 监测手段的多样性

监测手段包括化学、物理、生物、物理化学、生物化学及生物物理等一切可以表征环境质量的方法。其中，一种方法可以测定多种污染物，一种污染物也可以采用不同的测定方法。

3. 监测数据的科学性

环境污染随着时空的变化而变化，既有渐变也有突变。因此，环境监测具有及时性、代表性、准确性、连续性。监测网络、监测点位的选择一定要有科学性，只有坚持长期测定，才能从大量的数据中揭示其变化规律，预测其变化趋势，数据越多，预测的准确度就越高。

4. 监测结论的综合性

环境监测包括监测方案的制订、采样、样品运送和保存、实验室测定及数据整理等过程，是一个复杂而又相互联系的系统。环境监测质量受到众多因素的影响，某一个环节出现差错都将影响最终数据的质量，这就要求监测人员掌握布点技术、采样技术、数据处理技术和综合评价技术，同时还要具备物理学、化学、生物学、生态学、气象学、地学、工程学和管理学等多学科知识，只有如此，才能保证环境监测的质量。

第二节 环境监测技术概述

环境监测技术包括采样技术、测试技术、数据处理技术和综合评价技术。关于采样技术、数据处理技术和综合评价技术在后面有关章节中叙述，这里对测试技术作简要介绍。

一、物理化学测试技术

物理化学测试技术是对环境样品中污染物的成分分析及其状态与结构分析的技术，目前，多采用化学分析方法和仪器分析方法。

化学分析方法是以物质化学反应为基础的分析方法。在定性分析中，许多分离和鉴定反应，就是根据组分在化学反应中生成沉淀、气体或有色物质等性质而进行的；在定量分析中，主要有滴定分析和重量分析等方法。这些方法历史悠久，是分析化学的基础，所以又称为经典化学分析法。其中，重量分析法常用于残渣、降尘、油类和硫酸盐等的测定；滴定分析法被广泛用于水中酸度、碱度、化学需氧量、溶解氧、硫化物和氰化物的测定。

仪器分析方法是以物理和物理化学方法为基础的分析方法。它包括光谱分析法(可见分光光度法、紫外光谱法、红外光谱法、原子吸收光谱法、原子发射光谱法、X 射线分析法、荧光分析法、化学发光分析法等)；色谱分析法(气相色谱法、高效液相色谱法、薄层色谱法、离子色谱法、色谱-质谱联用技术等)；电化学分析法(极谱法、溶出伏安法、电导分析法、电位分析法、离子选择电极法、库仑分析法等)；放射分析法(同位素稀释法、中子活化分析法等)和流动注射分析法等。

目前应用于环境监测的大型仪器主要有气相色谱-质谱联用仪(GC-MS)、液相色谱-质谱联用仪(LC-MS)、傅里叶变换红外光谱仪(FT-IR)、气相色谱-傅里叶变换红外光谱仪(GC-FTIR)、电感耦合等离子体-质谱联用仪(ICP-MS)、微波等离子体-质谱联用仪(MIP-MS)、电感耦合等离子体原子发射光谱仪(ICP-AES)、X 射线荧光光谱仪(XRF)等。在这些大型仪器中，除

GC-MS 和 ICP-AES 已在我国用于环境监测分析外，其他仪器还没有相应的标准或统一的监测分析方法。

应用于环境监测的中型分析仪器主要有原子吸收光谱仪(AAS)，包括火焰原子吸收光谱仪(FLAAS)和石墨炉原子吸收光谱仪(GFAAS)、原子荧光光谱仪(AFS)、气相色谱仪(GC)、高效液相色谱仪(HPLC)、离子色谱仪(IC)、紫外-可见分光光度计(UV-Vis)及极谱仪(POLAR)等。目前，这类仪器在国内外的标准环境监测分析方法中仍占主导地位。其中 FLAAS、UV-Vis 和 POLAR 已经国产化，仪器的性能指标已经达到或接近国际领先水平。GC 和 GFAAS 在国内发展较快，研制和生产技术也日趋成熟，产品已基本能满足我国环境监测分析的需要。我国自行研制生产的 AFS 技术居世界领先水平，国外尚无同类专用仪器。AFS 对 Hg、As、Sb、Bi、Se 和 Te 等环境污染元素的测定有很高的灵敏度，可以满足我国环境监测分析的需要。

目前，仪器分析方法被广泛用于对环境中污染物进行定性和定量的测定。例如，分光光度法常用于大部分金属、无机非金属的测定；气相色谱法常用于有机物的测定；对于污染物状态和结构的分析常采用紫外光谱、红外光谱、质谱及核磁共振等技术。

二、生物监测技术

生物监测技术是利用植物和动物在污染环境中所产生的各种反映信息来判断环境质量的方法，也是一种综合的、最直接的方法。生物监测包括生物群落监测、生物残毒监测、细菌学监测、急性毒性试验和致突变物监测等，主要通过测定生物体内污染物含量，观察生物在环境中受伤害症状、生理生化反应、生物群落结构和种类变化等手段来判断环境质量。生物监测技术已应用于水环境、大气环境和土壤环境监测。

三、生态监测技术

生态监测是运用可比的方法，在时间或空间上对特定区域范围内生态系统或生态系统组合体的类型、结构和功能及其组成要素等进行系统的测定和观察的过程，监测的结果则用于评价和预测人类活动对生态系统的影响，为合理利用资源、改善生态环境和保护自然提供决策依据。

由于生态系统的复杂性，各生态要素相互作用、相互影响，任何一个要素的变化都可能引起生态系统的变化，而对一个生态系统而言，单纯地从理化指标、生物指标来评价环境质量已不能满足要求。因此，生态监测日益重要并显示出其优越性。目前，生态监测技术总的发展趋势是遥感技术和地面监测相结合，宏观与微观相结合，点与面相结合，加强区域之间联合监测，重视生态风险评价。

四、“3S”技术

“3S”技术是指地理信息系统(GIS)技术、遥感(RS)技术和全球卫星定位(GPS)技术。三项技术形成了对地球进行空间观测、空间定位及空间分析的完整的技术体系。GIS 技术是一种功能强大的对各种空间信息在计算机平台上进行装载运送及综合分析的有效工具。RS 技术的全天候、多时相及不同的空间观测尺度，也使其成为对地球日益变化的环境与生态问题进行动态观测的有力工具。而 GPS 技术所提供的高精度地面定位方法，以其精度高、使用方便及价格便宜的优点，已被广泛应用在野外样品采集，特别是在海洋、大湖及沙漠地区的野外定点工作中，发挥着不可替代的作用。

五、自动与简易监测技术

在自动监测系统方面，一些发达国家已有成熟的技术和产品，如大气、地表水、企业废气、焚烧炉排气、企业废水及城市综合污水等方面均有成熟的自动连续监测系统。完善的、运行良好的空气自动监测系统，可以实时监测数据，并对空气污染进行预测预报，发布空气污染警报，部分大气污染指标可以进行在线监测。

在水质等自动监测系统中主要使用流动注射分析(FIA)技术。FIA 与分光光度法、电化学法、AAS、ICP-AES 等结合，可测定 Cl、NH_3、Ca、NO_3、Cr(Ⅲ)、Cr(Ⅵ)、Cu、Pb、Zn、In、Bi、Th、U 及稀土类等多种无机成分，已应用于各种水体水质的监测分析。COD、氨氮等水质指标已经实现在线监测。

除了常规监测和预防性监测分析外，还必须开发快速简易便携式现场测试仪器，用于调查和解决突发性污染事故以及半定量地解决污染纠纷。另外，我国地域辽阔、地形复杂，国有工矿企业和乡镇企业分布很广，这给环境监测人员的工作带来许多不便，尤其是许多县和乡镇还没有监测能力，因此简易便携式现场监测分析仪器有很大的应用前景。现场快速测定技术有以下几类：试纸法，水质速测管法-显色反应型，气体速测管法-填充管型，化学测试组件法，便携式分析仪器测定法。

目前监测技术发展较快，许多新技术在监测过程中已得到应用。在发展大型、自动、连续监测系统的同时，研究小型便携式、简易快速的监测技术也十分重要。例如，在污染突发事故发生瞬时造成很大的伤害，由于空气扩散和水体流动，污染物浓度的变化十分迅速，这时大型仪器无法使用，而便携式和快速测定技术就显得十分重要，在野外也同样如此。另外，在区域甚至全球范围的监测中，其监测网络及点位的研究、监测分析方法的标准化、连续自动监测系统、数据传送和处理的计算机化也得到了快速发展。

2014 年，我国监测系统深入贯彻落实《大气污染防治行动计划》，空气质量监测取得新成绩，中央和地方共投资 4.36 亿元，在 177 个城市、552 个国控监测点位完成了第三阶段空气质量新标准监测能力建设，实现全国范围内的全覆盖，建成了发展中国家最大的空气质量监测网。自 2015 年 1 月 1 日起，全国 338 个地级及以上城市 1436 个监测点位全部具备新标准监测能力并实时发布 6 项指标监测数据和 AQI 值，初步建成了空气质量监测预报预警体系，京津冀、长三角、珠三角区域空气重污染监测预警体系建设完成，实现了空气质量预报业务化并及时发布预警信息。大气颗粒物来源解析工作实现新突破，初步构建了环境空气颗粒物来源解析监测技术方法体系。污染源监督性监测、企业自行监测及信息公开得到深入推进。环境监测“天地一体化”深入推进，环境遥感监测成效明显。遥感监测在污染防治、监察执法、生态保护、环境应急、核安全监管等方面的作用进一步凸显。2014 年通过不断夯实工作基础、加强监测质量管理，全国环境监测能力水平得到进一步提升，监测数据公信力得到有效保证，例行和专项监测工作进一步深化。

“十三五”规划要根据大气、水、土壤三大行动计划实施的需求，整合与优化环境监测网络，不断强化污染源监测、环境应急与预警监测，持续推进环境遥感与地面生态环境监测，不断加强监测质量管理与信息公开，深化环保行政管理体制改革，逐步理清环境监测职能定位。

第三节　环境标准与监测规范

一、环境标准

环境标准就是为了保护人群健康、防治环境污染、促使生态良性循环，同时又合理利用资源，促进经济发展，依据环境保护法和有关政策，对环境中有害成分含量及其排放源规定的限量阈值和技术规范。环境标准是政策、法规的具体体现。

(一) 环境标准的作用

(1) 环境标准既是环境保护工作的目标，又是环境保护的手段；既是环境管理的技术基础，也是制订环境保护规划和计划的重要依据。

(2) 环境标准是判断环境质量和衡量环保工作优劣的准绳。

(3) 环境标准是执法的依据。环境问题的诉讼、排污费的收取、污染治理效果的评价都是以环境标准为依据的。

(4) 环境标准是促进技术进步、推行清洁生产、控制污染、保护生态、实现社会可持续发展的重要手段。

(二) 环境标准的分类和分级

我国环境标准分为环境质量标准、污染物排放标准(或污染控制标准)、环境基础标准、环境方法标准、环境标准物质标准和环保仪器、设备标准六类。

环境标准分为国家标准和地方标准两级，其中环境基础标准、环境方法标准和环境标准物质标准等只有国家标准。国家环境标准是指由国家规定的，各种环境要素中各类有害物质在一定时间和范围的容许含量，它是衡量全国各地环境质量的准绳，是各地进行环境管理的依据。地方环境标准是根据国家环境标准结合当地自然地理特点、经济技术水平、工农业发展水平、人口密度及政治文化等要素制订的，是国家环境标准在地方的具体体现。

1. 环境质量标准

环境质量标准是为了保护人类健康、维持生态良性平衡和保障社会物质财富，并考虑技术经济条件，对环境中有害物质和因素所作的限制性规定。它是衡量环境质量、环保政策、环境管理的依据，也是制订污染物控制标准的基础。

2. 污染物控制标准

污染物控制标准是为了实现环境质量目标，结合技术经济条件和环境特点，对排入环境的有害物质或有害因素所作的控制规定。

3. 环境基础标准

环境基础标准是在环境标准化工作范围内，对有指导意义的符号、代号、指南、程序和规范等所作的统一规定，是制订其他环境标准的基础。

4. 环境方法标准

环境方法标准是在环境保护工作中以实验、检查、分析、抽样、统计计算为对象制订的标准。

5. 环境标准物质标准

环境标准物质是在环境保护工作中，用来标定仪器、验证测量方法、进行量值传递或质量控制的材料或物质。对这类材料或物质必须达到的要求所作的规定称为环境标准物质标准。

6. 环保仪器、设备标准

环保仪器、设备标准是为了保证污染治理设备的效率和环境监测数据的可靠性与可比性，对环境保护仪器、设备的技术要求所作的统一规定。

(三) 制订环境标准的原则

环境标准体现国家技术经济政策。它的制订要充分体现环境、社会和经济效益的协调统一，只有这样才能既保障环境质量，同时促进国家经济技术的发展。

1. 要有充分的科学依据

标准中指标值的确定要以科学研究的结果为依据，如环境质量标准要以环境质量基准为基础。环境质量基准是指经科学实验确定污染物(或因素)对人或其他生物不产生不良或有害影响的最大剂量或浓度，因此，这个最大剂量或浓度就是环境质量标准中的最低一级的值。例如，经研究证实，大气中二氧化硫年平均浓度超过 $0.115mg/m^3$ 时对人体健康就会产生有害影响，这个浓度值就是大气中二氧化硫的基准。制订监测方法标准要对方法的准确度、精密度、干扰因素及各种方法的比较等进行检测。制订控制标准的技术措施和指标要考虑它们的成熟度、可行性及预期效果等。

2. 既要技术先进，又要经济合理

基准和标准是两个不同的概念。环境质量基准是由污染物(或因素)与人或生物之间的剂量-反应关系确定的，不考虑社会、经济、技术等人为因素，也不随时间而变化。而环境质量标准是以环境质量基准为依据，考虑社会、经济、技术等因素而制订的，并具有法律强制性，它可以根据情况不断修改、补充。环境标准的制订要体现环境、社会和经济效益的协调统一，要求既能保证人体健康和生态系统不受破坏，又能避免标准过高脱离实际，不能切实可行，造成经济技术力量的浪费。

3. 以国家环境保护法作为法律依据

环境质量标准是国家环境法规体系中的重要组成部分，它必须以国家环境保护法中的有关准则作为法律依据，另外，不同的标准之间，如质量标准与排放标准、排放标准与收费标准、国内标准与国际标准之间应该相互协调。

4. 积极采用或等效采用国际标准

一个国家的标准反映该国的技术、经济和管理水平。积极采用或等效采用国际标准是我国重要的技术经济政策，对我国的环境保护和经济发展具有重大的推进作用。

二、我国主要环境质量标准概述

(一) 水质标准

水是人类的重要资源及一切生物生存的前提，保护水资源、控制水污染是环境保护工作的主要内容之一。为此，我国已经颁布了多部水环境质量标准和排放标准，这些标准通常几年修订一次，新标准自然代替老标准。目前我国颁布的主要的水环境质量标准有《地表水环境质量标准》(GB 3838—2002),《海水水质标准》(GB 3097—1997);《生活饮用水卫生标准》(GB 5749—2006),《渔业水质标准》(GB 11607—1989),《农田灌溉水质标准》(GB 5084—2005),《地下水质量标准》(GB/T 14848—1993),《再生水回用景观水体的水质标准》(CJ/T 95—2000),《城市污水再生利用　城市杂用水水质》(GB/T 18920—2002)。

主要的排放标准有《污水综合排放标准》(GB 8978—1996)和一批工业行业水污染物排放标准，如《合成氨工业水污染物排放标准》(GB 13458—2013),《无机化学工业污染物排放标准》(GB 31573—2015),《石油化学工业污染物排放标准》(GB 31571—2015),《纺织染整工业水污染物排放标准》(GB 4287—2012)等。

1.《地表水环境质量标准》

我国的地表水环境标准最早是在 1983 年编制的，在 1989 年和 1999 年进行了两次修正，目前实施的标准为 GB 3838—2002，该标准自 2002 年 6 月 1 日开始实施。该标准适用于全国江河、湖泊、水库等具有使用功能的地面水域，其目的是保障人体健康、维护生态平衡、保护水资源、控制水污染及改善地面水质量和促进生产。依据地面水水域使用目的和保护目标将其划分为五类：

Ⅰ类：主要适用于源头水、国家自然保护区；

Ⅱ类：主要适用于集中式生活饮用水地表水源地一级保护区，珍稀水生生物栖息地，鱼虾产卵场等；

Ⅲ类：主要适用于集中式生活饮用水地表水源地二级保护区，一般鱼类保护区及游泳区；

Ⅳ类：主要适用于一般工业用水及人体非直接接触的娱乐用水区；

Ⅴ类：主要适用于农业用水区及一般景观要求水域。

对应上述五类水域功能，将地表水环境质量标准基本项目标准值分为五类，不同功能类别分别执行相应类别的标准值，同一水域兼有多类功能的，依最高功能划分类别。有季节性功能的，可分季划分类别。

标准值中水温属于感官性状指标，pH、生化需氧量、高锰酸盐指数和化学需氧量是保证水质自净的指标，磷和氮是防止封闭水域富营养化的指标，大肠菌群是细菌学指标，其他属于化学、毒理指标。

2. 《地下水质量标准》

为保护和合理开发地下水资源，防止和控制地下水污染，保障人民身体健康，促进经济建设，我国在 1993 年颁布了《地下水质量标准》(GB/T 14848—1993)。该标准是地下水勘查评价、开发利用和监督管理的依据，适用于一般地下水，不适用于地下热水、矿水、盐卤水。该标准依据我国地下水水质现状、人体健康基准值及地下水质量保护目标，并参照了生活饮用水、工业、农业用水水质要求，将地下水质量划分为五类。

一类主要反映地下水化学组分的天然低背景含量，适用于各种用途；二类主要反映地下水化学组分的天然背景含量，适用于各种用途；三类以人体健康基准值为依据，主要适用于集中式生活饮用水水源及工农业用水；四类以农业和工业用水要求为依据，除适用于农业和部分工业用水外，适当处理后可作生活饮用水；五类不宜饮用，其他用水可根据使用目的选用。

3. 《污水综合排放标准》

国家技术监督局 1996 年 10 月 4 日发布《污水综合排放标准》(GB 8978—1996)，从 1998 年 1 月 1 日起实施，该标准适用于现有单位水污染物的排放管理，以及建设项目的环境影响评价、建设项目环境保护设施设计、竣工验收及其投产后的排放管理。

本标准按照污水排放去向，分年限规定了 69 种水污染物最高允许排放浓度及部分行业最高允许排水量，按地面水域使用功能要求和污水排放去向，对地面水水域和城市下水道排放的污水分别执行一、二、三级标准。

(1) 重点保护水域，指《地表水环境质量标准》(GB 3838—2002)III 类水域和《海水水质标准》(GB 3097—1997)II类水域，如一般经济渔业水域、重点风景游览区等，对排入本区水域的污水执行一级标准。

(2) 排入《地表水环境质量标准》(GB 3838—2002)中IV、V类水域和排入《海水水质标准》(GB 3097—1997)中三类海域的污水，执行二级标准。

(3) 排入设置二级污水处理厂的城镇排水系统的污水，执行三级标准。

(4) 排入未设置二级污水处理厂的城镇排水系统的污水，必须根据排水系统出水受纳水域的功能要求，分别执行一级或二级标准。

(5) 对特殊保护的水域，即 GB 3838 中 I 、II类水域和III类水域中划定的保护区和 GB 3097 中一类海域，禁止新建排污口，现有排污口应按水体功能要求，实行污染物总量控制，以保证受纳水体水质符合规定用途的水质标准。

标准将排放的污染物按其性质及控制方式分为两类：第一类污染物指能在环境中或动植物体内蓄积，对人体健康产生长远不良影响者，含有此类有害污染物质的污水，不分行业和污水排放方式，不分受纳水体的功能类别，一律在车间或车间处理设施排放口取样，其最高允许排放浓度必须达到本标准要求(采矿行业的尾矿坝出水口不得视为车间排放口)；第二类污染物指除第一类污染物之外的污染物，在排污单位总排放口采样，其最高允许排放浓度必须达到本标准要求。

(二) 大气标准

我国已颁发的大气标准主要有《环境空气质量标准》(GB 3095—2012)，《大气污染物综合排放标准》(GB 16297—1996),《室内空气质量标准》(GB/T 18883—2002),《轻型汽车污染物排放限值及测量方法》(GB 18352.6—2016),《锅炉大气污染物排放标准》(GB 13271—2014),《轧钢工业大气污染物排放标准》(GB 28665—2012),《火电厂大气污染物排放标准》(GB 13223—2011),《石油化学工业污染物排放标准》(GB 31571—2015)和一些行业排放标准中有关气体污染物的排放限值。

1.《环境空气质量标准》

《环境空气质量标准》(GB 3095—2012)的制订目的是控制和改善大气质量，为人民生活和生产创造清洁适宜的环境，防止生态破坏，保护人民健康，促进经济发展。

《环境空气质量标准》分为两级，根据地区的地理、气候、生态、政治、经济和大气污染程度又划分两类地区：

一类区：如国家规定的自然保护区、风景游览区、名胜古迹和疗养地等。

二类区：为城市规划中确定的居民区、商业交通居民混合区、文化区、名胜古迹、工业区和广大农村地区。

标准规定一类区一般执行一级标准；二类区一般执行二级标准。

2. 《大气污染物综合排放标准》

在我国现有的国家大气污染物排放标准体系中，按照综合性排放标准与行业性排放标准不交叉执行的原则，锅炉执行《锅炉大气污染物排放标准》(GB 13271—2014)，工业炉窑执行《工业炉窑大气污染物排放标准》(GB 9078—1996)，火电厂执行《火电厂大气污染物排放标准》(GB 13223—2011)，炼焦炉执行《炼焦化学工业污染物排放标准》(GB 16171—2012)，水泥厂执行《水泥工业大气污染物排放标准》(GB 4915—2013)，恶臭物质排放执行《恶臭污染物排放标准》(GB 14554—1993)，汽车排放执行《轻型汽车污染物排放限值及测量方法》(GB 18352.6—2016)，摩托车排气执行《轻便摩托车污染物排放限值及测量方法(中国第四阶段)》(GB 18176—2016)，其他大气污染物排放均执行《大气污染物综合排放标准》(GB 16297—1996)。

《大气污染物综合排放标准》规定了 33 种大气污染物的排放限值，其指标体系为最高允许排放浓度、最高允许排放速率和无组织排放监控浓度限值，适用于现有污染源大气污染物排放管理，以及建设项目的环境影响评价、设计、环境保护设施竣工验收及其投产后的大气污染物排放管理。

(三) 《土壤环境质量标准》

为防止土壤污染，保护生态环境，保障农林生产，维护人体健康，制订了本标准。标准按土壤应用功能、保护目标和土壤主要性质，规定了土壤中污染物的最高允许浓度指标值及相应的监测方法，适用于农田、蔬菜地、茶园、果园、牧场、林地、自然保护区等地的土壤。

根据土壤应用功能和保护目标，划分为三类：

Ⅰ类：主要适用于国家规定的自然保护区(原有背景重金属含量高的除外)、集中式生活饮用水源地、茶园、牧场和其他保护地区的土壤，土壤质量基本保持自然背景水平；

Ⅱ类：主要适用于一般农田、蔬菜地、茶园果园、牧场等地土壤，土壤质量基本对植物和环境不造成危害和污染；

Ⅲ类：主要适用于林地土壤及污染物容量较大的高背景值土壤和矿产附近等地的农田土壤(蔬菜地除外)，土壤质量基本对植物和环境不造成危害和污染。

该标准分级：一级标准为保护区域自然生态、维持自然背景的土壤质量的限制值；二级标准为保障农业生产，维护人体健康的土壤限制值；三级标准为保障农林生产和植物正常生长的土壤临界值。各类土壤环境质量执行标准的级别规定如下：Ⅰ类土壤环境质量执行一级标准；Ⅱ类土壤环境质量执行二级标准；Ⅲ类土壤环境质量执行三级标准。另外，对无公害蔬菜产地土壤要执行《无公害蔬菜》(DB43/T 152—2001)。

(四) 固体废物控制标准

为防止农用污泥、建材农用粉煤灰、农药、农用城镇垃圾及有色金属、建材工业固体废物等对土壤、农作物、地面水、地下水的污染，保障农牧渔业生产和人体健康，我国制订了有关固体废物污染物控制标准，如《生活垃圾填埋污染控制标准》(GB 16889—2008)、《医疗废物焚烧炉技术要求(试行)》(GB 19218—2003)、《生活垃圾焚烧污染控制标准》(GB 18485—2014)、《水泥窑协同处置固体废物污染控制标准》(GB 30485—2013)、《危险废物鉴别标准通则》(BG 5085.7—2007)等。

(五) 噪声

我国在噪声方面的标准主要有《声环境质量标准》(GB 3096—2008)和《工业企业厂界环境噪声排放标准》(GB 12348—2008)、《城市区域环境振动标准》(GB 10070—1988)等。

城市区域环境噪声标准是为贯彻《中华人民共和国环境保护法》及《中华人民共和国环境噪声污染防治条例》，保障城市的声环境质量而制订的。标准规定了城市 5 类区域的环境噪声最高限值，适用于城市区域，乡村生产区域可参照本标准执行。城市 5 类环境噪声标准值见表 1-1。

表 1-1　城市 5 类环境噪声标准值(等效声级 L_{Aeq}：dB)

类别		昼间	夜间
0		50	40
1		55	45
2		60	50
3		65	55
4	4a	70	55
	4b	70	60

各类标准的适用区域如下：① 0 类声环境功能区：指康复疗养等特别需要安静的区域；② 1 类声环境功能区：指以居民住宅、医疗卫生、文化教育、科研设计、行政办公为主要功能，需要保持安静的区域；③ 2 类声环境功能区：指以商业金融、集市贸易为主要功能，或者居住、商业、工业混杂，需要维护住宅安静的区域；④ 3 类声环境功能区：指以工业生产、

仓储物流为主要功能，需要防止工业噪声对周围环境产生严重影响的区域；⑤ 4类声环境功能区：指交通干线两侧一定距离内，需要防止交通噪声对周围环境产生严重影响的区域，包括4a类和4b类两种类型。4a类为高速公路、一级公路、二级公路、城市快速路、城市主干路、城市次干路、城市轨道交通(地面段)、内河航道两侧区域；4b类为铁路干线两侧区域。各类声环境功能区采用表1-1规定的环境噪声等效声级限值。

三、环境监测技术规范

依据《中华人民共和国环境保护法》第十一条“国务院环境保护行政主管部门建立监测制度、制订监测规范”的要求，我国颁布了一系列的环境监测技术规范，常用的技术规范见表1-2，各监测技术规范规定了监测布点与采样、监测项目与相应监测分析方法、监测数据的处理与上报、质量保证、资料整编等内容。如2002年颁布、2003年1月1日实施的《地表水和污水监测技术规范》，规定了地表水和污水监测的布点与采样、监测项目与相应监测分析方法、流域监测、监测数据的处理与上报、污水流量计量方法、水质监测的质量保证和资料整编等内容，规定了污染物总量控制监测、建设项目污水处理设施竣工环境保护验收监测和应急监测的基本方法，该规范适用于对江河、湖泊、水库和渠道的水质监测，包括向国家直接报送监测数据的国控网站、省级(自治区、直辖市)、市(地)级、县级控制断面(或垂线)的水质监测，以及污染源排放污水的监测。同样，《土壤环境监测技术规范》则规定了土壤污染监测的布点、取样、分析方法、质量保证等基本要求，土壤环境监测必须按此规范的要求进行。

表1-2　主要环境监测技术规范或监测方法

	规范名称	代号	实施日期(年-月-日)
总则	《全国环境监测管理条例》		1983-07-21
	《环境监测　分析方法标准制订技术导则》	HJ/T 168—2010	2010-5-1
	《全国环境监测仪器设备管理规定(暂行)》		1991-02-21
	《工业污染源监测管理办法(暂行)》		1991-02-22
	《环境标准样品研复制技术规范》	HJ/T 173—2005	2005-07-01
	《污染源在线自动监控(监测)系统数据传输标准》	HJ/T 212—2005	2006-02-01
噪声	《声环境功能区划分技术规范》	GB/T 15190—2014	2015-01-01
	《声屏障声学设计和测量规范》	HJ/T 90—2004	2004-10-01
	《城市区域环境噪声测量方法》	GB/T 3096—93	1994-03-01
大气	《泄漏和敞开液面排放的挥发性有机物检测技术导则》	HJ 733—2014	2015-02-01
	《环境空气 半挥发性有机物采样技术导则》	HJ 691—2014	2014-04-15
	《火电厂烟气排放连续监测技术规范》	HJ/T 75—2001	2002-01-01
	《室内环境空气质量监测技术规范》	HJ/T 167—2004	2004-12-09
	《酸沉降监测技术规范》	HJ/T 165—2004	2004-12-09
	《环境空气质量监测点位布设技术规范(试行)》	HJ 664—2013	2013-10-01

续表

规范名称		代号	实施日期(年-月-日)
水	《水质湖泊和水库采样技术指导》	GB/T 14581—1993	1994-04-01
	《降雨自动监测仪技术要求及检测方法》	HJ/T 175—2005	2005-05-08
	《地表水和污水监测技术规范》	HJ/T 91—2002	2003-01-01
	《地下水环境监测技术规范》	HJ/T 164—2004	2004-12-09
	《水污染物排放总量监测技术规范》	HJ/T 92—2002	2003-01-01
	《近岸海域水质自动监测技术规范》	HJ 731—2014	2015-01-01
	《水质采样技术指导》	HJ 494—2009	2009-11-01
	《集中式饮用水水源地环境保护状况评估技术规范》	HJ 774—2015	2016-03-01
	《江河入海污染物总量监测技术规程》	HY/T 077—2005	2005-06-01
	《环境中有机污染物遗传毒性检测的样品前处理规范》	GB/T 15440—1995	1995-08-01
辐射	《辐射环境监测技术规范》	HJ/T 61—2001	2001-08-01
	《核设施水质监测采样规定》	HJ/T 21—1998	1998-07-01
土壤	《土壤环境监测技术规范》	HJ/T 166—2004	2004-12-09
固废	《工业固体废物采样制样技术规范》	HJ/T 20—1998	1998-07-01
	《危险废物鉴别标准　浸出毒性鉴别》	GB/T 5085.3—2007	1996-01-01
	《生活垃圾填埋场环境监测技术要求》	GB/T 18772—2008	2008-01-01
	《生物监测质量保证规范》	GB/T 16126—1995	1996-07-01
	《有机食品技术规范》	HJ/T 80—2001	2002-04-01
	《自然保护区管护基础设施建设技术规范》	HJ/T 129—2003	2003-10-01
	《畜禽养殖业污染防治技术规范》	HJ/T 81—2001	2002-04-01
	《海洋生态环境监测技术规程》		2002-04

习　题

1. 什么是环境监测？
2. 环境监测的特点是什么？
3. 环境监测的目的是什么？
4. 常用的环境监测技术有哪些？
5. 什么是环境标准？我国的环境标准分为哪几类？
6. 简述环境标准的作用。
7. 什么是环境优先监测？
8. 若地方污染物排放标准与国家污染物排放标准不一致，且地方标准严于国家标准时，应当参照哪一个标准？

第二章　环境监测质量保证

【本章教学要点】

知识要点	掌握程度	相关知识
质量保证的意义	理解质量保证的意义	质量保证、质量控制
实验室认可和实验室资质认定	了解实验室认可、实验室资质认定	实验室认可与实验室资质认定的关系和评审内容
监测数据的统计处理	掌握监测数据统计方法	监测数据的统计处理，监测数据的结果表述，监测数据的显著性检验，监测数据的相关分析，环境质量控制图
实验室质量控制	熟悉实验室质量控制方法	实验室内部质量控制，实验室外部质量控制
标准分析法和环境标准物质	了解标准分析法和环境标准物质	标准分析方法，环境标准物质及其溯源，环境监测质量控制样品

【导入案例】

工业革命前，产品质量由各个工匠或手艺人自己控制。

1875 年，泰勒制诞生——检验活动与其他职能分离，出现了专职的检验员和独立的检验部门。

1925 年，休哈特提出统计过程控制(SPC)理论——应用统计技术对生产过程进行监控，以减少对检验的依赖。

1930 年，道奇和罗明提出统计抽样检验方法。

1940 年，美国军方供应商在军需物中推进了统计质量控制技术的应用。

1950 年，戴明提出质量改进的观点——用统计学的方法进行质量和生产力的持续改进。此后，戴明不断完善他的理论，最终形成了对质量管理产生重大影响的“戴明十四法”。

1958 年，美国军方制订了 MIL-Q-8958A 等系列军用质量管理标准——在 MIL-Q-9858A 中提出了“质量保证”的概念，并对西方工业社会产生影响。

20 世纪 60 年代初，朱兰、费根堡姆提出全面质量管理的概念——为了生产具有合理成本和较高质量的产品，以适应市场的要求，只注意个别部门的活动是不够的，需要对覆盖所有职能部门的质量活动进行策划。

20 世纪 60 年代中，北大西洋公约组织(NATO)制订了 AQAP 质量管理系列标准，该标准以 MIL-Q-9858A 等质量管理标准为蓝本。所不同的是，AQAP 引入了设计质量控制的要求。

1970年，TQC使日本企业的竞争力极大地提高，其中，轿车、家用电器、手表、电子产品等占领了大批国际市场，因此促进了日本经济的极大发展。日本企业的成功，使全面质量管理的理论在世界范围内产生巨大影响。

1979年，英国制订了国家质量管理标准BS 5750，将军方合同环境下使用的质量保证方法引入市场环境。这标志着质量保证标准不仅对军用物资装备的生产，而且对整个工业界产生影响。

1980年，克罗斯比提出“零缺陷”的概念。他指出“质量是免费的”。

1987年，ISO 9000系列国际质量管理标准问世，但其在很大程度上是基于BS 5750。

1994年，ISO 9000系列标准改版——新的ISO 9000标准更加完善，为世界绝大多数国家所采用。第三方质量认证普遍开展，有力地促进了质量管理的普及和管理水平的提高。朱兰博士提出“即将到来的世纪是质量的世纪”。

2005年，国际标准组织和国际电工组织制订了《检测和校准实验室认可准则》ISO/IEC 17025:2005。

目前我国环境监测质量是怎样保证的呢？

第一节　质量保证的意义和内容

环境监测的价值和作用不仅在于它的数量，更在于它的质量。因此，为使提供的数据具有足够的准确性和可比性，必须大力开展质量保证和质量控制工作，提高监测分析质量。

一、质量保证的意义

环境监测质量保证是环境监测中十分重要的技术和管理工作，开展环境监测质量保证工作可将监测数据的误差控制在允许范围内，使其质量满足代表性、完整性、精密性、准确性和可比性的要求。环境监测所面对的环境要素极为广泛，各环境要素的环境样品成分又极为复杂，随机变化明显，浓度范围宽，具有极强的时空特性。

质量控制方法多种多样，从方案的制订到报告的编制，每一环节都或大或小地影响着质量，而环境监测机构向各方面提供的监测数据必须经得住考验和推敲。因此，加强质量控制，探索环境监测质量保证的有效方法是保证监测数据权威性的根本途径。

二、质量保证与质量控制

环境监测质量保证是整个监测过程的全面质量管理，其主要内容包括制订良好的监测计划；根据需要和可能考虑经济成本和效益，确定对监测数据的质量要求；规定相应的分析测量系统等，如采样方法，样品处理和保存，实验室供应，仪器设备、器皿的选择和校准，试剂和标准物质的选用，分析测量方法，质量控制程序，数据的记录和整理，技术培训及编写有关的文件、指南和手册等。

环境监测质量保证工作的管理是由国家和省(自治区、直辖市)环境保护行政主管部门分别负责组织国家和省质量保证管理小组，各地、市环境保护行政主管部门根据情况组织质量保证管理小组进行。

环境监测质量控制是指为达到监测计划所规定的监测质量而对监测过程采用的控制方法，它是环境监测质量保证的一个部分。环境监测质量控制包括实验室内部控制和实验室外部控制。

三、质量管理体系

ISO 9000(2000 版)定义“质量管理体系”：为实施质量管理所需的组织结构、程序、过程和资源，即把所有重要的实验室管理要素都纳入质量管理范畴。因此，监测管理实质上就是监测质量管理。监测质量管理主要是依靠质量管理体系的支撑得以实施的，监测质量管理是否到位取决于监测站所建立的质量管理体系是否能够持续有效运行。这些因素包括人员、仪器设施、分析方法、仪器及测量的溯源性、采样方法及样品的处置等。

质量管理体系文件主要包括“质量手册”、“程序文件”、“作业指导书”、“质量记录”及相关文件。其中“质量手册”是阐述质量方针、质量目标，描述管理体系并实施质量管理，促进质量改进的纲领性文件；“程序文件”是质量手册的支持性文件，是对质量管理、质量活动进行控制的依据，是监测人员的行为规范和准则；“作业指导书”就是具体做检验的方法与评价的依据，使每项检测操作过程均可控制，且具有复现性；“质量记录”是对体系运行中一切活动的记录，使每项活动均可查。

质量管理体系的运行：按《检验检测机构资质认定评审准则》建立的质量体系，编制质量体系文件，并试运行三个月，经国家和省级计量认证部门评审合格后，正式投入运行。

质量管理体系建立后，经内审、管理评审和技术校核等对其进行维护。内审是确定质量活动和有关结果是否符合计划的安排，以及这些安排是否有效地实施，并适合于达到预定目标的系统的独立检查。内审员的审核工作不受行政干扰。管理评审是为了确保质量管理体系的适宜性、充分性、有效性和效率，以达到规定的质量目标所进行的活动。技术校核方法除定期审核外，还应采取能力验证实验或实验室间的比对实验，或使用有证标准物质，用相同或不同的方法进行重复检验等来确保结果的质量及可信度，提高实验室质量体系的有效性和效率。

第二节　实验室认可和实验室资质认定概述

随着人们对产品质量的重视，我国政府实行实验室资质认定和实验室认可两种渠道的认证活动，实验室资质认定是我国《计量法》、《产品质量法》等法治的要求，凡是在中国境内从事对社会出具证明作用的公众数据和结果的检验检测机构，必须取得实验室资质认定；实验室认可是与国际接轨的需要，促进检验报告国际互认，方便出口产品提供检验检测；实验室国家认可资质已经成为政府部门对一些行业的强制资质，如出口食品检验、生物安全检验、医学检验等。目前，实验室认可已经成为社会各类实验室对外证明其能力的最重要的途径。

1947年，澳大利亚建立了世界上第一个检测实验室认可体系——国家检测权威机构协会(NATA)，开始了实验室认定活动。

1966年，英国建立了校准实验室认可体系——大不列颠校准服务局(BCS)。

20世纪70年代，美国、新西兰、法国开展了实验室认可活动，80年代实验室认可活动发展到新加坡、马来西亚等东南亚国家和地区，这些国家和地区都建立了自己的实验室认可机构。

1973年，在当时《关税及贸易总协定》(GATT)基础上补充的《技术性贸易壁垒协定》(TBT)中采用了实验室认可制度。

1977年，在美国的倡议下成立了论坛性质的国际实验室认可会议，并于1996年转变为实体，即国际实验室认可合作组织(ILAC)。

1987年，中国制订《实验室认证管理办法(试行)》，开始实验室计量认定工作。

1994年，中国实验室国家认可委员会(CNACL)开始实验室认可工作。

目前，世界上大多数国家都实行了实验室认定、认可制度。

一、中国实验室国家认可制度

我国的实验室计量认证、认可活动始于20世纪90年代初，至今已有相当数量的实验室通过认可，通过认可的实验室的检测报告可在互认国通用。今后我国实验室资质认可的标准将逐步与国际接轨，充分吸纳SO/IEC 17025标准的精华，增加法治化条款。

我国实验室认可由中国合格评定国家认可委员会(China National Accreditation Service for Conformity Assessment)实施，认可标志是CNAS，目前所有的校准和检测实验室均可采用和实施2005年5月发布的ISO/IEC 17025:2005《检测和校准实验室认可准则》。按照国际惯例，凡是通过ISO/IEC 17025标准的实验室提供的数据均具备法律效力，得到国际认可。通过实验室认可，提高了实验数据和结果的精确性，扩大了实验室的知名度，从而大大提高了经济和社会效益。

(一) 实验室认可的基本原则

自愿申请原则：实验室根据自身的情况，决定是否申请实验室认可。

非歧视原则：任何实验室，不论其隶属关系、级别高低、规模大小、所有者性质，只要能满足认可准则要求，均一视同仁。

专家评审原则：为保证认可的科学性和客观公正性，对申请认可的实验室指派训练有素的技术专家(主体为注册的评审员)进行评审，而非由政府官员来完成。

国家认可原则：实验室认可仅由CNAS代表国家进行，获得认可的实验室，其技术能力和所出具的数据均可得到国家承认。

坚持技术考核与管理工作考核相结合的原则：考核中既要对技术人员的水平、仪器设备的状态、实验数据的可靠性和准确性等技术要素进行考核，也要对质量控制、人员的管理和培训、仪器设备的管理等管理要素进行考核，两者同样重要。

坚持考核与帮、促相结合的原则：在考核中发现问题时，应及时帮助解决，促进实验室水平提高。

(二) 实验室认可准则简介

《检测和校准实验室认可准则》适用于实验室建立质量管理和技术体系并控制其运作，并且可在客户、法定管理机构和认可机构对其能力进行确认或承认时使用。

认可标准要求分为两大部分，即管理要求和技术要求。管理要求的 15 项要求由两大过程构成，即管理职责、体系的分析；技术要求的 10 项要求也可分为两大过程，即资源保证、检测/校准的实现。技术要求与管理要求的共同目的是实现质量体系的持续改进。

(三) 实验室认可的益处

(1) 提高实验室的质量管理水平，减少可能出现的质量风险和实验室的责任，平衡实验室与客户之间的利益，提高社会对实验室认可的信任度。ISO/IEC 17025 实质是实验室检验/校准质量风险的控制要求。严格持久地按照这些要求去做，实验室的检验/校准质量就得到了保证，从而达到提高实验室社会信任度的目的。

(2) 增强实验室的能力，提高结果的准确性。实验室认可在国内和国际上被高度地视为技术能力可靠的表示。实验室认可使用专门编写的准则和程序来确定技术能力，从而向客户保证实验室或检查机构提供的检测、校准或测量数据是正确、可靠的。

(3) 承认实验室的检测能力，为实验室提供运作基准。实验室认可是确定实验室从事特定类型检测、测量和校准技术能力的一种方式，它还为有能力的实验室提供了正式承认，从而为客户识别、选择能够满足自身需要的、可靠的检测和测量、校准服务提供了更为简便的方式。

(4) 增加实验室操作人员的信心，可以减少实验室出现问题的相关费用(包括重复检测、重复抽样和时间的浪费)，减少对规章的符合性产生直接影响的错误判断。

(5) 消除国际贸易中的技术壁垒，互认检测结果。我国认可的实验室及认可实验室出具的检验/校准数据开始得到国际社会的承认，这意味着我国质量认证制度又向国际化的要求迈出了一大步，即所谓“质量无国界”。

(四) 实验室认可作用

实验室得到国家认可后，对内而言，提高了实验室的管理水平与技术能力，增强了实验室人员的信心，降低了检测的风险；对外而言，提高了实验室的权威性与可信度。实验室所出具的检测报告可以加盖“CNAS”签章及国际互认标志，这类检测报告目前被全球 50 个国家或地区的 65 个机构所承认，从而真正达到了一次检测、全球通认的效果。

二、中国实验室资质认定制度

实验室资质认定的形式分为计量认证和审查认可。目前实验室资质认定证书包括计量认证证书、验收证书和授权证书三种。随着检测市场的开放，为公平竞争创造条件，在不远的将来，实验室资质认定只保留计量认证证书，逐步取消验收证书和授权证书。

计量认证证书：对向社会出具具有证明作用数据和结果的实验室颁发，使用 CMA 标志。

验收证书：对质量技术监督系统质量(纤维)检验机构颁发，使用 CAL 标志。

授权证书：对省级质量技术监督部门授权的产品质量监督检验站颁发，使用 CAL 标志。

从事下列活动的实验室应当通过资质认定：为行政机关作出的行政决定提供具有证明作用的数据和结果的；为司法机关作出的裁决提供具有证明作用的数据和结果的；为仲裁机构作出的仲裁决定提供具有证明作用的数据和结果的；为社会公益活动提供具有证明作用的数据和结果的；为经济或贸易关系人提供具有证明作用的数据和结果的；其他法定需要通过资质认定的。

(一) 计量认证

依据《中华人民共和国计量法》第二十二条规定，为社会提供公正数据的产品质量检验机构，必须经省级以上人民政府计量行政部门对其计量检定、测试的能力和可靠性进行考核，这种考核称为“计量认证”。《中华人民共和国计量法实施细则》第三十二、三十三、三十四、三十五、三十六条中明确规定，计量认证是对检测机构的法制性强制考核，是政府权威部门对检测机构进行规定类型检测所给予的正式承认，其实质是对实验室能力的一种认可。取得计量认证合格证书的检测机构，允许在其检测报告上使用 CMA(China Metrology Accreditation，中文含义为“中国计量认证”)标记，有 CMA 标记的检测报告可用于产品质量评价、成果及司法鉴定，并具有法律效力。

中国的实验室计量认证工作始于 1987 年，同年依据计量法的规定出台了《实验室认证管理办法(试行)》，1990 年至 2001 年 12 月 1 日，制订实施了实验室计量认证评审准则 JJG 1021—1990，开始了实验室的计量认证评审工作；随着认知水平的提高，2001 年 12 月 1 日至 2007 年 1 月 1 日，颁布了《产品质量检验机构计量认证/审查认可(验收)评审准则(试行)》，实验室的计量认证水平有很大的提升；2007 年 1 月 1 日～2015 年 8 月 1 日实施《实验室资质认定评审准则》，计量认证依据标准向 ISO/IEC17025: 2005 版国际标准有很大程度的靠拢；2015 年 8 月 1 日又颁布实施《检验检测机构资质认定评审准则》，使实验室计量认证标准依据更加详尽。

1. 计量认证的实施与效力

计量认证分为两级实施：一级为国家级，由国家认证认可监督管理委员会组织实施；另一级为省级，由省级质量技术监督局负责组织实施，具体工作由计量认证办公室(计量处)承办。不论是国家级还是省级认证，对通过认证的检测机构，其资质在全国均有法定效力，不存在不同办理部门效力不同的情况。

2. 实验室资质认定(计量认证/审查认可)的依据

计量认证/审查认可不同时期有不同的依据，2015 年 8 月 1 日起，实验室资质认定(计量认证/审查认可)的依据为：《检验检测机构资质认定管理办法》(国家质量监督检验检疫总局 2015 年第 163 号局长令)和《检验检测机构资质认定评审准则》(2015 年 8 月 1 日执行)。

(二) 审查认可(验收)

审查认可是指国家认证认可监督管理委员会和地方质检部门依据有关法律、行政法规的规定，对承担产品是否符合标准的检验任务和承担其他标准实施监督检验任务的检验机构的检测能力及质量体系进行的审查。

1986 年国务院批准实施《产品质量监督检验测试中心管理试行办法》，随后，各省、地市、县纷纷建立了专门的产品质检所，国家和省级(甚至一些副省级市和个别地级市)授权了一些国家质检中心和省级质检站。

1990 年发布的《标准化法实施条例》(第 29 条)明确了对这些质检机构的规划、审查工作。在技术监督系统依法设置的质检所称“审查验收”，对行业的检验机构称为依法授权，统称“审查认可”，使用 CAL 标志。

CAL 标志是 China Accredited Laboratory(中国考核合格检验实验室)的缩写，是质量技术监督部门依法设置或依法授权的检验机构的专用标志。

1. 审查验收——验收证书

质量技术监督部门根据有关法律法规的规定，对其依法授权或依法设置承担产品质量检验工作的检验机构进行合理规划，界定检验任务范围，并对其公正性和技术能力进行考核合格后，准予其承担法定产品质量检验工作的行政行为。

2. 依法授权——授权证书

对计量授权考核合格的单位，由受理申请的人民政府计量行政部门批准，颁发相应的计量授权证书和计量授权检定、测试专用章，公布被授权单位的机构名称和所承担授权的业务范围。

审查认可机构除承担社会的检测业务之外，还承担着政府的监督抽查职能。

三、实验室认可与实验室资质认定的关系及其发展

就其实质而言，二者都属于对质检机构、实验室的质量管理体系和技术能力的评审，且都是以 ISO/IEC 指南 25(GB/T 15481)作为基本条件，不管其是等同采用还是参照执行；不同的是前者是采用国际通行做法，后者是法律法规规定的政府行为。

(一) 实验室认可和实验室资质认定的区别

1. 适用对象不同

实验室认可适用于检测/校准实验室，实验室资质认定适用于产品质检机构。

2. 法律效力不同

实验室认可是实验室依从国际惯例，接受第三方权威机构评审的一种自愿行为，通过认可则表明中国合格评定国家认可委员会对实验室技术能力的承认。

实验室资质认定属国家对检验和检定机构实施的法制管理范围，是强制性行为，表现为对检验和检定机构的授权。

3. 管理层次不同

实验室资质认定可由国务院和省两级政府的质量技术监督部门实行分级管理，而实验室

认可是一级管理，实施机构是中国合格评定国家认可委员会，实施一站式认可。

4. 互认性不同

在国际合作中，实验室资质认定是政府行政管理行为，各国做法不一，实验室间不能互认，而认可实验室出具的检测/校准数据是得到签署了互认协议的实验室认可机构认可。

(二) 实验室资质认定和实验室认可的联系

之所以存在两种评审，一是历史的原因，质检机构的实验室资质认定(审查认可和计量认证)始于20世纪80年代，通常情况下，我国应在此基础上将其转化为实验室认可，由于种种原因未能实现；二是现行法律法规对质检机构的实验室资质认定(审查认可和计量认证)有明确的规定，必须依法执行。为了减少质检机构的重复评审，国家技术监督局早在1991年即采取国家质检中心审查认可、计量认证一次评审，合格后颁发两个证书的做法。一些省级技术监督部门也采取和国家技术监督局同样的方法，减少省级以下质检机构的负担。1997年对国家质检中心和省、自治区、直辖市及计划单列市质检所的实验室认可实行强制性管理后，又对国家质检中心实行三合一评审，向合格者颁发授权证书、计量认证证书和实验室认可证书。上述省级质检所评审合格者颁发质检所验收证书和实验室认可证书。有些省计量认证一并进行的，同时颁发计量认证证书。

为了和国际通行做法一致，正在拟定的质检机构管理办法将GB/T 15481作为质检机构的基本条件，两种评审将更趋一致，而且随着市场经济的发展和法律法规的修订，两种评审变为一种的时代必将到来。

四、我国环境监测机构计量认证的评审内容与考核要求

目前我国各级环境监测站实验室资质认定依据《检验检测机构资质认定管理办法》和《检验检测机构资质认定评审准则》的规定要求进行。认证内容为“A+B”，又称“5+1要求”，即A为5个方面通用要求，B为1个方面行业特殊要求。

(一) 检验检测机构资质认定评审准则

为实施《检验检测机构资质认定管理办法》相关要求，在中华人民共和国境内，向社会出具具有证明作用的数据、结果的检验检测机构的资质认定评审应遵守相关准则。国家认证认可监督管理委员会在本评审准则的基础上，针对不同行业和领域检验检测机构的特殊性，制订和发布评审补充要求，评审补充要求与本评审准则一并作为评审依据。

国家认证认可监督管理委员会和省级质量技术监督部门(市场监督管理部门)依据有关法律法规和标准、技术规范的规定，对检验检测机构的基本条件和技术能力是否符合法定要求实施评价许可。依法成立的检验检测机构，依据相关标准或技术规范，利用仪器设备、环境设施等技术条件和专业技能，对产品或法律法规规定的特定对象进行检验检测。国家认证认可监督管理委员会和省级质量技术监督部门(市场监督管理部门)依据《中华人民共和国行政许可法》的有关规定，自行或委托专业技术评价机构，组织评审员，对检验检测机构是否符合《检验检测机构资质认定管理办法》规定的资质认定条件进行审查和考核。

检验检测机构或其所在的组织，应是能承担法律责任的实体，检验检测机构对其出具的

检验检测数据、结果负责，并承担相应的法律责任，应有明确的法律地位，不具备法人资格的检验检测机构应经所在法人单位授权；应明确其组织和管理结构、所在法人单位中的地位，以及质量管理、技术运作和支持服务之间的关系；所在的单位还从事检验检测以外的活动，应识别潜在的利益冲突；为满足其工作开展需要，可在其内部设立专门的技术委员会。

检验检测机构应建立和保持人员管理程序，确保人员的录用、培训、管理等规范进行；应确保人员理解他们工作的重要性和相关性，明确实现管理体系质量目标的职责；机构及其人员应独立于其出具的检验检测数据、结果所涉及的利益相关各方，不受任何可能干扰其技术判断因素的影响，确保检验检测数据、结果的真实、客观、准确；对其在检验检测活动中所知悉的国家秘密、商业秘密和技术秘密负有保密义务，并制订实施相应的保密措施；有措施确保其管理层和员工，不受对工作质量有不良影响的、来自内外部不正当的商业、财务和其他方面的压力和影响；从事检验检测活动的人员，不得同时在两个及以上检验检测机构从业。

检验检测机构管理者应建立和保持相应程序，以确定其检验检测人员教育、培训和技能的目标，明确培训需求并实施人员培训；培训计划应与检验检测机构当前和预期的任务相适应，并评价这些培训活动的有效性；检验检测机构人员应接受与其承担的任务相适应的教育和培训，并有相应的技术知识和经验，按照检验检测机构管理体系要求工作；应由熟悉检验检测方法、程序、目的和结果评价的人员，对检验检测人员包括在培员工进行监督。

检验检测机构应对所有从事抽样、检验检测、签发检验检测报告或证书、提出意见和解释及操作设备等工作的人员，按要求根据相应的教育、培训、经验、技能进行资格确认并要求其持证上岗。检验检测机构的管理人员和技术人员，应具有所需的权力和资源，履行实施、保持、改进管理体系的职责；应规定对检验检测质量有影响的所有管理、操作和核查人员的职责、权力和相互关系；检验检测机构应保留所有技术人员的相关授权、能力、教育、资格、培训、技能、经验和监督的记录，并包含授权、能力确认的日期；机构应与其工作人员建立劳动关系、聘用关系、录用关系；对与检验检测有关的管理人员、技术人员、关键支持人员，应保留其当前工作的描述；相关管理人员、技术人员、关键支持人员的工作描述可用多种方式规定，但至少应包含所需的专业知识和经验、资格和培训计划、从事检验检测工作的职责、检验检测策划和结果评价的职责、提交意见和解释的职责、方法改进、新方法制订和确认的职责、管理职责等内容；最高管理者负责管理体系的整体运作；应授权发布质量方针声明；应提供建立和保持管理体系，以及持续改进其有效性的承诺和证据；应在检验检测机构内部建立确保管理体系有效运行的沟通机制；应将满足客户要求和法定要求的重要性传达给检验检测机构全体员工；应确保管理体系变更时，能有效运行。检验检测机构应有技术负责人，负责技术运作和提供检验检测所需的资源，检验检测机构技术负责人应具有中级及以上专业技术职称或同等能力；应有质量主管，应赋予其在任何时候使管理体系得到实施和遵循的责任和权力；质量主管应有直接渠道接触决定政策或资源的最高管理者；应指定关键管理人员的代理人；授权签字人应具有中级及以上专业技术职称或同等能力，并经考核合格，且从事国家规定的特定检验检测的人员应具有符合相关法律、行政法规所规定的资格。

检验检测机构的管理体系应覆盖检验检测机构的固定设施内的场所、离开其固定设施的场所，以及在相关的临时或移动设施中进行的检验检测工作；应确保其环境条件不会使检验检测结果无效，或不会对所要求的检验检测质量产生不良影响；在检验检测机构固定设施以外的场所进行抽样、检验检测时，应予以特别注意；对影响检验检测结果的设施和环境的技术要求应制订文件。依据相关的规范、方法和程序要求，当出现影响检验检测结果质量情况时，应监测、控制和记录环境条件；对诸如生物消毒、灰尘、电磁干扰、辐射、湿度、供电、温度、声级和震级等应予以重视，使其适应于相关的技术活动要求；当环境条件危及检验检测的结果时，应停止检验检测活动；应对影响检验检测质量区域的进入和使用加以控制，可根据其特定情况确定控制的范围；应将不相容活动的相邻区域进行有效隔离，采取措施以防止交叉污染；应采取措施确保实验室的良好内务，必要时应建立和保持相关的程序。

检验检测机构应建立和保持安全处置、运输、存放、使用、有计划维护测量设备的程序，以确保其功能正常并防止污染或性能退化。用于检验检测的设施，包括但不限于能源、照明等，应有利于检验检测工作的正常开展；应配备检验检测(包括抽样、物品制备、数据处理与分析)要求的所有抽样、测量、检验、检测的设备。对检验检测结果有重要影响的仪器的关键量或值，应制订校准计划。设备(包括用于抽样的设备)在投入服务前应进行校准或核查，以证实其能够满足检验检测的规范要求和相应标准的要求；应由经过授权的人员操作，设备使用和维护的最新版说明书(包括设备制造商提供的有关手册)应便于检验检测有关人员取用；用于检验检测并对结果有影响的设备及其软件，如可能均应加以唯一性标识；应保存对检验检测具有重要影响的设备及其软件的记录，记录内容至少包括设备及其软件的识别、制造商名称、型式标识、系列号或其他唯一性标识、当前的位置(如适用)、制造商的说明书(如果有)，核查设备是否符合规范，或指明其地点、所有校准报告和证书的日期、结果及复印件，设备调整、验收准则和下次校准的预定日期、设备维护计划，以及已进行的维护(适当时)、设备的任何损坏、故障、改装或修理等；曾经过载或处置不当、给出可疑结果、已显示出缺陷、超出规定限度的设备，均应停止使用；需校准的所有设备，只要可行，应使用标签、编码或其他标识表明其校准状态，包括上次校准的日期、再校准或失效日期；当需要利用期间核查以保持设备校准状态的可信度时，应建立和保持相关的程序，当校准产生了一组修正因子时，检验检测机构应有程序确保其所有备份(如计算机软件中的备份)得到正确更新；应建立和保持对检验检测结果、抽样结果的准确性或有效性有显著影响的设备，包括辅助测量设备(如用于测量环境条件的设备)，在投入使用前，进行设备校准的计划和程序，当无法溯源到国家或国际测量标准时，检验检测机构应保留检验检测结果相关性或准确性的证据；应建立和保持标准物质的溯源程序。

检验检测机构应建立、实施和保持与其活动范围相适应的管理体系，应将其政策、制度、计划、程序和指导书制订成文件，并确保检验检测结果的质量。管理体系文件应传达至有关人员，并被其获取、理解、执行；质量手册应包括质量方针声明、检验检测机构描述、人员职责、支持性程序、手册管理等。检验检测机构质量手册中应阐明质量方针声明，应制订管理体系总体目标，并在管理评审时予以评审；应建立和保持避免卷入降低其能力、公正性、判断力或运作诚信等方面的可信度的程序；应建立和保持控制其管理体系的内部和外部文件的程序，包括法律法规、标准、规范性文件、检验检测方法，以及通知、计划、图纸、图表、软件、规范、手册、指导书；应建立和保持评审客户要求、标书、合同的程序。对要求、标书、合同的变更、偏离应通知客户和检验检测机构的相关人员；因工作量大，以及关键人员、设备设施、技术能力等原因，需分包检验检测项目时，应分包给依法取得检验检测机构资质认定并有能力完成分包项目的检验检测机构，并在检验检测报告或证书中标注分包情况，具体分包的检验检测项目应当事先取得委托人书面同意；应建立和保持选择和购买对检验检测质量有影响的服务和供应品的程序；应建立和保持服务客户的程序，保持与客户沟通，为客户提供咨询服务，对客户进行检验检测服务的满意度进行调查；应建立和保持处理投诉和申诉的程序。明确对投诉和申诉的接收、确认、调查和处理职责，并采取回避措施；建立和保持出现不符合工作的处理程序。明确对不符合工作的评价、决定不符合工作是否可接受、纠正不符合工作、批准恢复被停止的不符合工作的责任和权力。必要时，通知客户并取消不符合工作；应建立和保持在识别出不符合工作时、在管理体系或技术运作中出现对政策和程序偏离时，采取纠正措施的程序；应建立和保持识别潜在的不符合原因和改进所采取预防措施的程序。应制订、执行和监控这些措施计划，以减少类似不符合情况的发生并借机改进，预防措施程序应包括措施的启动和控制；应通过实施质量方针、质量目标，应用审核结果、数据分析、纠正措施、预防措施、内部审核、管理评审来持续改进管理体系的有效性；应建立和保持识别、收集、索引、存取、维护和清理质量记录和技术记录的程序。质量记录应包括内部审核报告和管理评审报告及纠正措施和预防措施的记录。技术记录应包括原始观察、导出数据和建立审核路径有关信息的记录、校准记录、员工记录、发出的每份检验检测报告或证书的副本；应建立和保持管理体系内部审核的程序，以便验证其运作是否符合管理体系和本准则的要求。内部审核通常每年一次，由质量主管负责策划内审并制订审核方案，审核应涉及全部要素，包括检验检测活动；应建立和保持管理评审的程序。管理评审通常 12 个月一次，由最高管理者负责。最高管理者应确保管理评审后，得出的相应变更或改进措施予以实施。应保留管理评审的记录，确保管理体系的适宜性、充分性和有效性。

特定领域的检验检测机构，应符合国家认证认可监督管理委员会按照国家有关法律法规或标准、技术规范，针对不同行业和领域的特殊性，制订和发布的评审补充要求。

(二) 检验检测机构资质认定

评审工作程序中的《检验检测机构资质认定管理办法》是规范检验检测机构资质认定评审过程依据的法规文件。一般而言，检验检测机构资质认定评审工作分为现场评审和书面审查。

现场评审包括首次评审、变更评审、复查评审和其他评审。其中首次评审是指对未获得资质认定的检验检测机构，在其建立和运行管理体系后提出申请，资质认定部门对其是否满足资质认定条件进行现场确认的评审。变更评审是指对已获得资质认定的检验检测机构，其组织机构、工作场所、关键人员、技术能力、管理体系等发生变化，资质认定部门对其是否满足资质认定条件进行现场确认的评审。复查评审是指对已获得资质认定的检验检测机构，在资质认定证书有效期届满前三个月申请办理证书延续，资质认定部门对其资质是否持续满足资质认定条件进行现场确认的评审。此外还有对已获得资质认定的检验检测机构，因资质认定部门监管、处理申诉投诉等需要，对检验检测机构是否满足资质认定条件进行现场确认的评审。

书面审查包括变更审查和自我声明审查。其中变更审查是指对已获得资质认定的检验检测机构，其机构名称、法人性质、地址、法定代表人、最高管理者、技术负责人、授权签字人、检验检测标准等发生变更，或自愿取消资质认定项目，资质认定部门对其变更情况是否满足资质认定条件进行的书面审核。自我声明审查是指对已获得资质认定的检验检测机构，资质认定部门对其自我声明的书面审核。对于做出自我声明的机构，资质认定部门将在后续监督管理中对其声明内容是否属实进行检查，若发现承诺内容不实，资质认定部门将撤销审批决定，并将相关情况记入诚信档案。

资质认定部门受理申请后，应当及时组织专家进行评审，技术评审应当在资质认定部门受理申请后 45 个工作日内完成(含提交评审结论)，由于申请人自身原因导致无法在规定时限内完成的情况除外。

资质认定部门受理检验检测机构的资质认定申请后，可自行组织实施评审，如需委托专业技术评价组织实施评审，并将相关资料转交专业技术评价组织。资质认定部门或其委托的专业技术评价组织，应根据被评审检验检测机构申请资质认定的检验检测项目和专业类别，按照专业覆盖、就近的原则组建评审组。评审组由 1 名组长、1 名以上评审员或技术专家组成。评审组成员应在组长的领导下，按照资质认定部门或其委托的专业技术评价组织下达的评审任务，独立开展资质认定评审活动，并对评审结论负责。评审组长应在评审员或技术专家的配合下对检验检测机构提交的申请材料进行审查。通过审查提交的《检验检测机构资质认定申请书》，对检验检测机构的工作类型、能力范围、检验检测资源配置及管理体系运作所覆盖的范围进行了解，并依据《检验检测机构资质认定评审准则》及相应的技术标准，对申请人的“质量手册”、“程序文件”等进行文件符合性审查，对管理体系的运行予以初步评价。

材料审查合格后，资质认定部门或其委托的专业技术评价组织向被评审的检验检测机构下发《检验检测资质认定现场评审通知书》，同时告知评审组按计划实施评审。评审组接到现场评审任务后，编写《检验检测机构现场评审日程计划表》。对评审的日期、时间、工作内容、评审组分工等进行策划安排。

实施技术评审工作程序包括预备会议、首次会议、考察检验检测机构场所、现场实验、评审结论、评审报告、末次会议等相关程序。通过首次会议明确评审的目的、依据、范围、原则，明确评审将涉及的部门、人员、工作日程、成员分工等内容；考察检验检测机构场所同时要及时进行有关的提问，有目的地观察环境条件、仪器设备、检验检测设施是否符合检验检测的要求，并做好记录。通过现场实验，考核检验人员的操作能力，以及环境、设备等保证能力，可采取盲样实验、人员比对、仪器比对、见证实验和报告验证的方式进行，实验结束后得出明确的评价结果。同时通过现场提问、查阅质量记录等方式评价管理体系运行的有效性，以及技术操作的正确性，最终确认检验检测机构的检验检测能力，得出评审结论，编制评审报告。

现场评审结束后，检验检测机构在商定的时间内对评审组提出的不符合内容进行整改，整改时间不超过 30 天。整改完成后形成书面材料报评审组长确认，评审组长在收到检验检测机构的整改材料后，应在 5 个工作日内完成跟踪验证，向资质认定部门或其委托的专业技术评价组织上报评审相关材料。

第三节　监测数据的统计处理和结果表述

随着科学技术的不断进步，监测技术和质量保证措施有了很大的提高，但受监测环境、人员素质和仪器设备等主、客观因素的影响，常常会导致可疑数据的出现。面对庞大的数据，如何通过数据分析得出正确的监测结论？这就要求环境监测人员掌握一定的数据分析方法。

一、基础知识

(一) 真值

在某一时刻和某一位置或状态下，某量的效应体现出的客观值或实际值称为真值。真值包括理论真值、约定真值(国际单位制所定义的真值)和标准器(包括标准物质)的相对真值。

(二) 误差

误差是指分析测定结果与被测组分的真实值之间的差值。任何测量结果都有误差，并存在于一切测量的全过程之中。

1. 误差的分类

误差按其性质和产生原因，可分为系统误差、随机误差和过失误差。

(1) 系统误差：又称可测误差、偏倚(bias)，是指测量值的总体均值与真值之间的差别，是由测量过程中某些恒定因素造成的，在一定条件下具有重现性，并不因增加测量次数而减少。它的产生可以是由方法、仪器、试剂、恒定的操作人员和环境所造成。

(2) 随机误差：又称偶然误差或不可测误差，是由测定过程中各种随机因素的共同作用所造成。随机误差遵从正态分布规律。

(3) 过失误差：又称粗差，是由测量过程中犯了不应有的错误所造成，它明显地歪曲测量结果，因而一经发现必须及时改正。

2. 误差的表示方法

误差可用绝对误差和相对误差来表示。

(1) 绝对误差：是测量值(x，单一测量值或多次测量的均值)与真值(x_T)之差，绝对误差有正负之分。

(2) 相对误差：指绝对误差与真值之比，常以百分数表示。

(三) 偏差

个别测量值与多次测量均值的偏离称为偏差，分为绝对偏差、相对偏差、平均偏差和相对平均偏差等。

绝对偏差是测量值(x_i)与多次测量均值之差。

$$d_i = x_i - \overline{x} \ (i=1,2,\cdots,n)$$

相对偏差是绝对偏差与均值之比，常以百分数表示。

$$相对偏差 = \frac{d}{\overline{x}} \times 100\%$$

平均偏差是各次测量值与平均值的偏差绝对值的平均值。

$$\overline{d} = \frac{|d_1| + |d_2| + |d_3| + \cdots + |d_n|}{n} = \frac{1}{n}\sum_{i=1}^{n}|d_i|$$

相对平均偏差是平均偏差与均值之比(常以百分数表示)。

$$R_{\bar{d}}=\frac{\bar{d}}{\bar{x}}\times 100\%$$

(四) 标准偏差

样本标准偏差用 S 或 S_D 表示。

$$S=\sqrt{\frac{1}{n-1}\sum_{i=1}^{n}(x_i-\bar{x})^2}=\sqrt{\frac{\sum x_i^2-\frac{\left(\sum x_i\right)^2}{n}}{n-1}}$$

样本相对标准偏差，也称变异系数，是样本标准偏差在样本均值中所占的百分数，用 C_V 表示，一般以百分数表示

$$C_V=\frac{S}{\bar{x}}\times 100\%$$

(五) 极差

极差 R(或称全距)：指一组平行测定数据中最大者(x_{max})和最小者(x_{min})之差。

$$R=x_{max}-x_{min}$$

(六) 总体、样本和平均数

1. 总体和个体

研究对象的全体称为总体，其中一个单位称为个体。

2. 样本和样本容量

总体中的一部分称为样本，样本中含有个体的数目称为此样本的容量。

3. 平均数

平均数代表一组变量的平均水平或集中趋势，样本观测中大多数测量值靠近。

(1) 算术均数，简称均数，是最常用的平均数。

(2) 几何均数，当变量呈等比关系时，常需用几何均数。

(3) 中位数，将各数据按大小顺序排列，位于中间的数据即为中位数，若为偶数取中间两数的平均值。

(4) 众数，一组数据中出现次数最多的一个数据。

二、监测数据的统计处理和结果表述

(一) 有效数字

在测量中能得到的有意义的数字，由计量器具的精密度来确定。它不仅表示数量的大小，同时也反映测量的精密度。

记录一个测量数据时，其末尾保留一位不确定数字，有效数字是包括所有可靠数字及一

位不确定数字在内的有意义的数字。例如

0.2650g　1.6g　49.20mL　50mL

在确定有效数字时应注意“0”的双重意义，“0”若作为普通数字使用，它就是有效数字，若作为定位用，则不是有效数字。例如

1.20mL(3)　0.00120L(3)

小数点前及小数点后的第一个非 0 数字前的 0 均不是有效数字。

单位变化时有效数字的位数不能变，如 250g → 2.50×10^5mg。

(二) 数据修约规则

“四舍六入五考虑，五后非零则进一，五后皆零视奇偶，五前为偶应舍去，五前为奇则进一”。例如，14.2501、14.2500、14.0500、14.1500 修约后保留一位小数后分别为 14.3、14.2、14.0、14.2。

几个数相加减时，所得结果的有效数字保留取决于各数中小数点后位数最少的那个数来保留相应计算结果的位数。例如

$$0.0123+25.60+1.0686=26.6809=26.68$$

几个数相乘除时，所得结果的有效数字的位数应按照有效数字最少的那个数来保留计算结果的有效数字位数。例如

$$0.0123\times25.60\times1.0686=0.336480768=0.336$$

在所有计算中，常数π、e、$\sqrt{2}$、1/2 等系数的有效数字是无限制的，可根据需要书写。

在对数计算中，所取对数的有效数字位数应与真数的有效数字位数相等。即对数的有效数字位数，只计小数点后的位数，不计对数的整数部分。例如

$$\text{pH}=12.55 \qquad [\text{H}^+]=5.6\times10^{-13}$$

$$\lg K_a=-9.24 \qquad K_a=5.8\times10^{-10}$$

(三) 可疑数据的取舍

与正常数据不是来自同一分布总体，明显歪曲实验结果的测量数据，称为离群数据。可能会歪曲实验结果，但尚未经检验断定其是离群数据的测量数据，称为可疑数据。

在数据处理时，必须剔除离群数据以使测定结果更符合客观实际。正确数据总有一定的分散性，如果人为地删去一些误差较大但并非离群的测量数据，由此得到精密度很高的测量结果并不符合客观实际。因此对可疑数据的取舍必须遵循一定的原则。

测量中发现明显的系统误差和过失误差，由此产生的数据应随时剔除。而可疑数据的舍取应采用统计方法判别，即离群数据的统计检验。检验的方法很多，现介绍最常用的两种。

1.狄克逊(Dixon)检验法

此法适用于一组测量值的一致性检验和剔除离群值，其对最小可疑值和最大可疑值进行检验的公式因样本容量(n)的不同而异，检验方法如下：

(1) 将一组测量数据从小到大顺序排列为 x_1、x_2、…、x_n，x_1 和 x_n 分别为最小可疑值和最大可疑值。

(2) 根据样本容量(n)和所需检验的可疑值(最大或最小值)，按表 2-1 计算式求 Q 值。

表 2-1　狄克逊检验统计量 Q 计算公式

n 值范围	可疑数据为最小值 x_1 时	可疑数据为最大值 x_n 时	n 值范围	可疑数据为最小值 x_1 时	可疑数据为最大值 x_n 时
3～7	$Q=\frac{x_2-x_1}{x_n-x_1}$	$Q=\frac{x_n-x_{n-1}}{x_n-x_1}$	11～13	$Q=\frac{x_3-x_1}{x_{n-1}-x_1}$	$Q=\frac{x_n-x_{n-2}}{x_n-x_2}$
8～10	$Q=\frac{x_2-x_1}{x_{n-1}-x_1}$	$Q=\frac{x_n-x_{n-1}}{x_n-x_2}$	14～25	$Q=\frac{x_3-x_1}{x_{n-2}-x_1}$	$Q=\frac{x_n-x_{n-2}}{x_n-x_3}$

(3) 根据给定的显著性水平(α)和样本容量(n)，从表 2-2 查得临界值(Q_α)。

若 $Q \leqslant Q_{0.05}$，则可疑值为正常值；

若 $Q_{0.05}<Q \leqslant Q_{0.01}$，则可疑值为偏离值；

若 $Q>Q_{0.01}$，则可疑值为离群值。

表 2-2　狄克逊检验临界值(Q_α)

n	显著性水平(α)		n	显著性水平(α)	
	0.05	0.01		0.05	0.01
3	0.941	0.988	15	0.525	0.618
4	0.765	0.889	16	0.505	0.597
5	0.642	0.782	17	0.489	0.580
6	0.562	0.698	18	0.475	0.564
7	0.507	0.637	19	0.462	0.550
8	0.554	0.681	20	0.450	0.538
9	0.512	0.635	21	0.440	0.526
10	0.477	0.597	22	0.431	0.516
11	0.575	0.674	23	0.422	0.507
12	0.546	0.642	24	0.413	0.497
13	0.521	0.617	25	0.406	0.489
14	0.546	0.640			

[例 2-1]　一组测量值从小到大顺序排列为 14.65、14.90、14.90、14.92、14.95、14.96、15.00、15.01、15.01、15.02。检验最小值 14.65 和最大值 15.02 是否为离群值。

解　检验最小值 x_1=14.65，根据 n=10、x_2=14.90、x_{n-1}=15.01，得

$$Q=\frac{x_2-x_1}{x_{n-1}-x_1}=\frac{14.90-14.65}{15.01-14.65}=0.69$$

查表 2-2，当 n=10，显著性水平 α=0.01 时 $Q_{0.01}$=0.597。

$Q>Q_{0.01}$，故最小值 14.65 为离群值，应予剔除。

检验最大值 x_n=15.02，得

$$Q=\frac{x_n-x_{n-1}}{x_n-x_2}=\frac{15.02-15.01}{15.02-14.09}=0.011$$

查表 2-2 得 $Q_{0.05}$=0.477。

$Q<Q_{0.05}$，故最大值 15.02 为正常值。

2.格鲁布斯(Grubbs)检验法

此法适用于检验多组测量值均值的一致性和剔除多组测量值中的离群均值，也可用于检验一组测量值的一致性和剔除一组测量值中的离群值，方法如下：

(1) 有 l 组测定值，每组 n 个测定值的均值分别为 $\bar{x}_1$、$\bar{x}_2$、…、$\bar{x}_i$、…、$\bar{x}_n$，其中最大均值记为 $\bar{x}_{\max}$，最小均值记为 $\bar{x}_{\min}$。

(2) 由 l 个均值计算总均值和均值标准偏差。

$$\bar{\bar{x}}=\frac{1}{l}\sum_{i=1}^{l}\bar{x}_i \qquad S_{\bar{x}}=\sqrt{\frac{1}{l-1}\sum_{i=1}^{l}(\bar{x}_i-\bar{\bar{x}})^2}$$

(3) 检验一个可疑数据(最大或最小)。

可疑均值是最小值时，$T=\dfrac{\bar{\bar{x}}-\bar{x}_{\min}}{S_{\bar{x}}}$；可疑均值是最大值时，$T=\dfrac{\bar{x}_{\max}-\bar{\bar{x}}}{S_{\bar{x}}}$。

(4) 根据测定值组数和给定的显著性水平(α)，从表 2-3 查得临界值(T_α)。

(5) 若 $T\leqslant T_{0.05}$，则可疑均值为正常均值；若 $T_{0.05}<T\leqslant T_{0.01}$，则可疑均值为偏离均值；若 $T>T_{0.01}$，则可疑均值为离群均值，应予以剔除，即剔除含有该均值的一组数据。

表 2-3 鲁勃斯检验临界值(T_α)

l	显著性水平(α)		l	显著性水平(α)	
	0.05	0.01		0.05	0.01
3	1.153	1.155	15	2.409	2.705
4	1.463	1.492	16	2.443	2.747
5	1.672	1.749	17	2.475	2.785
6	1.822	1.944	18	2.504	2.821
7	1.938	2.097	19	2.532	2.854
8	2.032	2.221	20	2.557	2.884
9	2.110	2.322	21	2.580	2.912
10	2.176	2.410	22	2.603	2.939
11	2.234	2.485	23	2.624	2.963
12	2.285	2.050	24	2.644	2.987
13	2.331	2.607	25	2.663	3.009
14	2.371	2.695			

[例 2-2] 10 个实验室分析同一样品，各实验室 5 次测定的平均值按由小到大顺序排列为 4.41、4.49、4.50、4.51、4.64、4.75、4.81、4.95、5.01、5.39，检验最大均值 5.39 是否为离群均值。

解 统计量

$$\bar{\bar{x}}=\frac{1}{10}\sum_{i=1}^{10}\bar{x}_i=4.746$$

$$S_{\bar{x}}=\sqrt{\frac{1}{10-1}\sum_{i=1}^{10}(\bar{x}_i-\bar{\bar{x}})^2}=0.305$$

$$\bar{x}_{\max}=5.39$$

$$T=\frac{\bar{x}_{\max}-\bar{\bar{x}}}{S_{\bar{x}}}=\frac{5.39-4.746}{0.305}=2.11$$

当 l=10，给定显著性水平 α=0.05 时，查表 2-3 得 $T_{0.05}$=2.176。

因 $T<T_{0.05}$，故 5.39 为正常均值，即均值为 5.39 的一组测定值为正常数据。

(四) 结果表述

对一个试样某一指标的测定，其结果表达方式一般有如下几种：

1.用算术均数代表集中趋势

测定过程中排除系统误差和过失误差后，只存在随机误差，根据正态分布的原理，当测定次数无限多($n\rightarrow\infty$)时的总体均值(μ)应与真值(x_T)很接近，但实际只能测定有限次数。因此样本的算术均数是代表集中趋势表达监测结果的最常用方式。

2. 用算术均数和标准偏差表示测定结果的精密度

算术均数代表集中趋势，标准偏差表示离散程度。算术均数代表性的大小与标准偏差的大小有关，即标准偏差大，算术均数代表性小，反之亦然，故而监测结果常以 $\bar{x}\pm S$ 表示。

3. 用($\bar{x}\pm S$，C_V)表示结果

标准偏差大小还与所测均值水平或测量单位有关。不同水平或单位的测定结果之间，其标准偏差是无法进行比较的，而变异系数是相对值，故可在一定范围内用来比较不同水平或单位测定结果之间的变异程度。例如，用镉试剂法测定镉，当镉含量小于 0.1mg/L 时，最大相对偏差和变异系数分别为 7.3%和 9.0%。

三、监测数据的显著性检验与相关分析

(一) 显著性检验

在环境监测中，对所研究的对象往往不完全了解，甚至完全不了解，如测定值的总体均值是否等于真值，某种方法经过改进，其精密度是否有变化等，这就需要统计检验。

1. 两均值差别的显著性检验——t 检验法

一个方法的准确度还可用对照实验来检验，即通过对标准物质的分析或用标准方法来分析相对照。同样的分析方法有时也可能因不同实验室、不同分析人员而使分析结果有所差异。通过对照可以找出差异所在，以此判断方法的准确度。

显著性检验的一般步骤如下：

(1) 提出一个否定假设。

(2) 确定并计算 t： $\pm t=\dfrac{\overline{x}-\mu}{S/\sqrt{n}}$。

(3) 根据 f (这里 $f=n-1$)，α 值，并查表 2-4，得出 $t_{\alpha(f)}$。

(4) 判断假设是否成立。

当 $t<t_{0.05(f)}$，无显著性差异；

当 $t_{0.05(f)}\leqslant t<t_{0.01(f)}$，有显著性差异；

当 $t\geqslant t_{0.01(f)}$，有非常显著性差异。

表 2-4　t 值表

自由度(n')	P(双侧概率)				
	0.200	0.100	0.050	0.020	0.010
1	3.078	6.31	12.71	31.82	63.66
2	1.89	2.92	4.30	6.96	9.92
3	1.64	2.35	3.18	4.54	5.84
4	1.53	2.13	2.78	3.75	4.60
5	1.84	2.02	2.57	3.37	4.03
6	1.44	1.94	2.45	3.14	3.71
7	1.41	1.89	2.37	3.00	3.50
8	1.40	1.84	2.31	2.90	3.36
9	1.38	1.83	2.26	2.82	3.25
10	1.37	1.81	2.23	2.76	3.17
11	1.36	1.80	2.20	2.72	3.11
12	1.36	1.78	2.18	2.68	3.05
13	1.35	1.77	2.16	2.65	3.01
14	1.35	1.76	2.14	2.62	2.98
15	1.34	1.75	2.13	2.60	2.95
16	1.34	1.75	2.12	2.58	2.92
17	1.33	1.74	2.11	2.57	2.90
18	1.33	1.73	2.10	2.55	2.88
19	1.33	1.73	2.09	2.54	2.86
20	1.33	1.72	2.09	2.53	2.85
21	1.32	1.72	2.08	2.52	2.83
22	1.32	1.72	2.07	2.51	2.82
23	1.32	1.71	2.07	2.50	2.81
24	1.32	1.71	2.06	2.49	2.80
25	1.32	1.71	2.06	2.49	2.79

续表

自由度(n′)	P(双侧概率)				
	0.200	0.100	0.050	0.020	0.010
26	1.31	1.71	2.06	2.48	2.78
27	1.31	1.70	2.05	2.47	2.77
28	1.31	1.70	2.05	2.47	2.76
29	1.31	1.70	2.05	2.46	2.76
30	1.31	1.70	2.04	2.46	2.75
40	1.30	1.68	2.02	2.42	2.70
60	1.30	1.67	2.00	2.39	2.66
120	1.29	1.66	1.98	2.36	2.62
∞	1.28	1.64	1.96	2.33	2.58
自由度(n′)	0.100	0.050	0.025	0.010	0.005
	P(单侧概率)				

[例 2-3]　某化验室测定标样中 CaO 含量得出如下结果：CaO 含量=30.51%，S=0.05，n=6，标样中 CaO 含量标准值是 30.43%，此操作是否有系统误差(置信度为 95%)？

解

$$t_{计算}=\frac{\overline{x}-\mu}{S}\sqrt{n}=\frac{|30.51-30.43|}{0.05}\times\sqrt{6}=3.92$$

查表 2-4，置信度 95%，$f=n-1=5$ 时，$t_{表}=2.57$。比较可知 $t_{计算}>t_{表}$，故有系统误差。

2. 精密度的比较——F 检验法

(1) 求 $F_{计算}$：$F_{计算}=\frac{S_{大}^2}{S_{小}^2}>1$。

(2) 由表 2-5 根据两种测定方法的自由度，查相应 F 值进行比较。

95%置信水平(α=0.05)时单侧检验 F 值(部分)如表 2-5 所示。

表 2-5　置信度 95%时 F 值(单边)

F小 \ F大	2	3	4	5	6	7	8	9	10	∞
2	19.0	19.16	19.25	19.30	19.33	19.36	19.37	19.38	19.39	19.5
3	9.55	9.28	9.12	9.01	8.94	8.88	8.84	8.81	8.78	8.53
4	6.94	6.59	6.39	6.26	6.16	6.09	6.04	6.00	5.96	5.63
5	5.79	5.41	5.19	5.05	4.95	4.88	4.82	4.78	4.74	4.36
6	5.14	4.76	4.53	4.39	4.28	4.21	4.51	4.10	4.06	3.67
7	4.74	4.35	4.12	3.97	3.87	3.79	3.73	3.68	3.63	3.23
8	4.46	4.07	3.84	3.69	3.58	3.50	3.44	3.39	3.34	2.93
9	4.26	3.86	3.63	3.48	3.37	3.29	3.23	3.18	3.13	2.71
10	4.10	3.71	3.48	3.33	3.22	3.14	3.07	3.02	2.97	2.54
∞	3.00	3.60	2.37	3.21	2.10	2.01	1.94	1.88	1.83	1.00

(3) 若$F_{计算}>F_{表}$，说明S_1和S_2差异不显著，进而用t检验平均值间有无显著差异。若$F_{计算}<F_{表}$，S_1和S_2差异显著。

平均值的比较：

(a) 求$t_{计算}$：$t_{计算}=\frac{|x-\bar{x}|}{S}\sqrt{\frac{n_1 \cdot n_2}{n_1+n_2}}$

若S_1与S_2无显著差异，取$S_{小}$作为S。

(b) 查t值表，自由度$f=n_1+n_2-2$。

(c) 若$t_{计算}>t_{表}$，说明两组平均值有显著差异。例如

Na_2CO_3试样用两种方法测定结果如下：

方法 1　　$\bar{x}_1=42.34$，$S_1=0.10$，$n_1=5$

方法 2　　$\bar{x}_2=42.44$，$S_2=0.12$，$n_2=4$

(二) 相关分析

相关关系是一种非确定性的关系，如将x和y分别记为一个人的身高和体重，则x与y显然有关系，而又没有确切到可由其中的一个去精确地决定另一个的程度，这就是相关关系。

线性相关分析研究的是两个变量间线性关系的程度，它们之间的关系式称为回归方程式，最简单的直线回归方程为

$$y = ax+b$$

式中，a、b为常数。当x为x_1时，实际y值在按计算所得y值的左右波动。上述回归方程可根据最小二乘法来建立。即首先测定一系列x_1、x_2、…、x_n和相对应的y_1、y_2、…、y_n，然后按下式求常数a和b。

$$a=\frac{n\sum xy-\sum x\sum y}{n\sum x^2-\left(\sum x\right)^2}$$

$$b=\frac{\sum x^2\sum y-\sum x\sum xy}{n\sum x^2-(\sum x)^2}$$

(三) 相关系数及其显著性检验

相关系数是表示两个变量之间关系的性质和密切程度的指标，符号为r，其值为-1～$+1$，公式如下：

$$r=\frac{\sum\left[(x-\bar{x})(y-\bar{y})\right]}{\sqrt{\sum(x-\bar{x})^2\sum(y-\bar{y})^2}}$$

x和y的相关关系有如下几种情况：

(1) 若x增大，y也相应增大，称x与y呈正相关，此时$0<r<1$；若$r=1$，称完全正相关。

(2) 若x增大，y相应减小，称x与y呈负相关，此时$-1<r<0$；若$r=-1$，称完全负相关。

(3) 若 x 与 y 的变化无关，称 x 与 y 不相关。此时 $r=0$。

若总体中 x 与 y 不相关，在抽样时由于随机误差，可能计算所得 $r\neq 0$，所以应检验 r 值有无显著性意义，方法如下：

(a) 求出 r 值；

(b) 按 $t=|r|\sqrt{\dfrac{n-2}{1-r^2}}$ 求出 t 值，n 为变量配对数，自由度为 $n_1=n-2$；

(c) 查 t 值表(一般单侧检验)；

若 $t>t_{0.01(n_1)}$，$P<0.01$，r 有非常显著性意义；若 $t>t_{0.01(n_1)}$，$P>0.1$，r 无显著性意义。

[例 2-4] 用二乙氨基二硫代甲酸银分光光度法测砷时得到表 2-6 所列数据。求其线性关系如何，并作显著性检验。

表 2-6　二乙氨基二硫代甲酸银分光光度法测砷所得数据

m/μg	0	0.50	1.00	2.00	3.00	5.00	8.00	10.00
A	0	0.014	0.032	0.060	0.094	0.144	0.230	0.300

解　设砷的质量为 x μg，吸光度为 y。

$$\sum x = 29.50 \qquad \sum y = 0.874$$

$$\bar{x} = 29.50/8 = 3.69 \qquad \bar{y} = 0.874/8 = 0.109$$

$$r = \frac{\sum\left[(x-\bar{x})(y-\bar{y})\right]}{\sqrt{\sum(x-\bar{x})^2\sum(y-\bar{y})^2}} = 0.9993$$

从 $r=0.9993$ 可知 x 与 y 几乎呈完全正相关。

显著性检验：

$$t=|r|\sqrt{\frac{n-2}{1-r^2}} = 65.43$$

因本例是正相关，不会出现负相关，用单侧检验，查表得 $t_{0.01(6)}=3.14$

$$t=65.43>t_{0.01(6)}=3.14$$

所以正相关有非常显著意义。

从第二次世界大战开始，统计质量管理得到了广泛应用。由于战争的需要，美国军工生产急剧发展，尽管检验人员大量增加，但产品积压待检的情况仍日趋严重，有时又不得不进行无科学根据的检查，结果不仅废品损失惊人，而且在战场上经常发生武器弹药的质量事故，如炮弹炸膛等，对士气产生极坏的影响。在这种情况下，美国军政部门随即组织一批专家和工程技术人员，于 1941～1942 年先后制订并公布了 Z1.1《质量管理指南》、Z1.2《数据分析用控制图》、Z1.3《生产过程中质量管理控制图法》，强制生产武器弹药的厂商推行，并收到了显著效果。从此，统计质量管理的方法才得到了很多厂商的应用，统计质量管理的效果也得到了广泛的承认。

四、环境质量图

环境质量图是用不同的符号、线条或颜色来表示各种环境要素的质量或各种环境单元的综合质量的分布特征和变化规律的图。环境质量图既是环境质量研究的成果，又是环境质量评价结果的表示方法。好的环境质量图不但可以节省大量的文字说明，而且具有直观、可以量度和对比等优点，有助于了解环境质量在空间上分异的原因和在时间上发展的趋向，这对进行环境区划和制订环境保护措施都有一定的意义。

环境质量图按所表示的环境质量评价的项目可分为单项环境质量图、单要素环境质量图和综合环境质量图等；按区域可分为城市环境质量图、工矿区域环境质量图、农业区域环境质量图、旅游区域环境质量图和自然区域环境质量图等；按时间可分为历史环境质量图、现状环境质量图和环境质量变化趋势图等；按编制环境质量图的方法不同，还可分为定位图、等值线图、分级统计图和网格图等。

各种环境质量图是根据制图的目的不同而选择不同参数、标准和方法绘制出来的。例如，单项环境质量图，主要表示一个区域内的某种污染物(如二氧化硫)引起的环境质量变化状况，因此可选择污染源分布和排放强度等参数；单要素环境质量图是表示大气、水体、土壤等环境要素中的某一要素的质量状况的，它是由单项环境质量图概括而成的，其内容应包括影响环境质量的各项主要参数。

环境质量图的绘制方法有以下几种：①点的环境质量表示法：在确定的地点上，用不同形状或不同颜色的符号表示各种环境要素及与之有关的事物，如颗粒物、二氧化硫、氮氧化物等，用各种符号表示环境质量的优劣。这种方法多用来表示监测点、污染源等处的环境质量或污染状况，符号有长柱、圆圈、方块等多种。②区域的环境质量表示法：将规定范围(如一个河段、一个水域、一个行政区域或功能区域)的某种环境要素的质量，或环境的综合质量，以及可以反映环境质量的综合等级，用不同的符号、线条或颜色等表示出来。从这类环境质量图上，可以一目了然地看出环境质量的空间差别和变化。③等值线表示法：在一个区域内根据有一定密度的观测点的观测资料，用内插法绘出等值线，来表示在空间分布上连续的和渐变的环境质量。大气、海(湖)水、土壤中各种污染物的分布都可用这种方法表示。④网格表示法：把一个被评价的区域分成许多正方形网格，用不同的晕线或颜色将各种环境要素按评定的级别在每个网格中标出，还可以在网格中注明数值。这种方法具有分区明确、统计方便等特点，在环境质量评价中经常使用。城市环境质量评价图多用此法绘制。⑤类型分区法：又称底质法。在一个区域范围内按环境特征分区，并用不同的晕线或颜色将各分区的环境特征显示出来。这种方法常用来编制环境功能分区图、环境区划图、环境保护规划图等。

绘制环境质量图又是环境研究的一种有用手段。利用类型分区法或等值线法制成的组合图，可以研究各种环境现象间的关系，如利用双变量图可以研究环境质量与人体健康的关系、交通噪声与汽车频率的关系等。

第四节　实验室质量保证

实验室是获得监测结果的关键部门，实验室质量保证包括实验室内质量控制和实验室间质量控制，其目的是要把监测分析误差控制在容许限度内，保证测量结果有一定的精密度和准确度，使分析数据在给定的置信水平内，有把握达到所要求的质量。

一、基础概念

(一) 准确度

准确度是用一个特定的分析程序所获得的分析结果(单次测定值和重复测定值的均值)与假定的或公认的真值之间符合程度的度量。它是反映分析方法或测量系统存在的系统误差和随机误差两者的综合指标，并决定其分析结果的可靠性。准确度用绝对误差和相对误差表示。

(二) 精密度

精密度是指用一特定的分析程序在受控条件下重复分析均一样品所得测定值的一致程度，它反映分析方法或测量系统所存在随机误差的大小。极差、平均偏差、相对平均偏差、标准偏差和相对标准偏差都可用来表示精密度的大小，较常用的是标准偏差。

(三) 灵敏度

分析方法的灵敏度是指该方法对单位浓度或单位量的待测物质的变化所引起的响应量变化的程度，它可以用仪器的响应量或其他指示量与对应的待测物质的浓度或量之比来描述，因此常用标准曲线的斜率来度量灵敏度。灵敏度因实验条件而变。

(四) 空白实验

空白实验又称空白测定，是指用蒸馏水代替试样的测定。其所加试剂和操作步骤与试样测定完全相同。空白实验应与试样测定同时进行，试样分析时仪器的响应值(如吸光度、峰高等)不仅是试样中待测物质的分析响应值，还包括所有其他因素，如试剂中杂质、环境及操作进程的沾污等的响应值，这些因素是经常变化的，为了解它们对试样测定的综合影响，在每次测定时，均进行空白实验，空白实验所得的响应值称为空白实验值。

(五) 校准曲线

校准曲线是用于描述待测物质的浓度或量与相应的测量仪器的响应量或其他指示量之间定量关系的曲线。校准曲线包括“工作曲线”(绘制校准曲线的标准溶液的分析步骤与样品分析步骤完全相同)和标准曲线(绘制校准曲线的标准溶液的分析步骤与样品分析步骤相比有所省略，如省略样品的前处理)。

(六) 检测限

检测限是指某一分析方法在给定的可靠程度内可以从样品中检测出的待测物质的最小浓度或最小量。所谓检测是指定性检测，即断定样品中确定存在浓度高于空白值的待测物质。

(七) 测定限

测定限分测定下限和测定上限。测定下限是指在测定误差能满足预定要求的前提下，用特定方法能够准确地定量测定待测物质的最小浓度或量；测定上限是指在测定误差能满足预定要求的前提下，用特定方法能够准确地定量测定待测物质的最大浓度或量。

二、实验室内部的质量控制

实验室内部的质量控制是实验室分析人员对分析质量进行自我控制的过程，主要反映的是分析质量的稳定性如何，以便及时发现某些偶然的异常现象，随时采取相应的校正措施。通常使用的质量控制技术有平行样分析、加标回收率分析、密码样和密码加标样分析、标准物质(或质控样)对比分析、室内互检、室间外检、方法比较分析和实验允许误差及质量控制图等。

(一) 平行样分析

随机抽取 10%～20%的样品进行平行样测定(当样品数较小时，应适当增加双样测定率，无质量控制样品和质量控制图的监测项目，应对全部样品进行平行样测定)。将质控样品平行测定结果点在质控图中进行判断。环境样品平行测定的相对偏差不得大于标准分析方法规定的 $d_{相对}$的 2 倍。全部平行样测定中的不合格者应重新做平行样测定；部分平行样测定的合格率小于 95%时，除对不合格者重做平行样外，应再增加测定 10%～20%的平行样，直至总合格率大于等于 95%。

(二) 加标回收率

随机抽取 10%～20%的样品进行加标回收率的测定。有质量控制图的监测项目，将测定结果点入图中进行判断。无质量控制图的监测项目，其测定结果不得超出监测分析方法中规定的加标回收率的范围。无规定值者，则可规定目标值为 95%～105%。当超出目标值 95%～105%时，计算测定上限和测定下限，并加以判断。当合格率小于 95%时，除对不合格者重新测定外，应再增加 10%～20%样品的加标回收率，直至总合格率大于等于 95%。

(三) 密码样和密码加标样分析

这种质量控制技术适于设有质量控制的专设机构或专职人员的单位使用。由于设有专职人员，就可以将一定数量的已知样品(标准样或质控样)和常规样品同时安排给分析人员进行测定，这些已知样品对分析者本人都是未知样(密码样)，测试结果经专职人员核对无误，即表示数据的质量是可以接受的。

密码加标样由专职人员在随机抽取的常规样品中加入适量标准物质(或标准溶液)，与样品同时交付分析人员进行分析，测定结果由专职人员计算加标回收率，以控制分析测试的质量——测试结果的精密度和准确度。这是一种他控方式的质量控制技术，测定率可以和平行加标率相同。

(四) 标准物质(或质控样)对比分析

标准物质(或质控样)被用于实验室内(个人)质量控制时，常将其与样品做同步测定，将所得结果与保证值(或理论值)相比，以评价其准确度，从而推断是否存在系统误差或出现异常情况。

（五）室内互检

互检要在同一实验室内的不同分析人员之间进行，可以是自控，也可以是他控方式的质量控制技术。由于分析人员不同，实验条件也不完全相同，因而可以避免仪器、试剂及习惯性操作等因素带来的影响。当不同分析人员分别测定的结果一致时，即可认为工作质量是可以接受的，否则，应各自查找原因，并重新分析原样品。

（六）室间外检

外检是将同一样品的不同子样分别交付不同的实验室进行分析。因为不同实验室的各种条件都不尽相同，而且所用方法也不强求一致，所以，当其测定结果相符时，可判断测试结果是可以接受的。若相互之间的结果不符，则应各自查找原因，并重新分析原样品。室内互检和室间外检这两种质量控制技术主要是以他控方式进行。由于需要同一样品的多份子样，当样品分装、保存和传输等条件不便实施时，这种技术的应用将受到限制。

（七）方法比较分析

方法比较分析是对同一样品使用具有可比性的不同方法进行测定，并将测试结果进行比较。由于不同方法对样品的反应不同，所用试剂、仪器也多有差别，如果不同方法所得结果一致，则表示分析工作的质量可靠，结果正确。但是，正由于不同方法所需手段、试剂等条件不同，手续相对烦琐，一般常规监测中不便使用，多用于重大的仲裁性监测或对标准物质进行定值等工作中。

（八）质量控制图

质量控制图用同一种分析方法、由同一个分析人员、用同一个仪器设备对控制样品在一定时间内进行分析，累计一定的测定数据，由测定结果和分析次序编制控制图。在以后的实验中，经常取控制样品随机地编入环境样品中一起分析，根据控制样品的分析结果，推断环境样品的分析质量。

质量控制图编制的原理：分析结果间的差异符合正态分布。

质量控制图坐标的选定：以统计值为纵坐标，测定次数为横坐标。

质量控制图的基本组成：中心线、上下辅助线、上下警告限、上下控制限。

质量控制样品的选用：质量控制样品的组成应尽量与环境样品相似；待测组分的浓度应尽量与环境样品接近；如果环境样品中待测组分的浓度波动较大，则可用一个位于其间的中等浓度的质量控制样品，否则，应根据浓度波动幅度采用两种以上浓度水平的质量控制样品。

质量控制图的编制步骤：测定质量控制样品，大于 20 个数据，每个数据由一对平行样品的测定结果求得，计算

$$\overline{x_i} = \frac{x_A + x_B}{2}$$

求出它们的平均结果和标准偏差：

$$\overline{\overline{x}} = \frac{\sum \overline{x}}{n} \qquad S = \sqrt{\frac{\sum (\overline{x}_i - \overline{\overline{x}})^2}{n-1}}$$

计算统计值并作质量控制图，如图 2-1 所示。

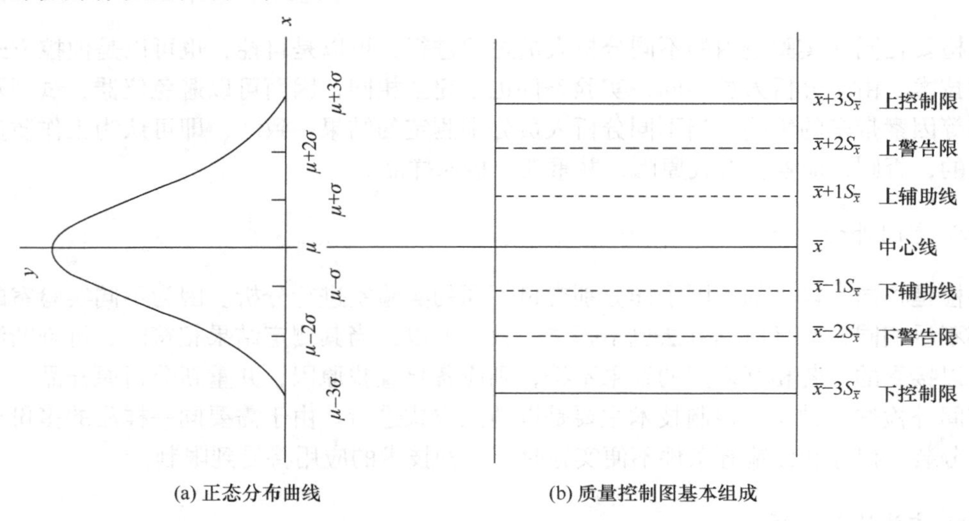

(a) 正态分布曲线　　(b) 质量控制图基本组成

图 2-1　质量控制图

将 20 个或 20 个以上数据按测定顺序点到图上，这时应满足以下要求：超出上下控制限的数据视为离群值，应予以删除，剔除后不足 20 个数据时应再测补足，重新计算 $\bar{x}$ 、S，并作图，直到 20 个数据全部落在上下控制限内；上下辅助线范围内的点应多于 2/3，如少于 50%，则说明分散度太大，应重做。连续 7 点位于中心线的同一侧，表示数据不是充分随机的，应重做。

绘制质量控制图，应标明测定项目、质量控制样品浓度、分析方法、实验条件、分析人员及日期等。

质量控制图的使用：使用质量控制图时，要求逐项在测定环境样品的同时，测定相应的质量控制样品，并将控制样品的测定结果点到质量控制图上，以评价当天环境样品的测定结果是否处于控制之中。熟练的分析人员可间隔一定时间。如果点落在上下警告限(UWL)内，说明测定过程处于控制状态。点落在上下警告限和上下控制限之间，应引起重视，初步检查后，采取相应纠正措施。点落在上下控制限之外，说明当天测定过程失控，应立即查明原因，纠正重做。若连续 7 点上升或下降，表示有失控倾向，查明原因，纠正重做。

三、实验室外部的质量控制

实验室间质量控制又称外部质量控制，是指由外部的第三者，如上级监测机构，对实验室及其分析人员的分析质量定期或不定期实行考察的过程。一般采用密码标准样品进行考察，以确定实验室报出可接受的分析结果的能力，并协调判断是否存在系统误差，检查实验室间数据的可比性。

实验室间质量控制的目的是提高各实验室的监测分析水平，增加各实验室之间测定结果的可比性；发现一些实验室内部不易核对的误差来源，如试剂、仪器质量等方面的问题。

外部质量控制的方法通常是由上级监测站对下级监测站进行分析质量考核。在各实验室完成内部质量控制的基础上，由上级监测中心或控制中心提供标准参考样品，分发给各受控实验室。各实验室在规定期间内，对标准参考样品进行测定，并把测定结果报监测中心或控制中心。然后由监测中心将测定结果作统计处理，按有关统计量评价各实验室测定结果的优劣。考核成绩合格的实验室，其监测数据才被承认或接受；对于不合格的实验室，要及时给予技术上的帮助和指导，使之提高监测分析质量。

第五节 标准分析法和环境标准物质

环境监测实验室质量控制体系中所采用的各种手段几乎都离不开标准分析法和标准物质。随着环境监测质量控制的加强和环境监测范围的扩大，环境实验室对标准分析法更加倚重，对标准物质的需求越来越大，标准分析法和标准物质的规范应用和管理显得尤为重要。

一、标准分析方法

对仪器和操作的要求不同，则方法的原理不同，干扰因素也不同，甚至其结果的表示涵义也不尽相同。当采用不同方法测定同一项目时就会产生结果不可比的问题，因此有必要进行分析方法标准化。标准分析方法的选定首先要达到所要求的检测限，其次能提供足够小的随机和系统误差，同时对各种环境样品能得到相近的准确度和精密度，当然也要考虑技术、仪器的现实条件和推广的可能性。

标准分析方法又称分析方法标准，是技术标准中的一种，它是一项文件，是权威机构对某项分析所作的统一规定的技术准则和各方面共同遵守的技术依据，它必须满足以下条件：①按照规定的程序编制；②按照规定的格式编写；③方法的成熟性得到公认，通过协作实验，确定了方法的误差范围；④由权威机构审批和发布。

一个项目的测定往往有多种可供选择的分析方法，这些方法的灵敏度不同，编制和推行标准分析方法的目的是保证分析结果的重复性、再现性和准确性，不但要求同一实验室的分析人员分析同一样品的结果要一致，而且要求不同实验室的分析人员分析同一样品的结果也要一致。

二、分析方法标准化

标准是标准化活动的结果，标准化工作是一项具有高度政策性、经济性、技术性、严密性和连续性的工作，开展这项工作必须建立严密的组织机构。由于这些机构所从事工作的特殊性，要求它们的职能和权限必须受到标准化条例的约束。

三、环境标准物质及其溯源

（一）环境标准物质

国际标准化组织(ISO)将标准物质(reference material，RM)定义为已准确地确定了一个或多个特性量值，很均匀、稳定的物质。特性量值是指物质的物理性质、化学性质(主体和痕量物质的量)、工作参数等；有最接近真值的保证值，统一量值的计算标准。ISO 还定义具有证书的标准物质(certified reference material，CRM)，这类标准物质应带有证书，在证书中应具备有关的特性值、使用和保存方法及有效期。证书由国家权威计量单位发放。

我国的标准物质以 BW 为代号，分为国家一级标准物质和二级标准物质，国家一级标准物质是用绝对测量法或两种以上不同原理的准确、可靠的测量方法进行定值，也可在多个实验室中分别使用准确可靠的方法进行协作定值，定值的准确度应具有国内最高水平，具有国家统一编号的标准物质证书，稳定时间应在一年以上，保证其均匀度在定值的精密度范围内，具有规定的合格的包装形式。

环境标准物质在环境监测中主要用于评价分析方法的准确度和精密度，研究和验证标准方法，发展新的监测方法，校正并标定监测分析仪器，发展新的监测技术在协作实验中用于评价实验室的管理效能和监测人员的技术水平，把标准物质当作工作标准和监控标准使用，实现数据的可比性和时间上的一致性，可作为仲裁依据。以一级标准物质作为真值，控制二级标准物质和质量控制样品的制备和定值，也可为新类型标准物质的研制与生产提供保证。在环境监测中应根据分析方法和被测样品的具体情况使用适当的标准物质。

(二) 量值溯源

实验室应确保其相关检测和/或校准结果能够溯源至国家标准。

实验室应制订和实施仪器设备的校准和/或检定(验证)、确认的总体要求。对于设备校准，应绘制能溯源到国家计量基准的量值传递方框图(适用时)，以确保在用的测量仪器设备量值符合计量法制规定。

检测结果不能溯源到国家标准的，实验室应提供设备比对、能力验证结果的准确性。实验室应制订设备检定和/或校准的计划。在使用对检测、校准的准确性产生影响的测量、检测设备之前，应按照国家相关技术规范或标准进行检定/校准，以保证结果的准确性。

实验室应有参考标准的检定和/或校准计划。参考标准在任何调整之前和之后均应校准。实验室持有的测量参考标准应仅用于校准而不用于其他目的，除非能证明作为参考标准的性能不会失效。

可能时，实验室应使用有证标准物质(参考物质)。没有有证标准物质(参考物质)时，实验室应确保量值的准确性。

实验室应根据规定的程序对参考标准和标准物质(参考物质)进行期间核查，以保持其校准状态的置信度。

实验室应有程序来安全处置、运输、存储和使用参考标准和标准物质(参考物质)，以防止污染或损坏，确保其完整性。

四、环境监测质量控制样品

质量控制样品对每个实验室的质量控制都能够起到质量保证的作用。质量控制样品可以检查校准曲线、技术方法、仪器、分析人员等方面的工作。

质量控制样品的每个测量参数都应该有准确已知的浓度；样品可以是多参数的，能够进行多种项目的分析；样品具有一定的均匀性，稳定期应在一年以上；应防止样品从储存容器中蒸发和泄漏。在设计质量控制样品时应考虑实际样品的浓度范围，如废水排放的高浓度和降水中的低浓度、方法的检测限、排放许可证或标准中规定的界限等。

习　题

1. 为什么在环境监测中要开展质量保证工作？它包括哪些内容？
2. 实验室认可及其原则是什么？
3. 什么是计量认证及审查认可？
4. 实验室认可与计量认证、审查认可有什么不同？
5. 为什么要进行实验室质量保证？它包含哪些内容？
6. 实验室内部质量保证包括哪些内容？
7. 什么是标准物质？

第三章　水和废水监测

【本章教学要点】

知识要点	掌握程度	相关知识
水质监测基本知识	熟悉水体污染特征、监测项目与方法	不同来源水的水质特性
水和废水监测方案	掌握水和废水监测方案和布点方法	水和废水监测方案的制定程序
水样的预处理	熟悉常用的水样预处理方法	复杂水样的特征与预处理方法
水中物理性质的测定	掌握色度、悬浮物等物理性质的测定方法和原理	物理污染的来源与危害
水中金属化合物的测定	掌握各金属化合物的测定方法和原理	金属在环境中的存在形态与危害
非金属无机物的测定	掌握酸碱度、含氮化合物等非金属无机化合物的测定方法和原理	氮、磷等化合物在水体中的迁移转化
有机物的测定	掌握 BOD、COD、挥发酚等有机化合物的测定方法和原理	各有机物评价指标之间的关系
底质的测定	了解水体底质的分析意义与方法	底泥的形成过程
活性污泥性质的测定	了解污泥浓度、污泥体积指数等测定方法	活性污泥的特征及其在水处理中的意义

【导入案例】

2015 年 6 月 14 日，安徽巢湖西坝口至双桥河段 1.5km 沿湖水面出现大片蓝藻集聚现象。随着气温升高，蓝藻进入活跃阶段，西坝口至双桥河段 1.5km，向湖心延伸约 1km 的沿湖水面出现大面积蓝藻集聚，湖水被染成绿色。

应该如何监测该污染事故对浊漳河水体及下游河道的影响？

第一节　概　　述

一、水体与水体污染

水体是地面水、地下水和海洋等“储水体”的总称。在环境科学领域中，水体不仅包括水，也包括水中悬浮物、底泥及水中生物等。

水是一切生命机体的组成物质，也是人类进行生产活动的重要资源。地球上的水分布在海洋、湖泊、沼泽、河流、冰川、雪山，以及大气、生物体、土壤和地层。水的总量约为 $1.4\times10^{18}m^3$，其中海水约占 96.5%，淡水仅约占 2.7%，而人类比较容易利用的淡水资源总计不到淡水总量的1%。

地球上水的循环既包括自然循环，也包括社会循环。在水的社会循环过程中，人类的生产和生活活动产生了大量的工业污水、生活污水、农业回流水及其他废水，这些废水携带的过量污染物进入河流、湖泊、海洋或地下水等水体后，导致水质恶化、水体功能降低或丧失，降低了水体的使用价值，这种现象称为水体污染。水体是否被污染，污染程度如何，需要通过其所含污染物或相关参数的监测结果来判断。

二、水质监测的对象与目的

水质监测按监测对象分为水环境监测和水污染源监测两个方面。水环境监测包括地表水(江、河、湖、库、渠、海水)环境监测和地下水环境监测；水污染源监测包括工业废水、生活污水与医院废水等的监测。进行水质监测的目的可概括为以下几个方面：

(1) 例行监测。经常性地监测江、河、湖、海水等地表水和地下水中的污染物质，以掌握水质现状及其变化趋势。

(2) 监视性监测。生产、生活等废(污)水排放源排放的废(污)水，掌握废(污)水排放量及其污染物浓度和排放总量，评价是否符合排放标准，为污染源管理和排污收费提供依据。

(3) 应急监测。对水环境污染事故进行应急监测，为分析判断事故原因、危害及采取对策提供依据。

(4) 管理性监测。为国家政府部门制订水环境保护标准、法规和规划，为全面开展环境管理工作提供数据和资料。

(5) 研究性监测。为开展水环境质量评价和预测、预报及科学研究提供基础数据和技术手段。

(6) 仲裁性监测。对环境污染纠纷进行仲裁监测，为准确判断纠纷原因和公正执法提供依据。

三、水质监测的项目与监测方法

(一) 水质监测项目

水质监测项目是指表示水质质量的参数，可分为物理指标、化学指标及生物学指标三类。物理指标一般包括色度、浊度、悬浮性固体、水温和放射性等引起水体明显变化的物理因素；化学指标一般包括碱、酸、无机和有机污染物等；生物学指标一般指粪大肠菌群等病原菌。

具体的水质监测项目一般应根据我国最新颁布的环境保护法规，国家、行业及地方污染物排放标准和环境质量标准，以及水污染情况、水体功能、废(污)水中所含污染物及客观条件等因素确定。当标准和法规修订后应采用最新版本。

针对环境管理的不同要求，一些水质监测项目的具体要求可参考表3-1和表3-2。

表3-1 地表水监测项目①

	必测项目	选测项目
河流	水温、pH、溶解氧、高锰酸盐指数、化学需氧量、BOD_5、氨氮、总氮、总磷、铜、锌、氟化物、硒、砷、汞、镉、铬(六价)、铅、氰化物、挥发酚、石油类、阴离子表面活性剂、硫化物和粪大肠菌群	总有机碳、甲基汞,其他项目参照表3-2,根据纳污情况由各级相关环境保护主管部门确定

续表

	必测项目	选测项目
集中式饮用水源地	水温、pH、溶解氧、悬浮物[2]、高锰酸盐指数、化学需氧量、BOD_5、氨氮、总磷、总氮、铜、锌、氟化物、铁、锰、硒、砷、汞、镉、铬(六价)、铅、氰化物、挥发酚、石油类、阴离子表面活性剂、硫化物、硫酸盐、氯化物、硝酸盐和粪大肠菌群	三氯甲烷、四氯化碳、三溴甲烷、二氯甲烷、1,2-二氯乙烷、环氧氯丙烷、氯乙烯、1,1-二氯乙烯、1,2-二氯乙烯、三氯乙烯、四氯乙烯、氯丁二烯、六氯丁二烯、苯乙烯、甲醛、乙醛、丙烯醛、三氯乙醛、苯、甲苯、乙苯、二甲苯[3]、异丙苯、氯苯、1,2-二氯苯、1,4-二氯苯、三氯苯[4]、四氯苯[5]、六氯苯、硝基苯、二硝基苯[6]、2,4-二硝基甲苯、2,4,6-三硝基甲苯、硝基氯苯[7]、2,4-二硝基氯苯、2,4-二氯苯酚、2,4,6-三氯苯酚、五氯酚、苯胺、联苯胺、丙烯酰胺、丙烯腈、邻苯二甲酸二丁酯、邻苯二甲酸二(2-乙基己基)酯、水合肼、四乙基铅、吡啶、松节油、苦味酸、丁基黄原酸、活性氯、滴滴涕、林丹、环氧七氯、对硫磷、甲基对硫磷、马拉硫磷、乐果、敌敌畏、敌百虫、内吸磷、百菌清、甲萘威、溴氰菊酯、阿特拉津、苯并[a]芘、甲基汞、多氯联苯[8]、微囊藻毒素-LR、黄磷、钼、钴、铍、硼、锑、镍、钡、钒、钛、铊
湖泊水库	水温、pH、溶解氧、高锰酸盐指数、化学需氧量、BOD_5、氨氮、总磷、总氮、铜、锌、氟化物、硒、砷、汞、镉、铬(六价)、铅、氰化物、挥发酚、石油类、阴离子表面活性剂、硫化物和粪大肠菌群	总有机碳、甲基汞、硝酸盐、亚硝酸盐，其他项目根据纳污情况由各级相关环境保护主管部门确定
排污河(渠)	根据纳污情况，参照表 3-2 中“工业废水监测项目”	

注：① 监测项目中，有的项目监测结果低于检测限，并确认没有新的污染源增加时可减少监测频次。根据各地经济发展情况不同，在有监测能力(配置 GC/MS)的地区每年应监测 1 次选测项目。

② 悬浮物在 5mg/L 以下时，测定浊度。

③ 二甲苯指邻二甲苯、间二甲苯和对二甲苯。

④ 三氯苯指 1，2，3-三氯苯、1，2，4-三氯苯和 1，3，5-三氯苯。

⑤ 四氯苯指 1，2，3，4-四氯苯、1，2，3，5-四氯苯和 1，2，4，5-四氯苯。

⑥ 二硝基苯指邻二硝基苯、间二硝基苯和对二硝基苯。

⑦ 硝基氯苯指邻硝基氯苯、间硝基氯苯和对硝基氯苯。

⑧ 多氯联苯指 PCB-1016、PCB-1221、PCB-1232、PCB-1242、PCB-1248、PCB-1254 和 PCB-1260。

表 3-2　工业废水监测项目

类型	必测项目	选测项目[1]
黑色金属矿山(包括磷铁矿、赤铁矿、锰矿等)	pH、悬浮物、重金属[2]	硫化物、锑、铋、锡、氯化物
钢铁工业(包括选矿、烧结、炼焦、炼铁、炼钢、连铸、轧钢等)	pH、悬浮物、COD、挥发酚、氰化物、油类、六价铬、锌、氨氮	硫化物、氟化物、BOD_5、铬
有色金属矿山及冶炼(包括选矿、烧结、电解、精炼等)	pH、COD、悬浮物、氰化物、重金属	硫化物、铍、铝、钒、钴、锑、铋
非金属矿物制品业	pH、悬浮物、COD、BOD_5、重金属	油类

续表

类型	必测项目	选测项目[①]
煤气生产和供应业	pH、悬浮物、COD、BOD_5、油类、重金属、挥发酚、硫化物	多环芳烃、苯并[a]芘、挥发性卤代烃
火力发电(热电)	pH、悬浮物、硫化物、COD	BOD_5
电力、蒸气、热水生产和供应业	pH、悬浮物、硫化物、COD、挥发酚、油类	BOD_5
煤炭采造业	pH、悬浮物、硫化物	砷、油类、汞、挥发酚、COD、BOD_5
焦化	COD、悬浮物、挥发酚、氨氮、氰化物、油类、苯并[a]芘	总有机碳
石油开采	COD、BOD_5、悬浮物、油类、硫化物、挥发性卤代烃、总有机碳	挥发酚、总铬
石油加工及炼焦业	COD、BOD_5、悬浮物、油类、硫化物、挥发酚、总有机碳、多环芳烃	苯并[a]芘、苯系物、铝、氯化物
硫铁矿	pH、COD、BOD_5、硫化物、悬浮物、砷	
磷矿	pH、氟化物、悬浮物、磷酸盐、黄磷、总磷	
汞矿	pH、悬浮物、汞	硫化物、砷
硫酸	酸度(或 pH)、硫化物、重金属、悬浮物	砷、氟化物、氯化物、铝
氯碱	碱度(或酸度、pH)、COD、悬浮物	汞
铬盐	酸度(或碱度、pH)、六价铬、总铬、悬浮物	汞
有机原料	COD、挥发酚、氰化物、悬浮物、总有机碳	苯系物、硝基苯类、总有机碳、有机氯类、邻苯二甲酸酯等
塑料	COD、BOD_5、油类、总有机碳、硫化物、悬浮物	氯化物、铝
化学纤维	pH、COD、BOD_5、悬浮物、总有机碳、油类、色度	氯化物、铝
橡胶	COD、BOD_5、油类、总有机碳、硫化物、六价铬	苯系物、苯并[a]芘、重金属、邻苯二甲酸酯、氯化物等
医药生产	pH、COD、BOD_5、油类、总有机碳、悬浮物、挥发酚	苯胺类、硝基苯类、氯化物、铝
染料	COD、苯胺类、挥发酚、总有机碳、色度、悬浮物	硝基苯类、硫化物、氯化物
颜料	COD、硫化物、悬浮物、总有机碳、汞、六价铬	色度、重金属
油漆	COD、挥发酚、油类、总有机碳、六价铬、铅	苯系物、硝基苯类
合成洗涤剂	COD、阴离子合成洗涤剂、油类、总磷、黄磷、总有机碳	苯系物、氯化物、铝
合成脂肪酸	pH、COD、悬浮物、总有机碳	油类
聚氯乙烯	pH、COD、BOD_5、总有机碳、悬浮物、硫化物、总汞、氯乙烯	挥发酚

续表

类型	必测项目	选测项目①
感光材料，广播电影电视业	COD、悬浮物、挥发酚、总有机碳、硫化物、银、氰化物	
其他有机化工	COD、BOD_5、悬浮物、油类、挥发酚、氰化物、总有机碳	pH、硝基苯类、氯化物
磷肥	pH、COD、BOD_5、悬浮物、磷酸盐、氟化物、总磷	砷、油类
氮肥	COD、BOD_5、悬浮物、氨氮、挥发酚、总氮、总磷	砷、铜、氰化物、油类
合成氨工业	pH、COD、悬浮物、氨氮、总有机碳、挥发酚、硫化物、氰化物、石油类、总氮	镍
有机磷	COD、BOD_5、悬浮物、挥发酚、硫化物、有机磷、总磷	总有机碳、油类
有机氯	COD、BOD_5、悬浮物、硫化物、挥发酚、有机氯	总有机碳、油类
除草剂工业	pH、COD、悬浮物、总有机碳、百草枯、阿特拉津、吡啶	除草醚、五氯酚、五氯酚钠、2，4-D、丁草胺、绿麦隆、氯化物、铝、苯、二甲苯、氨、氯甲烷、联吡啶
电镀	pH、碱度、重金属、氰化物	钴、铝、氯化物、油类
烧碱	pH、悬浮物、汞、石棉、活性氯	COD、油类
电气机械及器材制造业	电气机械及器材制造业 pH、COD、BOD5、悬浮物、油类、重金属	总氮、总磷
普通机械制造	COD、BOD_5、悬浮物、油类、重金属	氰化物
电子仪器、仪表	pH、COD、BOD_5、氰化物、重金属	氟化物、油类
造纸及纸制品业	酸度(或碱度)、COD、BOD_5、可吸附有机卤化物(AOX)、pH、挥发酚、悬浮物、色度、硫化物	木质素、油类
纺织染整业	pH、色度、COD、BOD_5、悬浮物、总有机碳、苯胺类、硫化物、六价铬、铜、氨氮	总有机碳、氯化物、油类、二氧化氯
皮革、毛皮、羽绒服及其制品	pH、COD、BOD_5、悬浮物、硫化物、总铬、六价铬、油类	总氮、总磷
水泥	pH、悬浮物	油类
油毡	COD、BOD_5、悬浮物、油类、挥发酚	硫化物、苯并[a]芘
玻璃、玻璃纤维	COD、BOD_5、悬浮物、氰化物、挥发酚、氟化物	铅、油类
陶瓷制造	pH、COD、BOD_5、悬浮物、重金属	
石棉(开采与加工)	pH、石棉、悬浮物	挥发酚、油类
木材加工	COD、BOD_5、悬浮物、挥发酚、pH、甲醛	硫化物
食品加工	pH、COD、BOD_5、悬浮物、氨氮、硝酸盐氮、动植物油	总有机碳、铝、氯化物、挥发酚、铅、锌、油类、总氮、总磷
屠宰及肉类加工	pH、COD、BOD_5、悬浮物、动植物油、氨氮、粪大肠菌群	石油类、细菌总数、总有机碳

续表

类型	必测项目	选测项目①
饮料制造业	pH、COD、BOD_5、悬浮物、氨氮、粪大肠菌群	细菌总数、挥发酚、油类、总氮、总磷
弹药装药	弹药装药 pH、COD、BOD_5、悬浮物、梯恩梯(TNT)、地恩梯(DNT)、黑索今(RDX)	硫化物、重金属、硝基苯类、油类
火工品	pH、COD、BOD_5、悬浮物、铅、氰化物、硫氰化物、铁(Ⅰ、Ⅱ)氰配合物	肼和叠氮化物(叠氮化钠生产厂为必测)、油类
火炸药	pH、COD、BOD_5、悬浮物、色度、铅、TNT、DNT、硝化甘油(NG)、硝酸盐	油类、总有机碳、氨氮
航天推进剂	pH、COD、BOD_5、悬浮物、氨氮、氰化物、甲醛、苯胺类、肼、一甲基肼、偏二甲基肼、三乙胺、二乙烯三胺	油类、总氮、总磷
船舶工业	pH、COD、BOD_5、悬浮物、油类、氨氮、氰化物、六价铬	总氮、总磷、硝基苯类、挥发性卤代烃
制糖工业	pH、COD、BOD_5、色度、油类	硫化物、挥发酚
电池	pH、重金属、悬浮物	酸度、碱度、油类
发酵和酿造工业	pH、COD、BOD_5、悬浮物、色度、总氮、总磷	硫化物、挥发酚、油类、总有机碳
货车洗刷和洗车	pH、COD、BOD_5、悬浮物、油类、挥发酚	重金属、总氮、总磷
管道运输业	pH、COD、BOD_5、悬浮物、油类、氨氮	总氮、总磷、总有机碳
宾馆、饭店、游乐场所及公共服务业	pH、COD、BOD_5、悬浮物、油类、挥发酚、阴离子洗涤剂、氨氮、总氮、总磷	粪大肠菌群、总有机碳、硫化物
绝缘材料	pH、COD、BOD_5、挥发酚、悬浮物、油类	甲醛、多环芳烃、总有机碳、挥发性卤代烃
卫生用品制造业	pH、COD、悬浮物、油类、挥发酚、总氮、总磷	总有机碳、氨氮
生活污水	pH、COD、BOD_5、悬浮物、氨氮、挥发酚、油类、总氮、总磷、重金属	氯化物
医院污水	pH、COD、BOD_5、悬浮物、油类、挥发酚、总氮、总磷、汞、砷、粪大肠菌群、细菌总数	氰化物、氯化物、醛类、总有机碳

注：表中所列必测项目、选测项目的增减，由县级以上环境保护行政主管部门认定。

① 选测项目同表 3-1 注①。

② 重金属是指 Hg、Cr、Cr(Ⅵ)、Cu、Pb、Zn、Cd 和 Ni 等，具体监测项目由县级以上环境保护行政主管部门认定。

(1) 河流必测项目：水位、流量、电导率及《地表水环境质量标准》(GB 3838—2002)规定的高锰酸盐指数、化学需氧量等 23 项，共计 26 项。

(2) 湖库必测项目：《地表水环境质量标准》相关项目。

(3) 目标考核断面监测项目：目标考核责任书确定的项目。

(4) 地下水监测项目：pH、总硬度、溶解性总固体、氨氮、高锰酸盐指数、挥发酚、硝酸盐氮、亚硝酸盐氮、氯化物、硫酸盐、氟化物、氰化物、六价铬、总大肠菌群、浊度、石油类、阴离子表面活性剂、铁、锰、砷、汞、镉、镁、铅共 24 项。

(5) 近岸海域环境质量和功能区水质监测项目：水温、盐度、悬浮物、溶解氧、pH、化学需氧量(碱性锰法)、石油类、活性磷酸盐、硝酸盐氮、亚硝酸盐氮、氨氮、非离子氨、汞、铅、铜、镉共 16 项。每年按照《海水水质标准》(GB 3097—1997)开展一期全项监测(放射性核素、病原体、苯并芘除外)。

(6) 入海河流污染物通量监测项目：流量、高锰酸盐指数、氨氮、石油类、挥发酚、汞、铅、总氮、总磷、镉、铜。入海河流水质监测在河流必测项目的基础上增加“电导率”和“盐度”两项指标。

(二) 水质监测方法

我国各类水质标准(或技术规范)中要求控制的监测项目影响范围广，危害大，已建立了可靠的监测分析方法。正确选择监测分析方法是获得准确结果的关键之一。选择分析方法应遵循的原则是：①灵敏度能满足定量要求；②方法成熟、准确；③操作简便，易于普及；④抗干扰能力强。

根据上述原则，为使监测数据具有可比性，各国在大量实践的基础上，对各类水体中的不同污染物都编制了相应的分析方法。这些方法分以下三个层次，并互相补充，构成了完整的监测分析方法体系。

1. 国家标准分析方法

我国已编制 60 多项包括采样在内的标准分析方法，这是一些比较经典、准确度较高的方法，是环境污染纠纷法定的仲裁方法，也是用于评价其他分析方法的基准方法。

2. 统一分析方法

有些项目的监测方法尚不够成熟，但有些项目又急需测定，因此，经过研究作为统一方法予以推广，在使用中积累经验，不断完善，为上升为国家标准方法创造条件。

3. 等效方法

与前两类方法的灵敏度、准确度具有可比性的分析方法称为等效方法。这类方法可采用新的技术，应鼓励有条件的单位先用，以推动监测技术的进步。但是，新方法必须经过方法验证和对比实验，证明其与标准方法或统一方法是等效的才能使用。

按照监测方法所依据的原理，水质监测常用的方法有化学法、电化学法、原子吸收分光光度法、离子色谱法、气相色谱法、等离子发射光谱法等。其中物理化学法(包括重量分析法、滴定分析法和分光光度法)目前在国内外水质常规监测中被普遍采用，占各项目测定方法总数的 50%以上。表 3-3 是《水和废水监测分析方法》(第四版)列出的各类监测方法测定项目。

表 3-3　各类监测分析方法测定项目

方法	测定项目
重量分析法	悬浮物、可滤残渣、矿化度、SO_4^{2-}、石油类
滴定分析法	酸度、碱度、溶解氧、CO_2、总硬度、Ca^{2+}、Mg^{2+}、氨氮、Cl^-、CN^-、S^{2-}、COD、BOD_5、高锰酸盐指数、游离氯和总氯、挥发酚等
分光光度法	Ag、As、Be、Ba、Co、Cr、Cu、Hg、Mn、Ni、Pb、Fe、Sb、Zn、Th、U、B、P、氨氮、NO_2^-、NO_3^-、凯氏氮、总氮、F^-、CN^-、SO_4^{2-}、S^{2-}、游离氯和总氯、浊度、挥发酚、甲醛、三氯乙醛、苯胺类、硝基苯类、阴离子表面活性剂、石油类等

续表

方法	测定项目
原子吸收法	K、Na、Ag、Ca、Mg、Be、Ba、Cd、Cu、Zn、Ni、Pb、Sb、Fe、Mn、Al、Cr、Se、In、Ti、V、S^{2-}、SO_4^{2-}、Hg、As 等
等离子体发射光谱法	K、Na、Ca、Mg、Ba、Be、Pb、Zn、Ni、Cd、Co、Fe、Cr、Mn、V、Al、As 等
气体分子吸收光谱法	NO_2^-、NO_3^-、氨氮、凯氏氮、总氮、S^{2-}
离子色谱法	F^-、Cl^-、NO_2^-、SO_4^{2-}、HPO_4^{2-}等
电化学法	电导率、Eh、pH、DO、酸度、碱度、F^-、Cl^-、Pb、Ni、Cu、Cd、Mo、Zn、V、COD、BOD_5、可吸附有机卤素、总有机卤化物等
气相色谱法	苯系物、挥发性卤代烃、挥发性有机化合物、三氯乙醛、五氯酚、氯苯类、硝基苯类、六六六、DDT、有机磷农药、阿特拉津、丙烯腈、丙烯醛、元素磷等
高效液相色谱法	多环芳烃、酚类、苯胺类、邻苯二甲酸酯类、阿特拉津等
气相色谱-质谱法	挥发性有机化合物、半挥发性有机化合物、苯系物、二氯酚和五氯酚、邻苯二甲酸酯和己二酸酯、有机氯农药、多环芳烃类、多氯联苯、有机锡化合物等
非色散红外吸收法	总有机碳、石油类等
荧光分光光度法	苯并[a]芘等
比色法和比浊法	I^-、F^-、色度、浊度等
生物监测法	浮游生物、着生生物、底栖动物、鱼类生物、初级生产力、细菌总数、总大肠菌群、粪大肠菌群、沙门氏菌属、粪链球菌、生物毒性试验、Ames 试验、姐妹染色体交换(SCE)试验、植物微核试验等

四、废水排放量监测

《水污染物排放总量监测技术规范》(HJ/T 92—2002)规定，用某一时段污染物平均浓度乘以该时段废(污)水排放量即为该时段污染物的排放总量。因此，实施污染物总量监测时必须对废水排放量(流量)进行测量。

废水流量又分为瞬时流量、平均流量和时间积分流量。

(1) 瞬时流量。对“流量-时间”排放曲线波动较小的污水排放渠道，用瞬时流量代表平均流量引起的误差值小于 10%时，可以用某一时段内任意时间测得的瞬时流量乘以该时段的时间表示该时段的流量。

(2) 平均流量。对排放污水“流量-时间”排放曲线有明显波动，但波动有固定规律时，可以用该时段中几个等时间间隔的瞬时流量计算出平均流量，然后用平均流量乘以时间表示该时段的流量。

(3) 时间积分流量。对排放污水的“流量-时间”排放曲线既有明显波动又无规律可循，则必须连续测定流量，流量对时间的积分即为总流量。

流量测量可用流速仪法、溢流槽法、量水槽法、容器法、浮标法和压差法等。使用超声波式、电容式、浮子式或潜水电磁式污水流量计测量污水流量，所使用的流量计必须符合有关标准规定。在采样点需修建能满足采样和安装流量计的建筑物，一般修建满足采样测流的阴井或 10m 左右的平直明渠。如建设标准的测流槽(如矩形、梯形或 U 形槽等)或建设标准的测流堰(如矩形薄壁堰、三角薄壁堰等)，所使用的测流槽、堰必须符合有关标准规定的要求。

(1) 流速仪法。通过测量排污渠道的过水截面积，以流速仪测量污水流速，计算污水量。

选用流速仪适当，可以测量很宽范围的流量，一旦易受污水水质影响，难用于污水量的连续测定。排污截面底部需硬质平滑、截面形状规则，排污口处有 3～5m 的平直过流水段，且水位高度不小于 0.1m。

(2) 溢流槽法。在固定形状的渠道上安装特定形状的开口堰板，根据过堰水头与流量的固定关系，测量污水流量。根据污水量大小可选择三角堰、矩形堰、梯形堰等。溢流堰法精度较高，在安装液位计后可实行连续自动测量。固体沉积物在堰前堆积或藻类等物质在堰板上黏附会影响测量精度。

(3) 量水槽法。在明渠或涵管内安装量水槽，测量其上游水位可以计量污水量。常用的有巴氏计量槽(图 3-1)，可以获得较高的精度(±2%～±5%)。常和超声波液位仪联用进行连续自动测量，水头损失小、容量壅水高度小、底部冲刷力大，不易沉积杂物。

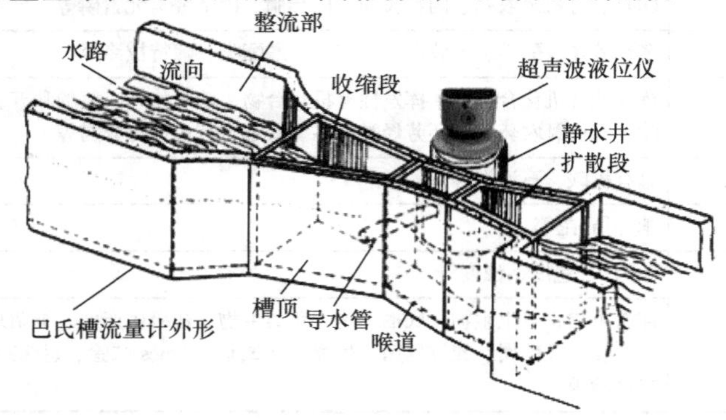

图 3-1　巴氏明渠流量计示意图

(4) 容器法。将污水纳入已知的容器中，测定其充满容器所需要的时间，从而计算污水量的方法。本法简单易行，测量精度较高，适用于计量污水量较小的连续或间歇排放的污水。适用于流量小于 50t/d 的排放口。但溢流口与受纳水体应有适当落差或能用导水管形成落差。

(5) 浮标法。是一种最简单易行的方法，可采用一块木头或装有少量水的瓶，在木头上或瓶口上插小旗作为浮标，利用计时工具(如手表等)测定浮标通过污水渠中相距一定距离的两点的时间即可求出流速。通常用每秒通过的米数来表示这一速度。要求排污口上溯有一段底壁平滑且长度不小于 10m 的无弯曲的有一定液面高度的排污渠道，并经常进行疏通、消障。

(6) 压差法。利用流体流经节流装置时所产生的压力差与流量之间存在一定关系的原理，通过测量压差来实现流量测定。

扩展案例 3-1

污水流量计(图 3-2)由水位流速传感器(探头)和上位机(终端机)及通信电缆组成，是用来测量管道内和渠道内各种污水的体积流量的仪表。污水流量计测量管内无活动部件和阻力部件，无压损，不会产生阻塞，测量可靠，抗干扰能力强，体积小，质量轻，安装方便，维护方便，测量范围宽，测量不受流体温度、密度、压力、黏度、电导率等变化的影响，可在老管道上开孔改造安装，施工安装简单，工程量小。

多普勒流量计(图 3-3)是一种完全独立的便携式流量计，可以同时记录管道中瞬时流量、总流量、流速、pH 及井下温度等多种参数。其测量原理是以物理学中的多普勒效应为基础，根据声学多普勒效应，当声源和观察者之间存在相对运动时，观察者所感受到的声频率将不同于声源所发出的频率。这个因相对运动而产生的频率变化与两物体的相对速度成正比。

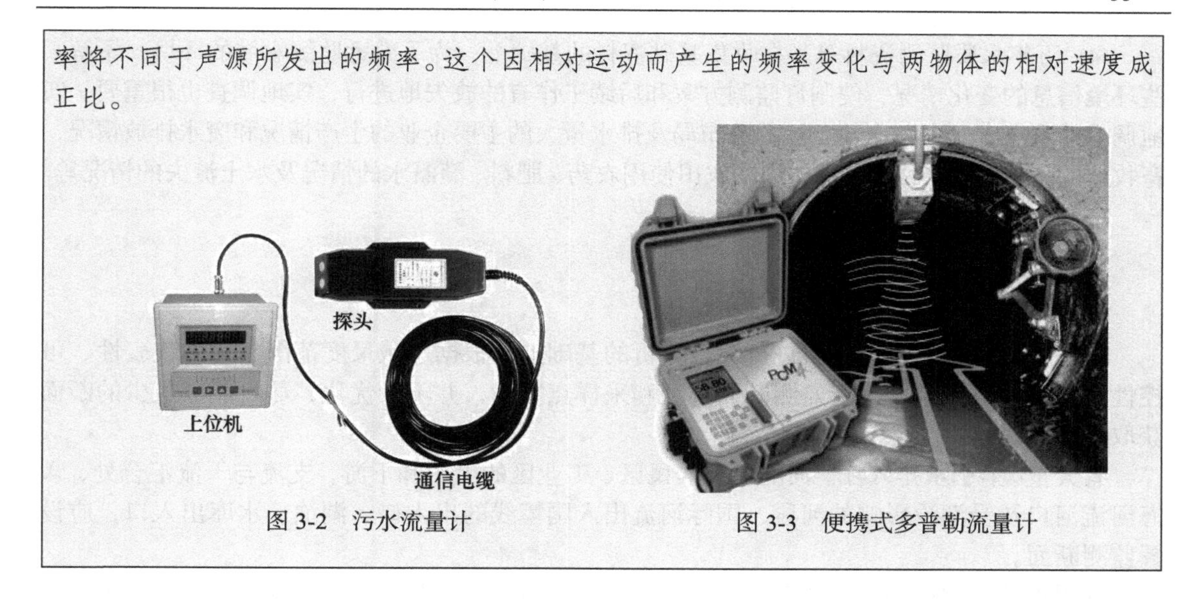

图 3-2　污水流量计　　图 3-3　便携式多普勒流量计

第二节　水质监测方案的制订

监测方案是完成一项监测任务的程序和技术方法的总体设计，设计和制订水质监测方案的一般考虑因素和程序如图 3-4 所示。

一、地表水监测方案的制订

地表水(surface water)是河流、湖泊、水库、沼泽和冰川的总称。

(一) 背景调查

在制订监测方案之前，应尽可能完备地收集与监测水体及所在区域有关的资料，进而确定要监测的项目。可以从规划、环保、水利、气象等部门取得的资料主要有以下方面：

(1) 水体的水文、气候、地质和地貌资料。例如，水位、水量、流速及流向的变化，降水量、蒸发量及历史上的水情，河流的宽度、深度、河床结构及地质状况，湖泊沉积物的特性、间温层分布、等深线等。

(2) 水体沿岸城市分布、人口分布、工业布局、污染源及其排污情况、城市排水及农田灌溉排水情况、化肥和农药施用情况等。

(3) 水体沿岸的资源现状和水资源的用途，饮用水源分布和重点水源保护区，水体流域土地功能及近期使用计划等。

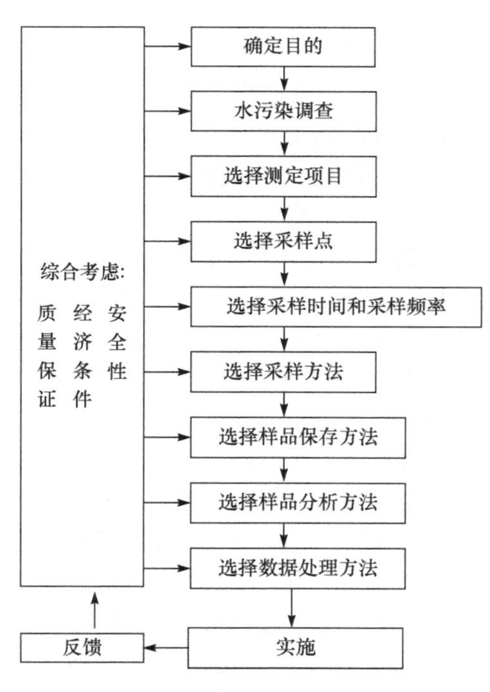

图 3-4　水质监测方案的制订程序

(4) 历年水质监测资料等。在收集基础资料的基础上，为了熟悉监测水域的环境，了解某些环境信息的变化情况，使制订监测方案和后续工作有的放矢地进行，实地调查也很重要。实地调查的重点应放在如本地工业的总布局及排水量大的主要企业的生产情况和废水排放情况，畜牧业的分布和生产情况，水体周围农田使用农药、肥料、灌溉水的情况及水土流失的情况等。

(二) 布点

1. 布点原则

在调查研究和对有关资料进行综合分析的基础上，根据水域尺度范围，考虑代表性、可控性及经济性等因素，确定监测断面类型和采样点数量，并不断优化，尽可能以最少的断面获取足够的代表性环境信息。

有大量废(污)水排入江、河的主要居民区、工业区的上游和下游，支流与干流汇合处，入海河流河口及受潮汐影响的河段，国际河流出入国境线的出入口，湖泊、水库出入口，应设置监测断面。

饮用水源地和流经主要风景区、自然保护区、与水质有关的地方病发病区、严重水土流失区及地球化学异常区的水域或河段，应设置监测断面。

监测断面的位置要避开死水区、回水区、排污口处，尽量选择河床稳定、水流平稳、水面宽阔、无浅滩的顺直河段。

监测断面应尽可能与水文测量断面一致，以便利用其水文资料。

2. 河流监测断面的布设

河流监测断面指在河流采样时，实施水样采集的整个剖面，分为背景断面、对照断面(或入境断面)、控制断面、削减断面、入海口断面等。

(1) 背景断面。设在基本上未受人类活动影响的河段，能够提供水环境背景值的断面。用于评价一个完整水系的污染程度。

(2) 对照断面(入境断面)。指具体判断某一区域水环境污染程度时，位于该区域所有污染源上游处，能够提供这一区域水环境本底值的断面。一个河段一般只设一个对照断面。有主要支流时可酌情增加。

(3) 控制断面。为了解水环境受污染程度及其变化情况而布设。控制断面的数目应根据城市的工业布局和排污口分布情况而定，一般设在排污区(口)下游 500～1000m 处，废(污)水与江、河水基本混匀处。

控制断面的数量、控制断面与排污区(口)的距离可根据主要污染区的数量及其间的距离、各污染源的实际情况、主要污染物的迁移转化规律和其他水文特征等因素确定。在流经特殊要求地区(如饮用水源地及与其有关的地方病发病区、风景区、严重水土流失区及地球化学异常区等)的河段上也应设置控制断面。

(4) 削减断面。指河流受纳废(污)水后，经稀释扩散和自净作用，污染物浓度显著降低，左、中、右三点浓度差异较小的断面，通常设在城市或工业区最后一个排污口下游 1500m 以外的河段上。

对流域或水系要设立背景断面、控制断面(若干)和入海口断面。对行政区域可设背景断面(对水系源头)或对照断面(对过境河流)、控制断面(若干)和入海河口断面或出境断面。在各控制断面下游，如果河段有足够长度(至少 10km)，还应设削减断面。具体设置情况可参照图 3-5 所示。

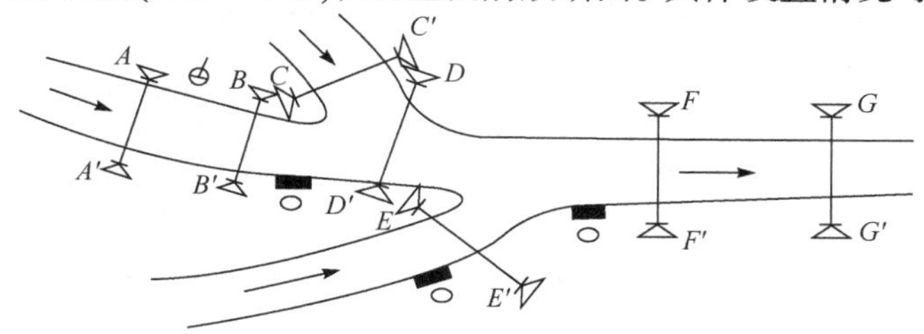

图 3-5　河流监测断面设置示意图

→ 水流方向；Δ-Δ采样断面；自来水厂取水点；○污染源；■排污口；*A-A'*对照断面；*G-G'*削减断面；其他：控制断面

如根据水体功能区设置控制监测断面，同一水体功能区至少要设置 1 个监测断面，如饮用水源区、污水排放区域、主要风景游览区及重大水利设施所在地等功能区。

另外，有时为特定的环境管理需要，如定量化考核、监视饮用水源和流域污染源限期达标排放等，还要设置管理断面。其他应设置的监测断面如下：

(1) 水系的较大支流汇入前的河口处，以及湖泊、水库、主要河流的出、入口。

(2) 国际河流出、入国境的交界处应设置出境断面和入境断面。

(3) 国务院环境保护行政部门统一设置省(自治区、直辖市)交界断面。

(4) 对流程较长的重要河流，为了解水质、水量变化情况，经适当距离后应设置监测断面。

(5) 水网地区流向不定的河流，应根据常年主导流向设置监测断面。应视实际情况设置若干控制断面，其控制的径流量之和应不少于总径流量的 80%。

(6) 有水工建筑物并受人工控制的河段，视情况分别在坝、堰上下设置断面。如水质无明显差别，可只在坝、堰上设置监测断面。

(7) 饮用水水源地在取水口上游一级保护区、二级保护区水域边界至少各设置一个监测点位。

具体采样断面的布设要依据环境管理尤其是环境质量的总体评价、环境质量考核和环境质量目标逐步改善的功能进行设置，并依据现场条件进行优化。

3. 湖泊、水库监测垂线(或断面)的布设

湖泊、水库通常只设监测垂线。若湖(库)区无明显功能区别，可用网格法均匀设置监测垂线，其垂线数根据湖(库)面积、湖内形成环流的水团数及入湖(库)河流数等因素酌情确定。湖(库)区的不同水域，如进水区、出水区、深水区、浅水区、湖心区、岸边区等按水体类别和功能设置监测垂线。

受污染影响较大的重要湖泊、水库的污染物扩散途径上及以湖(库)的各功能区如饮用水源、排污口、风景游览区等为中心，在其辐射线上布设弧形监测断面。不同水域湖(库)采样断面设置如图 3-6 所示。

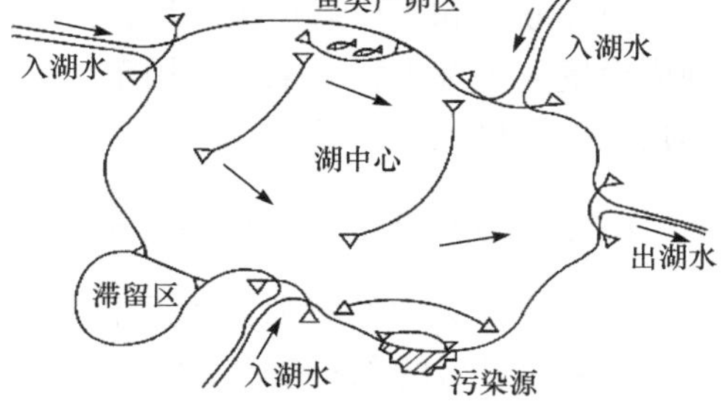

图 3-6　湖(水库)监测断面设置示意图

Δ-Δ为监测断面

4. 采样点位的确定

设置监测断面后，应根据水面的宽度确定断面上的采样垂线，再根据采样垂线处水深确定采样点的数目和位置。一个监测断面上设置的采样垂线数与各垂线上的采样点数应分别符合表 3-4 和表 3-5 中的要求。

表 3-4　河流采样垂线的设置

水面宽(B)/m	布设位置	说明
$B \leq 50$	一条(中泓)	1. 垂线布设应避开污染带，若测污染带水质应另加垂线 2. 确能证明该断面水质均匀时，可仅设中泓线 3. 凡在该断面要计算污染物通量时，必须按此表设置
$50 < B \leq 100$	两条(近左、右岸有明显水流处)	
$B > 100$	三条(中泓线及近左、右岸有明显水流处)	

表 3-5　河流采样垂线上采样点的设置

水深(H)/m	采样点数及位置	说明
$H \leq 5$	1 点(水面下 0.5m 处，不足 0.5m 时，在水深 1/2 处)	1. 封冻时在冰下 0.5 m 处采样，水深不到 0.5m 时，在水深 1/2 处采样 2. 凡在该断面要计算污染物通量时，必须按此表设置
$5 < H \leq 10$	2 点(水面下 0.5m 和河底上 0.5m)	
$H > 10$	3 点(水面下 0.5m、水深 1/2 处、河底上 0.5m)	

湖泊、水库监测垂线上采样点的布设与河流相同(表 3-6)，但如果存在温度分层现象，应先测定不同水深处的水温、溶解氧等参数，确定分层情况后，再确定垂线上采样点位和数目。

表 3-6　湖泊、水库采样垂线上采样点的设置

水深(H)/m		采样点数及位置	说明
$H \leq 5$		1 点(水面下 0.5m 处)	1. 分层指湖水温度分层 2. 水深不到 1m，在水深 1/2 处采样 3. 有充分证据证实垂线水质均匀时，可酌情减少测点
$5 < H \leq 10$	不分层	2 点(水面下 0.5m 和水底上 0.5m)	
	分层	3 点(水面下 0.5m、1/2 斜温层、水底上 0.5m)	
$H > 10$		水面下 0.5m、水底上 0.5m 外，按每一斜温层分层 1/2 处设置	

海域的采样点也根据水深分层设置，如水深 50～100m，在表层、10m 层、50m 层和底层设采样点。

监测断面和采样点位确定后，其所在位置应有固定的天然标志物；如果没有天然标志物，则应设置人工标志物或采样时用定位仪(GPS)定位，使每次采集的样品都取自同一位置，保证其代表性和可比性。

(三) 采样时间和采样频率的确定

确定采样频次的原则：依据不同的水体功能、水文要素、污染源和污染物排放等实际情况，力求以最低的采样频次，取得最有时间代表性的样品，既要满足能反映水质状况的要求，又要切实可行。为使采集的水样能够反映水质在时间和空间上的变化规律，必须合理地安排采样时间和采样频率，《地表水和污水监测技术规范》要求如下：

(1) 饮用水源地、各行政区交接断面中需要重点控制的监测断面每月至少采样 1 次，全年采样监测不少于 12 次，采样时间根据具体情况选定。

(2) 对于较大水系干流和中、小河流，全年采样监测次数不少于 6 次。采样时间为丰水期、枯水期和平水期，每期采样 2 次。流经城市或工业区，污染较重的河流，游览水域，全年采样监测不少于 12 次。采样时间为每月 1 次或视具体情况选定。底泥每年枯水期采样监测 1 次。

(3) 潮汐河流全年在丰、枯、平水期采样监测，每期采样两天，分别在大潮期和小潮期进行，每次应采集当天涨、退潮水样分别测定。

(4) 设有专门监测站的湖泊、水库每月采样监测 1 次，全年不少于 12 次。其他湖、库全年采样监测 2 次，枯、丰水期各 1 次。有废(污)水排入，污染较重的湖、库应酌情增加采样次数。

(5) 背景断面每年采样监测 1 次，在污染可能较重的季节进行。

(6) 排污渠每年采样监测不少于 3 次。

(7) 海水水质常规监测，每年按丰、平、枯水期或季度采样监测 2～4 次。

(8) 遇有特殊自然情况，或发生污染事故时，应及时实施“应急监测”方案，随时增加采样频次。

(四) 采样及监测技术的选择

要根据监测对象的性质、含量范围及测定要求等因素选择适宜的采样、监测方法和技术，其详细内容将在本章以下各节中分别介绍。

阅读材料

2012 年 1 月 15 日，广西壮族自治区河池市宜州市环保部门在龙江河拉浪水电站内发现死鱼现象。调查发现，龙江河宜州拉浪码头前 200m 处水质重金属镉含量超标。当地迅速启动应急预案，根据污染源状况及龙江水用途，在龙江宜州到柳州段共布设 9 个监测断面(图 3-7)，分别监测污染物迁移情况、处理措施效果，同时重点监测水源水质状况。随着水体污染团 26 日进入柳州市境内，柳江以位于柳城县凤山镇的龙江与融江交叉口为起点，下游 3km 处一度检测出镉超标轻微污染，但 26 日 22 时之后发布的监测数据显示，这个监测点镉浓度在国家标准线以下。

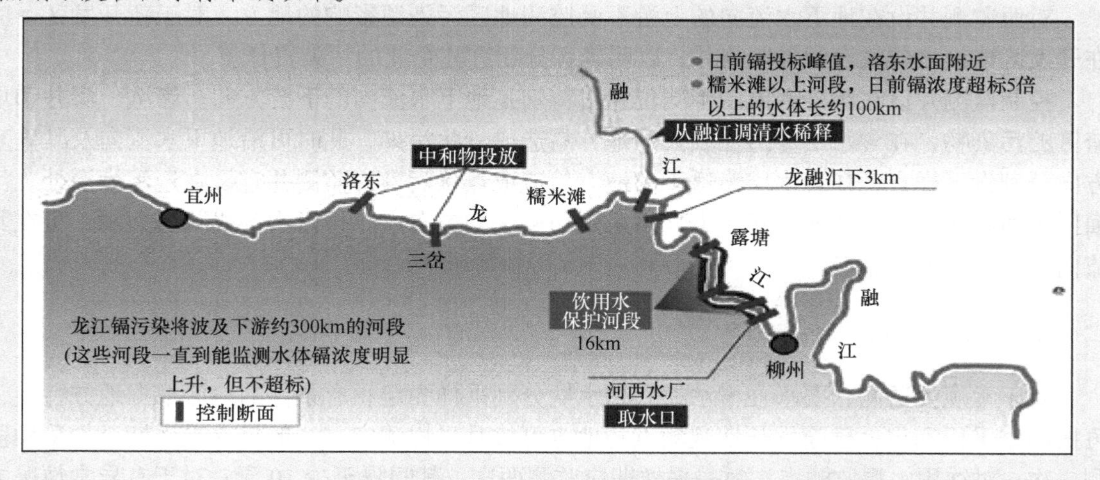

图 3-7 龙江镉污染监测断面布点图

二、地下水监测方案的制订

储存在土壤和岩石空隙(孔隙、裂隙、溶隙)中的水统称地下水。地下水埋藏在地层的不同深度，相对地面水而言，其流动性小，水质参数的变化比较缓慢。地下水质监测方案的制订过程与地面水基本相同。

(一) 资料收集和调查

(1) 收集、汇总监测区域的水文、地质、气象等方面的有关资料和以往的监测资料，如地质图、剖面图、测绘图、水井的成套参数、含水层、地下水补给、径流和流向，以及温度、湿度、降水量等。

(2) 调查监测区域内城市发展、工业分布、资源开发和土地利用情况，尤其是地下工程规模、应用等；了解区域内化肥和农药的施用面积和施用量；调查污水灌溉、排污、纳污和地面水污染现状。

(3) 测量或查知水位、水深，以确定采水器和泵的类型、所需费用和采样程序。

(4) 在完成以上调查的基础上，确定主要污染源和污染物，并根据地区特点与地下水的主要类型把地下水分成若干个水文地质单元。

(二) 监测井位的布设

由于地质结构复杂，地下水采样点的布设也变得复杂。地下水一般呈分层流动，侵入地下水的污染物、渗滤液等可沿垂直方向运动，也可沿水平方向运动；同时，各深层地下水(也称承压水)之间也会发生串流现象。因此，布点时不但要掌握污染源分布、类型和污染物扩散条件，还要弄清地下水的分层和流向等情况。通常布设两类采样点，即对照监测井和控制监测井。监测井可以是新打的，也可利用已有的水井。

对照监测井设在地下水流向的上游不受监测地区污染源影响的地方。对于新开发区，应在开发区建设之前建设背景监测井，以明确区分新进驻企业的污染责任。

控制监测井设在污染源周围不同位置，特别是地下水流向的下游方向。渗坑、渗井和堆渣区的污染物，在含水层渗透性较大的地方易造成带状污染，此时可沿地下水流向及其垂直方向分别设采样点；在含水层渗透小的地方易造成点状污染，监测井宜设在近污染源处。污灌区等面状污染源易造成块状污染，可采用网格法均匀布点。排污沟等线状污染源，可在其流向两岸适当地段布点。

(三) 采样时间和采样频率

对于常规性监测，要求在丰水期和枯水期分别采样测定；有条件的地区根据地方特点，可按四季采样测定；已建立长期观测点的地方可按月采样测定。一般每一采样期至少采样监测一次；对饮用水源监测点，每一采样期应监测两次，其间隔至少 10 天；对于有异常情况的监测井，应酌情增加采样监测次数。

监测方案其他内容同地表水监测方案。

阅读材料

在多种污染源作用下，我国浅层地下水污染严重且污染速度快，如图 3-8 所示。2011 年，全国 200 个城市地下水质监测中，“较差～极差”水质占总比例的 55%，并且与一年前相比，15.2%的监测点水质在变差。

根据国土资源部十年前的调查，197 万公里的平原区，浅层地下水已不能饮用的面积达 60%。改善地下水污染形势已刻不容缓。按环保部等部门制订的规划，到 2020 年，对典型地下水污染源实现全面监控。

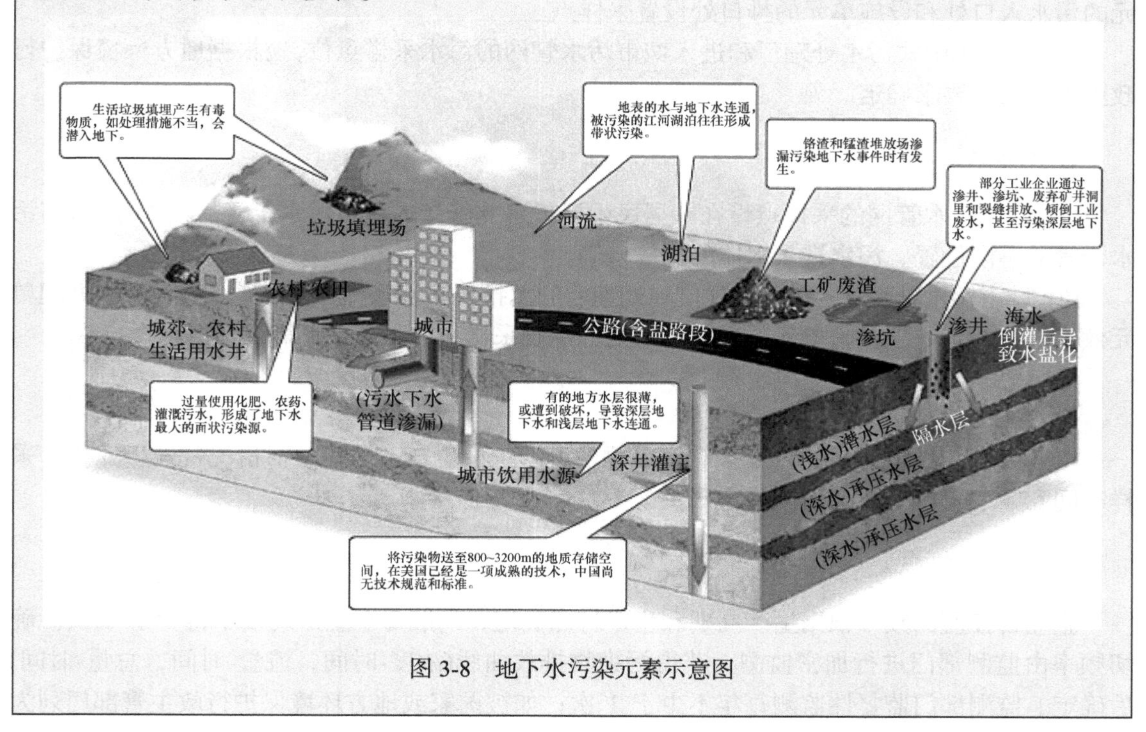

图 3-8 地下水污染元素示意图

三、水污染源监测方案的制订

水污染源包括工业废水、城市污水等。在制订监测方案时，首先要进行调查研究，收集有关资料，查清用水情况、废水或污水的类型、主要污染物及排污去向和排放量，车间、工厂或地区的排污口数量及位置，废水处理情况，是否排入江、河、湖、海，流经区域是否有渗坑等。然后进行综合分析，确定监测项目、监测点位，选定采样时间和频率、采样和监测方法及技术，制订质量保证程序、措施和实施计划等。

(一) 采样点的设置

水污染源一般经管道或渠、沟排放，截面积比较小，不需设置监测断面，可直接确定采样点位。

1. 工业废水

生产废水在涂装车间废水处理系统出口、涂装车间排口、生活污水排口及厂区总排口分别设置一个监测点。

(1) 第一类污染物采样点位一律设在车间或车间处理设施的排口或专门处理此类污染物设施的排口；第二类污染物采样点位一律设在排污单位的外排口。

(2) 对整体污水处理设施处理效率监测时，应在各种进入污水处理设施的污水入口处和污水设施的污水总排口处设置采样点。对各污水处理单元效率监测时，在各种进入处理设施单元的污水入口处和设施单元的排口处设置采样点。

(3) 进入集中式污水处理厂和进入城市污水管网的污水采样点位，应根据地方环境保护行政主管部门的要求确定。

2. 城市污水

(1) 城市污水管网的采样点设在非居民生活排水支管接入城市污水干管的检查井、城市污水干管的不同位置、污水进入水体的排放口等。

(2) 城市污水处理厂：在污水进口和处理后的总排口布设采样点。如需监测各污水处理单元效率，应在各处理设施单元的进、出口处分别设采样点。另外，还需设污泥采样点。

(二) 采样时间和采样频率

工业废水和城市污水的排放量和污染物浓度随工厂生产及居民生活情况常发生变化，采样时间和频率应根据实际情况确定。

1. 工业废水

企业自控监测频率根据生产周期和生产特点确定，一般每个生产周期不得少于 3 次。确切频率由监测部门进行加密监测，获得污染物排放曲线(浓度-时间，流量-时间，总量-时间)后确定。监测部门监督性监测每年不少于 1 次；如被国家或地方环境保护行政主管部门列为年度监测的重点排污单位，应增加到每年 2～4 次。

排污单位自行监测的采样频次，应在正常生产条件下的一个生产周期内进行加密监测：周期在 8h 以内的，每 1h 采 1 次样；周期大于 8h 的，每 2h 采 1 次样，但每个生产周期采样次数不少于 3 次，采样的同时测定流量。

地方环境监测站对其监督性监测每年 2 次，如被地方环境保护行政主管部门列为年度监测的重点排污单位，每年增加 2～4 次。因管理或执法的需要所进行的抽查性监测或对企业的加密监测由各级环境保护行政主管部门确定。

2. 城市污水

对城市管网污水，可在一年的丰水季、平水季、枯水季，从总排放口分别采集一次流量比例混合样测定，每次进行 48h，每 4h 采一次样。

在城市污水处理厂，为指导调节处理工艺参数和监督外排水水质，每天都要从部分处理单元和总排放口采集污水样，对指标项目进行例行监测。

阅读材料

运用先进的计算机技术、通信网络技术、自动控制技术和在线监控分析仪器仪表，可以实时采集辖区内所有排污口监测基站的现场各类数据信息，通过 ADSL/GPRS/CDMA 等多种通信方式，可以自动传送到监控中心计算机管理平台中，这就是目前已应用于环境监测站的污染源在线监控指挥中心系统平台。该平台管理指挥中心主要由数据接收、处理和发布等系统组成，具有远程诊断、反控操作、设备故障报警、排污超标自动报警、统计分析、报表生成、信息显示与查询、动态 GIS 管理、突发性污染事故预警、查询系统、Web 信息发布系统等各种监测监控管理功能，支持并可与地表水、空气质量环境在线监控系统、12369 接警处理系统、办公自动化平台对接，实现多参数、连续、快速在线自动监测、监控的网络化管理。

四、水环境影响评价监测方案的制订

水环境影响评价中的监测重点指水环境现状监测，其目的是确定项目建设前水环境背景的状况，为分析建设项目投产后水环境质量的变化、污染物质在水体中的输送和降解规律提供依据。

根据水环境影响评价工作等级的不同，水环境监测方案略有不同。在制订监测方案之前应进行的与监测水体及所在区域有关的资料收集与调查内容参看技术导则相关内容。

水环境影响评价监测方案中，监测项目的选择应注意以下三个方面：①监测项目的多少以经济、实用，够环评使用即可；②优先选取有水环境质量标准和水污染物排放标准的监测项目；③优先选择控制污染物，三致物质及国家或地方规定的总量控制项目。

（一）地表水环境影响评价监测方案的制订

1. 监测项目

现状监测中的常规监测项目以 GB 3838—2002 中 pH、溶解氧、高锰酸盐指数、五日生化需氧量、凯氏氮或非离子氨、酚、氰化物、砷、汞、铬(六价)、总磷及水温为基础，根据水域类别、评价等级、污染源状况适当删减。现状监测中的特征水质参数根据建设项目特点、水域类别及评价等级选定。

当受纳水域的环境保护要求较高(如自然保护区、饮用水源地、珍贵水生生物保护区、经济鱼类养殖区等)，且评价等级为一、二级时，应考虑监测或调查水生生物和底质。其调查项目可根据具体工作要求确定，也可从下列项目中选择部分内容：水生生物方面可选浮游动物、藻类、底栖无脊椎动物的种类和数量、水生生物群落结构等；底质方面则主要调查与拟建工程排水水质有关的易积累的污染物。

2. 监测范围

地表水环境影响评价监测范围尽量按照将来污染物排放后可能的达标范围确定，同时考虑评价等级的高低与污水排放量的大小等因素。

3. 监测点位

监测断面一般在以下位置设置：拟建排污口上游(对照断面，一般在500m以内)；调查范围内不同类水环境功能区、重点保护水域、敏感用水对象附近水域、水文特征突然变化处(如支流汇入处上下游)、水质急剧变化处(如排污口上下游)、涉水构筑物(如闸坝、桥梁等)附近、调查范围的下游边界处、水质例行监测断面处及其他需要进行水质预测的地点等(控制断面)；需掌握水质自净规律、通过实测来确定水质衰减系数时，应在恰当河段布设削减断面。

监测断面确定后，具体采样线和采样点位的设置可参考地表水监测方案相关内容。

对于二、三级评价项目，如需要预测混合过程段水质的场合，每次应将该段内各取样断面中每条垂线上的水样混合成一个水样。其他情况每个取样断面每次只取一个混合水样，即在该断面上同各处所取的水样混匀成一个水样。

对于一级评价项目，则每个取样点的水样均应分析，不取混合样。

4. 采样时间和采样频率

各种地表水体的监测时间与评价等级有关，也可参考《环境影响评价技术导则 地面水环境》(HJ/T 2.3—1993)确定。一般情况下，一级评价工作应对丰水期、平水期、枯水期(若评价时间不够，可只对平水期、枯水期)的水质状况进行监测；二级评价工作应对平水期、枯水期(若评价时间不够，可只监测枯水期)的水质状况进行监测；三级评价工作应对枯水期(考虑最不利影响)的水质状况进行监测。

面源污染严重的地区，在情况允许的条件下，三级评价工作都应做丰水期监测。冰封期较长的水域，如作为生活饮用水、食品加工用水的水源或渔业用水时，对冰封期的水质、水文也要监测。

水质监测期应选在流量稳定、水质变化小、连续无雨、风速不大的时间进行。一个水期采集水样一次，每次采样连续 3～4d，至少有一天对所有已选取的监测项目取样分析；不预测水温时，只在采样时测水温；预测水温时，应每隔 6h 测一次水温，然后求平均水温作为日均水温。除上述要求外，对于湖泊、水库，表层溶解氧和水温宜每隔 6h 测一次，并监测藻类生长情况。

(二) 地下水环境影响评价监测方案的制订

地下水环境现状监测是地下水环境影响评价的基本任务之一，是进行现状评价的基础，主要通过对地下水水位、水质的动态监测，了解和查明地下水水流与地下水化学组分的空间分布现状和发展趋势。

根据建设项目对地下水环境影响的特征和地下水敏感程度等级，《环境影响评价技术导则 地下水环境》(HJ 610—2016)将地下水环境影响评价分为三级。其中一级评价环境现状调查范围不低于 $20km^2$，二级评价 6～$20km^2$，三级评价不大于 $6km^2$，只包括重要地下水环境保护目标，否则可适当扩大范围。

1. 监测项目

地下水水质现状监测项目的选择，应根据建设项目行业污水特点、评价等级、存在或可能引发的环境水文地质问题而确定。适当多取，反之可适当减少。

水位、水量、水温、pH、电导率、浑浊度、色、嗅和味、肉眼可见物等指标应现场测定，同时还应测定气温、描述天气状况和近期降水情况。

2. 监测点位

地下水环境影响评价时的监测井点布设一般应遵循以下几个原则：

(1) 控制性布点与功能性布点相结合。监测井点应主要布设在建设项目场地、周围环境敏感点、地下水污染源、主要现状环境水文地质问题及对于确定边界条件有控制意义的地点。对于Ⅰ类和Ⅲ类改、扩建项目，当现有监测井不能满足监测位置和监测深度要求时，应布设新的地下水现状监测井。

(2) 监测井点的层位应以潜水和可能受建设项目影响的有开发利用价值的含水层为主。

(3) 一般情况下，地下水水位监测点数应大于相应评价级别地下水水质监测点数的 2 倍以上。

地下水水质监测点布设的具体要求如下：

(1) 一级项目，含水层的水质监测点各不得少于 7 个点/层，评价区面积大于 100km^{2}时，每增加 15km^2，水质监测点应至少增加 1 个点/层。

一般要求建设项目场地上游和两侧的地下水水质监测点各不得少于 1 个点/层，建设项目场地及其下游影响区的地下水水质监测点不得少于 3 个点/层。

(2) 二级项目，水质监测点各不得少于 5 个点/层，评价区面积大于 100km^2 时，每增加 20km^2 水质监测点应至少增加 1 个点/层。

一般要求建设项目场地上游和两侧的地下水水质监测点各不得少于 1 个点/层，建设项目场地及其下游影响区的地下水水质监测点不得少于 2 个点/层。

(3) 三级评价项目含水层的水质监测点应不少于 3 个点/层。

一般要求建设项目场地上游水质监测点不得少于 1 个点/层，建设项目场地及其下游影响区的地下水水质监测点不得少于 2 个点/层。

现状监测点取样深度具体要求如下：

(1) 一级的Ⅰ类和Ⅲ类项目，对地下水监测井(孔)点应进行定深水质取样，地下水监测井中水深小于 20m 时，取两个水质样品，取样点深度应分别在井水位以下 1.0m 之内和井水位以下井水深度约 3/4 处。

地下水监测井中水深大于20m时，取三个水质样品，取样点深度应分别在井水位以下 1.0m 之内、井水位以下井水深度约 1/2 处和井水位以下井水深度约 3/4 处。

(2) 二、三级的Ⅰ类、Ⅲ类建设项目和所有评价级别的Ⅱ类建设项目，只取一个水质样品，取样点深度应在井水位以下 1.0m 之内。

3. 采样时间和采样频率

(1) 一级项目，应在评价期内至少分别对一个连续水文年的枯、平、丰水期的地下水水位、水质各监测一次。

(2) 二级项目，对于新建项目，若有近 3 年内至少一个连续水文年的枯、丰水期监测资料，应在评价期内至少进行一次地下水水位、水质监测。对于改、扩建项目，若掌握现有工程建成后近 3 年内至少一个连续水文年的枯、丰水期观测资料，应在评价期内至少进行一次地下水水位、水质监测。若无上述监测资料，应在评价期内分别对一个连续水文年的枯、丰水期的地下水水位、水质各监测一次。

(3) 三级项目，应至少在评价期内监测一次地下水水位、水质，并尽可能在枯水期进行。

第三节 水样的采集和保存

一、水样的类型

(一) 瞬时水样

瞬时水样是指从水中不连续地随机(就时间和断面而言)采集的单一样品，一般在某一时间和地点随机采集。这种水样只能说明采样时的水质状况。当水体水质稳定或其组分在相当长的时间或相当大的空间范围内变化不大时，瞬时水样可以很好地反映水质情况；当水体组分及含量随时间和空间变化时，就应隔时、多点采集瞬时样，分别进行分析，以摸清水质的变化规律。

(二) 混合水样

混合水样分等时混合水样和等比例混合水样两种。等时混合水样指在某一时段内，在同一采样点位(断面)按等时间间隔所采等体积水样的混合水样。

如果水的流量随时间变化，必须采集流量比例混合样。等比例混合水样指在某一时段内，在同一采样点位所采水样量按时间或流量大小成比例采集的混合水样。可使用专用流量比例采样器(一种特殊自动水质采样器，所采集的水样量可随时间或流量成一定比例变化，能用任一时段所采混合水样反映该时段采样点的平均浓度)采集这种水样。

观察平均浓度时，混合水样非常有用，如果被测组分在储存过程中会发生明显变化，则不宜采混合水样。

(三) 综合水样

不同采样点在同一时间采集的各个瞬时水样混合后所得样品为综合水样。这种水样在某些情况下更具有实际意义。例如，当为几条排污沟、渠建立综合污水处理厂时，以综合水样取得的水质参数作为设计依据更为合理。

(四) 单独水样

有些天然水体和废水中，某些成分的分布很不均匀，如油类或悬浮固体；某些成分在放置过程中很容易发生变化，如溶解氧或硫化物；某些成分的现场固定方式相互影响，如氰化物或 COD 等综合指标。如果从采样大瓶中取出部分样品来进行监测，其结果大多会失去代表性，这类样品必须单独采集和现场固定。

(五) 质量控制样品

为了提高分析结果的精密度，检验分析方法的可靠性，还要采集现场空白样、现场平行样和加标样。

1. 现场空白样

在采样现场，用纯水按样品采集步骤装瓶，与水样同样处理，以掌握采样过程中环境与操作条件对监测结果的影响。

2. 现场平行样

现场采集平行水样，用于反映采样与测定分析的精密度，采集时应注意控制采样操作条件一致。

3. 加标样

取一组平行水样，在其中一份中加入一定量的被测标准物溶液，两份水样均按规定方法处理。

二、地表水样的采集

(一) 采样前的准备

采样前，要根据监测项目的性质和采样方法的要求，选择适宜材质的盛水容器和采样器，并清洗干净。此外，还需准备好交通工具，交通工具常使用船只。对采样器具的材质要求是化学性能稳定，大小和形状适宜，不吸附欲测组分，容易清洗并可反复使用。另外还需要准备采样器材，主要有采样器、采样瓶、保存剂、过滤装置、现场测定仪器、标签、记录笔、冰袋(或冰箱)、雨靴、石蜡等。

(二) 采样方法和采样器(或采水器)

在河流、湖泊、水库、海洋中采样，常乘监测船或采样船、手划船等交通工具到采样点采集，也可涉水和在桥上采集。采集表层水水样时，可用适当的容器如塑料筒等直接采取。采集深层水水样时，可用简易采水器(图 3-9)、深层采水器、机械采水器(图 3-10)、自动采水器等。采集急流时，可采用急流采水器(图 3-11)。

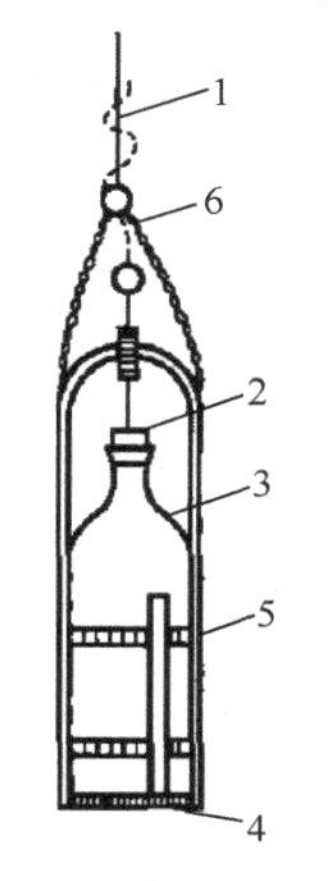

图 3-9　简易采水器

1. 提绳；2. 带有软绳的橡胶塞；3. 采样瓶；4. 铅锤；5. 铁框；6. 挂钩

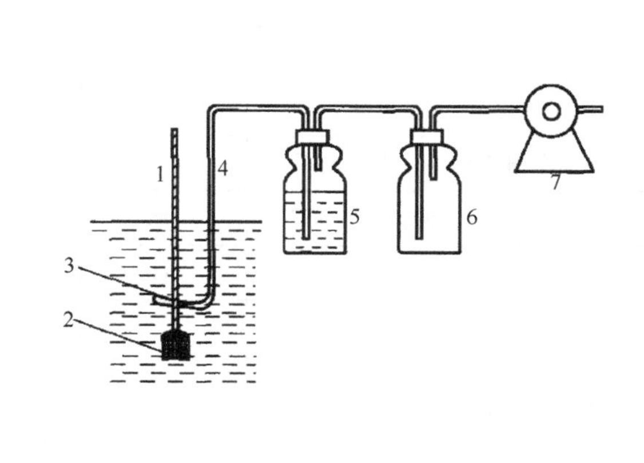

图 3-10　机械(泵)采水器

1. 细绳；2. 重锤；3. 采样头；4. 采样管；5. 采样瓶；6. 安全瓶；7. 泵

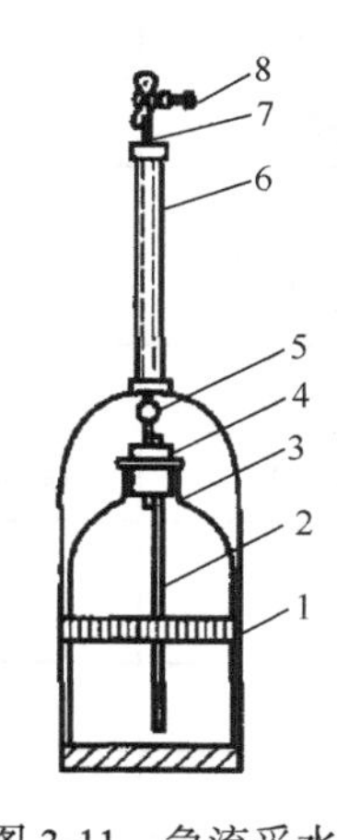

图 3-11　急流采水器

1. 铁框；2. 长玻璃管；3. 采样瓶；4. 橡胶塞；5. 短玻璃管；6. 钢管；7. 橡胶管；8. 夹子

WS700 便携式水质采样器，适用于采集各种水质，如暴雨水、工业废水、下水道及河流水等，如图 3-12 所示。可进行时间加权混合采样、满瓶离散采样、流量比例采样。可延时启动定时采样或外部脉冲控制采样。采样体积可调，可重复设置。

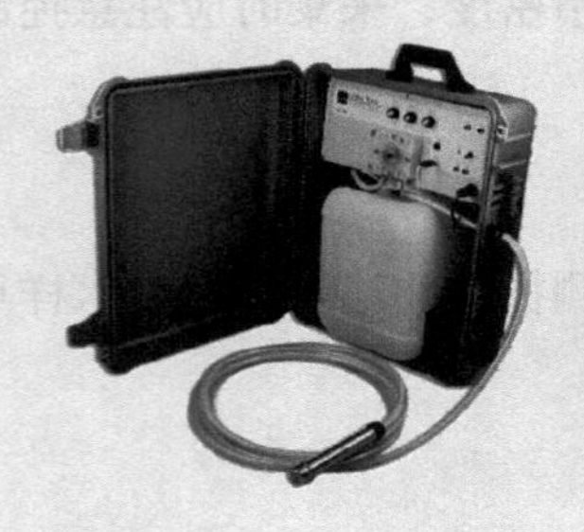

图 3-12 WS700 便携式水质采样器

在地表水质监测中通常采集瞬时水样。所需采样量见表 3-7。表 3-7 所给采样量已考虑重复分析和质量控制的需要，并留有余地。

表 3-7 水样保存、采样量和容器洗涤

测定项目	容器材质	保存方法	保存期	采样量/mL	容器洗涤方式
浊度	P 或 G	4℃，暗处，尽量现场测定	24h	250	I
色度	同上	4℃，尽量现场测定	48h	250	I
pH	同上	4℃，尽量现场测定	12h	250	I
电导	同上	4℃，尽量现场测定	24h	250	I
悬浮物	同上	4℃，避光	7d	500	I
碱度	同上	4℃	24h	500	I
酸度	同上	4℃	24h	500	I
高锰酸盐指数	G	加 H_2SO_4，使 pH＜2，4℃	48h	500	I
COD	G	加 H_2SO_4，使 pH＜2，4℃	48h	500	I
BOD_5	溶解氧瓶(G)	4℃，避光，最长不超过 24h	6h	250	I
DO	同上	加 $MnSO_4$、碱性 KI-NaN_3 溶液固定，4℃，暗处。尽量现场测定	24h	250	I
TOC	G	加硫酸，使 pH＜2，4℃	7d	250	I
氟化物	P	4℃，避光	14d	250	I
氯化物	P 或 G	同上	30d	250	I
氰化物	P	加 NaOH，使 pH＞12，4℃，暗处	24h	250	I

续表

测定项目	容器材质	保存方法	保存期	采样量/mL	容器洗涤方式
硫酸盐	同上	4℃，避光	7d	250	Ⅰ
磷酸盐	同上	4℃	24h	250	Ⅱ
总磷	同上	加 H_2SO_4，使 pH≤2	24h	250	Ⅱ
氨氮	同上	加 H_2SO_4，使 pH<2，4℃	24h	250	Ⅰ
亚硝酸盐	同上	4℃，避光，尽快测定	24h	250	Ⅰ
硝酸盐	同上	4℃，避光	24h	250	Ⅰ
总氮	同上	加 H_2SO_4，使 pH<2，4℃	24h	250	Ⅰ
硫化物	同上	1L 水样加 NaOH 至 pH=9，加入5%抗坏血酸 5mL，饱和 EDTA 3mL 滴加饱和 $Zn(AC)_2$ 至胶体产生，常温避光	24h	250	Ⅰ
总氰	同上	NaOH，pH≥9	12h	250	Ⅰ
铍	同上	加 HNO_3，使 pH<2；污水加至1%	14d	250	Ⅲ
锰、铁、镍、铜、锌、铅、镉	同上	加 HNO_3，使 pH<2；污水加至 1%	14d	250	Ⅲ
铬(六价)	同上	加 NaOH 溶液，pH=8～9，尽快测定	24h	250	Ⅲ
砷	同上	加 H_2SO_4，使 pH<2；污水加至 1%	14d	250	Ⅰ
汞	同上	加 HNO_3，使 pH≤1；污水加至 1%	14d	250	Ⅲ
硒	同上	1L 水样中加浓 HCl 2mL	14d	250	Ⅲ
油类	G	加 HCl，使 pH<2，4℃，不加酸，24h 内测定	7d	250	Ⅳ
挥发性有机物	G	加 HCl，使 pH<2，加抗坏血酸，4℃，避光	12h	1000	Ⅰ
酚类	G	加 H_3PO_4，使 pH<2，加抗坏血酸，4℃，避光	24h	1000	Ⅰ
硝基苯类	G	加 H_2SO_4，使 pH=1～2，4℃，尽快测定	24h	1000	Ⅰ
农药类	G	加抗坏血酸除余氯，4℃，避光	24h	1000	Ⅰ
除草剂类	G	同上	24h	1000	Ⅰ

续表

测定项目	容器材质	保存方法	保存期	采样量/mL	容器洗涤方式
阴离子表面活性剂	P 或 G	4℃，避光	24h	250	Ⅱ
微生物	G	加 $Na_2S_2O_3$ 溶液除余氯，4℃	12h	250	Ⅰ
生物	G	用甲醛固定，4℃	12h	250	Ⅰ

注：G 为硬质玻璃瓶；P 为聚乙烯瓶(桶)。

Ⅰ：洗涤剂洗一次，自来水洗三次，蒸馏水洗一次。

Ⅱ：铬酸洗液洗一次，自来水洗三次，蒸馏水洗一次。

Ⅲ：洗涤剂洗一次，自来水洗两次，(1+3)HNO_3 荡洗一次，自来水洗三次，去离子水洗一次。

Ⅳ：洗涤剂洗一次，自来水洗两次，(1+3)HNO_3 荡洗一次，自来水洗三次，蒸馏水洗一次。

如果采集污水样品可省去用蒸馏水、去离子水清洗的步骤。

三、地下水样的采集

地下水采样前，除 BOD_5、有机物和细菌类监测项目外，先用采样水荡洗采样器和水样容器 2～3 次。测定溶解氧、BOD_5 和挥发性、半挥发性有机污染物项目的水样必须注满容器，上部不留空隙。但对准备冷冻保存的样品则不能注满容器，否则冷冻之后，因水样体积膨胀易使容器破裂。测定溶解氧的水样采集后应在现场固定，盖好瓶塞后再用水封口。

地下水现场监测项目包括水位、水量、水温、pH、电导率、浑浊度、色、臭、肉眼可见物等指标，同时还应测定气温、描述天气状况和近期降水情况。

(一) 井水

从监测井中采集水样常利用抽水机设备。启动后，先放水数分钟，将积留在管道内的陈旧水排出，然后用采样容器(已预先洗净)接取水样。对于无抽水设备的水井，可选择适合的采水器采集水样，如深层采水器、自动采水器等。采样深度应在地下水水位 0.5m 以下，一般采集瞬时水样。

(二) 泉水、自来水

对于自喷泉水，在涌水口处直接采样。对于不自喷泉水，用采集井水水样的方法采样。对于自来水，先将水龙头完全打开，将积存在管道中的陈旧水排出后再采样。地下水的水质比较稳定，一般采集瞬时水样即具有较好的代表性。

四、废(污)水样的采集

(一) 浅层废(污)水

从浅埋排水管、沟道中采样，用采样容器直接采集，也可用长柄塑料勺采集。

(二) 深层废(污)水

对埋层较深的排水管、沟道，可用深层采水器或固定在负重架内的采样容器，沉入检测井内采样。

(三) 自动采样

采用自动采水器可自动采集瞬时水样和混合水样。当废(污)水排放量和水质较稳定时，可采集瞬时水样；当排放量较稳定、水质不稳定时，可采集时间等比例水样；当二者都不稳定时，必须采集流量等比例水样。

(四) 污染源污水采样

第一类污染物采样点位一律设在车间或车间处理设施的排放口或专门处理此类污染物设施的排放口。第二类污染物采样点位一律设在排污单位的外排口。进入集中式污水处理厂和进入城市污水管网的污水采样点位应根据地方环境保护行政主管部门的要求确定。

在分时间单元采集样品时，测定 pH、COD、BOD_5、DO、硫化物、油类、有机物、余氯、粪大肠菌群、悬浮物、放射性等项目的样品，不能混合，只能单独采样。

五、采集水样注意事项

(1) 测定悬浮物、pH、溶解氧、生化需氧量、油类、硫化物、余氯、放射性、微生物等项目需要单独采样；其中，测定溶解氧、生化需氧量和有机污染物等项目的水样必须充满容器；pH、电导率、溶解氧等项目宜在现场测定。另外，采样时还需同步测量水文参数和气象参数。

(2) 采样时必须认真填写采样登记表；每个水样瓶都应贴上标签(采样点编号、采样日期和时间、测定项目等)；要塞紧瓶塞，必要时还要密封。

六、水样的运输与保存

(一) 水样的运输

水样采集后，必须尽快送回实验室。水样运输前应将容器的外(内)盖盖紧。装箱时应用泡沫塑料等分隔，以防破损。箱子上应有“切勿倒置”等明显标志。同一采样点的样品瓶应尽量装在同一个箱子中；如分装在几个箱子内，则各箱内均应有同样的采样记录表。运输前应检查所采水样是否已全部装箱。根据采样点的地理位置和测定项目确定最长保存时间，选用适当的运输方式，对于需冷藏的样品，应采取制冷保存措施；冬季应采取保温措施，以免冻裂样品瓶。运输时应有专门押运人员。水样交予化验室时，应有交接手续。

(二) 水样的保存方法

各种水质的水样，从采集到分析测定的时间内，由于环境条件的改变，微生物新陈代谢活动和化学作用的影响，会引起水样某些物理参数及化学组分的变化，不能及时运输或尽快分析时，则应根据不同监测项目的要求，放在性能稳定的材料制作的容器中，采取适宜的保存措施。

1. 冷藏或冷冻法

冷藏或冷冻的作用是抑制微生物活动，减缓物理挥发和化学反应速度。

2. 加入化学试剂保存法

(1) 加入生物抑制剂：如在测定氨氮、硝酸盐氮的水样中加入 $HgCl_2$，可抑制生物的氧化还原作用；对测定酚的水样，用 H_3PO_4 调 pH 为 4 时，加入适量 $CuSO_4$，即可抑制苯酚菌的分解活动。

(2) 调节 pH：测定金属离子的水样常用 HNO_3 酸化 pH 为 1～2，既可防止重金属离子水解沉淀，又可避免金属被器壁吸附；测定氰化物或挥发性酚的水样时，加入 NaOH 调 pH 为 12，使之生成稳定的酚盐等。

(3) 加入氧化剂或还原剂：如测定汞的水样需加入 HNO_3(至 pH$<$1)和 $K_2Cr_2O_7$(0.05%)，使汞保持高价态；测定硫化物的水样，加入抗坏血酸，可以防止被氧化；测定溶解氧的水样则需加入少量硫酸锰和碘化钾固定溶解氧(还原)等。

应当注意，加入的保存剂不能干扰以后的测定；保存剂的纯度最好是优级纯，还应做相应的空白实验，对测定结果进行校正。

水样的保存期限与多种因素有关，如组分的稳定性、浓度、水样的污染程度等。表 3-7 给出了我国现行水样保存方法和保存期。

(三) 水样的过滤或离心分离

如欲测定水样中某组分的含量，采样后立即加入保存剂，分析测定时充分摇匀后再取样。如果测定溶解态组分含量，所采水样应用 0.45μm 微孔滤膜作为分离可滤态和不可滤态的介质，用孔径为 0.2μm 的滤膜作为分离细菌的介质，提高水样的稳定性，有利于保存。如果测定不可过滤的金属时，应保留过滤水样用的滤膜备用。对于泥沙型水样，可用离心方法处理。对含有机质较多的水样，可用滤纸或砂芯漏斗过滤。用自然沉降后取上清液测定可滤态组分是不恰当的。

第四节　水样的预处理

环境水样所含组分复杂，并且多数污染组分含量低，存在形态各异，所以在分析测定之前，往往需要进行预处理，以得到欲测组分适合测定方法要求的形态、浓度和消除共存组分干扰的试样体系。在预处理过程中，常因挥发、吸附、污染等，造成欲测组分含量的变化，故应对预处理方法进行回收率考核。下面介绍常用的预处理方法。

一、水样的消解

当测定含有机物水样中的无机元素时，需进行消解处理。消解处理的目的是破坏有机物，溶解悬浮性固体，将各种价态的欲测元素氧化成单一高价态或转变成易于分离的无机化合物。消解后的水样应清澈、透明、无沉淀。消解水样的方法有湿式消解法和干式分解法(干灰化法)。

(一) 湿式消解法

1. 硝酸消解法

对于较清洁的水样，可用硝酸消解。其方法要点是：取混匀的水样 50～200mL 于烧杯中，加入 5～10mL 浓硝酸，在电热板上加热煮沸，蒸发浓缩，试液应清澈透明，呈浅色或无色，否则，应补加硝酸继续消解。蒸至近干，取下烧杯，稍冷后加 2% HNO_3(或 HCl)20mL，温热溶解可溶盐。若有沉淀，应过滤，滤液冷至室温后于 50mL 容量瓶中定容，备用。

2. 硝酸-高氯酸消解法

两种酸都是强氧化性酸，联合使用可消解含难氧化有机物的水样。方法要点是：取适量水样于烧杯或锥形瓶中，加 5～10mL 硝酸，在电热板上加热、消解至大部分有机物被分解。取下烧杯，稍冷，加 2～5mL 高氯酸，继续加热至开始冒白烟，如试液呈深色，再补加硝酸，继续加热至冒浓厚白烟将尽(不可蒸至干涸)。取下烧杯冷却，用 2% HNO_3 溶解，如有沉淀，应过滤，滤液冷至室温定容备用。因为高氯酸能与羟基化合物反应生成不稳定的高氯酸酯，有发生爆炸的危险，故先加入硝酸，氧化水样中的羟基化合物，稍冷后再加高氯酸处理。

3. 硝酸-硫酸消解法

两种酸都有较强的氧化能力，其中硝酸沸点低，而硫酸沸点高，二者结合使用，可提高消解温度和消解效果。常用的硝酸与硫酸的比例为 5：2。消解时，先将硝酸加入水样中，加热蒸发浓缩，稍冷，再加入硫酸、硝酸，继续加热蒸发至冒大量白烟，冷却，加适量水，温热溶解可溶盐，若有沉淀，应过滤。为提高消解效果，常加入少量过氧化氢。

4. 硫酸-磷酸消解法

两种酸的沸点都比较高，其中硫酸氧化性较强，磷酸能与一些金属离子如 Fe^{3+}等配合，故二者结合消解水样，有利于测定时消除 Fe^{3+}等离子的干扰。

5. 硫酸-高锰酸钾消解法

该方法常用于消解测定汞的水样。高锰酸钾是强氧化剂，在中性、碱性、酸性条件下都可以氧化有机物，其氧化产物多为草酸根，但在酸性介质中还可继续氧化。消解要点是：取适量水样，加适量硫酸和 5%高锰酸钾，混匀后加热煮沸，冷却，滴加盐酸羟胺溶液破坏过量的高锰酸钾。

6. 多元消解法

为提高消解效果，在某些情况下需要采用三元以上酸或氧化剂消解体系。例如，处理测总铬的水样时，用硫酸、磷酸和高锰酸钾消解。

7. 碱分解法

当用酸体系消解水样造成易挥发组分损失时，可改用碱分解法，即在水样中加入氢氧化钠和过氧化氢溶液，或者氨水和过氧化氢溶液，加热煮沸至近干，用水或稀碱溶液温热溶解。

(二) 干灰化法

干灰化法又称高温分解法。其处理过程是：取适量水样于白瓷或石英蒸发皿中，置于水浴上或用红外灯蒸干，移入马弗炉内，于 450～550℃灼烧到残渣呈灰白色，使有机物完全分解除去。取出蒸发皿，冷却，用适量 2% HNO_3(或 HCl)溶解样品灰分，过滤，滤液定容后供测定。

该方法不适用于测定易挥发组分(如砷、汞、镉、硒、锡等)的水样。

(三) 微波消解法

该方法是用微波作为热源，从样品和消解液内部进行加热并伴随激烈搅拌，加快了样品的分解速率，提高了加热效率，并且消解在密闭容器中进行，避免了易挥发组分的损失和有害气体排放对环境造成污染，现已有多种商品化微波消解仪销售。

二、富集与分离

当水样中的欲测组分含量低于测定方法的测定下限时，就必须进行富集或浓集；当有共存干扰组分时，就必须采取分离或掩蔽措施。富集和分离过程往往是同时进行的，常用的方法有过滤、气提、顶空、蒸馏、溶剂萃取、离子交换、吸附、共沉淀、层析等，要根据具体情况选择使用。

(一) 气提、顶空和蒸馏法

气提、顶空和蒸馏法适用于测定易挥发组分的水样预处理。采用向水样中通入惰性气体或加热方法，将被测组分吹出或蒸出，达到分离和富集的目的。

1. 气提法

该方法基于把惰性气体通入调制好的水样中，将欲测组分吹出，直接送入仪器测定，或导入吸收液吸收富集后再测定。例如，用冷原子荧光法测定水样中的汞时，先将汞离子用氯化亚锡还原为原子态汞，再利用汞易挥发的性质，通入惰性气体将其吹出并送入仪器测定；用分光光度法测定水中的硫化物时，先使之在磷酸介质中生成硫化氢，再用惰性气体载入乙酸锌-乙酸钠溶液吸收，达到与母液分离和富集的目的，其分离装置如图 3-13 所示。

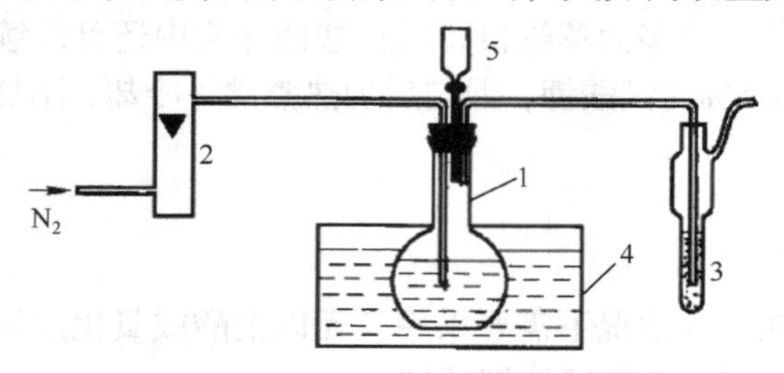

图 3-13　测定硫化物的气提分离装置

1. 500mL 平底烧瓶(内装水样)；2. 流量计；3. 吸收管；4. 50～60℃恒温水浴；5. 分液漏斗

2. 顶空法

该方法常用于测定挥发性有机物(VOCs)水样的预处理。例如，测定水样中的挥发性有机物或挥发性无机物(VICs)时，先在密闭的容器中装入水样，容器上部留存一定空间，再将容器置于恒温水浴中，经一定时间，容器内的气液两相达到平衡，欲测组分在两相中的分配系数 K 和两体积比分别为

$$K=\frac{[X]_G}{[X]_L}$$

$$\beta = \frac{V_G}{V_L}$$

式中，$[X]_G$和$[X]_L$分别为平衡状态下欲测物 X 在气相和液相中的浓度；V_G和 V_L分别为气相和液相的体积。根据物料平衡原理，可以推导出欲测物在气相中的平衡浓度$[X]_G$和其在水样中的原始浓度$[X]_L^0$。关系式为

$$[X]_G = \frac{[X]_L^0}{K + \beta}$$

K值大小与被处理对象的物理性质、水样组成、温度有关，可用标准试样在与水样同样条件下测知，而β值也已知，故当从顶空装置取气样测得$[X]_G$后，即可利用上式计算出水样中欲测物的原始浓度$[X]_L^0$。

3. 蒸馏法

蒸馏法是利用水样中各污染组分具有不同的沸点而使其彼此分离的方法，分为常压蒸馏、减压蒸馏、水蒸气蒸馏、分馏法等。测定水样中的挥发酚、氰化物、氟化物时，均需在酸性介质中进行常压蒸馏分离；测定水样中的氨氮时，需在微碱性介质中常压蒸馏分离。在此，蒸馏具有消解、分离和富集三种作用。图 3-14 为挥发酚和氰化物蒸馏装置；图 3-15 为氟化物水蒸气蒸馏装置。

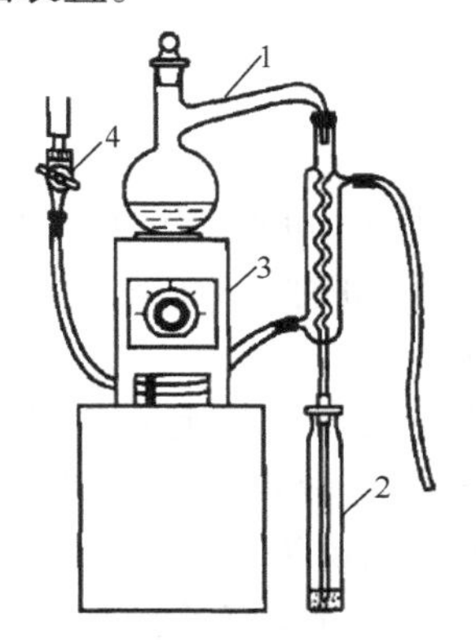

图 3-14　挥发酚和氰化物蒸馏装置

1. 500mL 全玻璃蒸馏器；2. 接收瓶；3. 电炉；4. 水龙头

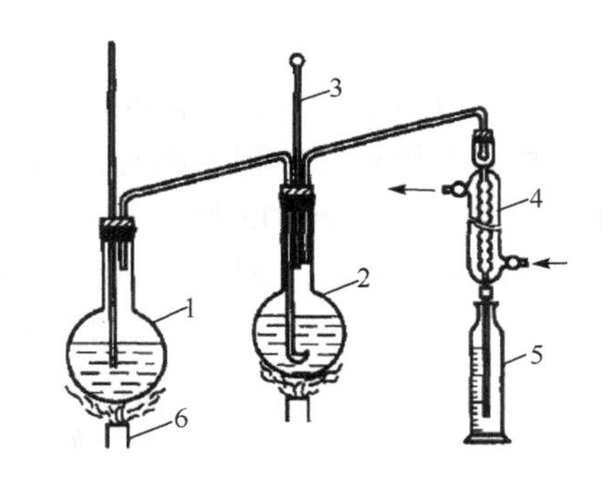

图 3-15　氟化物水蒸气蒸馏装置

1. 水蒸气发生器；2. 烧瓶(内装水样)；3. 温度计；4. 冷凝器；5. 接收瓶；6. 热源

(二) 萃取法

用于水样预处理的萃取方法有溶剂萃取法、固相萃取法(SPE)和超临界流体萃取法。

1. 溶剂萃取法

溶剂萃取法是基于物质在互不相溶的两种溶剂中分配系数不同，进行组分的分离和富集。欲分离组分在水相-有机相中的分配系数 K 表示为

$$K = \frac{\text{有机相中被萃取物浓度}}{\text{水相中欲萃取物浓度}}$$

当水相中某组分的 K 值较大时，表明易进入有机相，而 K 值很小的组分仍留在水相中。在恒定温度时，K 为常数。

分配系数 K 中所指欲分离组分在两相中的存在形式相同，而实际并非如此，故常用分配比 D 表示萃取效果，即

$$D=\frac{\sum[\mathrm{A}]_{\text{有机相}}}{\sum[\mathrm{A}]_{\text{水相}}}$$

式中，$\sum[\mathrm{A}]_{\text{有机相}}$ 表示欲分离组分 A 在有机相中各种存在形式的总浓度；$\sum[\mathrm{A}]_{\text{水相}}$ 表示组分 A 在水相中各种存在形式的总浓度。

分配比随被萃取组分的浓度、溶液的酸度、萃取剂的浓度及萃取温度等条件变化。只有在简单的萃取体系中，欲萃取组分在两相中存在形式相同时，K 才等于 D。分配比反映萃取体系达到平衡时的实际分配情况，具有较大的实用价值。

被萃取组分在两相中的分配情况还可以用萃取率 E 表示，其表达式为

$$E(\%)=\frac{\text{有机相中被萃取组分的量}}{\text{水相和有机相中被萃取组分的总量}}\times 100$$

分配比 D 和萃取率 E 的关系为

$$E(\%)=\frac{100D}{D+\dfrac{V_{\text{水}}}{V_{\text{有机}}}}$$

式中，$V_{\text{水}}$为水相体积；$V_{\text{有机}}$为有机相体积。

当水相和有机相的体积相同时，D 和 E 的关系如图 3-16 所示。可见，当 $D=\infty$ 时，E=100%，一次即可萃取完全；D=100 时，E=99%，一次萃取不完全；D=10 时，E=90%，需连续多次萃取才趋于萃取完全；D=1 时，E=50%，要萃取完全相当困难。

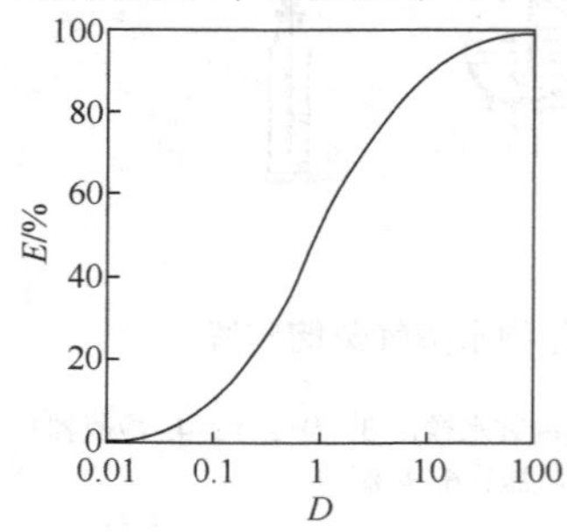

图 3-16　D 和 E 的关系图

水相和有机相的体积相同

如果同一体系中，欲测组分 A 与干扰组分 B 共存，则只有二者的分配比 D_A 与 D_B 不等时才能分离，并且相差越大，分离效果越好。通常将 D_A 与 D_B 的比值称为分配系数。

由于有机溶剂只能萃取水相中以非离子状态存在的物质(主要是有机物质)，而多数无机物质在水相中以水合离子状态存在，故无法用有机溶剂直接萃取。为实现用有机溶剂萃取，需先加入一种试剂，使其与水相中的离子态组分结合，生成一种不带电、易溶于有机溶剂的物质。该试剂与有机相、水相共同构成萃取体系。根据生成可萃取物类型不同，可分为螯合物萃取体系、离子缔合物萃取体系、三元配合物萃取体系和协同萃取体系等。在环境监测中，螯合物萃取体系应用最多。

螯合物萃取体系是指在水中加入螯合剂，与被测金属离子生成易溶于有机溶剂的中性螯合物，从而被有机溶剂萃取出来。例如，用分光光度法测定水中的 Cd^{2+}、Hg^{2+}、Zn^{2+}、Pb^{2+}、Ni^{2+}等，双硫腙(螯合剂)能与上述离子生成难溶于水的螯合物，可用三氯甲烷(或四氯化碳)从水中萃取后测定，三者构成双硫腙-三氯甲烷-水萃取体系。常用的螯合萃取剂还有吡咯烷基二硫代氨基甲酸铵(APDC)、二乙基二硫代氨基甲酸钠(NaDDC)等。常用的有机溶剂还有 4-甲基-

二戊酮(MIBK)、2, 6-二甲基-4-庚酮(DIBK)、乙酸丁酯等。

水相中的有机污染物质，可根据“相似相溶”原则，选择适宜的有机溶剂直接进行萃取。例如，用4-氨基安替比林分光光度法测定水样中的挥发酚时，如果酚含量低于0.05mg/L，则经蒸馏分离后，需再用三氯甲烷萃取；用气相色谱法测定六六六、DDT时，需先用石油醚萃取；用红外分光光度法测定水样中的石油类和动植物油时，需要用四氯化碳萃取等。

为获得满意的萃取效果，必须根据不同的萃取体系选择适宜的萃取条件，如选择效果好的萃取剂和有机溶剂、控制溶液的酸度、采取消除干扰的措施等。

2. 固相萃取法

固相萃取法的萃取剂是固体，其工作原理基于水样中欲测组分与共存干扰组分在固相萃取剂上作用力强弱不同，进而使彼此分离。固相萃取剂是含 C_{18} 或 C_8、腈基、氨基等基团的特殊填料。例如，C_{18} 键合硅胶是通过在硅胶表面作硅烷化处理而制得的一种颗粒物，将其装载在聚丙烯塑料、玻璃或不锈钢的短管中，即为柱型固相萃取剂。如果将 C_{18} 键合硅胶颗粒进一步加工制成以四氟乙烯为网络的膜片，即为膜片型固相萃取剂。

膜片安装在砂芯漏斗中，在真空抽气条件下，从漏斗加入水样，使其流过膜片，则被测组分保留在膜片上，溶剂和其他不易保留的组分流入承接瓶中，再加入适宜的溶剂，洗去膜片上不需要的已被吸附的组分，最后用洗脱液将保留在膜片上的被测组分淋洗下来，供分析测定。这种方法已逐渐被广泛应用于组分复杂水样的前处理，如用于测定有机氯(磷)农药、苯二甲酸酯、多氯联苯等污染物水样的前处理。还可以将这种装置装配在流动注射分析仪(FIA)上，进行连续自动测定。

(三) 吸附法

吸附法是利用多孔性的固体吸附剂将水样中一种或数种组分吸附于表面，再用适宜溶剂、加热或吹气等方法将欲测组分解吸，达到分离和富集的目的。

按照吸附机理分为物理吸附和化学吸附。物理吸附的吸附力是范德华引力；化学吸附是在吸附过程中发生了化学反应，如氧化、还原、化合、配位等反应。常用于水样预处理的吸附剂有活性炭、氧化铝、多孔高分子聚合物和巯基棉等。

活性炭可用于吸附金属离子或有机物。例如，对含微量 Cu^{2+}、Cd^{2+} 、Pb^{2+}、Fe^{3+}的水样，将其pH调节到4.0～5.5，加入适量活性炭，置于振荡器上振荡一定时间后过滤，取下炭层滤纸，在60℃下烘干，再将其放入烧杯用少量热浓硝酸处理，蒸干后加入稀硝酸，使被测金属溶解，所得悬浮液进行离心分离，上清液供原子吸收光谱测定。试验结果表明，该方法的回收率可达93%以上。

多孔高分子聚合物吸附剂大多是具有多孔且孔径均一的网状结构树脂，如 GDX(高分子多孔小球)、Tenax、PorapaK、XAD等。这类吸附剂主要用于吸附有机物。例如，对测定痕量三卤代甲烷等多种卤代烃的水样作前处理时，先用气提法将水样中的卤代烃吹出，送入内装Tenax的吸附柱进行富集。此后，将吸附柱加热，使被吸附的卤代烃解吸，并用氦气吹出，经冷冻浓集柱后，转入气相色谱-质谱(GC-MS)分析系统。

巯基棉是一种含有巯基的纤维素，由巯基乙酸与棉纤维素羟基在微酸性介质中发生酯化反应制得。

巯基棉的巯基官能团对许多元素具很强的吸附力，可用于分离富集水样中的烷基汞、汞、铍、铜、铅、镉、砷、硒、碲等组分。对烷基汞(甲基汞、乙基汞)的吸附反应如下：

$$CH_3HgCl+H—SR \longrightarrow CH_3Hg—SR+HCl$$

水样预处理过程：将 pH 调至 3～4 的水样以一定流速通过巯基棉管，待吸附完毕，加入适量氯化钠-盐酸解吸液，把富集在巯基棉上的烷基汞解吸下来，并收集在离心管内。向离心管中加入甲苯，振荡提取后静置分层，离心分离，所得有机相供色谱测定。

(四) 离子交换法

该方法是利用离子交换剂与溶液中的离子发生交换反应进行分离的方法。离子交换剂分为无机离子交换剂和有机离子交换剂两大类，广泛应用的是有机离子交换剂，即离子交换树脂。

离子交换树脂是一种具有渗透性的三维网状高分子聚合物小球，在网状结构的骨架上含有可电离的活性基团，能与水样中的离子发生交换反应。根据官能团的不同，分为阳离子交换树脂、阴离子交换树脂和特殊离子交换树脂。其中，阳离子交换树脂按其所含活性基团酸性强弱，又分为强酸型和弱酸型阳离子交换树脂；阴离子交换树脂按其所含活性基团碱性强弱，又分为强碱型和弱碱型阴离子交换树脂。在水样预处理中，最常用的是强酸型阳离子交换树脂和强碱型阴离子交换树脂。

强酸型阳离子交换树脂含有$—SO_3H$、$—SO_3Na$ 等活性基团，一般用于富集金属阳离子。强碱型阴离子交换树脂含有$—N(CH_3)_3^+X^-$基团，其中 X 为 OH^-、Cl^-、NO_3^- 等，能在酸性、碱性和中性溶液中与强酸或弱酸进行阴离子交换。特殊离子交换树脂含有螯合、氧化还原等活性基团，能与水样中的离子发生螯合或氧化、还原反应，具有良好的选择性吸附能力。

用离子交换树脂进行分离的操作程序如下：

1. 交换柱的制备

如分离阳离子，则选择强酸型阳离子交换树脂。首先将其在稀盐酸中浸泡，以除去杂质并使之溶胀和完全转变成 H 型，然后用蒸馏水洗至中性，装入充满蒸馏水的交换柱中；注意防止气泡进入树脂层。需要其他类型的树脂，均可用相应的溶液处理。如用 NaCl 溶液处理强酸型树脂，可转变成 Na 型，用 NaOH 溶液处理强碱型树脂，可转变成 OH 型等。

2. 交换

将试液以适宜的流速倾入交换柱，则欲分离离子从上到下一层层地发生交换过程。交换完毕，用蒸馏水洗涤，洗下残留在溶液及交换过程中形成的酸、碱或盐类等。

3. 洗脱

将洗脱溶液以适宜速度倾入洗净的交换柱，洗下交换在树脂上的离子，达到分离的目的。对阳离子交换树脂，常用盐酸溶液作为洗脱液；对阴离子交换树脂，常用盐酸溶液、氯化钠或氢氧化钠溶液作洗脱液。对于分配系数相近的离子，可用含有机配位剂或有机溶剂的洗脱液，以提高洗脱过程的选择性。

离子交换技术在富集和分离微量或痕量元素方面得到较广泛的应用。例如，测定天然水

中 K^+、Na^+、Ca^{2+}、Mg^{2+}、SO_4^{2-}、Cl^-等组分，可取数升水样，让其流过阳离子交换柱，再流过阴离子交换柱，则各组分交换在树脂上。用几十至100mL稀盐酸溶液洗脱阳离子，用稀氨液洗脱阴离子，这些组分的浓度能增加数十倍至百倍。又如，废水中的 Cr^{3+}以阳离子形式存在，Cr^{6+}以阴离子形式(CrO_4^{2-}或 $Cr_2O_7^{2-}$)存在，用阳离子交换树脂分离 Cr^{3+}，而 Cr^{6+}不能进行交换，留在流出液中，可测定不同形态的铬。欲分离 Ni^{2+}、Mn^{2+}、Co^{2+}、Cu^{2+}、Fe^{3+}、Zn^{2+}，可加入盐酸将它们转变为络阴离子，让其通过强碱性阴离子交换树脂，被交换在树脂上，用不同浓度的盐酸溶液洗脱，可达到彼此分离的目的。Ni^{2+}不生成络阴离子，不发生交换，在用12mol/L HCl 溶液洗脱时，最先流出；接着用 6mol/L HCl 溶液洗脱 Mn^{2+}；用 4mol/L HCl 溶液洗脱 Co^{2+}；用 2.5mol/L HCl 溶液洗脱 Cu^{2+}；用 0.5mol/L HCl 溶液洗脱 Fe^{3+}；最后，用 0.05mol/L HCl 溶液洗脱 Zn^{2+}。

（五）共沉淀法

共沉淀法是指溶液中一种难溶化合物在形成沉淀(载体)的过程中，将共存的某些痕量组分一起载带沉淀出来的现象。共沉淀现象在常量分离和分析中是要尽量避免的，但却是一种分离富集痕量组分的手段。

共沉淀的机理基于表面吸附、包藏、形成混晶和异电荷胶态物质相互作用等。

1. 利用吸附作用的共沉淀分离

该方法常用的载体有 $Fe(OH)_3$、$Al(OH)_3$、$MnO(OH)_2$及硫化物等。由于它们是表面积大、吸附力强的非晶形胶体沉淀，故富集效率高。例如，分离含铜溶液中的微量铝，仅加氨水不能使铝以 $Al(OH)_3$沉淀析出，若加入适量 Fe^{3+}和氨水，则利用生成的 $Fe(OH)_3$作载体，将 $Al(OH)_3$沉淀出来，达到与母液中 $Cu(NH_3)_4^{2+}$分离的目的。

2. 利用生成混晶的共沉淀分离

当欲分离微量组分及沉淀剂组分生成沉淀时，如具有相似的晶格，就可能生成混晶共同析出。例如，硫酸铅和硫酸锶的晶形相同，如分离水样中的痕量 Pb^{2+}，可加入适量 Sr^{2+}和过量可溶性硫酸盐，则生成 $PbSO_4$-$SrSO_4$ 的混晶，将 Pb^{2+}共沉淀出来。有资料介绍，以 $SrSO_4$ 作载体，可以富集海水中 10^{-8} 的 Cd^{2+}。

3. 用有机共沉淀剂进行共沉淀分离

有机共沉淀剂的选择性较无机共沉淀剂高，得到的沉淀也较纯净，并且通过灼烧可除去有机共沉淀剂，留下欲测元素。例如，在含痕量 Zn^{2+}的弱酸性溶液中，加入硫氰酸铵和甲基紫，由于甲基紫在溶液中电离成带正电荷的大阳离子 B^+，它们之间发生如下共沉淀反应：

$$Zn^{2+}+4SCN^- = Zn(SCN)_4^{2-}$$

$$2B^+ + Zn(SCN)_4^{2-} = B_2Zn(SCN)_4\text{(形成缔合物)}$$

$$B^+ + SCN^- = BSCN\downarrow\text{(形成载体)}$$

$B_2Zn(SCN)_4$与 BSCN 发生共沉淀，因而将痕量 Zn^{2+}富集于沉淀之中。又如，痕量 Ni^{2+}与丁二酮肟生成螯合物，分散在溶液中，若加入丁二酮肟二烷酯(难溶于水)的乙醇溶液，则析出固相的丁二酮肟二烷酯，便将丁二酮肟镍螯合物共沉淀出来。丁二酮肟二烷酯只起载体作用，称为惰性共沉淀剂。

第五节　水的物理性质的测定

一、水温

水的许多物理化学性质如密度、黏度等都与水温有密切关系，同时水中溶解性气体(如氧、二氧化碳等)的溶解度、水生生物和微生物活动、化学和生物化学反应速度及盐度、pH 等也会受水温变化的影响。

水的温度因水源不同而有很大差异。一般来说，地下水温度比较稳定，通常为 8～12℃；地表水随季节和气候变化较大，大致变化范围为 0～30℃。工业废水的温度因工业类型、生产工艺不同有很大差别。

水温测量应在现场进行。常用的测量仪器有水温计、颠倒温度计和热敏电阻温度计。注意温度计应当定期标定。

(一) 水温计法

水银温度计安装在特制金属套管内，套管开有可供温度计读数的窗孔，套管上端有一提环，以供系住绳索，套管下端旋紧着一只有孔的盛水金属圆筒，水温计的球部应位于金属圆筒的中央。测量范围–6～+40℃，分度值为 0.2℃。此法适用于测定表层水温。

(二) 颠倒温度计法 (GB/T 13195—1991)

闭端(防压)式颠倒温度计(图 3-17)由主温计和辅温计组装在厚壁玻璃套管内构成，套管两端完全封闭。主温计测量范围–2～＋32℃，分度值为 0.10℃，辅温计测量范围为–20～＋50℃，分度值为 0.5℃。主温计水银柱断裂应灵活，断点位置固定，复正温度计时，接收泡水银应全部回流，主、辅温度计应固定牢靠。颠倒温度计须装在颠倒采水器上使用。适用于测量水深在 40m 以上的各层水温。

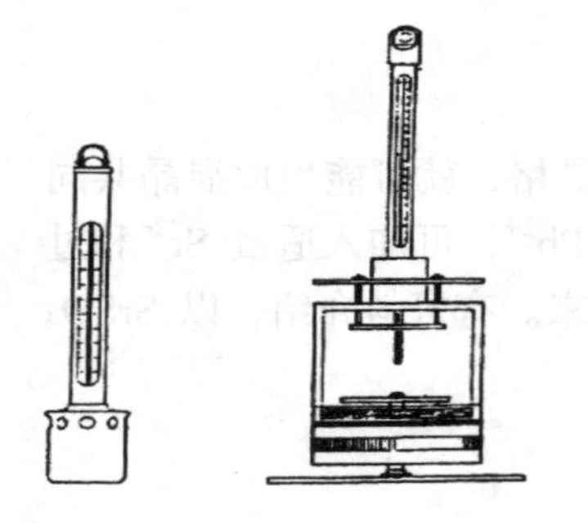

图 3-17　颠倒温度计

二、臭与味

清洁的水体是无臭无味的，天然水体由于溶解的矿物质、水中的动植物和微生物的繁殖、死亡和腐败等产生一些臭和味。受生活污水和工业废水污染的水体往往有异臭和异味，其主要的测定方法有定性描述法和臭阈值法。

(一) 定性描述法

1. 臭

取 100mL 水样置于 250mL 锥形瓶中，检验人员依靠自己的嗅觉，分别在 20℃和煮沸稍冷后闻其臭，用适当的词语描述其臭特征，并按表 3-8 划分的等级报告臭强度。

表 3-8 臭强度等级

等级	强度	说明
0	无	无任何气味
1	微弱	一般饮用者难以察觉，嗅觉敏感者可以察觉
2	弱	一般饮用者刚能察觉
3	明显	已能明显察觉，不加处理，不能饮用
4	强	有很明显的臭味
5	很强	有强烈的恶臭

2. 味

只有清洁的水或已确认经口接触对人体无害的水样才能进行味的检验。方法是分别取少量 20℃和煮沸冷却后的水样放入口中，尝其味道，用适当的词汇(酸、甜、咸、苦、涩等)描述，并参照表 3-9 给出的味强度等级。

表 3-9 四种味觉代表物质

味觉种类	显味物质	味阈浓度/%	味觉种类	显味物质	味阈浓度/%
甜味	蔗糖	0.7	苦味	香木鳖碱	0.001
	糖精	0.001		奎宁	0.0005
酸味	盐酸	0.045	咸味	氯化钠	0.055

(二) 臭阈值法

该方法是用无臭水稀释水样，直至闻出最低可辨别臭气的浓度(称“臭阈浓度”)，用其表示臭的阈限。水样稀释到刚好闻出臭味时的稀释倍数称为“臭阈值”，即

$$\text{臭阈值}=\frac{\text{水样体积(mL)}+\text{无臭水体积(mL)}}{\text{水样体积(mL)}}$$

检验操作要点：用水样和无臭水在锥形瓶中配制水样稀释系列(稀释倍数检验人员未知)，在水浴上加热至(60±1)℃；检验人员取出锥形瓶，振荡 2～3 次，去塞，闻其臭气，与无臭水比较，确定恰能闻出臭气的稀释样，计算臭阈值。如水样含余氯，应在脱氯前后各检验一次。

由于检验人员嗅觉敏感性有差异，对同一水样稀释系列的检验结果会不一致，因此，一般选择 5 名以上嗅觉敏感的人员同时检验，取各检臭人员检验结果的几何均值作为代表值。

一般用自来水通过颗粒活性炭制取无臭水。自来水中的余氯可用硫代硫酸钠溶液滴定脱除。也可用蒸馏水制取无臭水，但市售蒸馏水和去离子水不能直接作无臭水。

三、色度

纯水为无色透明，天然水中存在泥土、有机质、浮游生物和无机矿物质，使其呈现一定的颜色。工业废水含有染料、生物色素、有色悬浮物等，是环境水体着色的主要来源。有颜

色的水可减弱水体的透光性，影响水生生物生长并降低水体的观赏价值。

水的颜色可分为真色和表色两种。真色是指去除悬浮物后水的颜色；没有去除悬浮物的水所具有的颜色称为表色。对于清洁或浊度很低的水，其真色和表色相近；对于着色很深的工业废水，二者差别较大。水的色度常用以下方法测定。

(一) 铂钴标准比色法

本方法是用氯铂酸钾与氯化钴溶于水中配成标准色列，再与水样进行目视比色确定水样的色度(GB 11903—1989)。规定每升水中含 1mg 铂和 0.5mg 钴所具有的颜色为 1 度，作为标准色度单位，此标液性质稳定，可较长时间放置，但氯铂酸钾比较贵，可以用重铬酸钾和硫酸钴溶于水中制成标准系列，但无法长期保存。测定时如果水样浑浊，则应放置澄清，也可用离心法或用孔径 0.45μm 滤膜过滤去除悬浮物，但不能用滤纸过滤。

该方法适用于较清洁的、带有黄色色调的天然水和饮用水的测定。如果水样中有泥土或其他分散很细的悬浮物，用澄清、离心等方法处理仍不透明时，则测定“表色”。若水样不是黄色则无法用铂钴色列进行比较，只能用适当的文字描述其颜色和色度。

(二) 稀释倍数法

该方法适用于受工业废水污染的地面水和工业废水颜色的测定。测定时，首先用文字描述水样颜色的种类和深浅程度，如深蓝色、棕黄色、暗黑色等。然后取一定量经预处理的水样，用蒸馏水稀释到刚好看不到颜色，根据稀释倍数表示该水样的色度，其单位为倍。

所取水样应无树叶、枯枝等杂物；取样后应尽快测定，否则应冷藏保存。此外国际照明委员会(CIE)还制订了用分光光度计法测定水样色度的标准。

扩展案例 3-2

河北某村庄的地下水变成红色，近 700 只鸡饮水后死亡。由于地下水呈红色，村民做饭只能用纯净水。村民认为是附近建的新化工厂污染了水环境。该企业则称每年环保检测都达标。2013 年 4 月 5 日，面对媒体采访时，该县环保局局长表示“红色的水不等于不达标的水。有的红色的水，是因为水中所含物质是红色的，比如说放上一把红小豆，水里也可能出红色，煮出来的饭也可能是红色的”。

工业废水含有燃料、生物色素、有色悬浮物等，是环境水体着色的主要来源。针对新闻中的“红豆水”，可以用哪些方法对水的颜色进行测定？水的真色和表色有什么差别？

四、浊度

浊度是表现水中悬浮物对光线透过时所发生的阻碍程度。水中含有泥土、细砂、有机物、无机物及浮游生物和微生物等会产生浊度。浑浊的水会影响水的感官，也是水可能受到污染的标志之一，由于高浊度的水体会阻碍光线的投射，因而会影响水生生物的生存。

测定浊度的方法有分光光度法(GB 13200—1991)、目视比浊法(GB 13200—1991)、浊度计法。下面简要介绍分光光度法原理。

在适当的温度下，硫酸肼与 6 次甲基四胺聚合，生成白色高分子聚合物，以此作为浊度标准溶液，在 680nm 处利用分光光度计测定其吸光度，并绘制标准曲线。

吸取适量水样在相同条件下测出吸光度，利用标准曲线求出水样的浊度。若水样经过稀释，则要乘以稀释倍数方为原水样的浊度(度)，计算式如下：

$$浊度(度)=\frac{A \cdot V}{V_0}$$

式中，A为经稀释的水样浊度，度；V为水样经稀释后的体积，mL；V_0为原水样体积，mL。

该方法适用于天然水、饮用水浊度的测定。

五、残渣

地面水中存在残渣，使水体浑浊，透明度降低，影响水生生物呼吸和代谢；工业废水和生活污水含大量无机、有机悬浮物，易堵塞管道、污染环境，因此为必测指标。残渣分为总残渣、总可滤残渣和总不可滤残渣三种。它们是表征水中溶解性物质、不溶性物质含量的指标。测定方法为重量法(GB 11901—1989)，结果以浓度(mg/L)表示。

(一) 总残渣

总残渣是水和废水在一定的温度下蒸发、烘干后剩余的物质，包括总不可滤残渣和总可滤残渣。其测定方法是取适量(如50mL)振荡均匀的水样于称至恒量的蒸发皿中，在蒸气浴或水浴上蒸干，移入103～105℃烘箱内烘至恒量，增加的质量即为总残渣。计算式如下：

$$总残渣(mg/L)=\frac{(A-B)\times 1000\times 1000}{V}$$

式中，A为总残渣和蒸发皿质量，g；B为蒸发皿质量，g；V为水样体积，mL。

(二) 总可滤残渣

总可滤残渣量是指将过滤后的水样放在称至恒量的蒸发皿内蒸干，再在一定温度下烘至恒量所增加的质量。一般测定103～105℃烘干的总可滤残渣，但有时要求测定180℃±2℃烘干的总可滤残渣。水样在此温度下烘干，可将吸着水全部赶尽，所得结果与化学分析结果所计算的总矿物质含量较接近，计算方法同总残渣。

(三) 总不可滤残渣 (悬浮物，SS)

水样经过滤后留在过滤器上的固体物质，于103～105℃烘至恒量得到的物质量称为总不可滤残渣量。它包括不溶于水的泥沙、各种污染物、微生物及难溶无机物等。常用的滤器有滤纸、滤膜、石棉坩埚。由于它们的滤孔大小不一致，故报告结果时应注明。石棉坩埚通常用于过滤酸或碱浓度高的水样。

六、透明度

清洁水体是透明的，水中的悬浮物、胶体物质、有色物质和藻类会降低水体的透明度。海水、水库和湖泊水常需要测定透明度。测定透明度的方法有透明度计法(SL 87—1994)、塞氏盘法(SL 87—1994)、十字法等。

透明度计是一种长33cm，内径2.5cm的具有刻度的玻璃筒，筒底有一磨光玻璃片和放水侧管。测定时，将摇匀后的水样倒入筒内，检验人员从透明度计的筒口垂直向下观察，同时由放水口缓慢放水，放到刚好能清楚地辨认出其底部的标准铅字印刷符号，此时水柱的高度为该水的透明度，读数估计至0.5cm，以厘米数表示。超过30cm时为透明水。

该方法由于受检验人员的主观影响较大，在保证照明等条件尽可能一致的情况下，应取多次或数人测定结果的平均值。它适用于天然水或处理后的水。

七、电导率

电导率是物质传送电流的能力，它和电阻值相对。电导率表示水溶液传导电流的能力，水溶液的电导率直接和溶解固体量浓度成正比，而且固体量浓度越高，电导率越大。电导率和溶解固体量浓度的关系近似表示为1.4μS/cm=1ppm或2μS/cm=1ppm(每百万单位$CaCO_3$, 10^{-6})，测量单位为S/cm，此单位的10^{-6}以μS/cm表示，10^{-3}时以mS/cm表示。其中，1ppm等于1mg/L，为总固体溶量的量测单位。

电导(L)是电阻(R)的倒数。在一定条件(温度、压力等)下，导体的电阻除取决于物质的本性外，还与其截面积和长度有关。导体的电导(L)可表示为

$$L=\frac{1}{\rho}\cdot\frac{A}{l}=K\cdot\frac{1}{Q}$$

式中，$K=1/\rho$，称为电导率或比电导；$Q=l/A$，称为电极常数或电导池常数；l为平行金属板电极间距；A为金属板电极面积。

对电解质溶液，电导率是指相距1cm的两平行电极间充以1cm^3溶液所具有的电导。由上式可见，当已知电极常数(Q)，并测出溶液电阻(R)时，即可求出电导率。

电极常数常选用已知电导率的标准氯化钾溶液测定。不同浓度氯化钾溶液的电导率(25℃)列于表3-10。

表3-10　不同浓度氯化钾溶液的电导率

浓度/(mol/L)	电导率/(μS/cm)
0.0001	14.94
0.0005	73.90
0.001	147.0
0.005	717.8
0.01	1413
0.02	2767
0.05	6668
0.1	12900

溶液的电导率与其温度、电极上的极化现象、电极分布电容等因素有关，仪器上一般都采用了补偿或消除措施。

水体电导率的测定主要是应用电导仪进行测定(HJ/T 97—2003)，电导仪由电导池系统和测量仪器组成。电导池是盛放或发送被测溶液的容器。在电导池中，装有电导电极和感温元件等。实验室常用平板形电极，如260型电导电极，是将两片面积为(5×10)mm^2的光滑铂片或镀铂黑的铂片熔贴在环形玻璃上而成，极间距离为6mm。光滑铂电极用于测定低电导的溶

液，镀铂黑的铂电极用于测定电导较高的溶液。工业电导仪的电极多用不锈钢或石墨做成筒状或环状；对于强腐蚀性介质电导的测定，可使用非接触式电极。

根据测量电导原理的不同，电导仪可分为平衡电桥式电导仪、电阻分压式电导仪、电流测量式电导仪、电磁诱导式电导仪等。

第六节 水中金属化合物的测定

测定水体中金属元素广泛采用的方法有分光光度法、原子吸收分光光度法、阳极溶出伏安法及色谱法，尤以前两种方法用得最多。下面介绍几种代表性的测定方法。

一、金属化合物的测定

(一) 汞

汞及其化合物属于剧毒物质，特别是有机汞化合物。天然水中含汞极少，一般不超过0.1μg/L。我国饮用水标准限值为0.001mg/L。

汞的测定主要有冷原子吸收法(HJ 597—2011)、原子荧光法(HJ/T 694—2014)和冷原子荧光法(HJ/T 341—2007)、双硫腙分光光度法(GB/T 7469—1987)等。

1. 冷原子吸收法

该方法适用于各种水体中汞的测定，其对 Hg 的最低检测浓度为 0.1～0.5μg/L(因仪器灵敏度和采气体积不同而异)。

1) 方法原理

汞原子蒸气对 253.7nm 的紫外光有选择性吸收。在一定浓度范围内，吸光度与汞浓度成正比。

水样经消解后，将各种形态汞转变成二价汞，再用氯化亚锡将二价汞还原为单质汞，用载气将产生的汞蒸气带入测汞仪的吸收池测定吸光度，与汞标准溶液吸光度进行比较定量。

图 3-18 为一种冷原子吸收测汞仪的工作流程。低压汞灯辐射 253.7nm 紫外光，经紫外光滤光片射入吸收池，部分被试样中还原释放出的汞蒸气吸收，剩余紫外光经石英透镜聚焦于光电倍增管上，产生的光电流经电子放大系统放大，送入指示表指示或记录仪记录。当指示表刻度用标准样校准后，可直接读出汞浓度。汞蒸气发生气路：抽气泵将载气(空气或氮气)抽入盛有经预处理的水样和氯化亚锡的还原瓶，在此产生汞蒸气并随载气经分子筛瓶去除水蒸气后进入吸收池测其吸光度，然后经流量计、脱汞阱(吸收废气中的汞)排出。

2) 测定要点

(1) 水样预处理：在硫酸-硝酸介质中，加入高锰酸钾和过硫酸钾溶液消解水样，也可以用溴酸钾-溴化钾混合试剂在酸性介质中于 20℃以上室温消解水样。过剩的氧化剂在临测定前用盐酸羟胺溶液还原。

(2) 绘制标准曲线：依照水样介质条件，配制系列汞标准溶液。分别吸取适量汞标准溶液于还原瓶内，加入氯化亚锡溶液，迅速通入载气，记录表头的最高指示值或记录仪上的峰值。以经过空白校正的各测量值(吸光度)为纵坐标，相应标准溶液的汞浓度为横坐标，绘制出标准曲线。

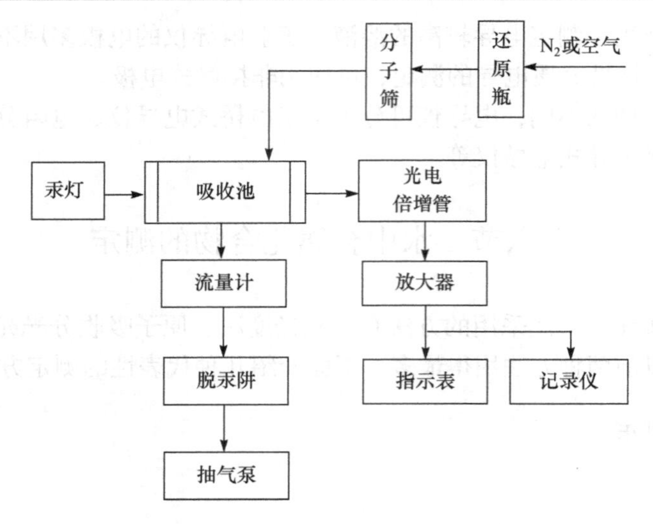

图 3-18　冷原子吸收测汞仪工作流程图

(3) 水样的测定：取适量处理好的水样于还原瓶中，按照标准溶液测定方法测其吸光度，经空白校正后，从标准曲线上查得汞浓度，再乘以样品的稀释倍数，即得水样中汞浓度。

2. 原子荧光法

该方法是在常温下汞原子蒸气受汞灯共振辐射后，吸收一定能量由基态跃迁到激发态，再跃迁回基态时释放出特征波长的共振荧光，在一定的测量条件下和较低的浓度范围内，荧光强度与汞浓度成正比。

该方法最低检测浓度为 0.04μg/L，测定下限为 0.16μg/L，且干扰因素少，适用于地表水、地下水、生活污水和工业废水的测定。

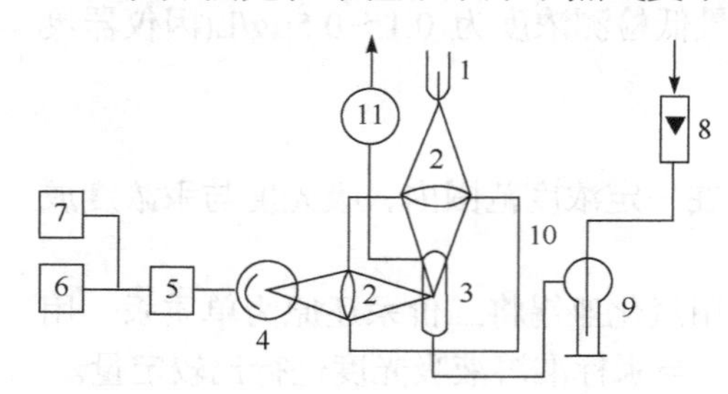

图 3-19　原子荧光测汞仪工作原理

1. 低压汞灯；2. 石英聚光镜；3. 吸收-激发池；4. 光电倍增管；5. 放大器；6. 指示表；7. 记录仪；8. 流量计；9. 还原瓶；10. 荧光池；11. 抽气泵

原子荧光测汞仪的工作原理如图 3-19 所示。它与冷原子吸收测汞仪相比，不同之处在于后者是测定特征紫外光在吸收池中被汞蒸气吸收后的透射光强，而冷原子荧光测定仪是测定吸收池中的汞原子蒸气吸收特征紫外光后被激发所发射的特征荧光(波长较紫外光长)强度，其光电倍增管必须放在与吸收池相垂直的方向上。

3. 双硫腙分光光度法

1) 方法原理

水样于 95℃酸性介质中用高锰酸钾和过硫酸钾消解，将无机汞和有机汞转变为二价汞。

用盐酸羟胺还原过剩的氧化剂，加入双硫腙溶液，与汞离子生成橙色螯合物，用三氯甲烷或四氯化碳萃取，再用碱溶液洗去过量的双硫腙，于 485nm 波长处测定吸光度，以标准曲线法定量。

汞的最低检测浓度为 2μg/L，测定上限为 40μg/L。方法适用于工业废水和受汞污染的地面水的监测。

2) 测定条件控制及干扰消除

该方法对测定条件控制要求较严格。例如，加盐酸羟胺不能过量；对试剂纯度要求高，特别是双硫腙的纯化，对提高双硫腙汞有色螯合物的稳定性和分析准确度极为重要，有色配合物对光敏感，要求避光或在半暗室里操作等。

在酸性介质中测定，常见干扰物主要是铜离子，可在双硫腙洗脱液中加入 1%(*m*/*V*)EDTA 二钠盐进行掩蔽。

还应注意，因汞是极毒物质，对双硫腙的三氯甲烷萃取液，应加入硫酸破坏有色螯合物，并与其他杂质一起随水相分离后，加入氢氧化钠溶液中和至微碱性，再于搅拌下加入硫化钠溶液，使汞沉淀完全，沉淀物予以回收或进行其他处理。有机相经去除酸和水，蒸馏回收三氯甲烷。

(二) 镉

镉的毒性很强，可在人体的肝、肾等组织中蓄积，造成各脏器组织的损坏，尤以对肾脏损害最为明显。还可以导致骨质疏松和软化。

绝大多数淡水的含镉量低于 1μg/L，海水中镉的平均浓度为 0.15μg/L。镉的主要污染源是电镀、采矿、冶炼、染料、电池和化学工业等排放的废水。

测定镉的方法有原子吸收分光光度法(GB/T 7475—1987)、双硫腙分光光度法(GB/T 7471—1987)、阳极溶出伏安法和示波极谱法等。

1. 原子吸收分光光度法

原子吸收分光光度法也称原子吸收光谱法(AAS)，简称原子吸收法。该方法具有测定快速、干扰少、应用范围广、可在同一试样中分别测定多种元素等特点。测定镉、铜、铅、锌等元素时，可采用直接吸入火焰原子吸收分光光度法(适用于废水和受污染的水)，用萃取或离子交换法富集后吸入火焰原子吸收分光光度法(适用于清洁水)和石墨炉原子吸收分光光度法(适用于清洁水，其测定灵敏度高于前两种方法，但基体干扰较火焰原子化法严重)。

清洁水样可不经预处理直接测定；污染的地面水和废水需用硝酸或硝酸-高氯酸消解，并进行过滤、定容。将试样溶液直接吸入喷雾于火焰中原子化，测量各元素对其特征光产生的吸收，用标准曲线法或标准加入法定量。测定条件和方法适用浓度范围列于表 3-11。

表 3-11　Cd、Cu、Pb、Zn 测定条件及测定尝试范围

元素	分析线/nm	火焰类型	测定浓度范围/(mg/L)
Cd	228.8	乙炔-空气，氧化型	0.05～1
Cu	324.7	乙炔-空气，氧化型	0.05～5
Pb	283.3	乙炔-空气，氧化型	0.2～10
Zn	213.8	乙炔-空气，氧化型	0.05～1

1) 萃取火焰原子吸收法测定微量镉(铜、铅)(GB/T 7475—1987)

本方法适用于含量较低，需进行富集后测定的水样。对一般仪器的适用浓度范围为镉、铜 1～50μg/L，铅 10～200μg/L。

清洁水样或经消解的水样中待测金属离子在酸性介质中与吡咯烷二硫代氨基甲酸铵(APDC)生成配合物，用甲基异丁基甲酮(MIBK)萃取后吸入火焰进行原子吸收分光光度测定。当水样中的铁含量较高时，采用碘化钾-甲基异丁基甲酮(KI-MIBK)萃取体系的效果更好。其操作条件同直接吸入原子吸收法。

2) 离子交换火焰原子吸收法测定微量镉(铜、铅)

用强酸型阳离子交换树脂吸附富集水样中的铜、铅、镉，再用酸洗脱后吸入火焰进行原子吸收测定。该方法的最低检测浓度为铜 0.93μg/L，铅 1.4μg/L，镉 0.1μg/L。

2. 双硫腙分光光度法

方法基于在强碱性介质中，镉离子与双硫腙生成红色螯合物，用三氯甲烷萃取分离后于 518nm 处测其吸光度，与标准溶液比较定量。

本方法适用于受镉污染的天然水和废水中镉的测定，测定前应对水样进行消解处理。

扩展案例 3-3

2012 年 1 月 15 日，广西某镇河段水质出现异常，该市环保局在调查中发现龙江和拉浪电站坝首前 200m 处，镉含量超《地表水环境质量标准》Ⅲ类标准约 80 倍。

该河段突发环境事件应急指挥部主要采取了三项措施：一是重污染段采取投药絮凝沉淀；二是镉污染团进入柳江之后镉浓度已较低，采取调清水稀释的方法降低镉浓度；三是在柳州市区的自来水厂准备应急预案，在取水口出现镉浓度超标时进行降低镉含量处理。

截至 2 月 4 日 6 时，监测数据显示，西门涯处镉浓度为 0.0160mg/L，超标 2.2 倍，龙江与融江汇合处下游 3km 处镉浓度为 0.0030mg/L，露塘断面处镉浓度 0.0020mg/L，新圩(露塘断面下游 9km 处)断面镉浓度 0.0030mg/L，河西水厂原水镉浓度 0.0020mg/L，柳江饮用水源水质符合国家标准。

镉污染的主要来源及常用的测定镉的方法都有哪些?

(三) 铅

铅是可在人体和动植物组织中蓄积的有毒金属，其主要毒性效应是导致贫血、神经机能失调和肾损伤等。铅对水生生物的安全浓度为 0.16mg/L。

铅的主要污染源是蓄电池、冶炼、五金、机械、涂料和电镀等工业排放的废水。

测定水体中铅的方法与测定镉的方法相同。目前广泛采用原子吸收分光光度法(GB/T 7475—1987)和双硫腙分光光度法(GB/T 7470—1987)，也可以用阳极溶出伏安法和示波极谱法(GB/T 13896—1992)。

(四) 铜

铜是人体所必需的微量元素，缺铜会发生贫血、腹泻等病症，但过量摄入铜也会产生危害。铜对水生生物的危害较大，有人认为铜对鱼类的毒性浓度始于 0.002mg/L，但一般认为水体铜浓度为 0.01mg/L 对鱼类是安全的。铜对水生生物的毒性与其形态有关，游离铜离子的毒性比配位态铜大得多。

世界范围内，淡水平均含铜 3g/L，海水平均含铜 0.25g/L。铜的主要污染源是电镀、冶炼、五金加工、矿山开采、石油化工和化学工业等部门排放的废水。

测定水中铜的方法主要有原子吸收分光光度法(GB/T 7475—1987)、二乙氨基二硫代甲酸钠萃取分光光度法和新亚铜灵萃取分光光度法，还可以用阳极溶出伏安法或示波极谱法。关于原子吸收分析法、阳极溶出伏安法和示波极谱法在镉的测定中已介绍过，此处只介绍二乙氨基二硫代甲酸钠萃取分光光度法。

在 pH 为 9～10 的氨性溶液中，铜离子与二乙氨基二硫代甲酸钠(铜试剂，简写为 DDTC)作用，生成物质的量比为 1：2 的黄棕色胶体配合物，即

$$2(C_2H_5)_2N—\overset{\overset{S}{\|}}{C}—S—Na+Cu^{2+} \longrightarrow (C_2H_5)_2N—C\begin{matrix} S \\ S \end{matrix}Cu\begin{matrix} S \\ S \end{matrix}C—N(C_2H_5)_2+2Na^{+}$$

该配合物可被四氯化碳或三氯甲烷萃取，其最大吸收波长为 440nm。在测定条件下，有色配合物可以稳定 1h，但当水样中含铁、锰、镍、钴和铋等离子时，它们也与 DDTC 生成有色配合物，干扰铜的测定。除铋外，均可用 EDTA 和柠檬酸铵掩蔽消除。铋干扰可以通过加入氰化钠予以消除。

当水样中含铜较高时，可加入明胶、阿拉伯胶等胶体保护剂，在水相中直接进行分光光度测定。该方法最低检测浓度为 0.01mg/L，测定上限可达 2.0mg/L，已用于地面水和工业废水中铜的测定。

(五) 锌

锌也是人体必不可少的有益元素，每升水含数毫克锌对人体和温血动物无害，但对鱼类和其他水生生物影响较大。锌对鱼类的安全浓度约为 0.1mg/L。此外，锌对水体的自净过程有一定抑制作用。锌的主要污染源是电镀、冶金、颜料及化工等部门排放的废水。

原子吸收分光光度法测定锌，灵敏度较高，干扰少，适用于各种水体。此外，还可选用双硫腙分光光度法、阳极溶出伏安法或示波极谱法。

(六) 铬

铬化合物的常见价态有三价和六价。在水体中，六价铬一般以 CrO_4^{2-}、$HCr_2O_7^{7-}$、Cr_2O^{7-} 三种阴离子形式存在，受水体 pH、温度、氧化还原物质、有机物等因素的影响，三价铬和六价铬化合物可以互相转化。

铬是生物体所必需的微量元素之一。铬的毒性与其存在价态有关，六价铬具有强毒性，为致癌物质，并易被人体吸收而在体内蓄积。通常认为六价铬的毒性比三价铬大 100 倍。但是，对鱼类来说，三价铬化合物的毒性比六价铬大。当水中六价铬浓度达 lmg/L 时，水呈黄色并有涩味；三价铬浓度达 lmg/L 时，水的浊度明显增加。陆地天然水中一般不含铬；海水中铬的平均浓度为 0.05μg/L，饮用水中更低。

铬的工业污染源主要来自铬矿石加工、金属表面处理、皮革鞣制、印染、照相材料等行

业的废水。铬是水质污染控制的一项重要指标。

水中铬的测定方法主要有二苯碳酰二肼分光光度法(GB/T 7467—1987)、火焰原子吸收分光光度法(HJ 757—2015)、硫酸亚铁铵滴定法等。分光光度法是国内外的标准方法；滴定法适用于含铬量较高的水样。二苯碳酰二肼分光光度法对六价铬和总铬的测定原理如下。

1) 六价铬的测定

在酸性介质中，六价铬与二苯碳酰二肼(DPC)反应，生成紫红色配合物，于 540nm 波长处进行比色测定。其反应式为

$$O{=}C\begin{matrix}NH{-}NH{-}C_6H_5\\NH{-}NH{-}C_6H_5\end{matrix} + Cr^{6+} \longrightarrow O{=}C\begin{matrix}NH{-}NH{-}C_6H_5\\N{=}N{-}C_6H_5\end{matrix} + Cr^{3+} \longrightarrow \text{紫红色配合物}$$

(DPC) (苯肼羟基偶氮苯)

本方法最低检测浓度为 0.004mg/L，使用 10mm 比色皿，测定上限为 lmg/L。其测定要点如下：

(1) 对于清洁水样可直接测定；对于色度不大的水样，可用丙酮代替显色剂的空白水样作参比测定；对于浑浊、色度较深的水样，以氢氧化锌作共沉淀剂，调节溶液 pH 至 8～9，此时 Cr^{3+}、Fe^{3+}、Cu^{2+}均形成氢氧化物沉淀，可被过滤除去，与水样中的 Cr^{6+}分离；存在亚硫酸盐、二价铁等还原性物质和次氯酸盐等氧化性物质时，也应采取相应的消除干扰措施。

(2) 取适量清洁水样或经过预处理的水样，加酸、显色、定容，以水作参比测其吸光度并作空白校正，从标准曲线上查得并计算水样中六价铬含量。

(3) 配制系列铬标准溶液，按照水样测定步骤操作。将测得的吸光度经空白校正后，绘制吸光度对六价铬含量的标准曲线。

2) 总铬的测定

在酸性溶液中，首先，将水样中的三价铬用高锰酸钾氧化成六价铬，过量的高锰酸钾用亚硝酸钠分解，过量的亚硝酸钠用尿素分解；然后，加入二苯碳酰二肼显色，于 540nm 处进行分光光度测定。其最低检测浓度同六价铬。

清洁地面水可直接用高锰酸钾氧化后测定；水样中含大量有机物时，用硝酸-硫酸消解。

(七) 砷

元素砷毒性极低，而砷的化合物均有剧毒，三价砷化合物比其他砷化物毒性更强。砷化物容易在人体内积累，造成急性或慢性中毒。砷污染主要来源于采矿、冶金、化工、化学制药、农药生产、玻璃、制革等工业废水。

测定水体中砷的方法有二乙氨基二硫代甲酸银分光光度法(GB/T 7485—1987)和原子荧光法(HJ 694—2014)、新银盐分光光度法等。

(八) 其他金属化合物

根据水和废水污染类型和对用水水质的要求不同，有时还需要监测其他金属元素。表 3-12 列出某些元素的测定方法，详细内容可查阅《水和废水监测分析方法》和其他水质监测资料。

表 3-12　其他金属化合物的分析方法

元素	危害	分析方法	测定浓度范围
铍	单质及其化合物毒性都极强	1. 石墨炉原子吸收法 2. 活性炭吸附-铬天青 s 分光光度法	0.04～4μg/L 最低 0.1μg/L
镍	具有致癌性，对水生生物有明显危害，镍盐引起过敏性皮炎	1. 原子吸收法 2. 丁二酮肟分光光度法 3. 示波极谱法	0.01～8mg/L 0.1～4mg/L 最低 0.06mg/L
硒	生物必需微量元素，但过量能引起中毒。二价态毒性最大，单质态毒性最小	1. 2，3-二氨基萘荧光法 2. 3，3-二氨基联苯胺分光光度法 3. 原子荧光法 4. 气相色谱法	0.15～25μg/L 2.5～50μg/L 0.02～10μg/L 最低 0.2μg/L
锑	单质态毒性低，氢化物毒性大	1. 5-Br-PADAP 分光光度法 2. 原子吸收分光光度法	0.05～1.2mg/L 0.2～40mg/L
钍	既有化学毒性，又有放射性辐射损伤，危害大	偶氮胂Ⅲ分光光度法	0.008～3.0mg/L
铀	有放射性辐射损伤，引起急性或慢性中毒	TRPO-5-Br-PADAP 分光光度法	0.0013～1.6mg/L
铁	具有低毒性，工业用水含量高时，产品上形成黄斑	1. 原子吸收分光光度法 2. 邻菲咯啉分光光度法 3. EDTA 滴定法	0.03～5.0mg/L 0.03～5.0mg/L 5～20.0mg/L
锰	具有低毒性，工业用水含量高时，产品上形成、斑痕	1. 原子吸收分光光度法 2. 高锰酸钾氧化分光光度法 3. 甲醛肟分光光度法	0.01～3.0mg/L 最低 0.05mg/L 0.01～4.0mg/L
钙	人体必需元素，但过高引起肠胃不适，结垢	1. EDTA 滴定法 2. 原子吸收分光光度法	2～100mg/L 0.02～5.0mg/L
镁	人体必需元素，过量有导泻和利尿作用，结垢	1. EDTA 滴定法 2. 原子吸收分光光度法	2～100mg/L 0.002～0.5mg/L

二、金属化合物的形态及测定

金属的毒性及其在地球化学过程中的沉积与其形态(包括价态、化合态、结合态和结构状态)有密切关系。例如，游离铜的毒性比惰性有机配位铜大，Cu^{2+}、$Cu(OH)_2$、$Cu_2(OH)_2^{2+}$对鱼有毒性，而$CuHCO_3^+$、$CuCO_3$、$Cu(CO_3)_2^{2-}$则无毒；甲基汞比离子汞毒性大；元素砷毒性极低，砷化物均有毒，三价砷化物的毒性最大；在富氧的水体中铬为高氧化态，形成可溶性的铬酸盐，具有较高的迁移扩散能力等。

测定溶液中金属离子的特定离子形式时，要求确定其是“游离”的离子还是呈配合态，或被吸附在特定的物质上，因为它决定了金属离子对水体中植物和动物生命的影响，也影响金属离子在水体中的迁移转化和停留。例如，金属会影响藻类生长，这种影响可以成为藻类生长的促进剂，因某些金属是植物所需的营养成分，可以促进藻类的生长，而有些金属对有机体有毒，可以抑制藻类的生长。金属可供利用的最直接的形态是以金属离子存在于溶液中，若金属和配位剂配合而使植物不能直接对其进行代谢时，就不容易被有效地吸收而影响植物生长。同样，若金属与水体中的颗粒物结合，或形成像氢氧化铁这类胶体沉淀物，都不会有以游离离子存在的等量金属所具有的同等效应。

在寻找污染源时，有时也要依赖于对污染物形态的分析。例如，形态分析可以判断土壤和水体沉积物中的金属是天然存在的还是人为污染造成的。一般从工业城市排放的金属往往存在于颗粒物上的离子交换态和碳酸盐结合态，而天然存在的重金属往往以结晶态形式存在。

(一) 污染物形态的分类方法

污染物的形态可按其化学组成和结构、物理性状和结构、外形和功能等进行分类：

(1) 按污染物的化学组成和结构可分为单质和化合态两类。单质是同种元素组成的物质，包括金属、非金属及其同素异形体。化合态是由两种或两种以上的元素组成的物质形态，可分为有机化合态和无机化合态。

(2) 按污染物的物理性状和结构可分为固体、流体(气体和液体)射线等形态。

(3) 按污染物的外形和功能特点可分为离子态、代换态、胶体、有机结合态和难溶态等。

(二) 天然水中金属元素的形态分析

环境中存在着物理的、化学的和生物的作用，使污染物的不同形态之间存在着动态的相互转化。因此，重金属所呈现的形态是十分复杂的。目前尚无统一的划分重金属形态的标准和分析程序，往往因科研工作的需要对重金属的形态作不同类型的划分，同时要考虑到实验室所具备的分离技术及测试手段。

形态分离分析方法的选择应注意在操作中避免元素形态发生变化或使其变化减少到最小，使分析结果能尽可能真实地反映这些元素原来的形态。这就要求选择快速的分离方法和高灵敏度、高精确度和高分辨率的测定技术。

1. 天然水中重金属元素的形态

进入天然水体的金属污染物对水中生物有影响，可通过各种途径进入人体而影响人体健康。对水样中污染物浓度的分析是为了评价由某些活动所产生的污染物对承纳水体的影响，而金属的影响取决于金属在水体中的形态。因此要对天然水中各种形态的金属加以区别，也就是说要知道“自由”离子(包括不稳定金属化合物)存在的量、以配合物形式存在的量和与一定粒度的颗粒物缔合的金属数量等。

Batley 等将天然水中的痕量金属按元素的物理化学特征分为四种形态：第一类是柠檬酸盐、氯化物和硫酸盐之类的物质。第二、第四类主要是吸附在黏土、硅酸盐、有机物和岩屑等胶态物上的金属离子。第三类是像腐殖之类的有机配位基强的金属配合物。

上述分类方法是分析操作上确定的化学状态，而不是分子形式说明的化学状态，只能粗略地说明一些问题。这些稳定的或不稳定的金属无机物及有机配合物究竟是何种化合物，还需进一步用分析化学的最新成就来解决。

2. 天然水中重金属形态的测定方法

1) 不稳定态与稳定态金属的测定

天然水中的金属通常是被配位的，它们可以和简单的无机配位基如水、碳酸盐、硫酸盐或卤化物等配位，也可以和有机配位基如氨基酸、羧酸、腐殖酸或丹宁等配位。因此，对“自由”离子的检测，实际上是检测用这种测定方法难以同水的配合物相区分的配合物，这些配合物中所含的金属总浓度通常称为“不稳定”金属浓度。不同分析程序所得出的“不稳定态”所包含的金属形态范围是不同的。例如，Batley 的做法是取两份水样，一份直接在 pH=4.8 的乙酸盐缓冲溶液中用阳极溶出伏安法(ASV)测定。另一份通过 Chelex-100 树脂，滤过的溶液在 pH=4.8 下用阳极溶出伏安法测定，两次测定的差值即为 “不稳定态”金属的浓度，它包括金属水合离子及某些无机、有机金属配位化合物，它们的稳定常数小于与整合树脂结合的金属配合物。也有人将在天然水 pH 下直接用 ASV 测定的金属元素当作“不稳态”金属的浓度。显然这两种方法测定的不稳定态金属含量是不同的。因此，当用 ASV 作不稳定态金属分析时，应详细说明实验条件。样品分析中所用的 pH 应尽可能接近原始样品的 pH。因 pH 的改变会引起金属形态的改变。pH 降低会促使更多的金属离子放出，提高 pH 会使金属离子沉淀和被吸附在胶态物质上。

水体中重金属化学形态多步连续提取分级方法和提取剂的选择有很多种，包括七态分级法、五态分级法和四态分级法。应用较广的方法有 Tessier 连续萃取法和连续提取(BCR)方法。Ariza 等进行了 Tessier 方法和 BCR 方法的比较，结果表明，在还原状态下，Tessier 方法在评价重金属的迁移率方面要优于 BCR 方法，而 BCR 方法虽然对于测定 Hg 有严重的损失，但在酸相中进行 Cd、Cr、Ni 测定时，要比 Tessier 方法可靠。Albores 比较了 Tessier 方法和 BCR 方法进行连续萃取和单独萃取各形态的萃取效果，发现 BCR 方法所得结果的一致性比 Tessier 方法好，且该方法的稳定性及重现性较好，提取精度较高，易标准化，不同研究结果具有一定的可比性。方法具体步骤如下：

(1) 乙酸可提取态(酸可提取态)。在离心分离管中加入 0.11mol/L HAc 溶液 40mL，在室温下过夜振荡提取 16h，以 1500r/min 离心分离，取其上清液，残渣分别用 8mL 0.11mol/L HAc 溶液清洗，振荡，离心分离，取其上清液合并于提取液中，用去离子水定容到 50.0mL，作为待测液，残渣留作下一步分级提取物。

(2) 可还原提取态(氧化物结合态)。在上步提取的残渣中，加入 0.1mol/L $NH_2OH \cdot HCl$ 40mL(用 HNO_3 调 pH=2.0 左右)，室温下过夜振荡 16h，取其上清液，不溶物洗涤同步骤(1)操作，取其上清液，合并于 50.0mL 的容量瓶，用去离子水定容，待测。残渣留作下一分级提取物。

(3) 可氧化提取态(有机结合态)。在步骤(2)提取后的残渣中小心滴加 10mL 30% H_2O_2 溶液摇匀，室温下放置 1h。在瓶口加一小漏斗后，在低温水浴下加热 1h，间歇式摇动，使 H_2O_2 作用完全。取走漏斗，加热恒温于(85±2)℃蒸发至剩余溶液 2mL 左右。补加 H_2O_2 10mL，重复上述蒸发操作至剩余溶液 2mL 左右。冷却后加入 1mol/L HAc 溶液 3mL(HNO_3 调 pH=2.0 左右)，摇匀，振荡 0.5h，离心分离取其上清液，残渣再加入 4mL 1mol/L HAc 溶液(HNO_3 调 pH=2.0 左右)，摇匀，振荡 0.5h，离心分离取其上清液与前述上清液合并，用去离子水定容至 10.0mL 作待测液。

(4) 残渣态。将各底泥样品的总量减去乙酸可提取态、可还原提取态和可氧化提取态的总和。

2) 胶体态金属的分离

在天然水中形成胶体态的金属如铁、锰，易形成水解聚合物或与无机胶体及有机胶体结合的金属浓度的比例一般较高。因此呈胶体态的金属是重要的一种金属形态。

通常用离子螯合树脂来分离胶体态和离子态。将通过 0.45μm 孔径滤膜的水样流过树脂柱，不被截留的部分即为胶体态。在流出液中尚包括某些通过树脂时不分解的惰性配合物及稳定常数大于金属-螯合树脂配合物的某些较强的金属螯合物。不过很多天然配位体与金属形成的配合物的稳定常数低于金属-螯合树脂配合物。对胶体颗粒，由于树脂的有效孔径很小(小于 25Å)，致使它不能进入树脂网络，而是带着被其吸附的微量金属通过树脂柱。用离子螯合物树脂分离胶体态金属时应注意 pH 的影响，pH 较低时会使胶体金属溶解出来，降低胶体态金属的测定值。

超滤及渗析技术也用来分离胶体态金属。天然水中存在的物质粒度大小相差悬殊。“自由”金属离子和无机配合物的直径可能只有 0.01nm，有机配合物的直径可达几十分之一纳米到几纳米，而胶体态金属的大小可达 100nm 左右。所以根据尺寸大小来分离水中物质和测量各部分金属的含量能在一定程度上了解该系统中特定金属所处的状态。再结合前面介绍的对不稳定金属和总金属的测定，就能很好地估计所研究金属存在的形态。此法的限制是从一种形态到另一种形态的尺寸大小是渐变的，不可能有截然的差别。Hart(1976)用孔径为 1.8nm 的滤膜对样品中溶解态金属进行超滤分离，溶解态中不能被超滤的部分即小于 0.5μm，大于 2nm 的部分微量金属可能是以胶体方式存在，或是与无机颗粒氢氧化物结合，或是与腐殖酸类的有机分子结合。超滤或渗滤是根据粒子大小进行机械分离，而螯合树脂分离主要是化学作用。这两种方法对胶态金属分离后的测定结果是有差别的。

3) 天然水中有机态与无机态金属的测定

天然水中的有机螯合物可以改变金属元素的生物效应，故划分金属形态为有机及无机态是有意义的。

采用差减法比较简单。通过有机质被破坏前后水中金属浓度的变化即可求出与有机物结合的金属浓度。用紫外光辐照是破坏有机质的较好方法。这种方法不会使样品被沾污；但要注意照射提高了样品溶液的温度可能会引起胶体凝聚；对缺氧的水样如泉水等用紫外光照射时，二价铁及二价锰会被氧化而形成水合氧化物或胶体，使样品中金属形态发生变化，因此，紫外辐照不适于厌氧水样。也可用氧化剂如高氯酸或过硫酸钾等来破坏有机质，然后测定有机质被破坏前后的金属浓度求出有机态金属含量。

4) 天然水配位能力的测定

天然水的配位能力反映了它通过水中物质配位金属离子的潜力。若金属与强配位基的化学计算量之比大于1，那么金属以不稳定态存在，也形成强束缚配合物。如果化学计算量之比小于 1，那么所有的金属都是强束缚的。这种测定是这样进行的，即向水中加入过量的待测金属离子，并测定所加入的金属中有多少是不稳定的。它也可以测定除了由配位基形成以外的吸着在颗粒物质上的固定金属的能力。

Chou 等(1974)用同样的技术测定了一些湖水对铜的配位能力。逐渐增大铜的添加量，经过几小时平衡期之后，记录到了由铜离子所产生的峰值电流。以峰值电流对 Cu^{2+}加入量作图，当反推至零电流时，曲线在“添加量”轴上的截距即代表以铜浓度表示的水的配位能力。用此法处理含 EDTA 的水所获得的结果曲线如图 3-20 所示。

Cu 的加标量(μg 分子/L)在图的下部可看到线条发生弯曲，而且即使存在过量的 EDTA，也仍能获得铜的某些信号。这表明，上述那样测定不稳定金属实际就是测定在金属与配位基的比例小于 1 的情况下由强配位基所配位的一部分金属。

离子交换平衡技术也可用来测定配位能力。在这一方法中，向几份含有配位剂(M_c)的水中增量加入金属离子(M_f)，然后通过离子交换处理使样品达到平衡。不存在配位剂的情况下，溶液中的金属量和树脂所吸收的金属量(M_R)之间具有线性关系。当存在配位剂时，可供树脂选择的“自由”金属离子的数量减小，所以得到一条不同斜度的直线。因此，当对增量加入的金属离子作图时，得到的直线在达到样品的配位能力在这一点处斜率发生变化。在此点以前的斜率是配位剂稳定常数的函数。

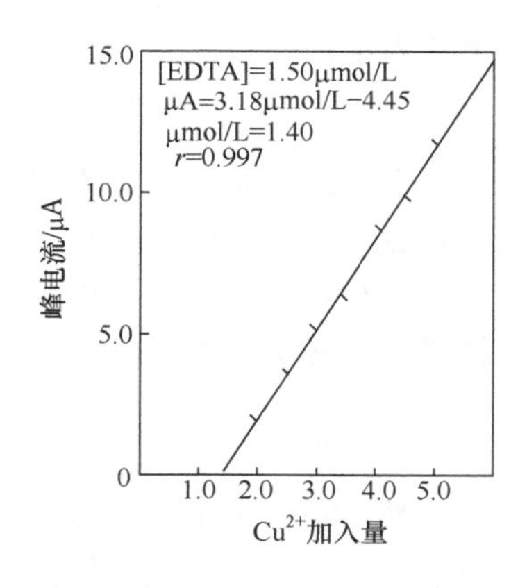

图 3-20　对蒸馏水 EDTA 配位能力的测定(r 为相关系数)

氧化还原作用可控制重金属在环境中的价态。富含游离氧的环境，具有较高的氧化能力，可使钒铬等处于高氧化态而形成可溶性铬酸盐、钒酸盐。铁锰等则形成高价难溶化合物。

缺乏游离氧和含有丰富有机质的环境，如湖泊近底层水体中氧化还原电位较低，可使钒、铜、铁等处于低价状态。

一般河水 pH 为 7，E_h 为 0.81V，而海水的 pH 为 8，E_h 为 0.75V。当河水入海后，河水中所含大量 Mn^{2+}即转化为水合氧化锰胶体而使 Mn^{2+}浓度降低。

天然水中铬的氧化态也可改变，在 pH 为 6.5～8.5 的环境中三价铬转化为六价铬的反应为

$$2Cr(OH)_2^+ + 1.5O_2 + H_2O \longrightarrow 2CrO_4^{2-} + 6H^+$$

三价铬可被水中所溶解的氧缓慢氧化成六价铬，同样也能使二氧化锰氧化。相反，六价铬也能被二价铁、可溶性硫化物及带巯基的有机物还原成三价铬。

某些元素在环境中可能存在的价态列于表 3-13 中。

表 3-13　某些元素在环境中可能存在的价态

金属元素	铁	锰	汞	铜	铅	铬	砷	硒	镉
价态	+2、+3	+2、+4	0、+1、+2	+1、+2	+2、+4	+3、+6	+3、+5、−3	+4、+6	+2、+4

金属元素价态分析可采用氧化还原滴定法、电化学分析法、分光光度法或用不同的反应条件，经离子交换溶剂萃取等使不同价态分离后分别测定等方法。

第七节　水中非金属无机物的测定

水体中的非金属无机物包括酸度、碱度、pH、硫化物、氰化物、硫酸盐、氟化物等，其中有的物质有剧毒，如无机氰，其毒性比重金属及一些有机质还强，还有一些物质本身无毒，但会改变水体中的化学性质，从而影响水生生物的生长。

一、酸度和碱度

传统的化学对酸、碱的认识是一个从表象到本质的过程。1923 年提出的酸碱质子理论认为凡是能释放出质子(H^+)的物质都是酸；凡是能接受质子的物质都是碱。酸与碱的关系可用

下式表示：

$$酸 \rightleftharpoons 质子 + 碱$$

上述的关系式又称为酸碱半反应式，酸碱半反应两边的酸碱物质称为共轭酸碱对。一种酸释放一个质子后形成其共轭碱，或者说一种碱结合一个质子后而形成其共轭酸。由此可见，酸和碱相互依存，又可以互相转化。若酸给出质子的倾向越强，则其共轭碱接受质子的倾向越弱；若碱接受质子的倾向越强，则其共轭酸给出质子的倾向越弱。

(一) 酸度

酸度是指水中所含能与强碱发生中和作用的物质总量。这类物质包括无机酸、有机酸、强酸弱碱盐等。自然水体由于溶入了大气中的二氧化碳而有一定的酸度，而机械、选矿、电镀、农药、印染、化工等行业排放的废水都呈酸性，酸雨面积的扩大也使自然水体的酸度增大，破坏了水生生物和农作物的正常生活及生长条件，造成鱼类死亡，作物受害。所以，酸度是衡量水体水质的一项重要指标。

测定酸度的方法有酸碱指示剂滴定法、电位滴定法及酸度计法。

1. 酸碱指示剂滴定法

用标准氢氧化钠溶液滴定水样至一定 pH，根据其所消耗的量计算酸度。随所用指示剂不同，通常分为两种酸度：一是用酚酞作指示剂(其变色 pH 为 8.3)测得的酸度称为总酸度(酚酞酸度)，包括强酸和弱酸；二是用甲基橙作指示剂(变色 pH 约为 3.7)测得的酸度称强酸酸度或甲基橙酸度，单位以 mg/L(以 $CaCO_3$ 计)表示。

2. 电位滴定法

以 pH 玻璃电极为指示电极，甘汞电极为参比电极，与被测水样组成原电池并接入 pH 计，用氢氧化钠标准溶液滴定至 pH 计指示 3.7 和 8.3，据其相应消耗的氢氧化钠溶液量分别计算两种酸度。

本方法适用于各种水体酸度的测定，不受水样有色、浑浊的限制。测定时应注意温度、搅拌状态、响应时间等因素的影响。取 50mL 水样，可测定 10～1000mg/L(以 $CaCO_3$ 计)范围内的酸度。

(二) 碱度

水的碱度是指水中所含能与强酸发生中和作用的物质总量，包括强碱、弱碱、强碱弱酸盐等。

天然水中的碱度主要是由重碳酸盐、碳酸盐和氢氧化物引起的，其中重碳酸盐是水中碱度的主要形式。引起碱度的污染源主要是造纸、印染、化工、电镀等行业排放的废水及洗涤剂、化肥和农药在使用过程中的流失。

测定水中碱度的方法和测定酸度一样，有酸碱指示剂滴定法和电位滴定法。前者是用酸碱指示剂指示滴定终点，后者是用 pH 计指示滴定终点。

水样用标准酸溶液滴定至酚酞指示剂由红色变为无色(pH 约为 8.3)时，所测得的碱度称为酚酞碱度，此时 OH^- 已被中和，CO_3^{2-} 被中和为 HCO_3^-；当继续滴定至甲基橙指示剂由橘黄色变为橘红色时(pH 约为 4.4)，所测得的碱度称为甲基橙碱度，此时水中的 HCO_3^- 也已被中和完全，即全部致碱性物质都已被强酸中和完全，故又称其为总碱度。

设水样以酚酞为指示剂滴定消耗强酸量为 P，继续以甲基橙为指示剂滴定消耗强酸量为 M，二者之和即为总碱度(T)，则测定水的总碱度时，可能出现的 5 种情况见表 3-14。

表 3-14　碱度的存在形态与滴定结果的关系

滴定结果/mL	各种碱度所消耗酸标准溶液的量/mL		
	OH^-	CO_3^{2-}	HCO_3^-
$P=T(M=0)$	P	0	0
$P>1/2T(P>M)$	$2P-T$	$2(T-P)$	0
$P=1/2T(P=M)$	0	T	0
$P<1/2T(P<M)$	0	$2P$	$T-2P$
$P=0(M=T)$	0	0	T

根据使用两种指示剂滴定所消耗的酸量，可分别计算出水中的各种碱度和总碱度，其单位常用 mg/L，也可用以 $CaCO_3$ 或 CaO 计的 mg/L 表示。

扩展案例 3-4

2010 年 7 月 3 日和 7 月 16 日，紫金矿业铜矿湿法厂发生铜酸水渗漏事故，造成汀江部分水域严重污染。据企业公告，经省、市专家初步核查，本次紫金矿业渗漏事故的直接原因是 6 月以来的持续强降雨致使铜酸废液区域内地下水位迅速抬升，地下水量急剧增大，局部底垫下的黏度垫层被掏空，导致污水池防渗底垫多处开裂，含铜酸水通过污水池下方的排洪口流入汀江。

7 月 4 日，汀江上杭段多处水质监测 pH 范围为 4.34～6.33，已超过国家地表水Ⅲ类水质标准限值(6～9)，不宜饮用。而在泄漏事故得到控制后，汀江上杭段各断水面水质逐步改善，pH 回升至 6.65 左右，符合地表水Ⅲ类水质标准，但属性依然偏向酸性。

医学证明人体大多适宜喝弱碱性的水(pH 在 7～8)。长期喝酸性水对调节身体酸碱平衡很不利，容易造成胃酸过高而引发各种疾病。美国科学院 Burton 曾分析美国 100 个大城市的饮用水，喝偏酸性的水比较容易引起心血管病，癌症死亡率也明显偏高。而日本的科学家早在 1957 年就证明中风死亡率与饮用水的酸度密切相关。

酸度和碱度的定义分别为什么？引起酸度和碱度的污染源主要有哪些？

二、pH

pH 是溶液中氢离子活度的负对数，即

$$pH=-\lg a_{H^+}$$

当水体 H^+ 浓度较小时，可以用 H^+ 的浓度代替活度计算 pH。

pH 是最常用的水质指标之一。一般饮用水 pH 要求在 6.5～8.5；地表水的 pH 多在 6.5～

8.5 的范围；某些工业用水的 pH 为了保障管道和设备的正常运行，必须保持在 7.0～8.5；在废水生化处理中，pH 也是评价有毒物质的毒性的重要指标之一。此外，pH 对水体中污染物质的迁移转化有较大影响，因而要进行控制。

pH 和酸度、碱度既有联系又有区别。pH 表示水的酸碱性的强弱，而酸度或碱度是水中所含酸或碱物质的含量。同样酸度的溶液，如 0.1mol 盐酸和 0.1mol 乙酸，二者的酸度都是 100mmol/L，但其 pH 却大不相同。盐酸是强酸，在水中几乎 100%电离，pH 为 1；而乙酸是弱酸，在水中的电离度只有 1.3%，其 pH 为 2.9。

水的 pH 的测定方法主要有玻璃电极法(GB 6920—1986)和比色法。

三、溶解氧

溶解于水中的分子态氧称为溶解氧(DO)。大气中氧气的溶解和水生藻类等水生生物的光合作用过程都是水中溶解氧的来源，水中溶解氧的含量与大气压力、水温及含盐量等因素有关。大气压力下降、水温升高、含盐量增加，都会导致溶解氧含量降低。

溶解氧主要有以下几种变化规律：①昼夜变化。白天含氧量高，下午 2～4 时水中溶解氧量常常过饱和，夜间溶解氧量低，至黎明前降至最低值。②垂直变化。一般白天上层水溶解氧比下层水溶解氧高得多，夜间由于池水对流作用，上下层溶解氧差逐渐减少，全天中下午氧差最大。③水平变化。一般由于风力的作用，白天下风处溶解氧比上风处高，但清晨溶解氧水平变化相反，上风处溶解氧高于下风处。④季节变化。一般低溶解氧量多出现在夏秋季节，特别是夏秋阴雨天气，溶解氧较低。

清洁地表水溶解氧接近饱和。当有大量藻类繁殖时，溶解氧可能过饱和；当水体受到有机物质、无机还原物质污染时，会使溶解氧含量降低，甚至趋于零，此时厌氧细菌繁殖活跃，水质恶化。水中溶解氧低于 4mg/L 时，许多鱼类呼吸困难；若继续减少，鱼类则会窒息死亡。一般规定水体中的溶解氧至少在 4mg/L 以上。水中溶解氧的含量可作为有机污染及其自净程度的间接指标。我国的河流、湖泊、水库水溶解氧含量大都在 4mg/L 以上，长江以南的一些河流一般较高，可达 6～8mg/L。在废水生化处理过程中，溶解氧也是一项重要控制指标。

由于溶解氧的含量与大气、温度等因素有很大的关系，所以溶解氧的样品采集要用专门的采样瓶，如双氧瓶和溶解瓶。采样时，注意不使水样与空气接触，采样动作要轻柔，尽量减少扰动。采样时采样瓶必须充满，而后盖紧瓶塞，同时注意不要残留气泡。从管道和水龙头处采集水样，可用橡皮管或其他软管导流，让水沿瓶壁流入到满溢出并继续采集数分钟后加塞盖紧，不留气泡。为防止水样中的溶解氧发生变化，采集的水样必须进行现场固定(向其中加入硫酸锰和碱性碘化钾)或直接在现场用氧电极进行测定。

测定水中溶解氧的方法有碘量法及其修正法(GB 7489—1987)和电化学探头法(HJ 506—2009)。清洁水可用碘量法；受污染的地面水和工业废水必须用修正的碘量法或氧电极法，此外为了实现溶解氧的自动监测，国家环保部制订了《溶解氧(DO)水质自动分析仪技术要求》(HJ/T 99—2003)。

(一) 碘量法

碘量法是测定水中溶解氧的基准方法。在没有干扰的情况下，此方法适用于各种溶解氧浓度大于 0.2mg/L 和小于氧的饱和浓度两倍(约 20mg/L)的水样。易氧化的有机物，如丹宁酸、腐殖酸和木质素等都会对测定产生干扰；可氧化的硫化物如硫脲也会产生干扰，当水样中含有以上物质时宜采用电化学探头法。

碘量法的原理：在水样中加入硫酸锰和碱性碘化钾，水中的溶解氧将二价锰氧化成四价锰，并生成氢氧化物沉淀。加酸后，沉淀溶解，四价锰又可氧化碘离子而释放出与溶解氧量相当的游离碘。以淀粉为指示剂，用硫代硫酸钠标准溶液滴定释放出的碘，可计算出溶解氧含量。反应式如下：

$$MnSO_4+2NaOH{=\!=}Na_2SO_4+Mn(OH)_2\downarrow(\text{白色沉淀})$$

$$2Mn(OH)_2+O_2{=\!=}2MnO(OH)_2\downarrow(\text{棕色沉淀})$$

$$MnO(OH)_2+2H_2SO_4{=\!=}Mn(SO_4)_2+3H_2O$$

$$Mn(SO_4)_2+2KI{=\!=}MnSO_4+K_2SO_4+I_2$$

$$2Na_2S_2O_3+I_2{=\!=}Na_2S_4O_6+2NaI$$

(二) 修正的碘量法

碘量法测定水样中溶解氧时，如果水样中有一些还原性物质会受到干扰。此时可以加入一些试剂进行修正，比较常用的有叠氮化钠修正法和高锰酸钾修正法。

1. 叠氮化钠修正法

水样中含有亚硝酸盐会干扰碘量法测定溶解氧，可用叠氮化钠将亚硝酸盐分解后再用碘量法测定。分解亚硝酸盐的反应如下：

$$2NaN_3+H_2SO_4{=\!=}2HN_3+Na_2SO_4$$

$$HNO_2+HN_3{=\!=}N_2O+N_2+H_2O$$

亚硝酸盐主要存在于经生化处理的废水和河水中，它能与碘化钾作用释放出游离碘而产生正干扰，即

$$2HNO_2+2KI+H_2SO_4{=\!=}K_2SO_4+2H_2O+N_2O_2+I_2$$

如果反应到此为止，引入误差尚不大；但当水样和空气接触时，新溶入的氧将和 N_2O_2 作用，再形成亚硝酸盐：

$$2N_2O_2+2H_2O+O_2{=\!=}4HNO_2$$

如此循环，不断地释放出碘，将会引入相当大的误差。

当水样中三价铁离子含量较高时，干扰测定，可加入氟化钾或用磷酸代替硫酸酸化来消除。测定结果按下式计算：

$$DO(O_2,mg/L)=\frac{M\cdot V\times 8\times 1000}{V_{\text{水}}}$$

式中，M 为硫代硫酸钠标准溶液浓度，mol/L；V 为消耗硫代硫酸钠标准溶液体积，mL；$V_{\text{水}}$ 为水样体积，mL；8 为氧换算值，g/mol。

$$\text{溶解氧饱和度}(\%)=\frac{\text{水中溶解氧含量}}{\text{采样水温和气压下饱和溶解氧含量}}\times 100$$

应当注意，叠氮化钠是剧毒、易爆试剂，不能将碱性碘化钾-叠氮化钠溶液直接酸化，以

免产生有毒的叠氮酸雾。

2. 高锰酸钾修正法

该方法适用于含大量亚铁离子、不含其他还原剂及有机物的水样。用高锰酸钾氧化亚铁离子，消除干扰，过量的高锰酸钾用草酸钠溶液除去，生成的高价铁离子用氟化钾掩蔽，其他同碘量法。

(三) 电化学探头法

广泛应用的溶解氧电极是聚四氟乙烯薄膜电极，溶解氧电极是一款典型的气敏电源。根据其工作原理的不同，分为极谱型和原电池型两种。极谱型氧电极的结构如图 3-21 所示，由黄金阴极、银-氯化银阳极、聚四氟乙烯薄膜、壳体等部分组成。电极腔内充入氯化钾溶液，聚四氟乙烯薄膜将内电解液和被测水样隔开，溶解氧通过薄膜渗透扩散。当两极间加上 0.5～0.8V 固定极化电压时，则水样中的溶解氧扩散通过薄膜，并在阴极上还原，产生与氧浓度成正比的扩散电流。电极反应如下：

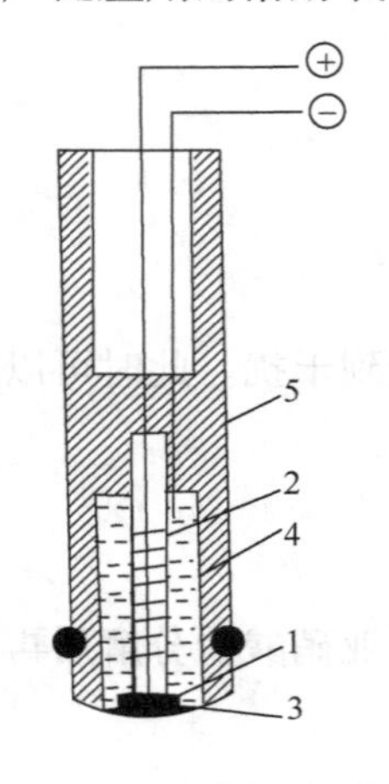

图 3-21　溶解氧电极结构

1. 黄金阴极；2. 银-氯化银阳极；3. 薄膜；4. KCl 溶液；5. 壳体

阴极：　$O_2+2H_2O+4e^-=\!=\!=4OH^-$

阳极：　$4Ag+4Cl^-=\!=\!=4AgCl+4e^-$

产生的还原电流 $i_{还}$可表示为

$$i_{还}=K\cdot n\cdot F\cdot A\cdot\frac{p_m}{L}\cdot c_0$$

式中，K 为比例常数；n 为电极反应得失电子数；F 为法拉第常量；A 为阴极面积；p_m 为薄膜的渗透系数；L 为薄膜的厚度；c_0 为溶解氧的分压或浓度。

可见，当实验条件固定后，上式除 c_0 外的其他项均为定值，故只要测得还原电流就可以求出水样中溶解氧的浓度。各种溶解氧测定仪就是依据这一原理工作的。测定时，首先用无氧水样校正零点，再用化学法校准仪器刻度值，最后测定水样，便可直接显示其溶解氧浓度。仪器设有自动或手动温度补偿装置，补偿由温度变化造成的测量误差。

溶解氧电极法测定溶解氧不受水样色度、浊度及化学滴定法中干扰物质的影响；快速简便，适用于现场测定；易于实现自动连续测量。但水样中含藻类、硫化物、碳酸盐、油等物质时，会使薄膜堵塞或损坏，应及时更换薄膜。

四、氰化物

氰化物包括简单氰化物、络合氰化物和有机氰化物(腈)。简单氰化物易溶于水、毒性大；络合氰化物在水体中受 pH、水温和光照等影响离解为毒性强的简单氰化物。

氰化物的毒性主要由其在体内释放的氰根而引起。氰根离子在体内能很快与细胞色素氧化酶中的三价铁离子结合，抑制该酶活性，使组织不能利用氧。氰化物对人体的危害分为急性中毒和慢性影响两方面。氰化物所致的急性中毒分为轻、中、重三级。轻度中毒表现为眼及上呼吸道刺激症状，有苦杏仁味，口唇及咽部麻木，继而出现恶心、呕吐、震颤等；中度中毒表现为叹息样呼吸，皮肤、黏膜常呈鲜红色，其他症状加重；重度中毒表现为意识丧失，出现强直性和阵发性抽搐，直至角弓反张，血压下降，尿、便失禁，常伴发脑水肿和呼吸衰竭。

地面水一般不含氰化物，其主要污染源是小金矿开采、冶炼、电镀、焦化、造气、选矿、洗印、石油化工、有机玻璃制造等工业废水。

测定水体中氰化物的方法有容量法和分光光度法、真空检测管-电子比色法(HJ 659—2013)。测定之前，通常先将水样在酸性介质中进行蒸馏，把能形成氰化氢的氰化物(全部简单氰化物和部分络合氰化物)蒸出，使之与干扰组分分离。常用的蒸馏方法有以下两种：

(1) 向水样中加入酒石酸和硝酸锌，调节 pH 为 4，加热蒸馏，则简单氰化物及部分络合氰化物[如 $Zn(CN)_4^{2-}$]以氰化氢形式被蒸馏出来，用氢氧化钠溶液吸收。取此蒸馏液测得的氰化物为易释放的氰化物。

(2) 向水样中加入磷酸和 EDTA，在 pH<2 的条件下加热蒸馏，此时可将全部简单氰化物和除钴氰配合物外的绝大部分络合氰化物以氰化氢的形式蒸馏出来，用氢氧化钠溶液吸收。取该蒸馏液测得的结果为总氰化物。

(一) 容量法

取一定量预蒸馏溶液，调节 pH 为 11 以上，以试银灵作指示剂，用硝酸银标准溶液滴定，氰离子与硝酸银作用生成银氰配合物$[Ag(CN)_2]^-$，过量的银离子与试银灵反应，使溶液由黄色变为橙红色，即为终点。反应式如下：

$$Ag^+ + 2CN^- = Ag(CN)_2^-$$

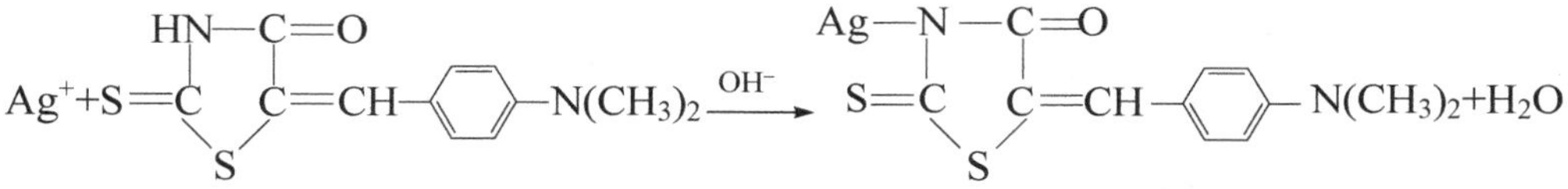

$$Ag^+ + S{=}C\underset{S}{\langle}\ \text{(HN—C=O)}\ C{=}CH{-}C_6H_4{-}N(CH_3)_2 \xrightarrow{OH^-} S{=}C\underset{S}{\langle}\ \text{(Ag—N—C=O)}\ C{=}CH{-}C_6H_4{-}N(CH_3)_2 + H_2O$$

(黄色)　　(橙红色)

根据消耗硝酸银标准溶液体积，按下式计算水样中氰化物浓度：

$$\text{氰化物}(CN^-, mg/L)=\frac{(V_A - V_B)\cdot c\times 52.04}{V_1}\times\frac{V_2}{V_3}\times 1000$$

式中，V_A为滴定水样消耗硝酸银标准溶液量，mL；V_B为空白消耗硝酸银标准溶液量，mL；c为硝酸银标准溶液浓度，mol/L；V_1为水样体积，mL；V_2为馏出液总体积，mL；V_3为测定时所取馏出液体积，mL；52.04 为氰离子($2CN^-$)的摩尔质量，g/mol。

该方法检测限为 0.25mg/L，测定下限为 1.00mg/L 的水样，测定上限为 100mg/L。

(二) 异烟酸-吡唑啉酮分光光度法

取一定量预蒸馏溶液，调节 pH 至中性，水样中的氰离子被氯胺 T 氧化生成氯化氰(CNCl)；再加入异烟酸-吡唑啉酮溶液，氯化氰与异烟酸作用，经水解生成戊烯二醛，与吡唑啉酮进行缩合反应，生成蓝色染料，在 638nm 波长下，进行吸光度测定，用标准曲线法定量。显色反应式如下：

$NaCN + CH_3C_6H_4SO_2N(Cl)Na \longrightarrow CNCl + CH_3C_6H_4SO_2NNa_2$

(氯胺T)

$CNCl$ + 异烟酸（$C_5H_4N-COOH$）$\longrightarrow$ $C_5H_4N^{+}(CN)Cl^{-}-COOH$ + $2H_2O \longrightarrow NH_2CN + HCl +$

(异烟酸)

$O{=}CH{-}CH{=}C(COOH){-}CH_2{-}CH{=}O$

(戊烯二醛)

$O{=}CH{-}CH{=}C(COOH){-}CH_2{-}CH{=}O + 2$[1-苯基-3-甲基-5-吡唑啉酮] $\xrightarrow{缩合}$

[吡唑啉酮基]$C{=}CH{-}CH{=}C(COOH){-}CH_2{-}CH$[吡唑啉酮基] $+ 2H_2O$

(蓝色染料)

水样中氰化物浓度按下式计算：

$$氰化物(CN^{-},mg/L) = \frac{m_a - m_b}{V} \cdot \frac{V_1}{V_2}$$

式中，m_a 为从标准曲线上查出的试样的氰化物含量，μg；m_b 为从标准曲线上查出的空白试样的氰化物含量，μg；V 为预蒸馏所取水样的体积，mL；V_1 为水样预蒸馏馏出液的体积，mL；V_2 为显色测定所取馏出液的体积，mL。

应当注意，当氰化物以 HCN 存在时，易挥发。因此，从加缓冲溶液后，每一步骤都要迅速操作，并随时盖严塞子。当预蒸馏所用氢氧化钠吸收液的浓度较高时，加缓冲溶液前应以酚酞为指示剂，滴加盐酸至红色褪去，并与标准试液氢氧化钠浓度一样。

本方法适用于饮用水、地面水、生活污水和工业废水；其最低检测浓度为 0.004mg/L，测定下限为 0.016 mg/L，测定上限为 0.25mg/L。

五、氟化物

氟是人体所必需的微量元素，也是人体组成成分之一，它与食物中其他矿物质一样，起到预防疾病的作用，同时对骨骼的正常发育和矿化有着促进作用。特别对于牙齿，适量的氟能维持牙齿的健康，抵抗对龋齿的敏感性。饮用水中含氟的适宜浓度为0.5～1.0mg/L(F^-)。但长期接触(10～20年)高水平氟化物(10mg/d)可导致骨氟中毒，骨氟中毒主要表现为关节疼痛和硬化，韧带的硬化和钙化，并可造成骨畸形、肌肉衰弱和神经缺损，致使骨骼变得易碎。

氟化物广泛存在于天然水中。有色冶金、钢铁和铝加工、玻璃、磷肥、电镀、陶瓷、农药等行业排放的废水和含氟矿物废水是氟化物的人为污染源。

测定水中氟化物的主要方法有氟离子选择电极法(GB 7484—1987)、氟试剂分光光度法(HJ 488—2009)、茜素磺酸锆目视比色法(HJ 487—2009)、离子色谱法和硝酸钍滴定法。以前两种方法应用最为广泛。

对于污染严重的生活污水和工业废水，以及含氟硼酸盐的水均要进行预蒸馏。清洁的地面水、地下水可直接取样测定。

(一) 氟离子选择电极法

氟离子选择电极是一种以氟化镧(LaF_3)单晶片为敏感膜的传感器，是典型的晶体电极。由于单晶结构对能进入晶格交换的离子有严格的限制，故有良好的选择性。

某些高价阳离子(如Al^{3+}、Fe^{3+})及氢离子能与氟离子配位而干扰测定；在碱性溶液中，氢氧根离子浓度大于氟离子浓度的1/10时也有干扰，常采用加入总离子强度调节剂(TISAB)的方法消除。TISAB是一种含有强电解质、配位剂、pH缓冲剂的溶液，其作用是消除标准溶液与被测溶液的离子强度差异，使离子活度系数保持一致；配位干扰离子，使配位态的氟离子释放出来；缓冲pH变化，保持溶液有合适的pH范围(5～8)。

氟离子选择电极法具有测定简便、快速、灵敏、选择性好、可测定浑浊、有色水样等优点。最低检测浓度为0.05mg/L(以F^-计)；测定上限可达1900mg/L(以F^-计)。

(二) 氟试剂分光光度法

氟试剂即茜素配位剂(ALC)，化学名称为1，2-二羟基蒽醌-3-甲胺-*N*, *N*-二乙酸。在pH=4.1的乙酸盐缓冲介质中，它与氟离子和硝酸镧反应，生成蓝色的三元配合物，颜色深度与氟离子浓度成正比，于620nm波长处比色定量，其反应式如下：

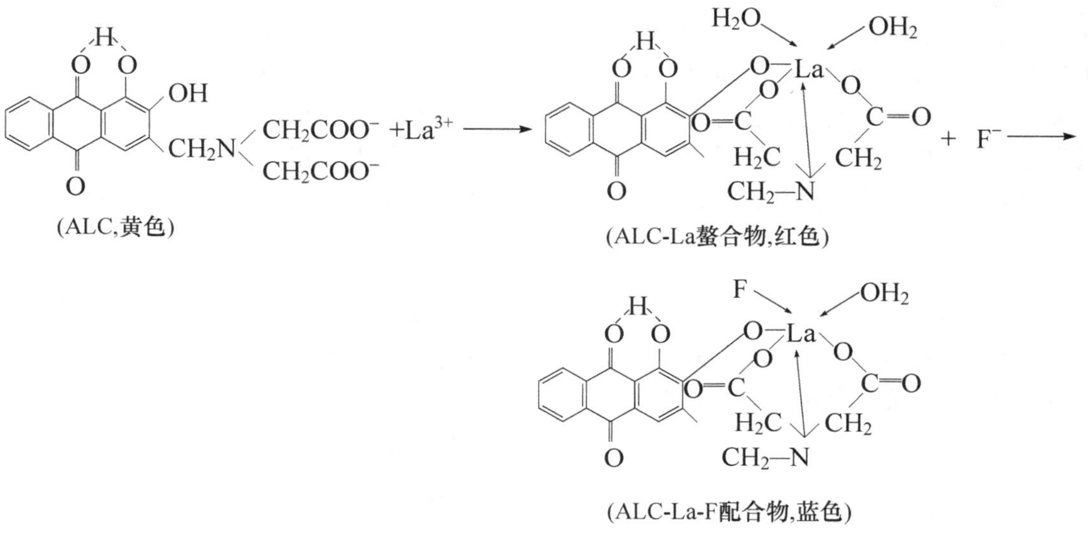

(ALC,黄色) + La^{3+} ⟶ (ALC-La螯合物,红色) + F^- ⟶ (ALC-La-F配合物,蓝色)

根据反应原理，凡是对 ALC-La-F 三元体系的任何一个组分存在竞争反应的离子，均产生干扰。例如，Pb^{2+}、Zn^{2+}、Cu^{2+}、Co^{2+}、Cd^{2+}等能与 ALC 反应生成红色螯合物；Al^{3+}、Be^{2+}等与 F^-生成稳定的配离子；大量 PO_4^{3-}、SO_4^{2-} 能与 La^{3+}反应等。当这些离子超过允许浓度时，水样应进行预蒸馏。

该方法最低检测浓度为 0.05mg/L(F^-)；测定上限为 1.80mg/L。如果用含有有机胺的醇溶液萃取后测定，检测浓度可低至 5ppb(10^{-9})。适用于地面水、地下水和工业废水中氟化物的测定。

六、含氮化合物及其形态

氮循环是指自然界中的氮元素以各种物质形态在微生物、动植物的协同作用下相互转化，构成循环的过程。氮循环包括氨化作用、硝化作用、反硝化作用。残饵、尸体、粪便等水中有机物及有机废物，在自然环境下首先会被分解并产生氨(NH_3)，接着亚硝化细菌将这些有毒的氨转化成同样有毒的亚硝酸盐，最后硝化细菌再将这些亚硝酸盐转化为毒性小的硝酸盐。条件合适的时候，这些硝酸盐会被分解为氮气释放到空气中。测定各种形态的含氮化合物，有助于评价水体被污染和自净的状况。人们对水和废水中关注的几种形态的氮是氨氮、亚硝酸盐氮、硝酸盐氮、有机氮和总氮。

水中的氮、磷污染是水体富营养化的关键因素，同时部分含氮化合物对生物体有一定的毒害性。当水中氨氮(主要是非离子氨)超过 1mg/L 时，会使水生生物血液结合氧的能力降低，当含量超过 3mg/L 时，会导致许多鱼类死亡。亚硝酸盐可使人体正常的血红蛋白氧化成高铁血红蛋白，失去输送氧的能力。亚硝酸盐还会与仲胺类反应生成致癌性的亚硝胺类物质。硝酸盐虽然本身没有毒性，但摄入人体后会经肠道微生物作用转变成亚硝酸盐而产生毒性。

(一) 氨氮

水中的氨氮是指以游离氨(或称非离子氨，NH_3)和离子氨(NH_4^+)形式存在的氮，两者的组成比取决于水的 pH。对地面水，常要求测定非离子氨。水中氨氮主要来源于生活污水中含氮有机物受微生物作用的分解产物，焦化、合成氨等工业废水，以及农田排水等。

测定水中氨氮的方法有纳氏试剂分光光度法(HJ 35—2009)、水杨酸分光光度法(HJ 536—2009)、蒸馏滴定法(HJ 537—2009)、气相分子吸收光谱法(HJ/T 195—2005)、流动注射-水杨酸分光光度法(HJ 666—2013)、连续流动-水杨酸分光光度法(HJ 665—2013)。纳氏试剂分光光度法和水杨酸分光光度法都具有灵敏、稳定等特点，但水样有色度、浊度及含有钙、镁、铁等金属离子和硫化物、醛、酮类等都会干扰测定，需要进行相应的预处理。蒸馏滴定法适用于氨氮含量较高的水样。气相分子吸收光谱法比较简单，使用专用仪器或原子吸收光谱测定均可，测定结果也较好。流动注射法需采用具有相应模块的流动注射分析仪，仪器较昂贵。

1. 纳氏试剂分光光度法

在经絮凝沉淀或蒸馏法预处理的水样中加入碘化汞和碘化钾的强碱溶液(纳氏试剂)，则与氨反应生成黄棕色胶态化合物，此颜色在较宽的波长范围内具有强烈吸收，通常使用 410～425nm 范围波长光比色定量。反应式如下：

$$2K_2[HgI_4] + 3KOH + NH_3 \longrightarrow \underset{\text{(黄棕色)}}{NH_2Hg_2IO} + 7KI + 2H_2O$$

本法最低检测浓度为0.025mg/L；测定上限为2mg/L。若采用目视比色法，最低检测浓度为0.02mg/L。本法适用于地表水、地下水和废(污)水中氨氮的测定。

2. 水杨酸-次氯酸盐分光光度法

在亚硝基铁氰化钠存在下，氨与水杨酸和次氯酸反应生成蓝色化合物，于697nm处有最大吸收波长，进行比色定量。反应过程如下：

$$NH_3+HOCl \longrightarrow NH_2Cl+H_2O$$

(氯胺)

$$2NH_2Cl + 2\,(OH, COO^-) \longrightarrow 2\,(OH, COO^-, NH_2) + Cl_2$$

(水杨酸)

$$2\,(OH, COO^-, NH_2) \xrightarrow{\text{氧化}} 2\,(O, COO^-, NH) + H_2$$

(氨基水杨酸)　　(醌亚胺)

$$(O, COO^-, NH) + (OH, COO^-) \xrightarrow{\text{缩合}} (O^-, COO^-, N, COO^-, O) + H_2$$

(靛酚蓝)

该法最低检测浓度为0.01mg/L；测定上限为1mg/L。

(二) 亚硝酸盐氮

亚硝酸盐氮(NO_2^--N)是氮循环的中间产物。亚硝酸盐很不稳定，在氧和微生物的作用下，可被氧化成硝酸盐；在缺氧条件下也可被还原为氨。一般天然水中含量不会超过0.1mg/L。水中亚硝酸盐的主要来源有生活污水中含氮化合物的分解，此外化肥、酸洗等工业废水和农田排水也含有亚硝酸盐氮。

测定水体中的亚硝酸盐氮常用*N*-(1-萘基)-乙二胺分光光度法(GB 7493—1987)、*α*-萘胺比色法和离子色谱法等。

N-(1-萘基)-乙二胺分光光度法的过程如下：

在pH为1.8±0.3的酸性介质中，亚硝酸盐与对氨基苯磺酰胺反应，生成重氮盐，再与*N*-(1-萘基)-乙二胺偶联生成红色染料，于540nm处进行比色测定。显色反应式如下：

$$NH_2SO_2C_6H_4NH_2 \cdot HCl + HNO_2 \xrightarrow{\text{重氮化}} NH_2SO_2C_6H_4N{\equiv}NCl + 2H_2O$$

$$NH_2SO_2C_6H_4N{\equiv}NCl + C_{10}H_7NHCH_2CH_2NH_2 \cdot 2HCl \xrightarrow{\text{偶联}}$$
$$NH_2SO_2C_6H_4N{\equiv}NNHCH_2CH_2(C_{10}H_7) \cdot 2HCl + HCl$$

(红色染料)

$$NH_2SO_2C_6H_4N{\equiv}NCl + C_{10}H_7NHCH_2CH_2NH_2 \cdot 2HCl \xrightarrow{\text{偶联}}$$
$$NH_2SO_2C_6H_4N{=}NC_{10}H_6NHCH_2CH_2NH_2 \cdot 2HCl + HCl$$

(红色染料)

氯胺、氯、硫代硫酸盐、聚磷酸钠和高铁离子有明显干扰；若水样有色或浑浊，可加氢氧化铝悬浮液并过滤消除。

方法最低检测浓度为 0.003mg/L；测定上限为 0.20mg/L。适用于各种水样亚硝酸盐氮的测定。

(三) 硝酸盐氮

硝酸盐是在有氧环境中最稳定的含氮化合物，也是含氮有机化合物经无机化作用最终阶段的分解产物。清洁的地面水硝酸盐氮(NO_3-N)含量较低，受污染水体和一些深层地下水中(NO_3-N)含量较高。制革、酸洗废水，某些生化处理设施的出水及农田排水中常含大量硝酸盐。人体摄入硝酸盐后，经肠道中微生物作用转变成亚硝酸盐而呈现毒性作用。

水中硝酸盐的测定方法有酚二磺酸分光光度法(GB 7480—1987)、镉柱还原法(HY 003.4—1991)、戴氏合金还原法、离子色谱法、紫外分光光度法、离子选择电极法及气相分子吸收光谱法等。酚二磺酸比色法显色稳定，测定范围较广；紫外分光光度法和离子选择性电极法适用于在线监测和快速测定；镉柱还原法和戴氏合金还原法操作较复杂，应用较少。

酚二磺酸分光光度法的过程如下：

硝酸盐在无水存在的情况下与酚二磺酸反应，生成硝基二磺酸酚，于碱性溶液中又生成黄色的硝基酚二磺酸三钾盐，其反应式为

$$HSO_3\text{-}C_6H_2(OH)\text{-}SO_3H + HNO_3 \longrightarrow HSO_3\text{-}C_6H(OH)(NO_2)\text{-}SO_3H + H_2O$$

$$HSO_3\text{-}C_6H(OH)(NO_2)\text{-}SO_3H + 3KOH \longrightarrow KSO_3\text{-}C_6H_2(=O)(=NO\text{-}OK)\text{-}SO_3K + 3H_2O$$

(黄色)

于 410nm 处测其吸光度，并与标准溶液比色定量。

水样中共存氯化物、亚硝酸盐、铵盐、有机物和碳酸盐时，产生干扰，应作适当的前处理。如加入硫酸银溶液，使氯化物生成沉淀，过滤除去；滴加高锰酸钾溶液，使亚硝酸盐氧化为硝酸盐，最后从硝酸盐氮测定结果中减去亚硝酸盐氮量等。水样浑浊、有色时，可加入

少量氢氧化铝悬浮液，吸附、过滤除去。

该方法适用于测定饮用水、地下水和清洁地面水中的硝酸盐氮。最低检测浓度为0.02mg/L；测定上限为2.0mg/L。

(四) 凯氏氮

凯氏氮是指以基耶达(Kjeldahl)法测得的含氮量。它包括氨氮和在此条件下能转化为铵盐而被测定的有机氮化合物。此类有机氮化合物主要有蛋白质、氨基酸、肽、胨、核酸、尿素及合成的氮为负三价形态的有机氮化合物，但不包括叠氮化合物、硝基化合物等。由于一般水中存在的有机氮化合物多为前者，故可用凯氏氮与氨氮的差值表示有机氮含量。生活污水与食品、生物制品和制革等工业废水中常含较多的有机氮化合物，并以蛋白质及其分解产物(多肽、氨基酸)为主。

凯氏氮的测定要点是取适量水样于凯氏烧瓶中，加入浓硫酸和催化剂(K_2SO_4)，加热消解，将有机氮转变成氨氮，然后在碱性介质中蒸馏出氨，用硼酸溶液吸收，以分光光度法或滴定法测定氨氮含量，即为水样中的凯氏氮。当要直接测定有机氮时，可将水样先进行预蒸馏除去氨氮，再以凯氏法测定。

在评价湖泊、水库等水的富营养化时，凯氏氮是一个十分有意义的指标。

(五) 总氮

水体总氮含量也是衡量水质的重要指标之一。其测定方法，一般采用分别测定有机氮和无机氮化合物(氨氮、亚硝酸盐氮和硝酸盐氮)后进行加和的方法和过硫酸钾氧化-紫外分光光度法(HJ 636—2012)、流动注射-盐酸萘乙二胺分光光度法(HJ 667—2013)测定。

过硫酸钾氧化-紫外分光光度法原理：在60℃以上的水溶液中，过硫酸钾可分解产生硫酸氢钾和原子态氧，硫酸氢钾在溶液中离解而产生氢离子，离解出的原子态氧在120～124℃条件下可使水样中含氯化合物的氮元素转化成硝酸盐，在此过程中有机物同时被氧化分解。用紫外分光光度计分别于220nm和275nm处测定吸光度，分别记为A_{220}和A_{275}，用下式计算校正吸光度A：

$$A=A_{220}-2A_{275}$$

按A值查校正标准曲线并计算总氮(以NO_3-N计)含量。

本法适用于地表水、地下水中总氮的测定，测定的最低检测浓度为0.050mg/L，测定上限为4mg/L。当碘离子相对于总氮含量的2.2倍以上、溴离子相对于总氮含量的3.4倍以上时会对测定产生干扰。

七、含磷化合物及其形态

磷是生命活动绝对必需的元素。自然界中的磷主要来源于磷酸盐矿、动物粪便及化石等天然磷酸盐沉积物。自然界中的磷循环是一个单向流动过程。由于过度的人为活动(如矿山开采、土地开发等)，储藏在地球表面的磷进入水循环中，使得水体中的磷负荷增加。天然水中的磷一般不超过0.1mg/L。生活污水中含有由大量的合成洗涤剂和食品中蛋白质分解所产生的较大量的磷，此外化肥、农药、合成洗涤剂、冶炼等行业的工业废水中磷的含量也较高，由于农药化肥的大量施用，农田也成为水体磷的重要污染面源。

水中的含磷化合物主要可分为三大类：正磷酸盐、缩合磷酸盐和有机磷。按水中的存在形式分以可分为溶解性磷和悬浮性磷两种。此外，许多学者把水体中的磷分为无机态和有机态。无机态又分为钙磷(Ca-P)、铝磷(Al-P)、铁磷(Fe-P)、闭蓄态磷、可还原态磷(res-P)、残渣态磷(残-P)。国外有的研究者(如 Herman 等)把水体中的磷分为不稳定态磷和难溶态磷。随着磷化学提取剂的广泛应用，人们又将水体中的磷划分为吸附磷、与 $CaCO_3$ 结合的磷、Fe 和 Al 束缚态磷、易提取的生物磷、钙矿物磷、难溶的有机磷。这些磷形态可组合为无机磷(松散束缚态磷和钙矿物磷)、有机磷(易提取生物磷和难溶有机磷)，其中易提取生物磷还包括源于生物的无机多磷酸盐。

水中磷的测定可以分别测定总磷、溶解性正磷酸盐、溶解性总磷和有机磷等。当测定总磷、溶解性正磷酸盐和溶解性总磷时，需按图 3-22 所示进行预处理转化为正磷酸盐分别测定不同状态的磷。正磷酸盐的测定方法有钼酸铵分光光度法(HJ 670—2013)、孔雀绿-磷钼杂多酸分光光度法、离子色谱法(HJ 669—2013)、气相色谱法等。有机磷的测定方法多种多样，如可将有机试样采用硫酸和过氧化氢消煮，使磷在酸性条件下与钼酸铵结合生成磷钼酸铵。此化合物经对苯二酚、亚硫酸钠还原成蓝色化合物——钼蓝。用分光光度计在波长 660nm 处测定钼蓝的吸光度，以测定磷的含量。

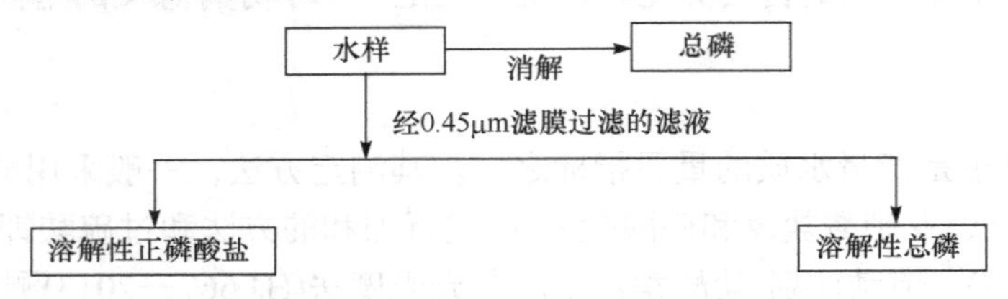

图 3-22　测定磷预处理方法示意图

八、其他非金属无机物

根据水体类型和对水质要求的不同，还可能要求测定其他非金属无机物，如氯化物、硫化物、碘化物、硫酸盐、二氧化硅、硼等。关于它们的监测分析方法，可参阅有关水质分析参考书。

第八节　水中有机化合物的测定

随着各国工业的发展，人工合成的有机物越来越多，有机物大致可分为两类：一类是天然有机物；另一类是人工合成有机物。目前已知的有机物种类约有 700 万种之多，其中人工合成的有机物种类达十万种以上，且以每年 2000 种的速度递增。有机污染物本身有一定的生物积累性、毒性和致癌、致畸、致突变的“三致”作用，一些有机物对人的生殖功能产生不可逆的影响，是人类的隐形杀手，所以有机物污染指标是水质十分重要的指标。

目前多用 BOD、COD、TOC 和 TOD 等综合指标，或某一类有机污染物(如酚类、油类、苯系物、有机磷农药等)来表征有机物的含量。但是，许多痕量有机物对上述指标的贡献极小，其危害或潜在危害却非常大，因此，随着环境科学研究和分析测试技术的发展，各国均加强了对有毒有机物污染的监测和防治。美国 1998 年出版的《水和废水标准检验方法》中测定的有机污染物达 175 项，其中重点是有毒有机污染物。我国 2002 年出版的《水和废水标准检验方法》与美国 1998 年版本比较，有毒有机污染物的监测项目也有大幅度增加。

一、化学需氧量

化学需氧量(COD)是指水样在一定条件下，氧化 1L 水样中还原性物质所消耗的氧化剂的量，以氧的 mg/L 表示。水中还原性物质包括有机物和亚硝酸盐、硫化物、亚铁盐等无机物。化学需氧量反映了水中受还原性物质污染的程度。由于水体被有机物污染是很普遍的现象，该指标也作为有机物相对含量的综合指标之一。

测定废(污)水中的化学需氧量的方法有重铬酸钾法(GB 11914—1989)、快速消解分光光度法(HJ/T 399—2007)、库仑滴定法、氯气校正法等。

(一) 重铬酸钾法(COD_{Cr})

在强酸性溶液中，用一定量的重铬酸钾氧化水样中的还原性物质，过量的重铬酸钾以试铁灵作指示剂，用硫酸亚铁铵标准溶液回滴，根据其用量计算水样中还原性物质消耗氧的量。反应式如下：

$$Cr_2O_7^{2-}+14H^++6e^- \rightleftharpoons 2Cr^{3+}+7H_2O$$

$$Cr_2O_7^{2-}+14H^++6Fe^{2+} \longrightarrow 6Fe^{3+}+2Cr^{3+}+7H_2O$$

测定过程见图 3-23。

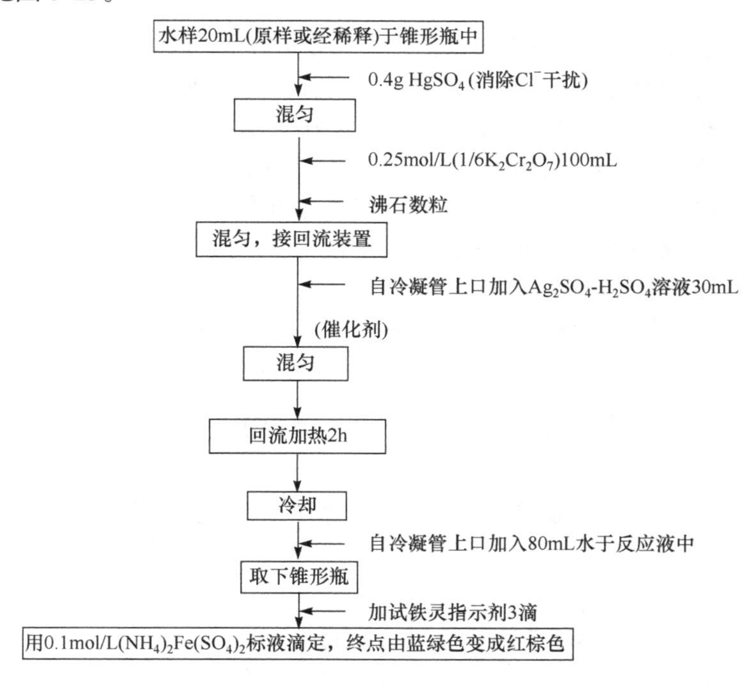

图 3-23　COD_{Cr}测定过程

重铬酸钾氧化性很强，可将大部分有机物氧化，但吡啶不被氧化，芳香族有机物不易被氧化；挥发性直链脂肪族化合物、苯等存在于蒸气相，不能与氧化剂液体接触，氧化不明显。氯离子能被重铬酸钾氧化，并与硫酸银作用生成沉淀，可加入适量硫酸汞配位。

测定结果按下式计算：

$$COD_{Cr}(O_2, mg/L)=\frac{(V_0-V_1)\cdot c\times 8\times 1000}{V}$$

式中，V_0为滴定空白时消耗硫酸亚铁铵标准溶液体积，mL；V_1为滴定水样消耗硫酸亚铁铵标准溶液体积，mL；V为水样体积，mL；c为硫酸亚铁铵标准溶液浓度，mol/L；8为氧(1/2O)的摩尔质量，g/mol。

本法适用于各种类型的 COD 值大于 30mg/L 的水样，对未经稀释的水样的测定上限为700mg/L。用 0.25mol/L 的重铬酸钾溶液可测定大于 50mg/L 的 COD 值；用 0.025mol/L 重铬酸钾溶液可测定 5～50mg/L 的 COD 值，但准确度较差。

当废水中氯的含量大于 1000mg/L 时，可以采用碘化钾碱性高锰酸钾法(HJ 132—2003)代替。此法的基本原理：在碱性条件下，加一定量高锰酸钾溶液于水样中，并在沸水浴上加热反应一定时间，以氧化水中的还原性物质。加入过量的碘化钾还原剩余的高锰酸钾，以淀粉作指示剂，用硫代硫酸钠滴定释放出的碘，换算成氧的浓度，用$COD_{OH.KI}$表示。

水样中含Fe^{3+}时，可加入30%氟化钾溶液消除铁的干扰，1mL 30%氟化钾溶液可掩蔽90mg Fe^{3+}。溶液中的亚硝酸根在碱性条件下不被高锰酸钾氧化，在酸性条件下可被氧化，加入叠氮化钠消除干扰。本方法适用于油气田和炼化企业氯离子含量每升高达几万至十几万毫克高氯废水化学需氧量(COD)的测定。该方法的最低检测限为 0.20mg/L，测定上限为 62.5mg/L。

(二) 库仑滴定法

恒电流库仑滴定法是一种建立在电解基础上的分析方法。库仑式 COD 测定仪的工作原理示于图 3-24，它由库仑滴定池、电路系统和电磁搅拌器等组成。库仑滴定池由工作电极对、指示电极对及电解液组成，其中，工作电极对为双铂片工作阴极和铂丝辅助阳极(置于充满饱和 3mol/L H_2SO_4溶液、底部具有液络部的玻璃管内)，用于电解产生滴定剂；指示电极对为铂片指示电极(正极)和钨棒参比电极(负极，置于充满饱和硫酸钾溶液、底部具有液络部的玻璃管中)，以其电位的变化指示库仑滴定终点。电解液为 10.2mol/L 硫酸、重铬酸钾和硫酸铁混合液。电路系统由终点微分电路、电解电流变换电路、频率变换积分电路、数字显示逻辑运算电路等组成，用于控制库仑滴定终点，变换和显示电解电流，将电解电流进行频率转换、积分，并根据电解定律进行逻辑运算，直接显示水样的 COD 值。

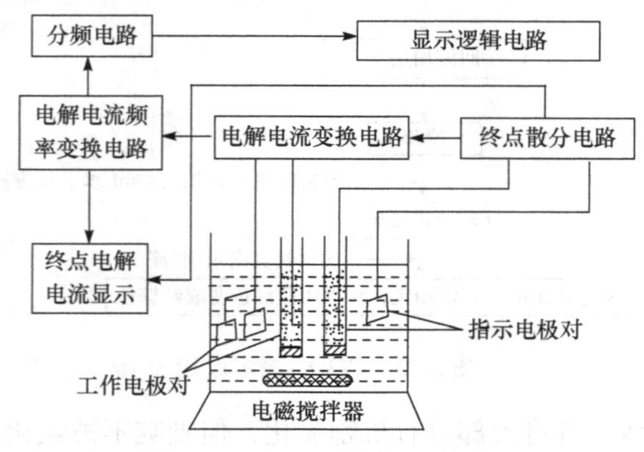

图 3-24　COD 测定仪工作原理

使用库仑式 COD 测定仪测定水样 COD 值的要点：在空白溶液(蒸馏水加硫酸)和样品溶

液(水样加硫酸)中加入同量的重铬酸钾溶液，分别进行回流消解 15min，冷却后各加入等量的硫酸铁溶液，于搅拌状态下进行库仑电解滴定，即 Fe^{3+}在工作阴极上还原为 Fe^{2+}(滴定剂)去滴定(还原)$Cr_2O_7^{2-}$。库仑滴定空白溶液中 $Cr_2O_7^{2-}$得到的结果为加入重铬酸钾的总氧化量(以 O_2 计)；库仑滴定样品溶液中 $Cr_2O_7^{2-}$得到的结果为剩余重铬酸钾的氧化量(以 O_2 计)。设前者需电解时间为 t_0，后者为 t，则据法拉第电解定律可得

$$W=\frac{I(t_0-t_1)}{96500}\cdot\frac{M}{n}$$

式中，W 为被测物质的质量，即水样消耗的重铬酸钾相当于氧的克数；I 为电解电流；M 为氧的相对分子质量(32)；n 为氧的得失电子数(4)；96500 为法拉第常量。

设水样 COD 值为 C_x(mg/L)；水样体积为 V(mL)，则 $W=\frac{V}{1000}\times C_x$ 代入上式，经整理后得

$$C_x=\frac{I(t_0-t_1)}{96500}\times\frac{8000}{V}$$

本方法简便、快速、试剂用量少，不需标定滴定溶液，尤其适合于工业废水的控制分析。当用 3mL 0.05mol/L 重铬酸钾溶液进行标定值测定时，最低检测浓度为 3mg/L；测定上限为 100mg/L。但是，只有严格控制消解条件一致和注意经常清洗电极，防止沾污，才能获得较好的重现性。

二、高锰酸盐指数

以高锰酸钾溶液为氧化剂测得的化学耗氧量，称为高锰酸盐指数，以氧的 mg/L 表示。水体中亚硝酸盐、亚铁盐、硫化物等还原性物质和部分有机物在此条件下均可消耗高锰酸钾。因此该指标常作为表征水体受有机物和还原性无机物污染的一个综合指标。国际标准化组织(ISO)建议高锰酸钾法仅限于测定地表水、饮用水和生活污水，但为避免 Cr^{6+}的二次污染，日、德等国家也选用高锰酸盐指数表征废水的化学需氧量，但相应的排放标准也偏严。

按测定溶液的介质不同，分为酸性高锰酸钾法和碱性高锰酸钾法(GB 11892—1989)。因为在碱性条件下高锰酸钾的氧化能力比酸性条件下稍弱，此时不能氧化水中的氯离子，故常用于测定含氯离子浓度较高的水样。

酸性高锰酸钾法适用于氯离子含量不超过 300mg/L 的水样。当高锰酸盐指数超过 5mg/L 时，应取少量水样并经稀释后再测定，其测定过程如图 3-25 所示。

1. 水样不经稀释

$$\text{高锰酸盐指数}(O_2, \text{mg/L})=\frac{[(10+V_1)K-10]\cdot M\times 8\times 1000}{100}$$

式中，V_1 为滴定水样消耗高锰酸钾标准溶液量，mL；K 为校正系数(每毫升高锰酸钾标液相当于草酸钠标准溶液的毫升数)；M 为草酸钠标准溶液($1/2Na_2C_2O_4$)浓度，mol/L；8 为氧(1/2O)的摩尔质量，g/mol；100 为取水样体积，mL。

2. 水样经稀释

$$\text{高锰酸盐指数}(O_2, \text{mg/L})=\frac{\{[(10+V_1)\cdot K-10]-[(10+V_0)K-10]f\}\cdot M\times 8\times 1000}{V_2}$$

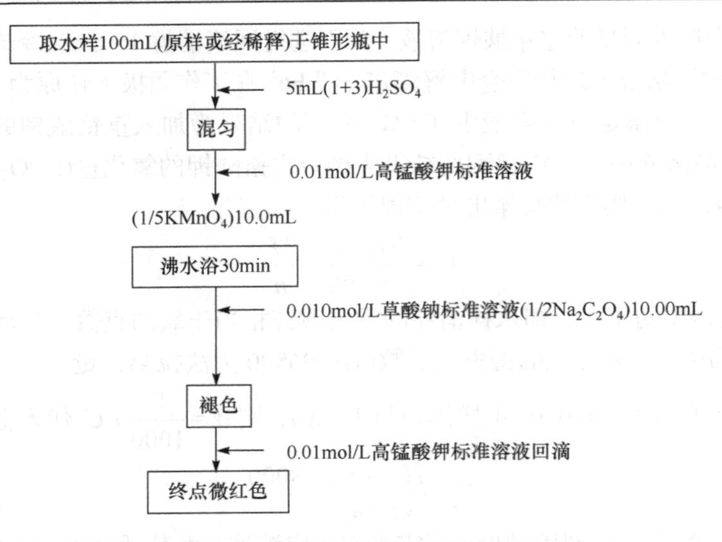

图 3-25　高锰酸盐指数测定过程

式中，V_0 为空白实验中高锰酸钾标准溶液消耗量，mL；V_2 为分取水样体积，mL；f 为稀释水样中含稀释水的比值(如 10.0mL 水样稀释至 100mL，则 f=0.90)；其他项同水样不经稀释计算式。

化学需氧量(COD_{Cr})和高锰酸盐指数是采用不同的氧化剂在各自的氧化条件下测定的，难以找出明显的相关关系。一般来说，重铬酸钾法的氧化率可达 90%，而高锰酸钾法的氧化率为 50%左右，两者均未达完全氧化，因而都只是一个相对参考数据。

三、生化需氧量

生化需氧量(BOD)是指在规定的条件下，微生物分解水中的某些可氧化的物质，特别是分解有机物的生物化学过程消耗的溶解氧，以 BOD 表示，通常用氧的 mg/L 作为 BOD 的量度单位。它是一种以微生物学原理为基础的测定方法。所有影响微生物降解的因素，如温度和时间等将影响 BOD 的测定。好氧微生物在分解水中有机物的生物化学氧化过程中所消耗的溶解氧量，同时也包括如硫化物、亚铁等还原性无机物质被氧化所消耗的氧量，但这部分通常占很小比例。

有机物在微生物作用下的好氧分解大体上分两个阶段：第一阶段称为含碳物质氧化阶段，主要是含碳有机物氧化为二氧化碳和水；第二阶段称为硝化阶段，主要是含氮有机化合物在硝化菌的作用下分解为亚硝酸盐和硝酸盐。然而这两个阶段并非截然分开，而是各有主次。对生活污水及性质与其接近的工业废水，硝化阶段为 5～7d，甚至 10d 以后才显著进行，一般总生化需氧量记作 BOD_u，而目前国内外广泛采用的 20℃五天培养法(BOD_5 法)测定 BOD 值一般不包括硝化阶段，生活污水的 BOD_5 约为 BOD_u 的 70%，工业废水中两者的差别较大。

BOD 是反映水体被有机物污染程度的综合指标，也是研究废水的可生化降解性和生化处理效果，以及生化处理废水工艺设计和动力学研究中的重要参数。BOD 的主要测定方法有稀释与接种法(HJ 505—2009)、压力传感器法、减压式库仑法、微生物传感器快速测定法(HJ/T 86—2002)等。

五日培养法也称标准稀释法或稀释接种法。其测定原理是水样经稀释后，充满完全密闭的溶解氧瓶中，在(20±1)℃的暗处培养 5d±4h 或(2+5)d±4h［先在 0～4℃的暗处培养 2d，接着在(20±1)℃的暗处培养 5d，即培养(2+5)d］，分别测定培养前后水样中溶解氧的质量浓度，由培养前后溶解氧的质量浓度之差，计算每升样品消耗的溶解氧量，以 BOD_5 形式表示。

大多数水体尤其是废水样品一般采用稀释倍数法，此外对于不含或少含微生物的工业废水，如酸性废水、碱性废水、高温废水、冷冻保存废水或经过氯化处理的废水，在测定 BOD_5 时应进行接种，以引入能降解废水中有机物的微生物。当废水中存在着难被一般生活污水中的微生物以正常速度降解的有机物或有毒物质时，应将驯化后的微生物引入水样中进行接种。

非稀释法分为两种情况：非稀释法和非稀释接种法。如样品中的有机物含量较少，BOD_5 的质量浓度不大于 6mg/L，且样品中有足够的微生物，用非稀释法测定。若样品中的有机物含量较少，BOD_5 的质量浓度不大于 6mg/L，但样品中无足够的微生物，如酸性废水、碱性废水、高温废水、冷冻保存的废水或经过氯化处理等的废水，采用非稀释接种法测定。

1. 稀释水

稀释水中氧的质量浓度不能过饱和，使用前需开口放置 1h，且应在 24h 内使用。稀释水一般用蒸馏水配制，在 5～20L 的玻璃瓶中加入一定量的水，控制水温在(20±1)℃，用曝气装置至少曝气 1h，在曝气的过程中防止污染，特别是防止带入有机物、金属、氧化物或还原物。使水中溶解氧达到 8mg/L 以上然后在 20℃下保存。临用前加入少量氯化钙、氯化铁、硫酸镁等营养盐溶液及磷酸盐缓冲溶液，混匀备用。

2. 接种水

根据接种液的来源不同，每升稀释水中加入适量接种液。城市生活污水和污水处理厂出水加 1～10mL，河水或湖水加 10～100mL，将接种稀释水存放在(20±1)℃的环境中，当天配制当天使用。接种的稀释水 pH 为 7.2，BOD_5 应小于 1.5mg/L。

为检查稀释水和接种液的质量，以及化验人员的操作水平，将每升含葡萄糖和谷氨酸各 150mg 的标准溶液以 1∶50 稀释比稀释后，与水样同步测定 BOD_5，测得值应在 180～230mg/L，否则，应检查原因，予以纠正。

3. 水样稀释倍数

样品稀释的程度应使消耗的溶解氧质量浓度不小于 2mg/L，培养后样品中剩余溶解氧质量浓度不小于 2mg/L，且试样中剩余的溶解氧的质量浓度为开始浓度的 1/3～2/3 为最佳。稀释倍数可根据样品的总有机碳(TOC)、高锰酸盐指数(I_{Mn})或化学需氧量(COD_{Cr})的测定值，按照表 3-15 列出的 BOD_5 与总有机碳(TOC)、高锰酸盐指数(I_{Mn})或化学需氧量(COD_{Cr})的比值 R 估计 BOD_5 的期望值(R 与样品的类型有关)，再根据表 3-15 确定稀释因子。当不能准确地选择稀释倍数时，一个样品做 2～3 个不同的稀释倍数。

表 3-15　典型的比值 *R*

水样的类型	总有机碳 $R(BOD_5/TOC)$	高锰酸盐指数 $R(BOD_5/I_{Mn})$	化学需氧量 $R(BOD_5/COD_{Cr})$
未处理的废水	1.2～2.8	1.2～1.5	0.35～0.65
生化处理的废水	0.3～1.0	0.5～1.2	0.20～0.35

由表 3-15 中选择适当的 R 值，按下式计算 BOD_5 的期望值：

$$\rho = R \cdot Y$$

式中，ρ为五日生化需氧量(BOD_5)的期望值，mg/L；Y 为总有机碳(TOC)、高锰盐指数(I_{Mn})或化学需氧量(COD_{Cr})的值，mg/L。

由估算出的 BOD_5 的期望值，按表 3-16 确定样品的稀释倍数。

表 3-16　BOD_5 测定的稀释倍数

BOD_5 的期望值/(mg/L)	稀释倍数	水样类型
6～12	2	河水，生物净化的城市污水
10～30	5	河水，生物净化的城市污水
20～60	10	生物净化的城市污水
40～120	20	澄清的城市污水或轻度污染的工业废水
100～300	50	轻度污染的工业废水或原城市污水
200～600	100	轻度污染的工业废水或原城市污水
400～1200	200	重度污染的工业废水或原城市污水
1000～3000	500	重度污染的工业废水
2000～6000	1000	重度污染的工业废水

4. 测定结果计算

非稀释培养的水样：

$$BOD_5(mg/L) = c_1 - c_2$$

式中，c_1 为水样在培养前溶解氧的浓度，mg/L；c_2 为水样经 5d 培养后，剩余溶解氧浓度，mg/L。

非稀释接种法培养的水样：

$$BOD_5(mg/L) = (c_1 - c_2) - (c_3 - c_4)$$

式中，c_1 为接种水样在培养前溶解氧的浓度，mg/L；c_2 为接种水样经 5d 培养后，剩余溶解氧浓度，mg/L；c_3 为空白水样在培养前溶解氧的浓度，mg/L；c_4 为空白水样经 5d 培养后，剩余溶解氧浓度，mg/L。

对稀释法和接种稀释法培养的水样：

$$BOD_5(mg/L) = \frac{(c_1 - c_2) - (B_1 - B_2) \cdot f_1}{f_2}$$

式中，B_1 为稀释水(或接种稀释水)在培养前的溶解氧的浓度，mg/L；B_2 为稀释水(或接种稀释水)在培养后的溶解氧的浓度，mg/L；f_1 为稀释水(或接种稀释水)在培养液中所占比例；f_2 为水样在培养液中所占比例。

BOD_5 测定结果以氧的质量浓度(mg/L)报出。对稀释与接种法，如果有几个稀释倍数的结果满足要求，结果取这些稀释倍数结果的平均值。结果小于 100mg/L，保留一位小数；100～1000mg/L，取整数位；大于 1000mg/L 以科学计数法表示。结果报告中应注明样品是否经过过滤、冷冻或均质化处理。

水样含有铜、铅、锌、镉、铬、砷、氰等有毒物质时，对微生物活性有抑制，可使用经驯化微生物接种的稀释水，或提高稀释倍数，以减小毒物的影响。如含少量氯，一般放置 1～2h 可自行消失；对游离氯短时间不能消散的水样，可加入亚硫酸钠除去，加入量由试验确定。

本方法适用于测定 BOD_5 大于或等于 2mg/L，最大不超过 6000mg/L 的水样；若大于 6000mg/L，会因稀释带来更大误差。

四、总有机碳

总有机碳(TOC)是以碳的含量表示水体中有机物质总量的综合指标，其结果以 C 的浓度(mg/L)表示。由于 TOC 的测定采用燃烧法，因此能将有机物全部氧化，它比 BOD_5 或 COD 更能反映有机物的总量。

目前广泛应用的测定 TOC 的方法是燃烧氧化-非色散红外吸收法(HJ 501—2009)、电导法、湿法氧化-非分散红外吸收法等。其中燃烧氧化-非色散红外吸收法流程简单、重现性好、灵敏度高，在国内外广泛采用，此法可分为差减法和直接法两种。由于个别含碳有机物在高温下也不易被燃烧氧化，因此测得的 TOC 值常低于理论值。

其中差减法的测定原理是将一定量水样注入高温炉内的石英管，在 900～950℃温度下，以铂和三氧化钴或三氧化二铬为催化剂，使有机物燃烧裂解转化为二氧化碳，然后用红外线气体分析仪测定 CO_2 含量，从而确定水样中碳的含量。因为在高温下，水样中的碳酸盐也分解产生二氧化碳，故上面测得的为水样中的总碳(TC)。为获得有机碳含量，可采用两种方法：一是将水样预先酸化，通入氮气曝气，驱除各种碳酸盐分解生成的二氧化碳后再注入仪器测定。另一种方法是使用高温炉和低温炉皆有的 TOC 测定仪。将同一等量水样分别注入高温炉(900℃)和低温炉(150℃)，则水样中的有机碳和无机碳均转化为 CO_2，而低温炉的石英管中装有磷酸浸渍的玻璃棉，能使无机碳酸盐在 150℃分解为 CO_2，有机物却不能被分解氧化。将高、低温炉中生成的 CO_2 依次导入非色散红外气体分析仪，分别测得总碳(TC)和无机碳(IC)，二者之差即为总有机碳。

$$TOC=TC-IC$$

测定流程见图 3-26。该方法最低检测浓度为 0.5mg/L。

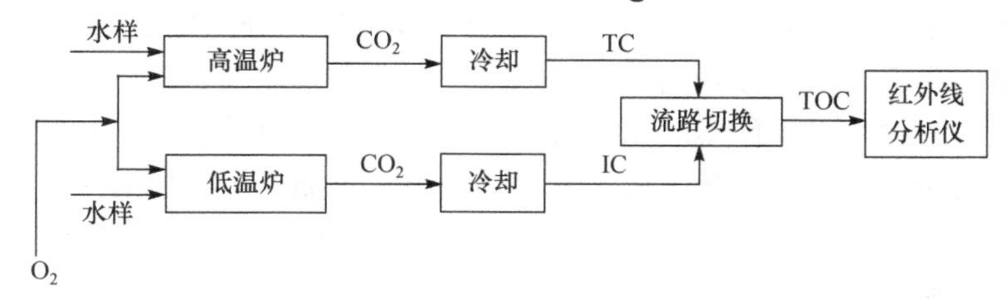

图 3-26　TOC 分析仪流程

五、总需氧量

总需氧量(TOD)是指水中能被氧化的物质，主要是有机物质在燃烧中变成稳定的氧化物时所需要的氧量，结果以 O_2 的 mg/L 表示。TOD 值能反映出几乎全部有机物质完全氧化时所需的氧量，它比 BOD_5、COD 和高锰酸盐指数都更接近理论需氧量。但它们之间也没有固定的相关关系。有的研究者指出，BOD_5/TOD=0.1～0.6；COD/TOD=0.5～0.9，具体比值取决于废水的性质。

用 TOD 测定仪测定 TOD 的原理是将一定量水样注入装有铂催化剂的石英燃烧管，通入含已知氧浓度的载气(氮气)作为原料气，则水样中的还原性物质在 900℃下被瞬间燃烧氧化。测定燃烧前后原料气中氧浓度的减少量，便可求得水样的总需氧量值。

BOD_5 和 COD 都是利用有机物耗氧的数值来间接地反映水体中有机物的总量。对于同一水样一般有 $COD_{Cr}>BOD_u>BOD_5>COD_{Mn}$，它们之间的具体比值因水质不同而异。$COD_{Cr}$ 几乎可以监测出水体中全部有机物所消耗的氧量，其测定基本不受水质的影响；BOD 能反映出废水中可生物氧化有机物的量的指标。根据废水的 BOD_5/COD 值可以评价废水的可生化性及是否适用生化方法进行处理。一般地，BOD_5/COD 值大于 0.3 的废水适合用生化法处理，反之，BOD_5/COD 值小于 0.3 的废水往往含有较多的难生物降解物质，不宜用生化法进行处理。

TOD 和 TOC 都是利用燃烧法来测定水中有机物的总量，TOD 值几乎可以反映出全部有机物质，而 TOC 值仅反映含碳有机物。二者的比例关系可粗略判断有机物的种类。对于含碳化合物，因为一个碳原子消耗两个氧原子，即 O_2/C=2.67，因此从理论上说，TOD=2.67TOC。若某水样的 TOD/TOC 为 2.67 左右，可认为主要是含碳有机物；若 TOD/TOC>4.0，则应考虑水中有较大量含 S、P 的有机物存在；若 TOD/TOC<2.6，就应考虑水样中硝酸盐和亚硝酸盐可能含量较大，它们在高温和催化条件下分解放出氧，使 TOD 测定呈现负误差。

六、挥发酚类

酚类属高毒物质，酚的取代程度越高，其毒性越大，酚的甲基衍生物可致畸、致癌。人体摄入一定量会出现急性中毒症状；长期饮用被酚污染的水，可引起头昏、瘙痒、贫血及神经系统障碍。当水中含酚大于 5mg/L 时，就会使鱼中毒死亡。当对水进行氯化消毒时，酚类物质可与氯气反应生成氯代酚类，使水体产生明显的气味。酚的主要污染源是炼油、焦化、煤气发生站、木材防腐及某些化工(如酚醛树脂)等工业废水。

不同的酚类化合物具有不同的沸点。酚类又由其能否与水蒸气一起挥发而分为挥发酚与不挥发酚，通常认为沸点在 230℃以下的为挥发酚，而沸点在 230℃以上的为不挥发酚。酚的主要分析方法有溴化滴定法(HJ 502—2009)、4-氨基安替比林分光光度法(HJ 503—2009)、色谱法等。无论溴化滴定法还是分光光度法，当水样中存在氧化剂、还原剂、油类及某些金属离子时，均应设法消除并进行预蒸馏，如对游离氯加入硫酸亚铁还原；对硫化物加入硫酸铜使之沉淀，或者在酸性条件下使其以硫化氢形式逸出；对油类用有机溶剂萃取除去等。蒸馏的作用有两个：一是分离出挥发酚，二是消除颜色、浑浊和金属离子等的干扰。

4-氨基安替比林分光光度法的过程如下：

本法适用于饮用水、地表水、地下水和工业废水中挥发酚的测定，测定范围为 0.002～6mg/L。当水样中挥发酚的浓度低于 0.5mg/L 时，可采用氯仿萃取法；浓度高于 0.5mg/L 时，可采用直接分光光度法。水样中的氧化剂、油类、硫化物、有机或无机还原性物质和芳香胺等都会干扰挥发酚的测定。

酚类化合物在 pH 为 10.0±0.2 的介质中，在铁氰化钾的存在下，与 4-氨基安替比林(4-AAP)

反应，生成橙红色的吲哚酚安替比林染料，显色 30min，在 510nm 波长处有最大吸收，用比色法定量。反应式如下：

$$\underset{\text{(4-AAP)}}{\text{H}_3\text{C—C}=\text{C—NH}_2,\ \text{H}_3\text{C—N},\ \text{C=O},\ \text{N—C}_6\text{H}_5} + \text{C}_6\text{H}_5\text{OH} \xrightarrow[\text{pH}=10.0\pm0.2]{\text{K}_3\text{Fe(CN)}_6} \underset{\text{(吲哚酚安替比林,红色)}}{\text{H}_3\text{C—C}=\text{C—N}=\text{C}_6\text{H}_4=\text{O},\ \text{H}_3\text{C—N},\ \text{C=O},\ \text{N—C}_6\text{H}_5}$$

显色反应受酚环上取代基的种类、位置、数目等影响，如对位被烷基、芳香基、酯、硝基、苯酰、亚硝基或醛基取代，而邻位未被取代的酚类，与 4-氨基安替比林不产生显色反应。这是上述基团阻止酚类氧化成醌型结构所致，但对位被卤素、磺酸、羟基或甲氧基所取代的酚类与 4-氨基安替比林发生显色反应。邻位硝基酚和间位硝基酚与 4-氨基安替比林发生的反应又不相同，前者反应无色，后者反应有点颜色。所以本法测定的酚类不是总酚，而仅仅是与 4-氨基安替比林显色的酚，并以苯酚为标准，结果以苯酚计算含量。

用 20mm 比色皿测定，方法最低检测浓度为 0.1mg/L。如果显色后用三氯甲烷萃取，于 460nm 波长处测定，其最低检测浓度可达 0.002mg/L，测定上限为 0.12mg/L。此外，在分光光度法中，有色配合物不够稳定，应立即测定；氯仿萃取法有色配合物可稳定 3h。

七、石油类

水中的矿物油来自工业废水和生活污水。工业废水中石油类(各种烃类的混合物)污染物主要来自原油开采、加工及各种炼制油的使用部门。矿物油漂浮在水体表面，影响空气与水体界面间的氧交换；分散于水中的油可被微生物氧化分解，消耗水中的溶解氧，使水质恶化。矿物油中还含有毒性大的芳烃类。

测定矿物油的方法有重量法、红外分光光度法(HJ 637—2012)、非色散红外法、紫外分光光度法、荧光法、比浊法等。其中重量法不受油品的限制，是一种常用的监测方法，但此法操作烦琐，灵敏度低，且误差比较大，目前大多改用仪器测定法；红外分光光度法也不受油品品种的限制，测定的结果能较好地反映水体受石油类污染的状况；其他方法受油品种类的影响较大。

(一) 重量法

重量法是常用的方法，它不受油品种的限制，但操作烦琐，灵敏度低，只适用于测定 10mg/L 以上的含油水样。

方法测定原理是以硫酸酸化水样，用石油醚萃取矿物油，然后蒸发除去石油醚，称量残渣质量，计算矿物油含量。该法是指水中可被石油醚萃取的物质总量，可能含有较重的石油成分不能被萃取。蒸发除去溶剂时，也会造成轻质油的损失。

(二) 红外分光光度法

用四氯化碳萃取水中的油类物质，而后测定总萃取物，将萃取液用硅酸镁吸附，经脱除动、植物油等极性物质后，即可测定滤出液中的石油类物质。

总萃取物和石油类的含量均由波长分别为 $2930cm^{-1}$(CH_2 基团中 C—H 键的伸缩振动)、$2960cm^{-1}$(CH_3 基团中 C—H 键的伸缩振动)和 $3030cm^{-1}$(芳香环中 C—H 键的伸缩振动)谱带处的吸光度 A_{2930}、A_{2960} 和 A_{3030} 进行计算。动、植物油的含量按总萃取物与石油含量之差计算。

方法测定要点是先用四氯化碳直接或絮凝富集(石油类物质含量低的水样)萃取水样中的总萃取物，并将萃取物分为两份：其中一份用于测定总萃取物；另一份通过硅酸镁吸附，用于测定石油类物质。然后用四氯化碳作为溶剂，分别配制一定浓度的正十六烷、2,6,10,14-四甲基十五烷和甲苯溶液，分别测定其 A_{2930}、A_{2960} 和 A_{3030}，通过下式列出联立方程，分别计算出相应的校正系数 X、Y、Z 和 F：

$$\rho = X \cdot A_{2930} + Y \cdot A_{2960} + Z(A_{3030} - A_{2930}/F)$$

式中，ρ 为所配溶液中某种物质的含量，mg/L；A_{2930}、A_{2960} 和 A_{3030} 为三种物质溶液各对应波长下的吸光度；X、Y、Z 为吸光度校正系数；F 为脂肪烃对芳香烃影响的校正系数，即正十六烷在 $2930cm^{-1}$ 和 $3030cm^{-1}$ 的吸光度之比。

最后测定水样总萃取液的吸光度 $A_{1,2930}$、$A_{1,2960}$ 和 $A_{1,3030}$ 及除去动、植物油后萃取液的吸光度 $A_{2,2930}$、$A_{2,2960}$ 和 $A_{2,3030}$，按下列三式分别计算出水样中的总萃取物含量 ρ_1(mg/L)、石油类物质 ρ_2(mg/L)和动、植物含量 ρ_3(mg/L)：

$$\rho_1 = [X \cdot A_{1,2930} + Y \cdot A_{1,2960} + Z(A_{1,3030} - A_{1,2930}/F)] \cdot \frac{V_0 \cdot D \cdot l}{V_w \cdot L}$$

$$\rho_2 = [X \cdot A_{2,2930} + Y \cdot A_{2,2960} + Z(A_{2,3030} - A_{2,2930}/F)] \cdot \frac{V_0 \cdot D \cdot l}{V_w \cdot L}$$

$$\rho_3 = \rho_1 - \rho_2$$

式中，V_0 为萃取水样溶剂定容体积，mL；V_w 为水样体积，mL；D 为萃取液稀释倍数；l 为测定校正系数时所用比色皿光程，cm；L 为测定水样时所用比色皿光程，cm。

此法适用于各类水中石油类和动、植物油的测定。样品体积为 500mL，使用光程为 4cm 的比色皿时，方法的检测限为 0.1mg/L；样品体积为 5L 时，通过富集后可检测 0.01mg/L。

扩展案例 3-5

2010 年 4 月 20 日，英国石油公司在美国墨西哥湾租用的钻井平台“深水地平线”发生爆炸(图 3-27)，导致大量石油泄漏，酿成一场经济和环境惨剧。美国政府证实，此次漏油事故超过了 1989 年阿拉斯加埃克森公司瓦尔迪兹油轮的泄漏事件，是美国历史上“最严重的一次”漏油事故。

随着原油污染的持续恶化，已有更多出海清理石油的工作人员和沿岸居民出现头晕、恶心等症状。一些专家认为，从生态保护的角度来看，此次漏油事故的发生地点无法更坏，向南是濒危的大西洋蓝鳍金枪鱼和抹香鲸产卵和繁衍生息的地方。

2011 年 8 月 19 日，“中国海监 15”、“中国海监 18”船和“海监 B—3807”飞机巡航监视发现，蓬莱 19—3 油田海域有 3 处油膜覆盖区域，油膜长度从 5～10km 不等，宽度 50～100m，分布的海域范围达 $1.35km^2$，总体呈现银灰色和彩虹色，局部呈蓝/棕色。

查阅资料，总结石油泄漏污染造成的危害及难治理的原因。

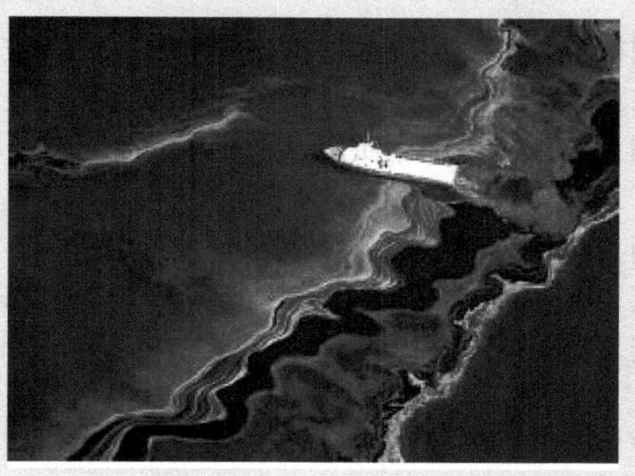

图 3-27　“深水地平线”爆炸图片

八、特定有机物的测定

在水体有机物污染中，存在一些含量并不高，但毒性大、蓄积性强、难降解的特定有机物，如挥发酚卤代烃类对地下水的污染，农药、除草剂对地表水的污染，二噁英类、内分泌干扰物对生态环境及人类的危害是21世纪全球重大环境问题，发达国家在这一领域的分析方法研究方面做了大量的工作。自20世纪90年代中期以来，各国也相继制订了新的标准，将这些特定有机污染物作为优先监测项目，其测定方法可以查询相关国际分析方法。

扩展案例 3-6

2012年12月31日，山西某煤化工集团股份有限公司发生一起苯胺泄漏事故，导致河北省邯郸市停水。经初步核查，当时泄漏总量约为38.7t，发现泄漏后，有关方面同时关闭管道出入口，并关闭了企业排污口下游的一个干涸水库，截留了30t的苯胺，另有8.7t苯胺排入浊漳河。浊漳河与清漳河汇入漳河，流入岳城水库和东武仕水库，岳城水库是邯郸市和安阳市的饮用水源地，东武仕水库是邯郸市的备用水源地。

河北省环境监测中心站通报了岳城水库30个点位采样情况，其中15个点位采取立体监测，以保证全面反映水库水质状况。30个采样点监测结果表明，岳城水库入库断面苯胺和挥发酚有检出，水库出口处只有挥发酚有检出，但都符合饮用水源地水质标准。

阅读以上材料，在苯胺污染事故发生后，环保部门需开展哪些应急处置工作及采取哪些污染应急处理技术？以小组形式展开讨论，研究制订应急处置方案。

第九节　水中底质监测

底质是矿物、岩石、土壤的自然侵蚀产物，生物活动及降解有机质等过程的产物，污水排出物和河(湖)床母质等随水流迁移而沉积在水体底部的堆积物质的统称。一般不包括工厂废水沉积物及废水处理厂污泥。底质是水体的重要组成部分。

一、底质监测的意义及采样方法

水、底质和生物共同构成一套完整的水环境体系。通过底质的监测，可以了解水环境污染的现状，也可以追溯水环境污染的历史，研究污染物的沉积、迁移、转化规律和对水生生物特别是底栖生物的影响，并对评价水体质量、预测水质变化趋势和沉积污染物对水体的潜在危险提供依据。

底质监测的断面应当与水质监测断面重合，采样点在水质采样点垂线的正下方，以便于与水质监测情况进行比较；当正下方无法采样时，可略作移动。湖泊(水库)底质采样点一般设在主要河流及污染源水进入后与湖(库)水混合均匀处。采样点应避开底质沉积不稳定、易受搅动和水表层水草茂盛处。

由于底质水文、气象条件影响较小，比较稳定，因此每年只能在枯水期采样测定一次，必要时可在丰水期增加采样一次。采样量一般视监测项目、目的而定，通常为1～2kg，若一次采样量不足，可在周围采集样品，混匀后形成均匀样品。样品中的砾石、贝壳、动植物残体等杂质应剔除。

在较深的水域采集表层底质时，大多用掘式采泥进行采集，而要采集垂直分布的样品，应当用管式泥芯采样器采集柱状样品。在浅水或干涸的河段，用长柄塑料或金属铲采样即可。采集的样品尽量沥干水分，装入玻璃瓶或塑料袋中。其样品的保存和运输方法与水样相同。

二、底质样品的制备和分解

底质样品送交实验室后，应尽快处理和分析，如放置时间较长，应放于–40～–20℃的冷冻柜中保存。在处理过程中应尽量避免沾污和污染物损失。

(一) 制备

1. 脱水

底质中含有大量水分，必须用适当的方法除去，不可直接在日光下曝晒或高温烘干。常用脱水方法有在阴凉、通风处自然风干(适于待测组分较稳定的样品)；离心分离(适于待测组分易挥发或易发生变化的样品)；真空冷冻干燥(适用于各种类型样品，特别是测定对光、热、空气不稳定组分的样品)；无水硫酸钠脱水(适于测定油类等有机污染物的样品)。

2. 筛分

将脱水干燥后的底质样品平铺于硬质白纸板上，用玻璃棒等压散(勿破坏自然粒径)。剔除砾石及动植物残体等杂物，使其通过20目筛。筛下样品用四分法缩分至所需量。用玛瑙研钵(或玛瑙碎样机)研磨至全部通过80～200目筛，装入棕色广口瓶中，贴上标签备用。但测定汞、砷等易挥发元素及低价铁、硫化物等时，不能用碎样机粉碎，且仅通过80目筛。测定金属元素的试样，使用尼龙材质网筛；测定有机物的试样，使用铜材质网筛。

对于用管式泥芯采样器采集的柱状样品，尽量不要使分层状态破坏，经干燥后，用不锈钢小刀刮去样柱表层，然后按上述表层底质方法处理。如欲了解各沉积阶段污染物质的成分和含量变化，可沿横断面截取不同部位样品分别处理和测定。

(二) 分解

底质样品的分解方法随监测目的和监测项目不同而异，常用的分解方法有以下几种。

1. 硝酸-氢氟酸-高氯酸(或王水-氢氟酸-高氯酸)分解法

该方法也称全量分解法，适用于测定底质中元素含量水平随时间和空间变化的样品分解。其分解过程是称取一定量样品于聚四氟乙烯烧杯中，加硝酸(或王水)在低温电热板上加热分解有机质。取下稍冷，加适量氢氟酸煮沸(或加高氯酸继续加热分解并蒸发至约剩 0.5mL 残液)。再取下冷却，加入适量高氯酸，继续加热分解并蒸发至近干(或加氢氟酸加热挥发除硅后，再加少量高氯酸蒸发至近干)。最后，用 1%硝酸煮沸溶解残渣，定容，备用。这样处理得到的试液可测定全量 Cu、Pb、Zn、Cd、Ni、Cr 等。

2. 硝酸分解法

该方法能溶解出由于水解和悬浮物吸附而沉淀的大部分重金属，适用于了解底质受污染的状况。其分解过程是称取一定量样品于 50mL 硼硅玻璃管中，加几粒沸石和适量浓硝酸，徐徐加热至沸并回流 15min，取下冷却，定容，静置过夜，取上清液分析测定。

3. 水浸取法

称取适量样品，置于磨口锥形瓶中，加水，密塞，放在振荡器上振摇 4h，静置，用干滤纸过滤，滤液供分析测定。该方法适用于了解底质中重金属向水体释放情况的样品分解。

4. 有机溶剂提取法

可采用索氏提取法、超声波提取法、超临界萃取法和微波辅助提取法进行预处理。

三、底质污染物的测定

底质中需测定的污染物质视水体污染来源而定。一般测定总汞、有机汞、铜、铅、锌、镉、镍、铬、砷化物、硫化物、有机氯农药、有机质等。

总汞常用冷原子吸收法或冷原子荧光法测定。铜、铅、锌、镉、镍、铬常用原子吸收分光光度法测定。砷化物一般用二乙氨基二硫代甲酸银(AgDDC)或新银盐分光光度法测定。硫化物多用对氨基二甲基苯胺分光光度法测定，当含量大于 1mg/L 时，用碘量法测定。底质中有机氯农药(六六六、DDT)一般用气相色谱法(电子捕获检测器)测定。

底质中有机质含量用重铬酸钾容量法测定。其测定原理为在加热的条件下，以过量 $K_2Cr_2O_7$-H_2SO_4 溶液氧化底质中的有机碳，过量的 $K_2Cr_2O_7$ 用 $FeSO_4$ 标准溶液滴定。根据 $K_2Cr_2O_7$ 消耗量计算有机碳含量，再乘上一个经验系数，即为有机质含量。如果有机碳的氧化效率达不到 100%，还要乘上一个校正系数。计算式如下：

$$有机质(\%)=\frac{(V_0-V)\times c\times 0.003\times 1724\times 1.08}{W}\times 100$$

式中，V_0 为用灼烧过的土壤代替底质样品进行空白实验消耗的 $FeSO_4$ 标准溶液体积，mL；V 为滴定底质样品溶液消耗 $FeSO_4$ 标准溶液体积，mL；c 为 $FeSO_4$ 标准溶液浓度，mol/L；0.003 为碳(1/4C)在反应中的摩尔质量，mg/mol；1.724 为将有机碳换算为有机质的经验系数；1.08 为有机碳氧化率(90%)校正系数；W 为风干底质样品质量，g。

测定底质中其他污染物质时，均以(105±2)℃烘干样品为基准表示测定结果，故底质脱水后，需测定含水量。

第十节 水中活性污泥性质的测定

活性污泥法处理污水是一种好氧生物处理方法。由于这种方法具有高净化能力，是目前工作效率最高的人工生物处理法，因而得到广泛应用。

处理污水效果好的活性污泥应具有颗粒松散、易于吸附和氧化有机物的性能，且经曝气后澄清时，泥水能迅速分离，这就要求活性污泥有良好的混凝和沉降性能。在污水处理过程中，常通过控制污泥沉降比和污泥体积指数两项指标来获取最佳效果。

一、污泥沉降比

将混匀的曝气池活性污泥混合液迅速倒进 1000mL 量筒中至满刻度，静置 30min，则沉降污泥与所取混合液的体积比为污泥沉降比(%)，又称污泥沉降体积(SV_{30})，以 mL/L 表示。因为污泥沉降 30min 后，一般可达到或接近最大密度，所以普遍以此时间作为该指标测定的标准时间，也可以 15min 为准。

二、污泥浓度

1L 曝气池污泥混合液所含干污泥的质量称为污泥浓度，用重量法测定，以 g/L 或 mg/L 表示。该指标也称为悬浮物浓度(MLSS)。

三、污泥体积指数

污泥体积指数(SVI)简称污泥指数(SI)，是指曝气池污泥混合液经 30min 沉降后，1g 干污泥所占的体积(以 mL 计)。计算式如下：

$$\mathrm{SVI}=\frac{\text{混合液经30min污泥沉降体积(mL/L)}}{\text{混合液污泥浓度(g/L)}}$$

污泥指数反映活性污泥的松散程度和凝聚、沉降性能。污泥指数过低，说明泥粒细小、紧密，无机物多，缺乏活性和吸附能力；指数过高，说明污泥将要膨胀，或已膨胀，污泥不易沉淀，影响对污水的处理效果。对于一般城市污水，在正常情况下，污泥指数控制在 50～150 为宜。对有机物含量高的工业废水，污泥指数可能远超过上列数值。

习 题

一、问答题

1. 简要说明监测各类水体水质的主要目的和确定监测项目的原则。
2. 怎样制订地面水体水质的监测方案？以河流为例，说明如何设置监测断面和采样点。
3. 对于工业废水排放源，怎样布设采样点和确定采样类型？
4. 解释下列术语，说明各适用于什么情况：

瞬时水样　混合水样　综合水样　平均混合水样　平均比例混合水样

5. 水样有哪些保存方法？试举几个实例说明怎样根据被测物质的性质选用不同的保存方法。

6. 水样在分析测定之前，为什么要进行预处理？预处理包括哪些内容？

7. 现有一废水样品，经初步分析，含有微量汞、铜和痕量酚，欲测定这些组分的含量，试设计一个预处理方案。

8. 怎样用萃取法从水样中分离富集欲测有机污染物和无机污染物？各举一个实例。

9. 简要说明用离子交换法分离和富集水样中阳离子和阴离子的原理，各举一个实例。

10. 何谓真色和表色？怎样根据水环境特点选择适宜的颜色测定方法？为什么？

11. 说明测定水体下列指标的意义，怎样测定？

臭　浊度　矿化度　氧化还原电位

12. 冷原子吸收法和冷原子荧光法测定水样中汞，在原理、测定流程和仪器方面有何主要相同和不同之处？

13. 原子吸收分光光度法测定金属化合物的原理是什么？用方块图示意其测定流程。

14. 列出用火焰原子吸收法测定水样中镉、铜、铅、锌的要点，它们之间是否会相互干扰？为什么？

15. 比较用二乙氨基二硫代甲酸钠萃取分光光度法和新亚铜灵萃取分光光度法测定水样中铜的原理和特点。

16. 试比较分光光度法和原子吸收分光光度法的原理、仪器主要组成部分及测定对象的主要不同之处。

17. 怎样用分光光度法测定水样中的六价铬和总铬？

18. 怎样采集测定溶解氧的水样？说明电极法和碘量法测定溶解氧的原理。怎样消除干扰？

19. 简要说明用异烟酸-吡唑啉酮分光光度法测定水样中氰化物的原理和测定要点。

20. 欲测定某水样中的亚硝酸盐氮和硝酸盐氮，试选择适宜的测定方法，列出测定原理和要点。

21. 测定底质有何意义？采样后怎样进行制备？常用哪些分解样品的方法？各适用于什么情况？

22. 原子吸收分光光度法有几种定量方法？各适用于什么情况？

23. 在水质监测中用 AAS 法目前主要测定哪些项目？有哪些干扰因素？如何消除？

24. 简述水质监测分析方法选择原则。

25. 简述 pH 与酸碱度含义的区别。

二、计算题

1. 下面所列数据为某水样 BOD_5 测定结果，试计算每种稀释倍数水样的耗氧率和 BOD_5 值。

编号	稀释倍数	取水样体积/mL	NaS_2O_3 标准液浓度/(mol/L)	NaS_2O_3 标准液用量/mL	
				当天	5 天
A	50	100	0.0125	9.16	4.33
B	40	100	0.0125	9.12	3.10
空白	0	100	0.0125	9.25	8.76

2. 若配制理论 COD 值为 500mg/L 的葡萄糖和苯二甲酸氢钾溶液各 1L，需分别称取多少克？

3. 在用碘量法测定水中的溶解氧时，经过一系列的化学操作，使溶解氧转化为游离碘，最后用硫代硫酸钠标准溶液滴定。如果取 100.0mL 水样，滴定时用去 0.0250mL/L 的 $Na_2S_2O_3$ 标准溶液 4.20mL，求水样中的 DO 含量。

4. 某分析人员测定水样 BOD_5 时，经稀释，测得当日溶解氧为 8.32mg/L，5d 后溶解氧为 0.7mg/L，则此

水样的 BOD_5 值为多少？为什么？应如何处置？

5. 测定某水样的生化需氧量时，培养液为 300mg/L，其中稀释水 100mL。培养前、后的溶解氧含量分别为 8.37mg/L 和 1.38mg/L。稀释水培养前、后的溶解氧含量分别为 8.85mg/L 和 8.78mg/L。计算该水样的 BOD_5 值。

6. 用冷原子吸收法测定汞的校准曲线为

汞/μg	0	1.0	2.0	3.0	4.0
响应值	0	5.8	11.7	17.5	24.0

取 25.0mL 水样，测得响应值为 12.2，求水样中汞的含量(是否应考虑空白样引起的吸光度)。

7. 用二苯碳酰二肼光度法测定水中 Cr(Ⅵ)的校准曲线为

Cr(Ⅵ)/μg	0	0.20	0.50	1.00	2.00	4.00	6.00	8.00	10.00
E	0	0.010	0.020	0.044	0.090	0.183	0.268	0.351	0.441

若取 5.0mL 水样进行测定，测得吸光度 E 为 0.088，求该水样 Cr(Ⅵ)的浓度。

8. 取 50.0mL 均匀环境水样，加 50mL 蒸馏水，用酸性高锰酸钾法测 COD 值，消耗 5.54mL 高锰酸钾溶液。同时以 100mL 蒸馏水做空白滴定，消耗 1.42mL 高锰酸钾溶液。已知草酸钠标准浓度 $c(1/2Na_2C_2O_4)=0.01mol/L$，标定高锰酸钾溶液时，10.0mL 高锰酸钾溶液需要上述草酸钠标准液 10.86mL。该环境水样的高锰酸盐指数是多少？

第四章　空气与废气污染监测

【本章教学要点】

知识要点	掌握程度	相关知识
空气与废气基本知识	熟悉大气污染基本知识	大气污染，危害和存在状态
空气与废气监测方案	掌握如何制定大气污染监测方案和布点方法	大气污染监测方案的制定程序
颗粒态污染物的测定	掌握 TSP、PM_{10}、$PM_{2.5}$ 等颗粒物的测定方法和原理	颗粒物的来源及危害
气态污染物的测定	掌握 SO_2、NO_x 等气态污染物的测定方法和原理	SO_2、NO_x 形成机理
室内空气污染	理解室内空气污染监测	甲醛、苯等有机物的来源与危害
污染源监测	掌握固定污染源的监测，了解移动污染源的监测	电厂除尘、脱硫、脱硝过程

【导入案例】

依据“2021 年中国生态环境质量状况公报”，我国 339 个城市中 218 个城市环境空气质量达标，占全部城市数的 64.3%，比 2020 年上升 3.5%。168 个重点城市平均优良天数比例为 81.9%，比 2020 年提高了 1.4%，其中 2 个城市优良天数为 100%，103 个城市优良天数达到 80%以上，63 个城市优良天数为 50%~80%。平均超标天数比例为 18.1%，以 O_3、$PM_{2.5}$、PM_{10}、NO_2 为首要污染物的超标天数分别占总超标天数的 41.6%、41.1%、16.5%、和 0.9%，未出现以 CO 和 SO_2 为首要污染物的超标天数（图 4-1）。

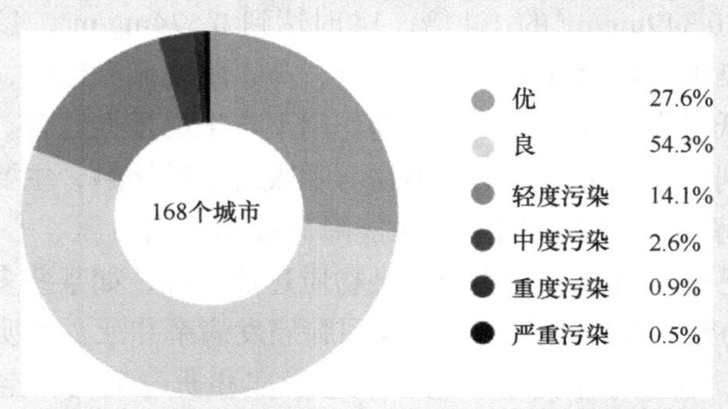

图 4-1　2021 年 168 个城市环境空气质量状况

第一节　概　　述

一、大气、空气及其污染

按照国际标准化组织(ISO)对大气和空气的定义：大气(atmosphere)是指环绕地球全部空气的总和，其厚度达 1000～1400km；环境空气(ambient air)是指人类、植物、动物和建筑物暴露于其中的室外空气，厚度约为 10km 内的空气层。可见，“大气”与“空气”是作为同义词使用的，其区别仅在于“大气”所指的范围更大。

清洁干燥的空气主要组分：N_2、O_2、Ar 为恒定组分，CO_2 为可变组分。水蒸气随时间、地点和气象条件有较大变化。杂质主要是悬浮微粒，人类排放的污染物。其具体成分见表 4-1。

表 4-1　干洁空气的组成

成分	相对分子质量	体积比/%	成分	相对分子质量	体积比/%
氮(N_2)	28.01	78.084	甲烷(CH_4)	16.04	1.2
氧(O_2)	32.00	20.946	臭氧(O_3)	48.00	0.01～0.04
二氧化碳(CO_2)	44.01	0.033	二氧化氮(NO_2)	46.05	0.02

清洁的空气是人类和生物赖以生存的环境要素之一。空气污染是指由于人类活动或自然过程引起某些物质进入大气中，呈现出足够的浓度，达到足够的时间，并因此危害了人体的舒适、健康和福利或危害了生态环境。空气污染会对人体健康和动植物产生危害，对各种材料产生腐蚀损害。

对人体健康的危害可分为急性作用和慢性作用。急性作用是指人体受到污染空气侵袭后，在短时间内即表现出不适或中毒症状的现象。例如，伦敦烟雾事件造成空气中二氧化硫浓度高达 3.5mg/m^3，总悬浮颗粒物达 4.5mg/m^3，一周的烟雾期内伦敦地区死亡 4703 人；2012 年 6 月中旬，全国相继几个大城市如武汉、南京、长沙等先后出现严重阴霾天气，据武汉市环境监测站监测报告，城区从 7 时起，各监测点 PM_{10} 小时浓度均呈迅速上升趋势。12 时达到 0.492mg/m^3，为 11 时 0.349mg/m^{3}的 1.4 倍；14 时达到 0.574mg/m^3，参照日均值(0.150mg/m^3)均严重超标。此次污染事件致使许多人喉头发炎，鼻、眼受刺激红肿，并有不同程度的头痛。慢性作用是指人体在低污染物浓度空气的长期作用下产生的慢性危害。这种危害往往不易引起注意，而且难以鉴别，其危害途径是污染物与呼吸道黏膜接触，主要症状是眼、鼻黏膜刺激，慢性支气管炎、哮喘、肺癌及因生理机能障碍而加重高血压、心脏病的病情(表 4-2)。根据动物试验结果，已确定有致癌作用的污染物质达数十种，如某些多环芳香烃、脂肪烃类、金属类(砷、镍、铍等)等。近些年来，世界各国肺癌发病率和死亡率明显上升，特别是工业发达国家增长尤其快，而且城市高于农村。大量事实和研究证明，空气污染是重要的致癌因素。

表 4-2　几种大气污染物对人体的危害

名称	对人体的影响
二氧化硫	视程减少，流泪，眼睛有炎症，有异味，胸闷，呼吸道有炎症，呼吸困难，肺水肿，迅速窒息死亡
硫化氢	恶臭难闻，恶心、呕吐，影响人体呼吸、血液循环、内分泌、消化和神经系统，昏迷，中毒死亡
氮氧化物	有异味，支气管炎、气管炎，肺水肿、肺气肿，呼吸困难，直至死亡
粉尘	伤害眼睛，视程减少，慢性气管炎、幼儿气喘病和尘肺，死亡率增加，能见度降低，交通事故增多
光化学烟雾	眼睛红痛，视力减弱，头疼、胸痛、全身疼痛，麻痹，肺水肿，严重的在 1h 内死亡
碳氢化合物	皮肤和肝脏损害，致癌死亡
一氧化碳	头晕、头疼，贫血、心肌损伤，中枢神经麻痹、呼吸困难，严重的在 1h 内死亡
氟和氟化氢	强烈刺激眼睛、鼻腔和呼吸道，引起气管炎、肺水肿、氟骨症和斑釉齿
氯气和氯化氢	刺激眼睛、上呼吸道，严重时引起中毒性肺水肿
铅	神经衰弱，腹部不适，便秘、贫血，记忆力低下

二、空气污染源

空气污染源是指排放(或产生)空气污染物质的源头。按产生原因可分为：①自然源，由自然过程所产生的污染物来源。它包括风力扬尘、火山爆发喷射出的大量粉尘、二氧化硫气体等；森林火灾、生物腐烂等所产生的有害气体和灰尘；植物产生的酯类、烃类化合物；有机质腐烂产生的臭气及自然放射源等。②人为源，由人类生活、生产活动而产生的污染源，是空气污染的主要来源，按其形状可分为点源、线源、面源、复合源等；按其排放高度可分为地面源和高架源。还可按不同的标准，分为固定源、流动源、瞬时源、连续源等。煤炭是我国城镇民用及工业的主要生活和动力能源，因此城镇大气污染主要为煤烟型污染。除此，火电、冶炼、化工、造纸、炼油、交通运输等不同的工业企业还会排放出不同的废气、污染空气。目前室内空气污染源也越来越受到人类的重视。表 4-3 列出各类工业企业向空气中排放的主要污染物。

表 4-3　各类工业企业向空气中排放的主要污染物

部门	企业类别	排出主要污染物
电力	火力发电厂	烟尘、SO_2、NO_x、CO、苯并芘等
冶金	钢铁厂	烟尘、SO_2、CO、氧化铁尘、氧化锰尘、锰尘等
	有色金属冶炼厂	烟尘(Cu、Cd、Pb、Zn 等重金属)、SO_2 等
	焦化厂	烟尘、SO_2、CO、H_2S、酚、苯、萘、烃类等
化工	石油化工厂	SO_2、H_2S、NO_x、氰化物、氯化物、烃类等
	氮肥厂	烟尘、NO_x、CO、NH_3、硫酸气溶胶等
	磷肥厂	烟尘、氟化氢、硫酸气溶胶等
	氯碱厂	氯气、氯化氢、汞蒸气等
	化学纤维厂	烟尘、H_2S、NH_3、CS_2、甲醇、丙酮等
	硫酸厂	SO_2、NO_x、砷化物等
	合成橡胶厂	烯烃类、丙烯腈、二氯乙烷、二氯乙醚、乙硫醇、氯化甲烷等
	农药厂	砷化物、汞蒸气、氯气、农药等
	冰晶石厂	氟化氢等

续表

部门	企业类别	排出主要污染物
机械	机械加工厂 仪表厂	烟尘等 汞蒸气、氰化物等
轻工	灯泡厂 造纸厂	烟尘、汞蒸气等 烟尘、硫醇、H_2S 等
建材	水泥厂	水泥尘、烟尘等

三、空气污染物及其存在状态

空气中污染物的种类不少于数千种，已发现有危害作用而被人们注意到的有 100 多种。我国“大气污染物综合排放标准”规定了 33 种污染物排放限值。根据空气污染物的形成过程，可将其分为一次污染物和二次污染物。一次污染物是直接从各种污染源排放到空气中的有害物质。常见的主要有二氧化硫、氮氧化物、一氧化碳、碳氢化合物、颗粒性物质等。颗粒性物质中包含苯并[a]芘等强致癌物质、有毒重金属、多种有机和无机化合物等。常见的一次污染物和二次污染物见表 4-4。

表 4-4　常见的一次污染物和二次污染物

污染物	一次污染物	二次污染物
含硫污染物	SO_2，H_2S	SO_3，H_2SO_4，$MSO_4$①
含氮污染物	NO，NH_3	NO_2，HNO_3，$MNO_3$①
碳的污染物	CO，CO_2	无
有机污染物	C_1～C_{10}化合物	臭氧，过氧化乙酰硝酸酯，酮类，醛类
卤素化合物	HF，HCL	无

① M 表示重金属。

二次污染物是一次污染物在空气中相互作用或它们与空气中的正常组分发生反应所产生的新污染物。这些新污染物与一次污染物的化学、物理性质完全不同，多为气溶胶，具有颗粒小、毒性一般比一次污染物大等特点。

空气中污染物质的存在状态是由其自身的理化性质及形成过程决定的，同时气象条件也起到一定的作用。一般将它们分为分子状态污染物和粒子状态污染物两类。

(一) 分子状态污染物

某些物质如二氧化硫、氮氧化物、一氧化碳、氯化氢、氯气、臭氧等沸点都很低，在常温、常压下以气体分子形式分散于空气中。还有些物质如苯、苯酚等，虽然在常温、常压下是液体或固体，但因其挥发性强，故能以蒸气态进入空气中。

无论是气体分子还是蒸气分子，都具有运动速度较大、扩散快、在空气中分布比较均匀的特点。它们的扩散情况与自身的密度有关，密度大者向下沉降，如汞蒸气等；密度小者向上飘浮，并受气象条件的影响，可随气流扩散到很远的地方。

(二) 粒子状态污染物

粒子状态污染物(或颗粒物)是分散在空气中的微小液体和固体颗粒，粒径多为 0.01～100μm，是一个复杂的非均匀体系。通常根据颗粒物在重力作用下的沉降特性将其分为降尘和可吸入颗粒物。粒径大于 10μm 的颗粒物能较快地沉降到地面上，称为降尘；粒径小于 10μm 的颗粒物(PM_{10})可长期飘浮在空气中，称为可吸入颗粒物。$PM_{2.5}$是指大气中直径小于或等于 2.5μm 的颗粒物，也称为可入肺颗粒物，由于其吸附有毒、有害物质较多，且在大气中的停留时间长、输送距离远，逐渐受到人们的关注。2012 年在京津冀、长三角、珠三角等重点区域及直辖市和省会城市开展了 $PM_{2.5}$ 检测。

可吸入颗粒物具有胶体性质，故又称气溶胶，它易随呼吸进入人体肺脏，在肺泡内积累，并可进入血液输往全身，对人体健康危害大。通常所说的烟(smoke)、雾(fog)、灰尘(dust)也是用来描述可吸入颗粒物存在形式的。

某些固体物质在高温下由于蒸发或升华作用变成气体逸散于空气中，遇冷后又凝聚成微小的固体颗粒悬浮于空气中构成烟。例如，高温熔融的铅、锌，可迅速挥发并被氧化成氧化铅和氧化锌的微小固体颗粒。烟的粒径一般在 0.01～1μm。

雾是由悬浮在空气中的微小液滴构成的气溶胶。按其形成方式可分为分散型气溶胶和凝聚型气溶胶。常温状态下的液体，由于飞溅、喷射等原因被雾化而形成微小雾滴分散在空气中，构成分散型气溶胶。液体因加热变成蒸气逸散到空气中，遇冷后又凝集成微小液滴形成凝聚型气溶胶。雾的粒径一般在 10μm 以下。

通常所说的烟雾是烟和雾同时构成的固、液混合态气溶胶，如硫酸烟雾、光化学烟雾等。硫酸烟雾主要是由燃煤产生的高浓度二氧化硫和煤烟形成的，而二氧化硫经氧化剂、紫外光等因素的作用被氧化成三氧化硫，三氧化硫与水蒸气结合形成硫酸烟雾。当空气中的氮氧化物、一氧化碳、碳氢化合物达到一定浓度后，在强烈阳光照射下，经发生一系列光化学反应，形成臭氧、PAN 和醛类等物质悬浮于空气中而构成光化学烟雾。

尘是分散在空气中的固体微粒，如交通车辆行驶时所带起的扬尘、粉碎固体物料时所产生的粉尘、燃煤烟气中的含碳颗粒物等。

四、空气污染物的时空分布

与其他环境要素中的污染物质相比较，空气中的污染物质具有随时间、空间变化大的特点。空气污染物的时空分布及其浓度与污染物排放源的分布、排放量及地形、地貌、气象等条件密切相关。

气象条件如风向、风速、大气湍流、大气稳定度总在不停地改变，故污染物的稀释与扩散情况也在不断地变化。同一污染源对同一地点在不同时间所造成的地面空气污染浓度往往相差数倍至数十倍；同一时间不同地点也相差甚大。一次污染物和二次污染物浓度在一天之内也不断地变化。一次污染物因受逆温层及气温、气压等限制，清晨和黄昏浓度较高，中午较低；二次污染物如光化学烟雾，因在阳光照射下才能形成，故中午浓度较高，清晨和夜晚浓度低。风速大，大气不稳定，则污染物稀释扩散速度快，浓度变化也快；反之，稀释扩散慢，浓度变化也慢。

污染源的类型、排放规律及污染物的性质不同，其时空分布特点也不同。例如，我国北方城市空气中 SO_2 浓度的变化规律是在一年内，1 月、2 月、11 月、12 月属采暖期，SO_2 浓度比其他月份高；在一天之内，6～10时和18～21时为供热高峰时间，SO_2浓度比其他时间高。点污染源或线污染源排放的污染物浓度变化较快，涉及范围较小；大量地面小污染源(如工业区炉窑、分散供热锅炉等)构成的面污染源排放的污染物浓度分布比较均匀，并随气象条件变化有较强的变化规律。就污染物的性质而言，质量轻的分子态或气溶胶态污染物高度分散在空气中，易扩散和稀释，随时空变化快；质量较重的尘、汞蒸气等，扩散能力差，影响范围较小。

为反映污染物浓度随时间变化，在空气污染监测中提出时间分辨率的概念，要求在规定的时间内反映出污染物浓度变化。例如，了解污染物对人体的急性危害，要求分辨率为3min；了解化学烟雾对呼吸道的刺激反应，要求分辨率为10min。在《环境空气质量标准》中，要求测定污染物的瞬时最大浓度及日平均、月平均、季平均、年平均浓度，也是为了反映污染物随时间的变化情况。

五、大气中污染物浓度表示方法

大气中污染物浓度有两种表示方法，即单位体积质量浓度和体积浓度，根据污染物存在的状态选择适当的浓度表示方法。

(一) 单位体积质量浓度

单位体积质量浓度是指单位体积空气中所含污染物的质量，常用 mg/m^3 或 $\mu g/m^3$ 表示。这种表示方法对任何状态的污染物均适用。

(二) 体积浓度

体积浓度是指污染物体积与气样总体积的比值，mL/m^3 或 $\mu L/m^3$。这种表示方法仅适用于气态或蒸气态物质，它不受空气温度和压力变化的影响。

因为单位体积质量浓度受温度和压力变化的影响，为使计算出的浓度具有可比性，我国空气质量标准采用标准状况(0℃，101.325kPa)时的体积。非标准状况下的气体体积可用气态方程式换算成标准状况下的体积，换算式如下：

$$V_0 = V_t \cdot \frac{273}{273+t} \cdot \frac{P}{101.325}$$

式中，V_0为标准状况下(0℃，101.325kPa)的采样体积，L或m^3；V_t为采样现场状况下的采样体积，L或m^3；t为采样时的温度，℃；P为采样时的大气压力，kPa。

美国、日本和世界卫生组织开展的全球环境监测系统采用的是参比状况(25℃，101.325kPa)，进行数据比较时应注意。

单位体积质量浓度和体积浓度可按下式进行换算：

$$C_V = \frac{22.4}{M} \cdot C_m$$

式中，C_V为气体的体积浓度，mL/m^3；C_m为标准状况下气体的质量浓度，mg/m^3；M为气态物质的摩尔质量，g/mol；22.4为标准状况下气体的摩尔体积，L/mol。

对于大气悬浮颗粒物中的组分，可用单位质量悬浮颗粒物中所含某组分的质量数表示，即$\mu g/g$或ng/g。

第二节　空气污染监测方案的制订

与制订水和废水的监测方案一样，制订大气污染监测方案的程序首先也要根据监测目的进行调查研究，收集相关的资料，然后经过综合分析，确定监测项目，设计布点网络，选定采样频率、采样方法和监测技术，建立质量保证程序和措施，提出进度安排计划和对监测结果报告的要求等。

一、环境大气监测方案

环境大气监测对象是整个大气，目的是了解和掌握环境污染的情况，进行大气污染质量评价，并提出警戒限度。通过长期监测，为修订或制定国家卫生标准及其他环境保护法规积累资料，为预测预报创造条件。研究有害物质在大气中的变化，如二次污染物的形成(光化学反应等)，以及某些大气污染的理论，也需要进行大气监测。此外，制订城市规划、防护距离等，均需要以监测资料为依据。

(一) 监测目的

(1) 通过对环境空气中主要污染物质进行定期或连续的监测，判断空气质量是否符合《环境空气质量标准》或环境规划目标的要求，为空气质量状况评价提供依据。

(2) 为研究空气质量的变化规律和发展趋势，开展空气污染的预测预报，以及研究污染物迁移转化情况提供基础资料。

(3) 对污染源的污染物排放量和排放浓度的监测，判断污染物的排放是否符合污染物排放标准，为环保执法提供依据。

(4) 为政府环保部门执行环境保护法规，开展空气质量管理及修订空气质量标准提供依据和基础资料。

(二) 有关资料的收集

(1) 污染源分布及排放情况。通过调查，将监测区域内的污染源类型、数量、位置、排放的主要污染物及排放量一一了解清楚，同时还应了解所用原料、燃料及消耗量。注意将由高烟囱排放的较大污染源与由低烟囱排放的小污染源区别开来。因为小污染源的排放高度低，对周围地区地面大气中污染物浓度影响比大型工业污染源大。另外，对于交通运输污染较重和有石油化工企业的地区，应区别一次污染物和由于光化学反应产生的二次污染物。因为二次污染物是在大气中形成的，其高浓度可能在远离污染源的地方，在布设监测点时应加以考虑。

(2) 气象资料。对污染物在大气中的扩散、输送及变化情况有影响。主要需要收集监测区域的风向、风速、气温、气压、降水量、日照时间、相对湿度、温度的垂直梯度和逆温层底部高度等资料。

(3) 地形资料。地形对当地的风向、风速和大气稳定情况等有影响。因此，是设置监测网点时应考虑的重要因素。

(4) 土地利用和功能分区情况。这也是设置监测网点时应考虑的重要因素之一。不同功能区的污染状况是不同的。例如，工业区、商业区、混合区、居民区等，污染状况各不相同。

(5) 人口分布及人群健康情况。环境保护的目的是维护自然的生态平衡，保护人群的健康。因此，掌握监测区域的人口分布、居民和动植物受大气污染危害情况及流行性疾病等资料，对制订监测方案、分析判断监测结果是有益的。

此外，对监测区域以往的大气监测资料也要尽量收集，为制订监测方案提供参考。

(三) 监测项目

空气中的污染物质多种多样，应根据监测空间范围内实际情况和优先监测原则确定监测项目，并同步观测有关气象参数。我国目前要求的空气常规监测项目见表 4-5。

表 4-5　空气污染常规监测项目

类别	必测项目	按地方情况增加的必测项目	选测项目
空气污染物监测	TSP、SO_2、NO_x、硫酸盐化速率、灰尘自然沉降量	CO、总氧化剂、总烃、PM_{10}、F_2、HF、B[a]P、Pb、H_2S、光化学氧化剂	CS_2、Cl_2、氯化氢、硫酸雾、HCN、NH_3、Hg、Be、铬酸雾、非甲烷烃、芳香烃、苯乙烯、酚、甲醛、甲基对硫磷、异氰酸甲酯等
空气降水监测	pH、电导率	K^+、Na^+、Ca^{2+}、Mg^{2+}、NH_4^+、SO_4^{2-}、NO_3^-、Cl^-	

(四) 监测站(点)的布设

1. 布设大气采样站(点)的原则和要求

(1) 采样点应设在整个监测区域的高、中、低三种不同污染物浓度的地方。

(2) 在污染源比较集中、主导风向比较明显的情况下，应将污染源的下风向作为主要监测范围，布设较多的采样点；上风向布设少量点作为对照。

(3) 工业较密集的城区和工矿区，人口密度大及污染物超标地区，要适当增设采样点；城市郊区和农村，人口密度小及污染物浓度低的地区，可酌情少设采样点。

(4) 采样点的周围应开阔，采样口水平线与周围建筑物高度的夹角应不大于 30°。测点周围无局部污染源，并应避开树木及吸附能力较强的建筑物。交通密集区的采样点应设在人行道边缘至少 1.5m 远处。

(5) 各采样点的设置条件要尽可能一致或标准化，使获得的监测数据具有可比性。

(6) 采样高度根据监测目的而定。研究大气污染对人体的危害，采样口应在离地面 1.5～2m 处；研究大气污染对植物或器物的影响，采样口高度应与植物或器物高度相近。连续采样例行监测采样口高度应距地面 3～15m；若置于屋顶采样，采样口应与基础面有 1.5m 以上的相对高度，以减小扬尘的影响。特殊地形地区可视实际情况选择采样高度。

2. 采样站(点)数目的确定

在一个监测区域内，采样站(点)设置数目应根据监测范围大小、污染物的空间分布和地形地貌特征、人口分布情况及其密度、经济条件等因素综合考虑确定。

我国对空气环境污染例行监测采样站数目主要依据城市人口多少设置(表 4-6)，并要求对有自动监测系统的城市以自动监测为主，人工连续采样点为辅；无自动监测系统的城市，以连续采样点为主，辅以单机自动监测，便于解决缺少瞬时值的问题。表中各档测点数中包括一个城市的主导风向上风向的区域背景测点。世界卫生组织(WHO)建议，城市地区空气污染趋势监测站数目可参考表 4-7。

表 4-6　我国空气环境污染例行监测采样点设置数目

市区人口/万人	SO_2、NO_x、TSP	灰尘自然降尘量	硫酸盐化速率
＜50	3	≥3	≥6
50～100	4	4～8	6～12
100～200	5	8～11	12～18
200～400	6	12～20	18～30
＞400	7	20～30	30～40

表 4-7　WHO 推荐的城市空气自动监测站(点)数目

市区人口/万人	可吸入颗粒物	SO_2	NO_x	氧化剂	CO	风向、风速
≤100	2	2	1	1	1	1
100～400	5	5	2	2	2	2
400～800	8	8	4	3	4	2
＞800	10	10	5	4	5	3

3. 采样站(点)布设方法

监测区域内的采样站(点)总数确定后，可采用经验法、统计法、模拟法等进行采样站(点)布设。经验法是常采用的方法，特别是对尚未建立监测网或监测数据积累少的地区，需要凭借经验确定采样站(点)的位置。其具体方法有以下几种。

1) 功能区布点法

按功能区划分布点法多用于区域性常规监测。先将监测区域划分为工业区、商业区、居住区、工业和居住混合区、交通稠密区、清洁区等，再根据具体污染情况和人力、物力条件，在各功能区设置一定数量的采样点。各功能区的采样点数不要求平均，在污染源集中的工业区和人口较密集的居住区多设采样点。

2) 网格布点法

这种布点法是将监测区域地面划分成若干均匀网状方格，采样点设在两条直线的交点处或方格中心。网格大小视污染源强度、人口分布及人力、物力条件等确定。若主导风向明显，下风向设点应多一些，一般约占采样点总数的 60%。对于有多个污染源，且污染源分布较均匀的地区，常采用这种布点方法。它能较好地反映污染物的空间分布；如将网格划分得足够小，则将监测结果绘制成污染物浓度空间分布图，对指导城市环境规划和管理具有重要意义。

3) 同心圆布点法

这种方法主要用于多个污染源构成的污染群，且大污染源较集中的地区。先找出污染群的中心，以此为圆心在地面上画若干个同心圆，再从圆心作若干条放射线，将放射线与圆周的交点作为采样点。不同圆周上的采样点数目不一定相等或均匀分布，常年主导风向的下风向比上风向多设一些点。例如，同心圆半径分别取 4km、10km、20km、40km，从里向外各圆周上分别设 4、8、8、4 个采样点。

4) 扇形布点法

扇形布点法适用于孤立的高架点源，且主导风向明显的地区。以点源所在位置为顶点，主导风向为轴线，在下风向地面上划出一个扇形区作为布点范围。扇形的角度一般为 45°，也可更大些，但不能超过 90°。采样点设在扇形平面内距点源不同距离的若干弧线上。每条弧线上设 3～4 个采样点，相邻两点与顶点连线的夹角一般取 10°～20°。在上风向应设对照点。

采用同心圆和扇形布点法时，应考虑高架点源排放污染物的扩散特点。在不计污染物本底浓度时，点源脚下的污染物浓度为零，随着距离增加，很快出现浓度最大值，然后按指数规律下降。因此，同心圆或弧线不宜等距离划分，而是靠近最大浓度值的地方密一些，以免漏测最大浓度的位置。至于污染物最大浓度出现的位置，与源高、气象条件和地面状况密切相关。例如，对平坦地面上 50m 高的烟囱，污染物最大地面浓度出现的位置与气象条件的关系列于表 4-8。随着烟囱高度的增加，最大地面浓度出现的位置增大，如在大气稳定时，高度为 100m 的烟囱排放污染物的最大地面浓度出现位置约在烟囱高度的 100 倍处。

表 4-8　50m 高烟囱排放污染物最大地面浓度出现位置与气象条件的关系

大气稳定度	最大浓度出现位置(相当于烟囱高度的倍数)
不稳定	5～10
中性	20 左右
稳定	40 以上

在实际工作中，为做到因地制宜，使采样网点布设完善合理，往往采用以一种布点方法为主，兼用其他方法的综合布点法。

统计法适用于已积累了多年监测数据的地区。根据城市空气污染物分布的时间和空间变化的相关性，通过监测数据的统计处理对现有采样站(点)进行调整，删除监测信息重复的站(点)。例如，如果监测网中某些站(点)历年取得的监测数据较近似，可以通过类聚分析法将结果相近的站(点)聚为一类，从中选择少数代表性站(点)。

模拟法是根据监测区域污染源的分布、排放特征、气象资料，以及应用数学模型预测的污染物时空分布状况设计采样站(点)。

扩展案例 4-1

北京市环保监测中心公布了北京 $PM_{2.5}$ 监测站点的分布图，见图 4-2。35 个站点中，27 个为原有空气质量监测站点，另外还新增了 5 个交通站点和 3 个区域站点。

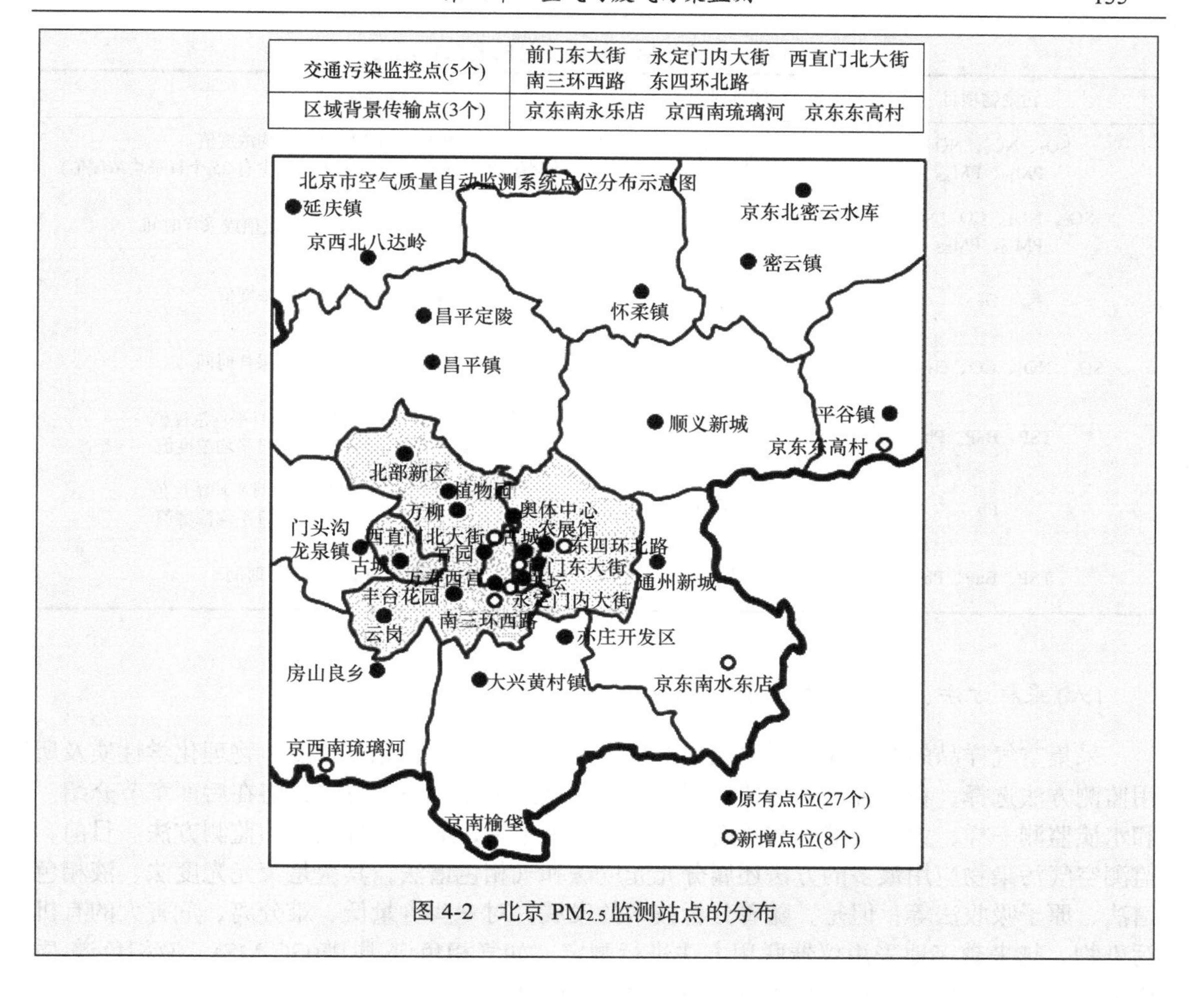

交通污染监控点(5个)	前门东大街　永定门内大街　西直门北大街　南三环西路　东四环北路
区域背景传输点(3个)	京东南永乐店　京西南琉璃河　京东东高村

图 4-2　北京 $PM_{2.5}$ 监测站点的分布

(五) 采样频率和采样时间

采样频率指在一个时段内的采样次数；采样时间指每次采样从开始到结束所经历的时间。二者要根据监测目的、污染物分布特征、分析方法灵敏度等因素确定。例如，为监测空气质量的长期变化趋势，连续或间歇自动采样测定为最佳方式；事故性污染等应急监测要求快速测定，采样时间尽量短；对于一级环境影响评价项目，要求不得少于夏季和冬季两期监测，每期应取得有代表性的 7d 监测数据，每天采样监测不少于六次(02、07、10、14、16、19 时)。表 4-9 列出国家环保部颁布的城镇空气质量采样频率和时间规定；表 4-10 列出环境空气质量标准(GB 3095—2012)对污染物监测数据的统计有效性规定。

表 4-9　采样频率和采样时间

监测项目	采样时间和频率
二氧化硫	隔日采样，每天连续采样 24±0.5h，每月 14～16d，每年 12 个月
氮氧化物	同二氧化硫
总悬浮颗粒物	隔双日采样，每天连续采样 24±0.5h，每月 5～6d，每年 12 个月
灰尘自然降尘量	每月采样 30±2d，每年 12 个月
硫酸盐化速率	每月采样 30±2d，每年 12 个月

表 4-10 污染物监测数据统计的有效性规定

污染物项目	平均时间	数据有效性规定
SO_2、NO_2、NO_x、PM_{10}、$PM_{2.5}$	年平均	每年至少有 324 个日平均浓度值 每月至少有 27 个日平均浓度值(二月至少有 25 个日平均浓度值)
SO_2、NO_2、CO、NO_x、PM_{10}、$PM_{2.5}$	24h 平均	每日至少有 20 个小时平均浓度值或采样时间
O_3	8h 平均	每 8h 至少有 6h 平均浓度值
SO_2、NO_2、CO、O_3、NO_x	1h 平均	每小时至少有 45min 的采样时间
TSP、BaP、Pb	年平均	每年至少有分布均匀的 60 个日平均浓度值 每月至少有分布均匀的 5 个日平均浓度值
Pb	季平均	每季至少有分布均匀的 15 个日平均浓度值 每月至少有分布均匀的 5 个日平均浓度值
TSP、BaP、Pb	24h 平均	每日应有 24h 的采样时间

(六) 采样方法、监测方法和质量保证

采集空气样品的方法和仪器要根据空气中污染物的存在状态、浓度、物理化学性质及所用监测方法选择，在各种污染物的监测方法中都规定了相应采样方法，将在后面章节介绍。和水质监测一样，为获得准确和具有可比性的监测结果，应采用规范化的监测方法。目前，监测空气污染物应用最多的方法还属分光光度法和气相色谱法，其次是荧光光度法、液相色谱法、原子吸收法等；但是，随着分析技术的发展，对一些含量低、难分离、危害大的有机污染物，越来越多地采用仪器联用方法进行测定，如气相色谱-质谱(GC-MS)、液相色谱-质谱(LC-MS)、气相色谱-傅里叶变换红外光谱(GC-FT-IR)等联用技术。

二、室内空气质量监测方案

室内空气质量监测是近年来的热点。它主要是通过采样和分析手段，研究室内空气中有害物质的来源、组成成分、数量、动向、转化和消长规律。它是以消除污染物的危害、改善室内空气质量和保护居民健康为目的的。

室内空气质量监测的对象是具有某一特点的房间或场所内的环境空气。在进行室内空气质量监测时，首先要对室内外环境状况和污染源进行实地调查，根据目的确定监测方案，然后根据有关标准方法进行布点、采样和测定，填写各种调查和监测表格，并应用监测结果对室内空气质量进行评价。进行室内空气质量监测时，有一个非常重要的问题，就是如何取得能反映实际情况并有代表性的测定结果。这就需要对采样点、采样时间、采样效率、气象条件、现场情况及采样方法、监测方法、监测仪器等进行设计，制订出较完善的监测方案，而且在方案实施时要有从采样到报出结果的全过程的质量保证体系。

采样点的数量，根据监测对象的面积大小和现场情况来决定。公共场所可按 $100m^2$ 设 2～3 个点，居室面积小于 $50m^2$ 的房间设 1～3 个点，50～$100m^2$ 设 3～5 个点，$100m^2$ 以上至少设 5 个点。采样点按对角线或梅花式均匀分布。两点之间相距约 5m。为避免室壁的吸附作用或逸出干扰，采样点离墙应不少于 0.5m。采样点的高度原则上与人的呼吸带高度保持一致。

采样方式：①筛选法采样，采样前关闭门窗 12h，采样时关闭门窗，至少采样 45min；②累积采样法，当采用筛选法采样达不到室内空气质量标准中室内空气监测及导则规定的要求时，必须采用累积法(按年平均，日平均，8h 平均法)的要求采样。要对现场情况，各种污染物及采样日前、时间、地点、数量、布点方式、大气压力、气温、相对湿度、风速以及采样者签字等做出详细记录。

室内空气质量的监测项目应包括《室内空气质量标准》(GB/T 18883—2002)和《民用建筑工程室内环境污染控制规范》(GB 50325—2010)中所列监测项目，如表 4-11 所示。

表 4-11　室内环境空气质量监测项目

应测项目	其他项目
温度、大气压、空气流速、相对湿度、新风量、二氧化硫、二氧化氮、一氧化碳、氨、臭氧、甲醛、苯、甲苯、二甲苯、总挥发性有机物、苯并芘、可吸入颗粒物、氡(^{222}Rn)、菌落总数	甲苯二异氰酸酯(TDI)、苯乙烯、丁基羟基甲苯、4-苯基环乙烯、2-乙基乙醇等

监测时，要按照室内环境的实际情况选择必要的测试项目。新装饰、装修过的室内环境应测定甲醛、苯、甲苯、二甲苯、总挥发性有机物(TVOC)等；人群比较密集的室内环境应测定菌落总数、新风量及二氧化碳；使用臭氧消毒、净化设备及复印机等可能产生臭氧的室内环境应测臭氧；住宅一层、地下室、其他地下设施及采用花岗岩、彩釉地砖等天然放射性含量较高材料新装修的室内环境都应监测氡(^{222}Rn)；北方冬季施工的建筑物应测定氨。

第三节　颗粒态污染物及降水的测定

一、颗粒态污染物采样

采样系统由颗粒物切割器、滤膜、滤膜夹和颗粒物采样器组成，或者由滤膜、滤膜夹和具有符合切割特性要求的采样器组成，大流量和中流量采样器如图 4-3～图 4-5 所示。

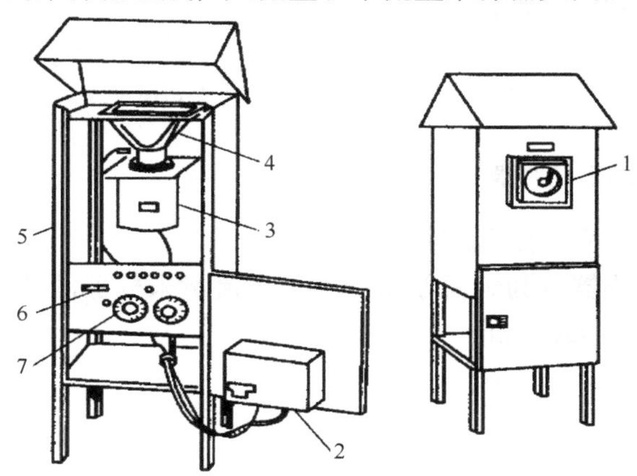

图 4-3　TSP 大流量采样器结构示意图

1. 流量记录仪；2. 流量控制器；3. 抽气风机；4. 滤膜夹；5. 铝壳；6. 工作计时器；7. 计时器的程序控制器

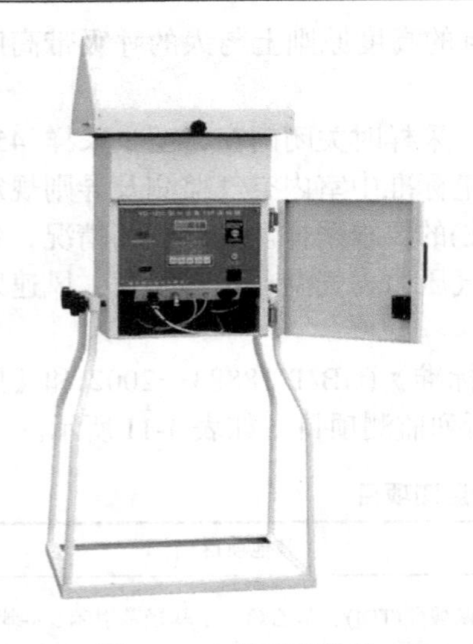

图 4-4　大流量采样器

图 4-5　中流量及无组织气体采样器

颗粒物粒径切割器：对 TSP 采样，要求切割器的切割粒径 D_{50}=100μm，对 PM_{10} 采样，要求切割器的切割粒径 D_{50}=10μm，如图 4-6 所示。

滤膜：一般使用超细玻璃纤维滤膜和有机纤维滤膜两种类型，根据监测目的选用。要求所用滤膜对 0.3μm 标准粒子的截留效率不低于 99%，在气流速度为 0.45m/s 时，单张滤膜的阻力不大于 3.5kPa。在此气流速度下，抽取经高效过滤器净化的空气 5h，每平方厘米滤膜的失重不大于 0.012mg，如图 4-7 所示。

图 4-6　颗粒物粒径切割器

图 4-7　滤膜

滤膜夹：用于安放和固定采样滤膜。

采样器：颗粒物采样器分为大流量采样器和中流量采样器两种，前者采样流量一般为 1.05m³/min；后者一般为 100L/min。

二、采样器流量校准

1. 计算采样器工作点的流量

采样器应在工作规定的采气流量下，该流量称为采样器的工作点。在正式采样前，需调整采样器，使其工作在正确的工作点上，按下述步骤进行：

采样器采样口的抽气速度 W 为 0.3m/s。大流量采样器的工作点流量 Q_H(m^3/min)为

$$Q_H=1.05$$

中流量采样器的工作点流量为

$$Q_M=60000W\times A$$

式中，A 为采样器采样口截面面积，m^2。

将 Q_H 或 Q_M 计算值换算成标况下的流量 Q_{HN}(m^3/min)或 Q_{MN}(L/min)。

$$Q_{HN}=Q_H PT_N/(TP_N)$$

$$Q_{MN}=Q_M PT_N/(TP_N)$$

$$\lg P=\lg 101.3-h/18400$$

式中，T 为测试现场月平均温度，K；P_N 为标况压力，101.3kPa；T_N 为标况温度，273K；P 为测试现场平均大气压，kPa。

将上式中 Q_N 用 Q_{HN} 或 Q_{MN} 代入，求出修正项 Y，再计算ΔH(Pa)。

$$Y=BQ_N+A$$

式中，斜率 B 和截距 A 由孔口流量计的标定部门给出。

$$\Delta H=Y^2P_NT/(PT_N)$$

2. 采样器工作点流量的校准

打开采样头的采样盖，按正常采样位置，放一张干净的采样滤膜，将孔口流量计的接口与采样头密封连接。孔口流量计的取压口接好压差计。

接通电源，开启采样器，待工作正常后，调节采样器流量，使孔口流量计压差值达到上述公式计算的ΔH值，记录表格可参考表 4-12。

表 4-12 用孔口流量计校准总悬浮颗粒物采样器记录表

采样器 编号	流量/(m^3/min) 或(L/min)	孔口流量计 编号	月平均 温度/K	平均 大气压/Pa	孔口压差 计算值/Pa	校准日期 月 日	校准人 签字

三、采样准备与采样

颗粒物采样和分析方法有关，不同的分析方法在采样要求上会有所不同，在环境空气污染物基本项目中涉及颗粒物采样的项目有颗粒物(包括 $PM_{2.5}$ 和 PM_{10})；其他项目中涉及总悬浮颗粒物(TSP)、铅(Pb)等，见表 4-13。

表 4-13 主要项目手工分析方法

序号	污染物项目	手工分析方法	
1	颗粒物 (粒径小于等于 10μm)	环境空气 PM_{10} 和 $PM_{2.5}$ 的重量法测定	HJ 618—2011
2	颗粒物 (粒径小于等于 2.5μm)		
3	总悬浮颗粒物(TSP)	环境空气总悬浮颗粒物的重量法测定	GB/T 15432—1995

续表

序号	污染物项目	手工分析方法	
4	铅(Pb)	环境空气 铅的测定 石墨炉原子吸收分光光度法	HJ 539—2015
		环境空气 铅的测定 火焰原子吸收分光光度法	GB/T 15264—1994
5	水溶性阴离子	离子色谱法	HJ 799—2016
6	水溶性阳离子	离子色谱法	HJ 800—2016
7	金属元素	电感耦合等离子体发射光谱法	HJ 777—2015

1) 滤膜准备

每张滤膜均需用X光看片机进行检查，不得有针孔或任何缺陷。在选中的滤膜光滑表面的两个对角上打印编号。滤膜袋上打印同样编号备用；将滤膜放在恒温恒湿箱中平衡24h，平衡温度取15～30℃中任一点，记录下平衡温度与湿度；在上述平衡条件下称量滤膜，大流量采样器滤膜称量精确到1mg，中流量采样器滤膜称量精确到0.1mg，记录下滤膜质量W_0(g)；称量好的滤膜平展地放在滤膜保存盒中，采样前不得将滤膜弯曲或折叠。

2) 样品的采集与分析

打开采样头顶盖，取出滤膜夹。用清洁干布擦去采样头内及滤膜夹的灰尘；将已知编号并称量过的滤膜绒面向上，放在滤膜支撑网上，放上滤膜夹，对正，拧紧。样品采样后，尘膜在恒温恒湿箱中，与干净滤膜平衡条件相同的温度、湿度，平衡24h；在上述平衡条件下称量滤膜，大流量采样滤膜称量精确到1mg，中流量采样器滤膜称量精确到0.1mg。记录下滤膜质量W_1(g)，滤膜增量，大流量滤膜不小于100mg，中流量滤膜不小于10mg。

$$\text{总悬浮颗粒物含量}(\mu g/m^3)=\frac{K\times(W_1-W_0)}{Q_N\times t}$$

式中，t为累积采样时间，min；Q_N为采样器平均抽气量，即为Q_{HN}或Q_{MN}的值；K为常数，中流量采样器$K=1\times10^6$，大流量$K=1\times10^9$。

四、降水的测定

酸沉降：指大气中酸性污染物的自然沉降，分为干沉降和湿沉降。酸沉降监测的测定项目有：EC、pH、SO_4^{2-}、NO_3^-、F^-、Cl^-、NH_4^+、Ca^{2+}、Mg^{2+}、Na^+、K^+、降雨(雪)量等。各级测点对EC、pH两个项目，应做到逢雨(雪)必测，同时记录当次降雨(雪)的量；对其他监测项目，在当月有降雨(雪)的情况下，国家酸雨监测网监测点应对每次降雨(雪)进行全部离子项目的测定，尚不具备条件的监测网站每月应至少选一个或几个降水量较大的样品进行全部项目的测定。

各测点可根据需要选测HCO_3^-、Br^-、$HCOO^-$、CH_3COO^-、PO_4^{3-}、NO_2^-、SO_3^{2-}等。

湿沉降指发生降水事件时，高空雨滴吸收大气中酸性污染物降到地面的沉降过程，包括雨、雪、雹、雾等。

干沉降指不发生降水时，大气中酸性污染物受重力、颗粒物吸附等作用由大气沉降到地面的过程。

扩展案例 4-2

离子色谱法测定降水中SO_4^{2-}，用近似峰高法定量，已知：SO_4^{2-}标准溶液为10.0mg/L，水样和淋洗储备液比例为 9∶1，测得水样峰高为 12.5mm，标准液峰高两次测定平均值为 11.0mm，求降水中SO_4^{2-}的浓度(mg/L)。

$$c_{SO_4^{2-}}=\frac{12.5}{11.0\times 10}\times\frac{10}{9}=12.6(\text{mg/L})$$

第四节　气态和蒸气态污染物的测定

一、采样系统

气态污染物采样系统由采样头、采样总管、采样支管、引风机、气体样品吸收装置及采样器等组成。

采样系统各部分技术要求：

(1) 采样头。采样头为一个能防雨、雪、尘及其他异物(如昆虫)的防护罩，其材料可为不锈钢或聚四氟乙烯。采样头、进气口距采样亭顶盖上部的距离应为 1～2m。

(2) 采样总管。通过采样总管将环境空气垂直引入采样亭内，采样总管内径为 30～150mm，内壁应光滑。采样总管气样入口处到采样支管气样入口处之间的长度不得超过 3m，其材料可用不锈钢、玻璃或聚四氟乙烯等。为防止气样中的湿气在采样总管中产生凝结，可对采样总管采取加热保温措施，加热温度应在环境空气露点以上，一般在 40℃左右。在采样总管上，SO_2进气口应先于NO_2进气口。

(3) 采样支管。通过采样支管将采样总管中气样引入气样吸收装置。采样支管内径一般为 4～8mm，内壁应光滑，采样支管的长度应尽可能短，一般不超 0.5m。采样支管的进气口应置于采样总管中心和采样总管气流层流区内。采样支管材料应选用聚四氟乙烯或不与被测污染物发生化学反应的材料。采样支管与采样总管、采样支管与气样吸收装置之间的连接处不得漏气，一般应采用内插外套或外插内套的方法连接。

(4) 引风机。用于将环境空气引入采样总管内，同时将采样后的气体排出采样亭外的动力装置，安装于采样总管的末端。采样总管内样气流量应为采样亭内各采样装置所需采样流量总和的 5～10 倍。采样总管进气口到出气口气流的压力降要小，以保证气样的压力接近于环境空气大气压。

(5) 气样吸收装置。气样吸收装置为多孔玻璃筛板吸收瓶(管)，其结构如图 4-8 所示。在规定采样流量下，装有吸收液的吸收瓶的阻力应为(6.7±0.7)kPa，吸收瓶玻板的气泡应分布均匀。

气泡吸收管：①可装 5～10mL 吸收液，采样流量 0.5～2.0L/min；②适用于采集气态和蒸气态物质。

冲击式吸收管：①有小型和大型两种规格；②适用于采集气溶胶态物质。

多孔筛板吸收管(瓶)：①有小型和大型两种规格；②适用于采集气态、蒸气态和气溶胶态物质。

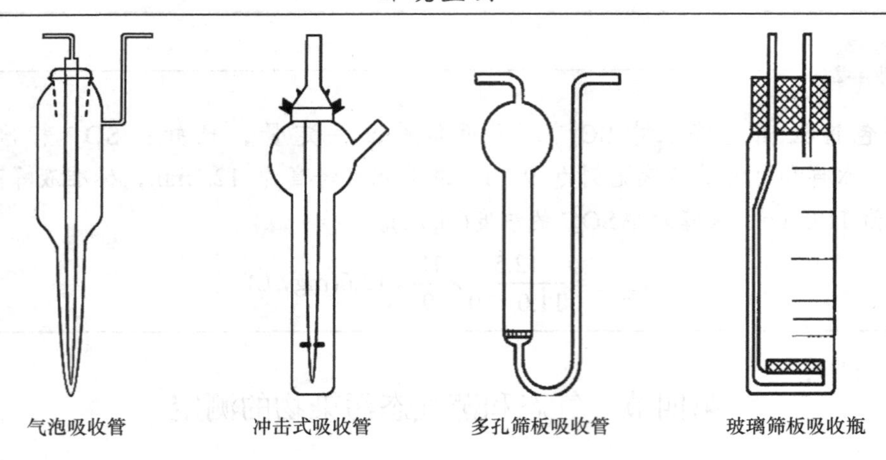

图 4-8　几种气体吸收管

(6) 采样器。采样器应具有恒温、恒流控制装置(临界限流孔)和流量、压力及温度指示仪表，采样器应具备定时、自动启动及计时的功能，采样泵的带载负压应大于 70kPa。采样流量应设定在(0.20±0.02)L/min 之间，流量计及临界限流孔的精度应不低于 2.5 级，电压波动在+10%～−15%范围的流量波动应不大于 5%。临界限流孔加热槽内温度应恒定，且在 24h 连续采样条件下保持稳定，进行 SO_2 及 NO_2 采样时，SO_2 和 NO_2 吸收瓶在加热槽内最佳温度分别为 23～29℃及 16～24℃，且在采样过程中保持恒定。要求计时器在 24h 内的时间误差应小于 5min。

环境空气质量监测中涉及气态污染物的有二氧化硫、二氧化氮、一氧化碳、臭氧、氮氧化物。

采样前应定期清洗采样总管和采样支管，检查气密性，检查采样流量和温度控制系统及时间控制系统，然后将装有吸收液的吸收瓶(内装 50.0mL 吸收液)连接到采样系统中。启动采样器，进行采样。记录采样流量、开始采样时间、温度和压力等参数。采样结束后，取下样品，并将吸收瓶进、出口密封，记录采样结束时间、采样流量、温度和压力等参数。

二、氮氧化物(一氧化氮和二氧化氮)的测定

大气中氮氧化物主要包括一氧化氮和二氧化氮，其中绝大部分来源于化石燃料的燃烧，也有一部分来源于生产和使用硝酸的化工、钢铁及金属冶炼行业的排放。氮氧化物的测定是环境保护部门日常工作的重要项目之一。测定 NO_x 的主要方法有分光光度法和化学发光法，其中化学发光法多用于连续自动监测，本书主要介绍盐酸萘乙二胺分光光度法。

用冰醋酸、对氨基苯磺酸和盐酸萘乙二胺配成吸收液。采样时大气中的 NO_x 经氧化管后以 NO_2 的形式被吸收，生成亚硝酸和硝酸。亚硝酸与吸收液中的对氨基苯磺酸发生重氮化反应，最后与盐酸萘乙二胺偶合，生成玫瑰红色的偶氮化合物，其颜色深浅与气样中 NO_2 浓度成正比，可用分光光度法定量。采样流程示意图见图 4-9。

$$NO_2 + H_2O \longrightarrow HNO_3 + HNO_2$$

$$HNO_2 + \text{对氨基苯磺酸} \longrightarrow \text{重氮化产物}$$

$$\text{重氮化产物} + \text{盐酸萘乙二胺} \longrightarrow \text{偶氮染料(紫红色)}$$

在 540nm 下测定。

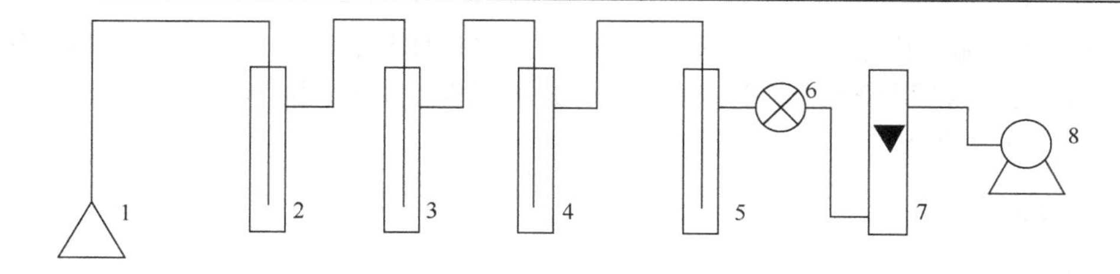

图 4-9　空气中 NO_2、NO、和 NO_x 采样流程示意图

1. 空气入口；2. 显色吸收液瓶；3. 酸性高锰酸钾溶液氧化瓶；4. 显色吸收液瓶；5. 干燥瓶；6. 止水夹；7. 流量计；8. 抽气泵

特点：采样和显色同时进行，操作简便，灵敏度高，是国内外普遍采用的方法。可分别测定 NO、NO_2 和 NO_x 总量。

1. 气密性检测

空气中的二氧化氮被串联的第一支吸收瓶中的吸收液吸收，并反应生成粉红色偶氮染料。空气中的一氧化氮不与吸收液反应，通过氧化管时被酸性高锰酸钾溶液氧化为二氧化氮，被串联的第二支吸收瓶中的吸收液吸收并反应生成粉红色偶氮染料。生成的偶氮染料在波长 540nm 处的吸光度与二氧化氮的含量成正比。分别测定第一支和第二支吸收瓶中样品的吸光度，计算两支吸收瓶内二氧化氮和一氧化氮的质量浓度，二者之和即为氮氧化物的质量浓度(以二氧化氮计)。

NO 的氧化：①酸性高锰酸钾溶液氧化；②三氧化铬-石英砂氧化。

三氧化铬-石英砂氧化法是在显色吸收液瓶前接一内装三氧化铬-石英砂(氧化剂)的管，当用空气采样器采样时，气样中的 NO 在氧化管内被氧化成 NO_2，和气样中的 NO_2 一起进入吸收瓶，与吸收液发生吸收、显色反应，于波长 540nm 处测量吸光度，用标准曲线法进行定量测定，其测定结果为空气中 NO 和 NO_2 的总浓度。

2. 结果表示

空气中二氧化氮浓度 ρ_{NO_2} (mg/m^3)按下式计算：

$$\rho_{NO_2}=\frac{(A_1-A_0-a)\times V\times D}{b\times f\times V_0}$$

空气中一氧化氮浓度 ρ_{NO} (mg/m^3)以二氧化氮(NO_2)计，按下式计算：

$$\rho_{NO}=\frac{(A_2-A_0-a)\times V\times D}{b\times f\times V_0\times K}$$

ρ'_{NO} 以一氧化氮(NO)计，按下式计算：

$$\rho'_{NO}=\frac{\rho_{NO}\times 30}{46}$$

空气中氮氧化物的浓度 ρ_{NO_x}、ρ_{NO} (mg/m^3)以二氧化氮(NO_2)计，按下式计算：

$$\rho_{NO_x}=\rho_{NO_2}+\rho_{NO}$$

式中：A_1、A_2 分别为串联的第一支和第二支吸收液瓶中样品的吸光度；A_0 为实验室空白的吸光度；b 为标准曲线的斜率，吸光度，mL/μg；a 为标准曲线的截距；V 为采样用吸收液体积，

mL；V_0为换算为标准状态(101.325kPa，273K)下的采样体积，L；K为 $NO \rightarrow NO_2$氧化系数，0.68；D 为样品的稀释倍数；f 为 Saltzman 试验系数，0.88(当空气中二氧化氮浓度高于 0.72mg/m^{3}时，f取值 0.77)。

3. 注意事项

(1) 吸收液应为无色，宜密闭避光保存；如显微红色，说明已被污染，应检查试剂和蒸馏水的质量。

(2) 三氧化铬-石英砂氧化管适于在相对湿度 30%～70%条件下使用，发现吸湿板结或变成绿色应立即更换。

(3) 空气中 O_3浓度超过 0.250mg/m^{3}时，会产生正干扰，采样时在吸收瓶入口端串接一段 15～20cm 长的硅橡胶管，可排除干扰。

扩展案例 4-3

已知监测点空气中 NO_x样品测试的吸光度为 0.133，试剂空白的吸光度为 0.002，采样流量为 0.30L/min，采样 20min。同时测得标准曲线的斜率为 0.192，截距为 0.005。采样时环境温度为 15℃，气压为 100.4kPa。试计算标准状态(0℃，101.3kPa)下该监测点空气中 NO_x的浓度。

解

$$V_0 = V_t \times \frac{273}{273+t} \times \frac{P}{101.3} = 0.30 \times 20 \times \frac{273}{273+15} \times \frac{100.4}{101.3} = 5.64(\text{L})$$

$$\rho_{NO_2} = \frac{A - A_0 - a}{f \times V_0 \times b} = \frac{0.133 - 0.002 - 0.005}{0.88 \times 5.64 \times 0.192} = 0.132(\text{mg/m}^3)$$

三、二氧化硫的测定

二氧化硫是主要大气污染物之一，是大气环境污染例行监测的必测项目。它来源于煤和石油等燃料的燃烧、含硫矿石的冶炼、硫酸等化工产品生产排放的废气，是一种无色、易溶于水、有刺激性气味的气体，能通过呼吸进入气管，对局部组织产生刺激和腐蚀作用，是诱发支气管炎等疾病的原因之一，特别是当它与烟尘等气溶胶共存时，可加重对呼吸道黏膜的损害。常用的检测方法有分光光度法、紫外荧光法、电导法、库仑滴定法、火焰光度法等。

根据选择吸收液的不同，可分为两种方法：

(一) 四氯汞钾溶液吸收盐酸副玫瑰苯胺分光光度法(GB/T 8913—1988)

该方法是国内外广泛采用的测定环境空气中 SO_2的方法，具有灵敏度高、选择性好等优点，但吸收液毒性较大，一般适合瞬时采样。

大气中的二氧化硫被四氯汞钾溶液吸收后，生成稳定的二氯亚硫酸盐配合物，此配合物再与甲醛及盐酸副玫瑰苯胺发生反应，生成紫红色的配合物，其颜色深浅与 SO_2含量成正比，用分光光度法在波长 575nm 处测定吸光度。

$$HgCl_2 + 2KCl \longrightarrow K_2[HgCl_4]$$

$$[HgCl_4]^{2-} + SO_2 + H_2O \longrightarrow [HgCl_2SO_3]^{2-} + 2H^+ + 2Cl^-$$

$$[HgCl_2SO_3]^{2-} + HCHO + 2H^+ \longrightarrow HgCl_2 + HOCH_2SO_3H$$

当 pH=1.6±0.1 时显色，红紫色 548nm 测定；当 pH=1.2±0.1 时显色，蓝紫色 575nm 测定。

注意事项：①温度、酸度、显色时间等因素影响显色反应，标准溶液和试样溶液操作条件应保持一致；②氮氧化物、臭氧及锰、铁、铬等离子对测定有干扰。采样后放置片刻，臭氧可自行分解；加入磷酸和乙二胺四乙酸二钠盐(EDTA 二钠盐)可消除或减小某些金属离子的干扰。

(二) 甲醛缓冲溶液吸收盐酸副玫瑰苯胺分光光度法(HJ/T 482—2009)

此法测定 SO_2，避免了使用毒性大的四氯汞钾吸收液，在灵敏度、准确度等方面均可与四氯汞钾溶液吸收法相媲美，且样品采集后相当稳定，但操作条件要求较严格。该方法原理基于气样中的 SO_2 被甲醛缓冲溶液吸收后，生成稳定的羟基甲基磺酸加成化合物，加入氢氧化钠溶液使加成化合物分解，释放出 SO_2 与盐酸副玫瑰苯胺反应，生成紫红色配合物，其最大吸收波长为 577nm，用分光光度法测定。该方法最低检测限为 0.20μg/10mL；当用 10mL 吸收液采气 10L 时，最低检测浓度为 0.020mg/m³。

扩展案例 4-4

已知某采样点的温度为 25℃，大气压力为 100kPa。现用溶液吸收法采样测定 SO_2 的日平均浓度，每隔 3h 采样一次，共采集 8 次，每次采 30min，采样流量 0.5L/min。将 8 次气样的吸收液定容至 50.00mL，取 10.00 mL 用分光光度法测知含 SO_2 3.5μg，求该采样点大气在标准状态下 SO_2 的日平均浓度。

解

$$V_t = 0.5\times30\times8 = 120(\text{L})$$

$$V_1 = 120\times\frac{273}{273+25}\times\frac{100}{101.325} = 108.5(\text{L})$$

$$SO_2(\text{mg}/\text{m}^3) = \frac{3.5\times5\times10^{-3}}{108.5\times10^{-3}} = 0.161(\text{mg}/\text{m}^3)$$

第五节　室内空气监测

一、室内环境概述

室内环境，通常是相对于室外环境而言的，本书所说的室内环境通常是由天然材料或人工材料围隔而成的微小空间的环境，如住宅、办公室、教室、医院、商场等，除此之外，火车、汽车、飞机等交通工具的环境都属于室内环境的范畴。随着人们生活水平、现代化水平的提高，加上信息技术的飞速发展，人们在室内活动的时间越来越长，据估计，现代人，特别是生活在城市中的人 80%以上的时间是在室内度过的。因此，近年来对建筑物室内空气质量(indoor air quality，IAQ)的监测和评估，被国内外广泛重视。据测量，室内污染物的浓度比室外污染物浓度高 2～5 倍。室内环境污染直接威胁着人们的身体健康。流行病学调查表明，室内环境污染将提高急、慢性呼吸系统障碍疾病的发生率，特别是肺结核、鼻、咽、喉和肺癌、白血病等疾病的发生率、死亡率上升，导致社会劳动效率降低。室内污染来源是多方面的，含有过量有害物质的化学建材的大量使用、装修不当、高层封闭建筑新风不足、室内公共场合人口密度过高等，使室内污染物质难以被充分稀释和置换，从而引起室内环境污染。

二、室内空气污染物来源、分类及特点

1. 室内空气污染物来源

室内空气污染是指室内空气中一种或几种物质的性质、浓度、持续时间达到一定程度，引起室内人员一系列不适应症状的现象。其产生的原因是室内存在能释放有害物质的污染源或室内通风不畅。其来源有化学建材和装饰材料中的油漆；胶合板、内墙涂料、刨花板中含有的挥发性的有机物，如甲醛、苯、甲苯、氯仿等有毒物质；大理石、地砖、瓷砖中的放射性物质排放的氡气及其子体；烹饪、吸烟等室内燃烧所产生的油、烟污染物质；人群密集且通风不良的封闭室内 CO_2 过高；空气中的霉菌、真菌和病毒等。室内空气污染来源见图 4-10。

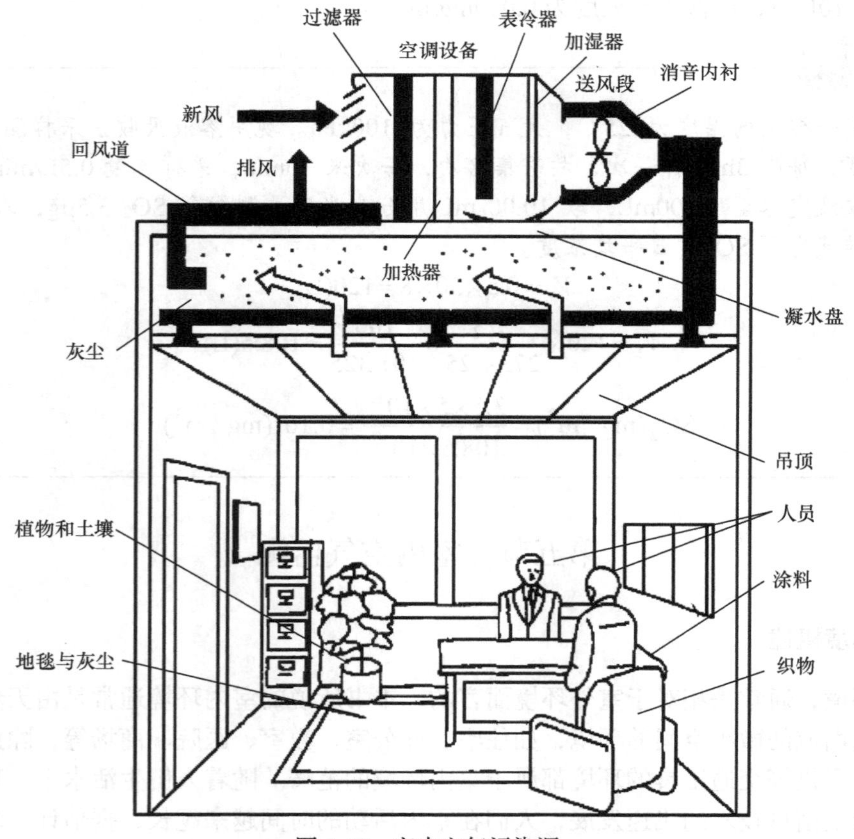

图 4-10　室内空气污染源

《对室内空气污染物的关注所达成的共识》报告中列出了室内常见的 VOCs，见表 4-14。

表 4-14 室内常见的 VOCs 来源

污染物	来源
甲醛	杀虫剂、压板制成品、尿素-甲醛泡沫绝缘材料(UFFI)、硬木夹板、黏合剂、粒子板、层压制品、油漆、塑料、地毯、软塑家具套、石膏板、接合化合物、天花瓦及壁板、非乳胶嵌缝化合物、酸固化木涂层、木制壁板、塑料/三聚氰烯酰胺壁板、乙烯基(塑料)地砖、镶木地板
苯	室内燃烧烟草的烟雾、溶剂、油漆、染色剂、清漆、图文传真机、电脑终端机及打印机、接合化合物、乳胶嵌缝剂、水基黏合剂、木制壁板、地毯、地砖黏合剂、污点/纺织品清洗剂、聚苯乙烯泡沫塑料、塑料、合成纤维
乙苯	与苯乙烯相关的制成品、合成聚合物、溶剂、图文传真机、电脑终端机及打印机、聚氨酯、家具抛光剂、接合化合物、乳胶及非乳胶嵌缝化合物、地砖黏合剂、地毯黏合剂、亮漆硬木镶木地板
甲苯	溶剂、香水、洗涤剂、染料、水基黏合剂、封边剂、模塑胶带、墙纸、接合化合物、硅酸盐薄板、乙烯基(塑料)涂层墙纸、嵌缝化合物、油漆、地毯、压木装饰、乙烯基(塑料)地砖、油漆(乳胶及溶剂基)、地毯黏合剂、油脂溶剂
二甲苯	溶剂、染料、杀虫剂、聚酯纤维、黏合剂、接合化合物、墙纸、嵌缝化合物、清漆、树脂及陶瓷漆、地毯、湿处理影印机、压板制成品、石膏板、水基黏合剂、油脂溶剂、油漆、地毯黏合剂、乙烯基 (塑料)地砖、聚氨酯涂层
四氯化碳	溶剂、制冷剂、喷雾剂、灭火器、油脂溶剂
三氯乙烯	溶剂、经干洗布料、软塑家具套、油墨、油漆、亮漆、清漆、黏合剂、图文传真机、电脑终端机及打印机、打字机改错液、油漆清除剂、污点清除剂
四氯乙烯	经干洗布料、软塑家具套、污点 /纺织品清洗剂、图文传真机、电脑终端机及打印机
氯仿	溶剂、染料、除害剂、图文传真机、电脑终端机及打印机、软塑家具垫子、氯仿水
1，2-二氯苯	干洗附加剂、去油污剂、杀虫剂、地毯
1，3-二氯苯	杀虫剂
1，4-二氯苯	除臭剂、防霉剂、空气清新剂 /除臭剂、抽水马桶及废物箱除臭剂、除虫丸及除虫片

2. 室内空气污染分类

室内空气污染可分为四大类：

化学性：如甲醛、总可挥发有机物(TVOC)、O_3、NH_3、CO、CO_2、SO_2、NO_2等；

物理性：温度、相对湿度、通风率、新风量、PM_{10}、电磁辐射等；

生物性：霉菌、真菌、细菌、病毒等；

放射性：氡气及其子体。

发达国家对室内空气质量均制订标准、规范、标准监测方法和评估体系等。我国在近年也开展了这方面的工作，2002 年 1 月 1 日颁布实施控制室内环境污染的工程设计强制性标准，包括《民用建筑工程室内环境污染控制规范》(GB 50325—2010)和《室内空气质量标准》(GB/T 18883—2002)等 10 项标准，并配套规定相应的采样、监测方法。

室内空气质量表征可分两大类：第一类是有毒、有害污染因子，在标准中有客观的控制规定；第二类是舒适性指标，包括室内温度、湿度、大气压、新风量等，它属主观性指标，与季节(夏季和冬季室内温度控制不一样)、人群生活习惯等有关。

3. 室内空气污染特点

1) 累积性

由于室内环境是相对封闭的空间，室内的各种物品，如家居、装修材料等都会释放有害物质，这些物质会在室内不断积累，导致污染物浓度增大，对人体造成危害。特别是对于通风状况不好的房间，污染物从进入室内导致浓度升高到排出室外浓度趋于零，大多需要经过较长的时间，因此应注意房间的通风情况，在通风环境较好的室内污染物的浓度一般较低。

2) 长期性

很多室内空气污染物在短期内就可对人体产生极大的危害，而有的则潜伏期很长。如放射性污染，潜伏期达几十年之久。

3) 多样性

室内空气污染物种类繁多，有物理污染、化学污染、生物污染、放射性污染等。

4) 低剂量

室内空气中的污染物质有时浓度很低，一般来说，如果能够感觉到气味的存在，就说明污染物质的浓度已经比较高了。但因污染物质一般剂量低，不会立即致病、致死，往往使人产生麻痹心理。这在装修造成的室内环境污染中是十分常见的现象，低剂量的有害物质往往容易被人们忽视，造成危害健康的安全隐患。

5) 季节性

夏天室内空气污染比其他季节高出 20%以上。其原因如下：

(1) 夏天室内温度高，湿度大，有毒有害气体在高温高湿的环境中释放量增加，资料显示，室内温度在 30℃时有毒有害气体释放量最高。此外，微生物在高温高湿条件下容易大量繁殖，弥散于室内空气中，导致空气中有害微生物数量增加。

(2) 人体在夏季新陈代谢旺盛，排泄物增加，如出汗量增大等。

(3) 夏天气压低，室内外空气对流减少，有毒有害气体易滞留室内。

(4) 许多人在夏天使用空调，关闭门窗，导致室内空气流通减少，室内空气新鲜程度下降。

三、室内空气污染监测

室内空气污染监测按监测目的可分为室内污染源监测、室内空气质量监测和特定目的的监测三大类。

1. 室内污染源监测

这种监测主要通过调查，了解室内存在哪些污染源，然后检测各种污染源向环境释放哪些污染物，各种污染物以什么样的方式、强度和规律从污染源向室内释放出来，以及由各个污染源所造成的室内空气污染程度。

1) 室内用品和材料中有害物质的监测

室内用品和材料包括的范围广泛，如家具、办公用品、生活日常用品、化妆品，也包括室内装修材料、涂料等。随着社会的发展，室内用品越来越多地采用有机合成材料替代了传统的木材、金属等材料。这些有机合成材料中含有未反应完全的单体和人为加入的添加剂等，其中易挥发的化合物会逐渐释放到周围空气中，造成室内空气污染。测量室内用品和材料中挥发物的释放、研究其释放特征是室内空气污染源监测的必要手段。测量室内用品和材料中挥发物的释放采用的装置是环境试验舱。

环境测试舱是由化学惰性材料制成的密闭舱体、温度和湿度控制与测量系统、清洁空气供给系统、流量控制与测量系统、标准气体入口和流出气采样测量系统组成。如图 4-11 所示。

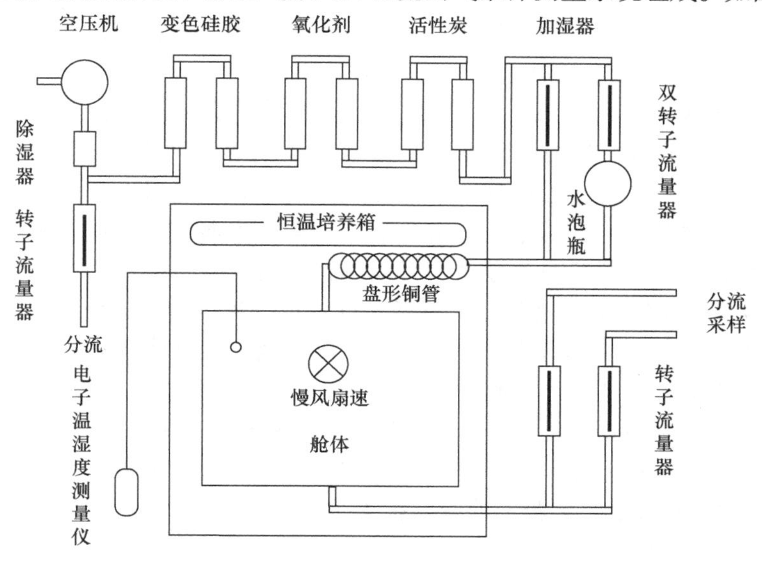

图 4-11 小型环境测试舱结构示意图

将待测材料放入舱内，控制一定的温度、湿度和空气交换率，材料中的挥发性化合物释放到舱内，并且在材料和舱内空气中达到平衡。测量不同时间流出空气中挥发性化合物的浓度，根据相应的数学模式计算挥发性化合物的释放速率和释放过程。

小型舱是国际上欧美国家测量建材和室内产品排出的有机污染物的推荐设备。与大型舱相比，小型测试舱价格较低，可以同时进行数个舱的操作，仅需少量样品。其缺点是与真实室内环境有差别，需要将大件样品拆散；样品的代表性不够充分。

2) 室内木质人造板中甲醛的测定

以小型环境测试舱测定人造板甲醛释放量为例进行简介。测试木质人造板材中甲醛释放量，对评价具有以下目的：①通过木质人造板材的甲醛释放量水平确定产品的等级，以确定其能否用于室内装饰。②提供不同木质人造板材甲醛释放的测试数据，以指导现场研究和辅助对建筑物室内空气质量的评价。通过对木质人造板甲醛释放的研究，提出相应的防治室内高水平甲醛的对策。③为厂家和建筑商提供有用的数据，评价其产品甲醛的释放情况，开发控制其释放的措施或改良产品。

用于甲醛释放量测试的设备为小型环境测试舱(常用的有 60L 和 $1m^3$ 两种)。包括密封舱、清洁空气发生装置、加湿控制装置、环境参数(气流量、温度和湿度)的自动测量和控制装置、标准气发生和校准系统。

以舱出气口作为采样点，多支管提供了平行样品的采样。与舱输出气相接触的采样导管应使用内表面为化学惰性的材料(如玻璃、不锈钢和聚四氟乙烯)，且尽可能地短，并与密封舱保持相同的温度。

甲醛自动分析仪法分析时，直接将仪器的采样头与舱出气口相连接。化学法分析时，采用气泡吸收管和空气采样器采样；气相色谱法分析时，采用吸附管(内装吸附剂)和空气采样器采样。

扩展案例 4-5

今后，如果您对买来的家具、涂料、装修材料是否环保不放心，把它们送到室内环境测试舱的玻璃屋子里放 1h 就能知道。

测试舱六面由玻璃密封而成，面积 12.3m^2，里面摆着一张床、一个衣柜和一个床头柜，全部是崭新的。靠近外侧的一面墙上伸出 4 根玻璃管子，不断采集室内空气输送到屋子外面的大气采样仪中。为了让玻璃屋子里空气更均匀，天花板上还装着一个不停转动的电风扇对空气进行搅拌，床围的木质、衣柜上涂的漆、家具黏合处的胶都逃不过采样的吸管。工作人员根据大气采样仪中的数据，可以测试出屋子里家具的甲醛、苯、TVOC(总挥发性有机化合物)等有害物质释放量是否超标。玻璃屋子还装有一套控制温度和湿度的温控系统，以更接近人居住的实际室内环境。一套家具检测完毕拿出屋子，屋顶的循环过滤装置就会把有害物质抽走，换上干净的新空气迎接下一批被检测者。

测试舱可以测定木制地板、地毯、壁纸和家具中的甲醛释放量，也可以测出苯、甲苯、二甲苯、TVOC、氨、氡等 7 种室内环境中的有害物质释放量。待检物品在舱里放置 1h 采样，就可以在 3d 后拿到实验室的检测报告了。

2. 室内空气质量监测

室内空气质量监测是指对于住宅和办公建筑物内空气质量的监测，其他室内环境可参照本章内容进行。室内空气质量监测的项目应按照国家标准《室内空气质量标准》(GB/T 18883—2002)中对室内空气质量的限值制定，室内空气质量标准见表 4-15。室内空气中各种参数的检验方法见表 4-16，热环境参数的检验方法见表 4-17。

表 4-15 室内空气质量标准

序号	参数类别	参数	单位	标准值	备注
1	物理性	温度	℃	22～28	夏季空调
				16～24	冬季采暖
2		相对湿度	%	40～80	夏季空调
				30～60	冬季采暖
3		空气流速	m/s	0.3	夏季空调
				0.2	冬季采暖
4		新风量	m^3/(h · 人)	30①	
5	化学性	二氧化硫 SO_2	mg/m^3	0.50	1h 均值
6		二氧化氮 NO_2	mg/m^3	0.24	1h 均值
7		一氧化碳 CO	mg/m^3	10	1h 均值
8		二氧化碳 CO_2	%	0.10	1h 均值
9		氨 NH_3	mg/m^3	0.20	1h 均值

续表

序号	参数类别	参数	单位	标准值	备注
10	化学性	臭氧 O_3	mg/m^3	0.16	1h 均值
11		甲醛 HCHO	mg/m^3	0.10	1h 均值
12		苯 C_6H_6	mg/m^3	0.11	1h 均值
13		甲苯 C_7H_8	mg/m^3	0.20	1h 均值
14		二甲苯 C_8H_{10}	mg/m^3	0.20	1h 均值
15		苯并[a]芘 B(a)P	ng/m^3	1.0	1h 均值
16		可吸入颗粒物 PM_{10}	mg/m^3	0.15	1h 均值
17		总挥发性有机物 TVOC	mg/m^3	0.60	8h 均值
18	生物性	菌落总数	cfu/m^3	2500	依据仪器定
19	放射性	氡 ^{222}Rn	Bq/m^3	400	年平均值 (行动水平②)

注：① 新风量要求不小于标准值，除温度、相对湿度外的其他参数要求不大于标准值。
② 行动水平即达到此水平建议采取干预行动以降低室内氡浓度。

表 4-16 室内空气中各种参数的检验方法

序号	污染物	检验方法	来源
1	二氧化硫(SO_2)	甲醛缓冲溶液吸收盐酸副玫瑰苯胺分光光度法	GB/T 16128—1995 GB/T 15262—1994
2	二氧化氮(NO_2)	改进的 Saltzaman 法	GB/T 12372—1990 GB/T 15435—1995
3	一氧化碳(CO)	(1) 非分散红外法 (2) 不分光红外线气体分析法、气相色谱法、汞置换法	GB 9801—1988 GB/T 18204.23—2000
4	二氧化碳(CO_2)	(1) 不分光红外线气体分析法 (2) 气相色谱法 (3) 滴定法	GB/T 18204.24—2000
5	氨(NH_3)	(1) 靛酚蓝分光光度法 (2) 纳氏试剂分光光度法 (3) 离子选择电极法 (4) 次氯酸钠-水杨酸分光光度法	GB/T 18204.25—2000 GB/T 14669—1993 GB/T 14679—1993
6	臭氧(O_3)	(1) 紫外分光光度法 (2) 靛蓝二磺酸钠分光光度法	GB/T 15438—1995 GB/T 18204.27—2000
7	甲醛(HCHO)	(1) AHMT 分光光度法 (2) 酚试剂分光光度法 (3) 气相色谱法 (4) 乙酰丙酮分光光度法	GB/T 16129—1995 GB/T 18204.26—2000 GB/T 15516—1995
8	苯(C_6H_6)	气相色谱法	GB 11737—1989
9	甲苯(C_7H_8)、二甲苯(C_8H_{10})	气相色谱法	GB 14677—1993
10	苯并[a]芘	高压液相色谱法	GB/T 15439—1995
11	可吸入颗粒(PM_{10})	撞击式——称量法	GB/T 17095—1997

续表

序号	污染物	检验方法	来源
12	总挥发性有机物(TVOC)	气相色谱法	GB/T 18883
13	细菌总数	撞击法	GB/T 18883
14	温度、相对湿度、空气流速	热环境参数的检验方法	GB/T 18204.14
15	新风量	示踪气体法	GB/T 18204.18—2000
16	氡(Rn)	(1) 空气中氡浓度的闪烁瓶测量方法 (2) 环境空气中氡的标准测量方法	GB/T 16147—1995 GB/T 14582—1993

表 4-17　热环境参数的检验方法

测试项目	测试范围	准确度	测试方法和仪器	适用的国家标准
空气温度	−10～50℃	±0.3℃	玻璃液体温度计 数字式温度计	GB/T 18204.13—2000
相对湿度	12%～99%	±3%	干湿球温度计 露点式湿度计 电容式数字湿度计	GB/T 18204.14—2000
空气流速	0.01～20m/s	±5%	热球式电风速计 转杯式电风速计	GB/T 18204.15—2000
辐射热	0～2kW/m^2	±5%	辐射热计 黑球温度计	GB/T 18204.17—2000
新风量	取决于示踪气体浓度测定仪器的精度和范围		示踪气体浓度衰减法	GB/T 18204.18—2000

测定甲醛的化学法需现场采样，分析周期长，操作烦琐，测定结果是 1h 的均值。基于电化学传感器的甲醛测定仪，现场可直接快速测定。

VOCs 是指沸点范围为 50～260℃，如 TVOCs 是室内空气中挥发性有机化合物总的质量浓度，它是特指利用 TenaxGC 或 TenaxTA 采样，非极性色谱(极性指数小于 10)进行分析，保留时间在正己烷和正十六烷之间的挥发性有机化合物。TVOCs 的最大特点是便于化学检测。

用于测定 TVOCs 的标准方法为热解吸/毛细管柱 GC/FID 法。由于该法难以现场检测、费力耗时、过程复杂、成本高昂、很难承担大面积普检的任务。VOCs 便携式快速仪最大优点是现场实时检测、响应快速、操作方便，并能提供 VOCs 随时间变化曲线。但其检测原理与标准方法不同，结果表示含义也不同。

苯系物采用活性炭吸附二硫化碳溶剂解吸后气相色谱 FID 测定。近年来，光离子化检测器(photoionization detector，PID)在苯系物的测定中也获得了较多的应用。

我国国家标准 GB/T 18883—2002 规定，新风量不应小于 30m^3/(h · 人)。我国是在 2003 年发生非典时才开始真正关注新风量的。北京市卫生局对北京 80 家公共场所的空气质量进行抽查，检查结果 90%属于严重污染，在天津市首次空气质量调查活动中，对 50 家室内空气污染严重的单位和家庭进行了检测，结果发现大多数室内空气污染物(甲醛、苯、氨、氡等)并没有超标，为什么在众多空气污染物都没有超标的情况下，室内空气仍然污染严重呢？经调查发现其共同的特点是通风不好，也就是说新风量不足。当问起新风量时，结果令人吃惊，绝大多数人没有新风量的概念，少数人听说过，没有一个人知道国家有这样的标准，就更没有一个人知道 30m³/h 的最低限量了。

3. 特定目的监测

根据某一特定目的而要求的监测内容很多，有改善室内空气质量所采取的各种措施，如通风、换气措施和空气净化器的效果评价监测，以评价空气污染对人体健康影响为目的的个体接触量的监测等。

1) 通风、换气措施效果的评价监测

通风、换气措施效果的评价监测常用新风量、空气交换率或换气次数来表示。新风量是指在门窗关闭的状况下单位时间内由空调系统通道、房间的缝隙进入室内的空气总量，单位为 m^3/h。空气交换率是指单位时间内由室外进入室内空气的量与该室内空气量之比，单位为 h^{-1}。测定新风量和空气交换率常用示踪气体(CO_2、SF_6等)浓度衰减法。

2) 空气净化器性能评价

评价净化器的性能常用洁净空气量(clean air delivery rate, CADR)表示。当用空气净化器时可以设想这个新风量是由空气净化器提供的，此时 q 称为洁净空气量，单位为 m^3/h 或 m^3/min。

3) 个体接触量的监测

个体接触量是指以人体为靶标，对污染物与人体表面（主要是鼻、嘴等呼吸器官和皮肤）相接触的测定，根据测量值可估算人吸入空气污染物剂量的大小。

第六节　污染源监测

大气污染源包括固定源和流动源，固定源又分为有组织排放源和无组织排放源两种，有组织排放是指通过烟道、烟囱及排气筒等排放。无组织排放是指不经过排气筒的无规则排放，低矮排气筒的排放属于有组织排放，但在一定条件下也会造成与无组织排放相同的后果。

一、固定污染源监测

1. 采样位置与采样点

1) 采样位置

(1) 采样位置应避开对测试人员操作有危险的场所。

(2) 采样位置应优先选择在垂直管段，应避开烟道弯头和断面急剧变化的部位。采样位置应设置在距弯头、阀门、变径管下游方向不小于 6 倍直径和距上述部件上游方向不小于 3 倍直径处。对矩形烟道，其直径 $D=2AB/(A+B)$，式中 A、B 为边长。采样断面的气流速度最好在 5m/s 以上。

(3) 测试现场空间位置有限，很难满足上述要求时，可选择比较适宜的管段采样，但采样断面与弯头等的距离至少是烟道直径的 1.5 倍，并应适当增加测点的数量和采样频次。

对于气态污染物，由于混合比较均匀，其采样位置可不受上述规定限制，但应避开涡流区。如果同时测定排气流量，采样位置仍按之前的原则选取。

必要时应设置采样平台，采样平台应有足够的工作面积使工作人员安全、方便地操作。平台面积应不小于 1.5m²，并设有 1.1m 高的护栏和不低于 10cm 的脚部挡板，采样平台的承重应不小 200kg/m²，采样孔距平台面为 1.2～1.3m。

2) 采样孔和采样点

在选定的测定位置上开设采样孔，采样孔的内径应不小于 80mm，采样孔管长应不大于 50mm。不使用时应用盖板、管堵或管帽封闭(图 4-12)。当采样孔仅用于采集气态污染物时，其内径应不小于 40mm。

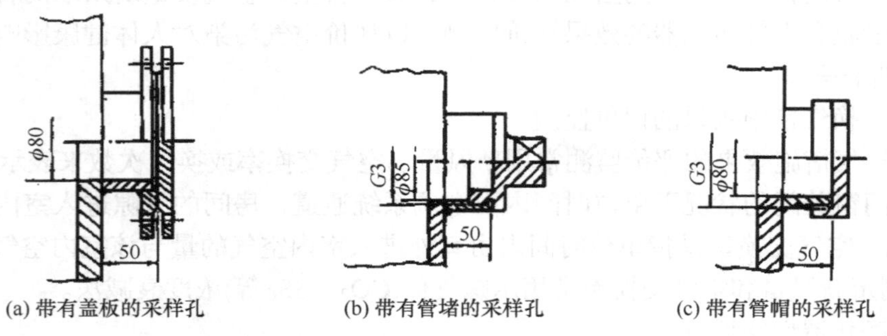

(a) 带有盖板的采样孔 (b) 带有管堵的采样孔 (c) 带有管帽的采样孔

图 4-12 几种封闭形式的采样孔(单位：mm)

对正压下输送高温或有毒气体的烟道，应采用带有闸板阀的密封采样孔(图 4-13)。

对圆形烟道，采样孔应设在包括各测点在内的互相垂直的直径线上(图 4-14)。对矩形或方形烟道，采样孔应设在包括各测点在内的延长线上(图 4-15、图 4-16)。

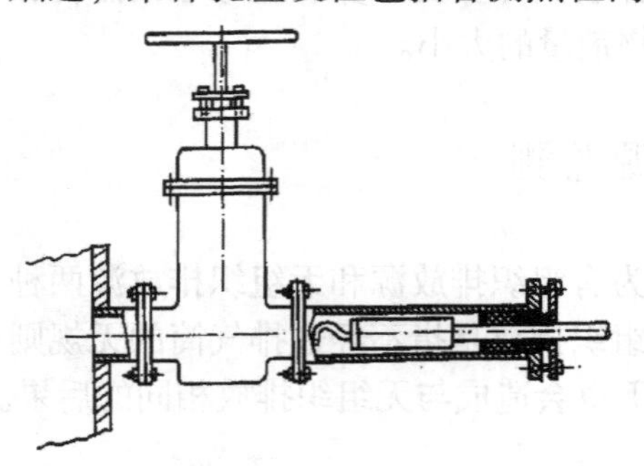

图 4-13 带有闸板阀的密封采样孔

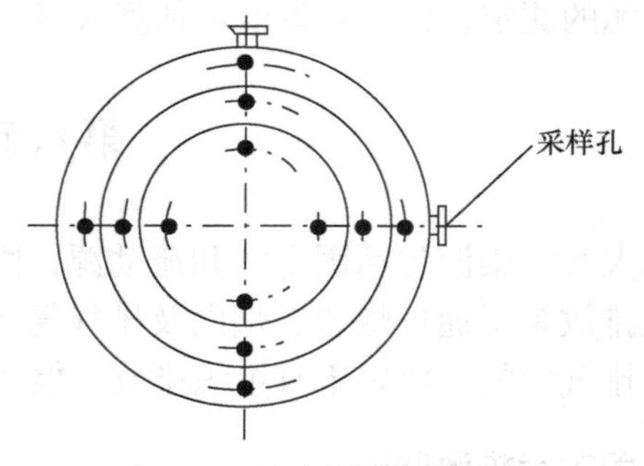

图 4-14 圆形断面的测定点

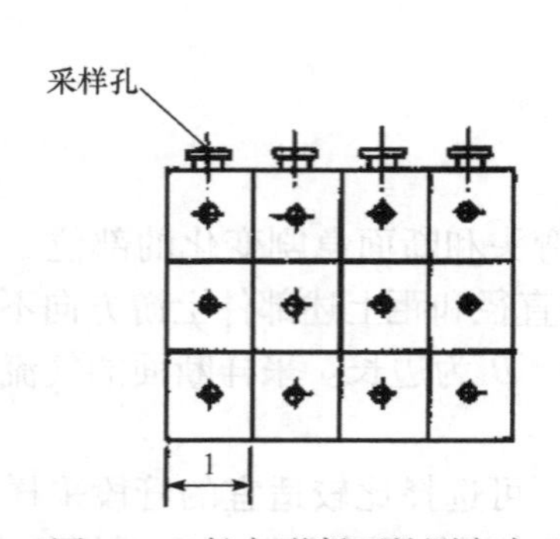

图 4-15 长方形断面的测定点

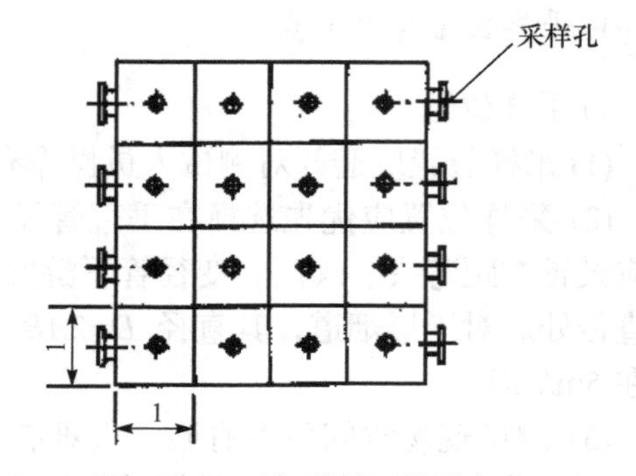

图 4-16 正方形断面的测定点

2. 采样点的位置和数目

1) 圆形烟道

将烟道分成适当数量的等面积同心环，各测点选在各环等面积中心线与呈垂直相交的两条直径线的交点上，其中一条直径线应在预期浓度变化最大的平面内，如当测点在弯头后，该直径线应位于弯头所在的平面 *A-A* 内(图 4-17)。

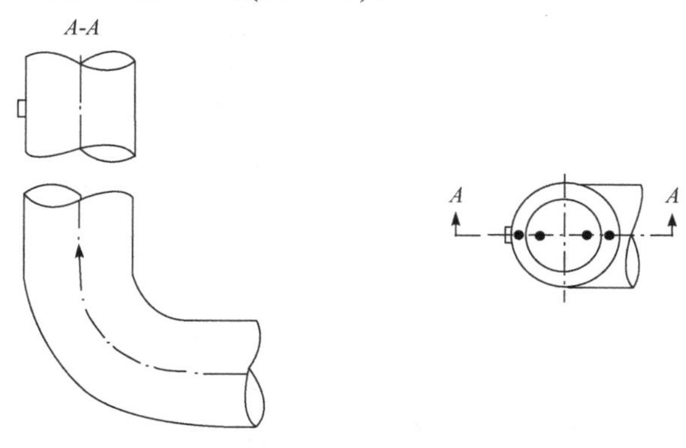

图 4-17　圆形烟道弯头后的测定点

对符合要求的烟道，可只选预期浓度变化最大的一条直径线上的测点。

对直径小于 0.3m、流速分布比较均匀、对称并符合要求的小烟道，可取烟道中心作为测点。

不同直径的圆形烟道的等面积环数、测量直径数及测点数见表 4-18，原则上测点不超过 20 个。

表 4-18　圆形烟道分环及测点数的确定

烟道直径/m	等面积环数	测量直径数	测点数
＜0.3	—	—	1
0.3～0.6	1～2	1～2	2～8
0.6～1.0	2～3	1～2	4～12
1.0～1.2	3～4	1～2	6～16
2.0～4.0	4～5	1～2	8～20
＞4.0	5	1～2	10～20

测点距烟道内壁的距离见图 4-18，按表 4-19 确定。当测点距烟道内壁的距离小于 25mm 时，取 25mm。

2) 矩形或方形烟道

(1) 将烟道断面分成适当数量的等面积小块，各块中心即为测点。小块的数量按表 4-20 的规定选取，原则上测点不超过 20 个。

(2) 烟道断面面积小于 $0.1m^2$，流速分布比较均匀、对称并符合要求的，可取断面中心作为测点。

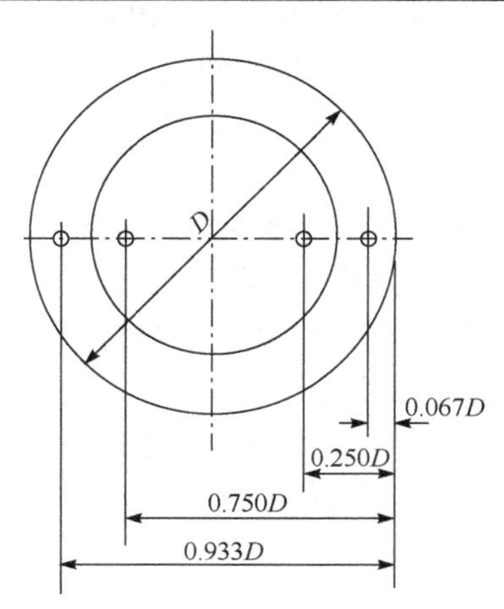

图 4-18　采样点距烟道内壁距离

表 4-19 测点距烟道内壁的距离(以烟道直径 D 计)

测点号	环数				
	1	2	3	4	5
1	0.146	0.067	0.044	0.033	0.026
2	0.854	0.250	0.146	0.105	0.082
3	—	0.750	0.296	0.194	0.146
4	—	0.933	0.704	0.323	0.226
5	—	—	0.854	0.677	0.342
6	—	—	0.956	0.806	0.658
7	—	—	—	0.895	0.774
8	—	—	—	0.967	0.854
9	—	—	—	—	0.918
10	—	—	—	—	0.974

表 4-20 矩(方)形烟道的分块和测点数

烟道断面积/m²	等面积小块长边长度/m	测点总数
<0.1	<0.32	1
0.1～0.5	<0.35	1～4
0.5～1.0	<0.50	4～6
1.0～4.0	<0.67	6～9
4.0～9.0	<0.75	9～16
>9.0	≤1.0	16～20

3. 排气参数的测定

1) 排气温度的测定

将温度测量单元插入烟道中测点处，封闭测孔，待温度计读数稳定后读数。使用玻璃温度计时，注意不可将温度计抽出烟道外读数。

2) 排气中水分含量的测定

仪器为干湿球法测定装置，见图 4-19。

测定步骤：

(1) 检查湿球温度计的湿球表面纱布是否包好，然后将水注入盛水容器中。

(2) 打开采样孔，清除孔中的积灰。将采样管插入烟道中心位置，封闭采样孔。

(3) 当排气温度较低或水分含量较高时，采样管应保温或加热数分钟后，再开动抽气泵，以 15L/min 流量抽气。

(4) 当干、湿球温度计读数稳定后，记录干球和湿球温度。

(5) 记录真空压力表的压力。

(6) 计算。

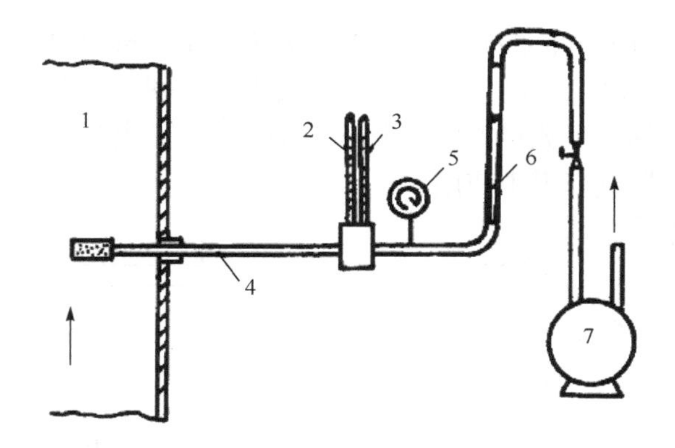

图 4-19 干湿球法测定排气水分含量装置

1. 烟道；2. 干球温度计；3. 湿球温度计；4. 保温采样管；5. 真空压力表；6. 转子流量计；7. 抽气泵

排气中水分含量按下式计算：

$$X_{sw}(\%) = \frac{P_{bv} - 0.00067(t_c - t_b)(B_a + P_b)}{B_a + P_s} \times 100$$

式中，X_{sw}为排气中水分含量体积分数，%；P_{bv}为温度为 t_b时饱和水蒸气压力(根据 t_b值，由空气饱和时水蒸气压力表中查得)，Pa；t_b 为湿球温度，℃；t_c 为干球温度，℃；P_b 为通过湿球温度计表面的气体压力，Pa；B_a为大气压力，Pa；P_s为测点处排气静压，Pa。

基于干湿球法原理的含湿量自动测量装置，其微处理器控制传感器测量、采集湿球、干球表面温度及通过湿球表面的压力及排气静压等参数，同时由湿球表面温度导出该温度下的饱和水蒸气压力，结合输入的大气压，根据公式自动计算出烟气含湿量。

4. 排气流速、流量的测定

1) 原理

排气的流速与其动压的平方根成正比，根据测得某测点处的动压、静压及温度等参数，由上述公式计算出排气流速。

2) 仪器

(1) 标准型皮托管。标准型皮托管的构造如图 4-20 所示。它是一个弯成 90°的双层同心圆管，前端呈半圆形，正前方有一开孔，与内管相通，用来测定全压。在距前端 6 倍直径处外管壁上开有一圈孔径为 1mm 的小孔，通至后端的侧出口，用来测定排气静压。按照上述尺寸制作的皮托管其修正系数 K_P 为 0.99±0.01。标准型皮托管的测孔很小，当烟道内颗粒物浓度较大时，易被堵塞。它适用于测量较清洁的排气。

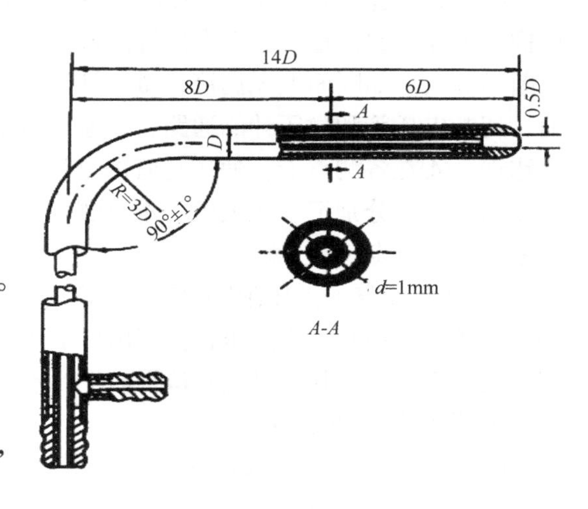

图 4-20 标准型皮托管

(2) S 型皮托管。S 型皮托管的构造见图 4-22，它是由两根相同的金属管并联组成。测量端有方向相反的两个开口，测定时，面向气流的开口测得的压力为全压，背向气流的开口测得的压力为静压。按图 4-21 设计制作的 S 型皮托管其修正系数 K_p 为 0.84±0.01。制作尺寸与上述要求有差别的 S 型皮托管的修正系数需进行校正。其正、反方向的修正系数相差应不大于 0.01。S 型皮托管的测压孔开口较大，不易被颗粒物堵塞，且便于在厚壁烟道中使用。

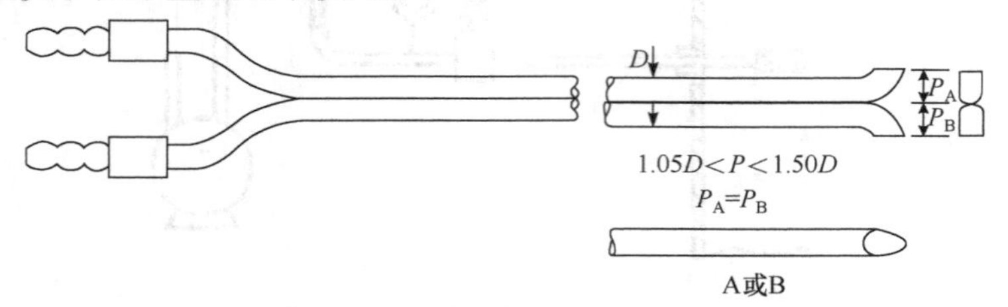

图 4-21 S 型皮托管

(3) U 形压力计。U 形压力计用于测定排气的全压和静压，其最小分度值应不大于 10Pa。

(4) 斜管微压计。斜管微压计用于测定排气的动压，其精确度应不低于 2%，其最小分度值应不大于 2Pa。

(5) 大气压力计。最小分度值应不大于 0.1kPa。

(6) 流速测定仪。由皮托管、温度传感器、压力传感器、控制电路及显示屏组成。

3) 测定步骤

(1) 用皮托管、斜管微压计和 U 形压力计测量。

(a) 准备工作。①将微压计调整至水平位置。②检查微压计液柱中有无气泡。③检查微压计是否漏气。向微压计的正压端(或负压端)入口吹气(或吸气)，迅速封闭该入口，如微压计的液柱面位置不变，则表明该通路不漏气。④检查皮托管是否漏气。用橡皮管将全压管的出口与微压计的正压端连接，静压管的出口与微压计的负压端连接。由全压管测孔吹气后，迅速堵严该测孔，如微压计的液柱面位置不变，则表明全压管不漏气；此时再将静压测孔用橡皮管或胶布密封，然后打开全压测孔，此时微压计液柱将跌落至某一位置，如果液面不继续跌落，则表明静压管不漏气。

(b) 测量气流的动压(图 4-22)。①将微压计的液面调整到零点。②在皮托管上标出各测点应插入采样孔的位置。③将皮托管插入采样孔。使用 S 型皮托管时，应使开孔平面垂直于测量断面插入。如断面上无涡流，微压计读数应在零点左右。使用标准皮托管时，在插入烟道前，切断皮托管和微压计的通路，以避免微压计中的乙醇被吸入到连接管中，使压力测量产生错误。④在各测点上，使皮托管的全压测孔正对着气流方向，其偏差不得超过 10°，测出各点的动压，分别记录在表中。重复测定一次，取平均值。⑤测定完毕后，检查微压计的液面是否回到原点。

(c) 测量排气的静压(图 4-22)。①将皮托管插入烟道近中心处的一个测点。②使用 S 型皮托管测量时只用其一路测压管。其出口端用胶管与 U 形压力计一端相连，将 S 型皮托管插入烟道近中心处，使其测量端开口平面平行于气流方向，所测得的压力即为静压。

(d) 测量排气的温度。

(e) 测量大气压力，使用大气压力计直接测出。

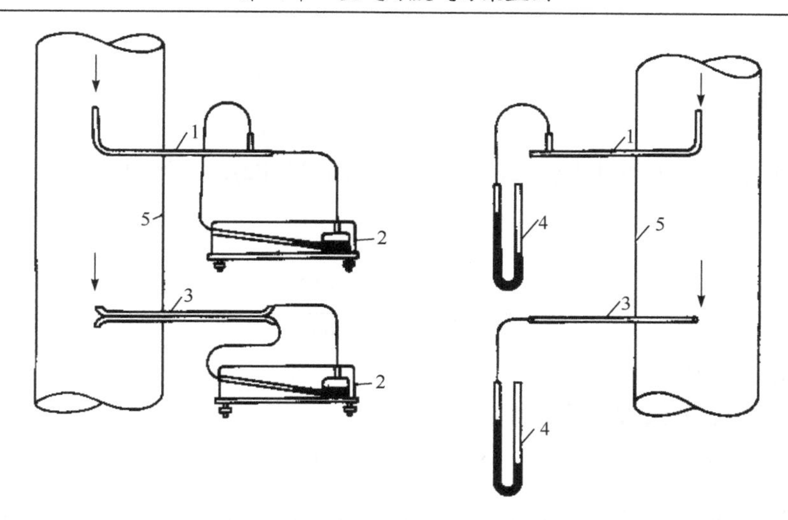

图 4-22 动压及静压的测定装置

1. 标准型皮托管；2. 斜管微压计；3. S 型皮托管；4. U 形压力计；5. 烟道

5. 排气流速的计算

1) 测点流速计算

测点气流速度 V_s 按下式计算：

$$V_s = K_p\sqrt{\frac{2P_d}{\rho_s}} = 128.9K_p\sqrt{\frac{(273+t_s)P_d}{M_s(B_a+P_s)}} \times 2$$

当干排气成分与空气近似，排气露点温度为 35～55℃、排气的绝对压力为 97～103kPa 时，V_s 可按下式计算：

$$V_s = 0.076K_p\sqrt{(273+t_s)} \times \sqrt{P_d}$$

对于接近常温、常压条件下(t_s=20℃，B_a+P_s=101325Pa)，通风管道的空气流速 V_a 按下式计算：

$$V_a = 1.29K_p\sqrt{P_d}$$

式中，V_s 为湿排气的气体流速，m/s；V_a 为常温、常压下通风管道的空气流速，m/s；B_a 为大气压力，Pa；K_p 为皮托管修正系数；P_d 为排气动压，Pa；P_s 为排气静压，Pa；ρ_s 为湿排气的密度，kg/m^3；M_s 为湿排气的摩尔质量，kg/kmol；t_s 为排气温度，℃。

2) 平均流速的计算

烟道某一断面的平均流速 V_s 可根据断面上各测点测出的流速 V_{si}，由下式计算：

$$\overline{V_s} = \frac{\sum_{i=1}^{n} V_{si}}{n} = 128.9K_p\sqrt{\frac{273+t_s}{M_s(B_a+P_s)}} \times \frac{\sum_{i=1}^{n}\sqrt{P_{di}}}{n} - 5$$

式中，P_{di} 为某一测点的动压，Pa；n 为测点的数目。

当干烟气成分与空气近似，排气露点温度为 35～55℃、排气的绝对压力为 97～103kPa 时，某一断面的平均流速 $\overline{V_s}$ 按下式计算：

$$\overline{V_s} = 0.076K_p\sqrt{273+t_s} \times \frac{\sum_{i=1}^{n}\sqrt{P_{di}}}{n}$$

对于接近常温、常压条件下(t_s=20℃，B_a+P_s=101325Pa)，通风管道中某一断面的平均空气流速按下式计算：

$$\overline{V_a} = 1.29K_p\frac{\sum_{i=1}^{n}\sqrt{P_{di}}}{n}$$

3) 排气流量的计算

工况下湿排气流量 Q_s 按下式计算：

$$Q_s = 3600 \times F \times \overline{V_s}$$

式中，Q_s 为工况下湿排气流量，m^3/h；F 为测定断面面积，m^2；$\overline{V_s}$ 为测定断面湿排气平均流速，m/s。

6. 颗粒物的测定

1) 采样位置的确定

按照采样点位置的相关规定执行。

2) 原理

将烟尘采样管由采样孔插入烟道中，使采样嘴置于测点上，正对气流，按颗粒物等速采样原理，抽取一定量的含尘气体。根据采样管滤筒上所捕集到的颗粒物量和同时抽取的气体量，计算出排气中颗粒物浓度。

3) 采样原则

(1) 等速采样。颗粒物具有一定的质量，在烟道中由于本身运动的惯性作用，不能完全随气流改变方向，为了从烟道中取得有代表性的烟尘样品，需等速采样，即气体进入采样嘴的速度应与采样点的烟气速度相等，其相对误差应在 10%以内。气体进入采样嘴的速度大于或小于采样点的烟气流度都将使采样结果产生偏差。

测定排气烟尘浓度必须采用等速采样法，即烟气进入采样嘴的速度应与采样点烟气流速相等。采气速度大于或小于采样点烟气流速都将造成测定误差。当采样速度 (V_n) 大于采样点的烟气流速 (V_s) 时，由于气体分子的惯性小，容易改变方向，而粒径惯性大，不容易改变方向，所以采样嘴边缘以外的部分气流被抽入采样嘴，而其中的尘粒按原方向前进，不进入采样嘴，从而导致测量结果偏低；当采样速度 (V_n) 小于采样点的烟气流速 (V_s) 时，情况正好相反，使测定结果偏高；只有 $V_n = V_s$ 时，气体和烟尘才会按照它们在采样点的实际比例进入采样嘴，采集的烟气样品中烟尘浓度才与烟气实际浓度相同，如图 4-23 所示。

(2) 多点采样。由于颗粒物在烟道中的分布是不均匀的，要取得有代表性的烟尘样品，必须在烟道断面按一定的规则多点采样。

(3) 采样方法。

① 移动采样：用一个滤筒在已确定的采样点上移动采样，各点的采样时间相同，求出采样断面的平均浓度；②定点采样：每个测点上采一个样，求出采样断面的平均浓度，并可了解烟道断面上颗粒物浓度的变化情况；③间断采样：对有周期性变化的排放源，根据工况

变化及其延续时间，分段采样，然后求出其时间加权平均浓度。

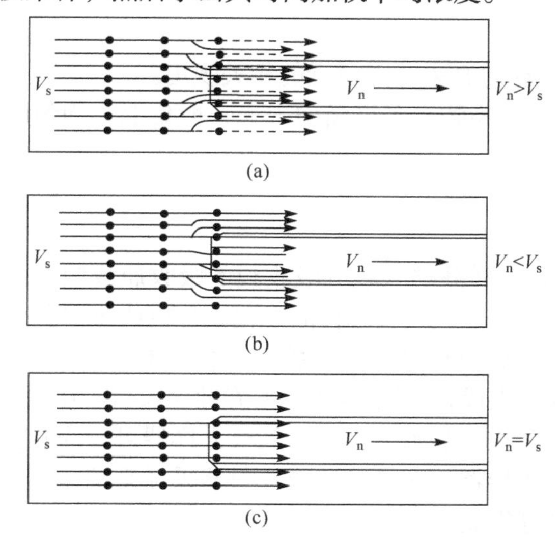

图 4-23　采样速度与烟气流速

4) 维持等速采样的方法

维持颗粒物等速采样的方法有普通型采样管法(预测流速法)、皮托管平行测速采样法、动压平衡型采样管法和静压平衡型采样管法四种。可根据不同测量对象状况，选用其中的一种方法。

5) 皮托管平行测速自动烟尘采样仪

仪器的微处理测控系统根据各种传感器检测到的静压、动压、温度及含湿量等参数，计算烟气流速，选定采样嘴直径，采样过程中仪器自动计算烟气流速和等速跟踪采样流量，控制电路调整抽气泵的抽气能力，使实际流量与计算的采样流量相等，从而保证了烟尘自动等速采样(图 4-24)。

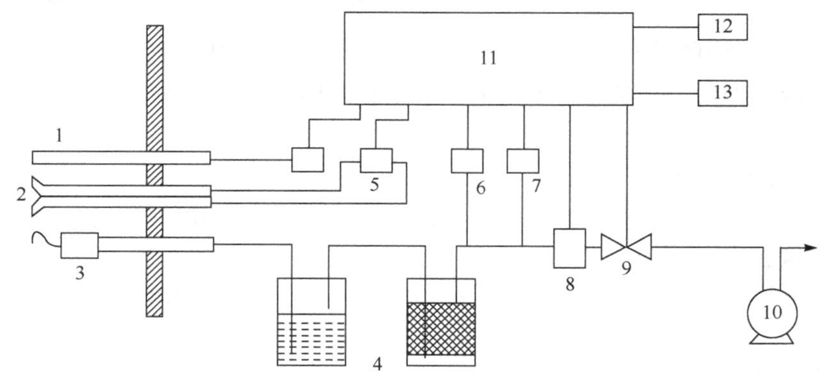

图 4-24　皮托管平行测速自动烟尘采样仪

1. 热电偶或热电阻温度计；2. 皮托管；3. 采样管；4. 除硫干燥器；5. 微压传感器；6. 压力传感器；7. 温度传感器；8. 流量传感器；9. 流量调节装置；10. 抽气泵；11. 微处理系统；12. 微型打印机或接口；13. 显示器

采样后的滤筒放入 105℃烘箱中烘烤 1h，取出放入干燥器中，在恒温恒湿的天平室中冷却至室温，用感量 0.1mg 天平称量至恒量。采样前后滤筒质量之差，即为采取的颗粒物的量。

6) 气态污染物采样

a) 采样位置和采样点

(1) 采样位置。原则上应符合采样点位置的相关规定。

(2) 采样点。由于气态污染物在采样断面内，一般是混合均匀的，可取靠近烟道中心的一点作为采样点。

b) 采样方法

(1) 化学法采样。

(a) 原理。通过采样管将样品抽入装有吸收液的吸收瓶或装有固体吸附剂的吸附管、真空瓶、注射器或气袋中，样品溶液或气态样品经化学分析或仪器分析得出污染物含量。

(b) 采样系统。① 吸收瓶或吸附管采样系统。由采样管、连接导管、吸收瓶或吸附管、流量计量箱和抽气泵等部件组成，见图 4-25。当流量计量箱放在抽气泵出口时，抽气泵应严密不漏气。根据流量计量和控制装置的类型，烟气采样器可分为孔板流量计采样器、累计流量计采样器和转子流量计采样器。②真空瓶或注射器采样系统。由采样管、真空瓶或注射器、洗涤瓶、干燥器和抽气泵等组成。

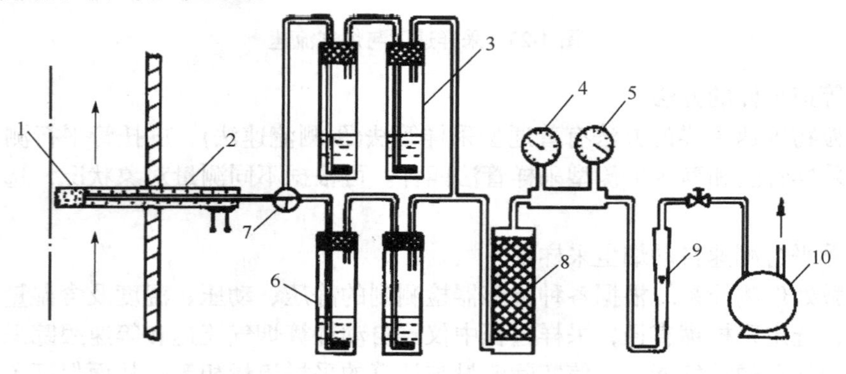

图 4-25　烟气采样系统

1. 烟道；2. 加热采样管；3. 旁路吸收瓶；4. 温度计；5. 真空压力表；6. 吸收瓶；7. 三通阀；8. 干燥器；9. 流量计；10. 抽气泵

(c) 包括有机物在内的某些污染物，在不同烟气温度下，或以颗粒物或以气态污染物形式存在。采样前应根据污染物状态，确定采样方法和采样装置。如系颗粒物则按颗粒物等速采样方法采样。

(2) 仪器直接测试法采样。

通过采样管、颗粒物过滤器和除湿器，用抽气泵将样气送入分析仪器中，直接指示被测气态污染物的含量。

采样系统由采样管、颗粒物过滤器、除湿器、抽气泵、测试仪和校正用气瓶等部分组成，见图 4-26。

c) 采样体积计算

(1) 使用转子流量计时的采样体积计算。

(a) 当转子流量计前装有干燥器时，标准状态下干排气采气体积按下式计算：

$$V_{nd} = 0.27Q_r'\sqrt{\frac{B_a + P_r}{M_{sd}(273 + t_r)}} \times t$$

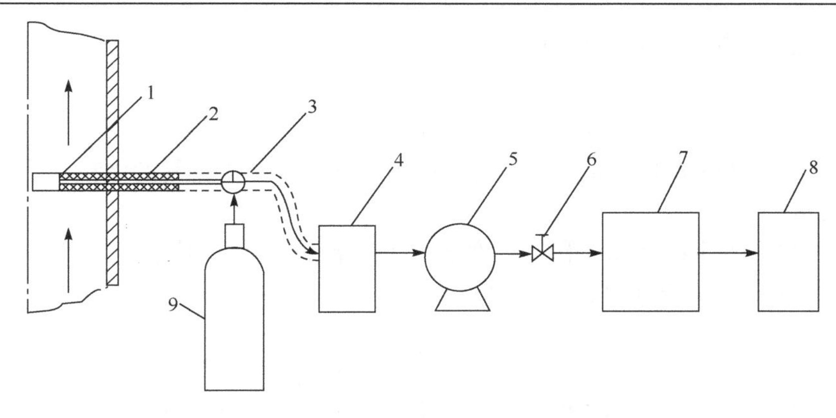

图 4-26　仪器直接测试法采样系统

1. 滤料；2. 加热采样管；3. 三通阀；4. 除湿器；5. 抽气泵；6. 调节阀；7. 分析仪；8. 记录器；9. 标准气体

式中，V_{nd} 为标准状态下干采气体积，L；Q_r' 为采样流量，L/min；M_{sd} 为干排气气体摩尔质量，kg/kmol；B_a 为大气压力，Pa；P_r 为转子流量计计量前气体压力，Pa；t_r 为转子流量计计量前气体温度，℃；t 为采样时间，min。

(b) 当被测气体的干气体摩尔质量近似于空气时，标准状态下干排气采气体积按下式计算：

$$V_{nd} = 0.05Q_r'\sqrt{\frac{B_a + P_r}{273 + t_r}} \times t$$

(2) 使用干式累积流量计时的采样体积算。

使用干式累积流量计，流量计前装有干燥器，标准状态下干排气采气体积按下式计算：

$$V_{nd} = K(V_2 - V_1)\frac{273}{273 + t_d} \times \frac{B_a + P_d}{101300}$$

式中，V_1，V_2 分别为采样前、后累积流量计的读数，L；t_d 为流量计前气体温度，℃；P_d 为流量计前气体压力，Pa；K 为流量计的修正系数。

(3) 使用注射器时的采样体积计算。

使用注射器采样时，标准状态下干采气体积按下式计算：

$$V_{nd} = V_f \frac{273}{273 + t_f} \times \frac{B_a + P_{fv}}{101300}$$

式中，V_f为室温下注射器采样体积，L；t_f 为室温，℃；P_{fv} 为在 t_f 时饱和水蒸气压力，Pa。

(4) 使用真空瓶时的采样体积计算。

使用真空瓶采样时，标准状态下干采气体积按下式计算：

$$V_{nd} = (V_b - V_1)\frac{273}{101300}\left(\frac{B_a + P_{fv}}{273 + t_f} - \frac{P_i - P_{iv}}{273 + t_i}\right)$$

式中，V_b 为真空瓶容积，L；V_1 为吸收液容积，L；P_f 为采样后放置至室温，真空瓶内压力，Pa；t_f为测 P_f时的室温，℃；P_i 为采样前真空瓶内压力，Pa；t_i 为测 P_i 时的室温，℃；P_{fv} 为在 t_f时的饱和水蒸气压力，Pa；P_{iv} 为在 t_i 时的饱和水蒸气压力，Pa。

注意：被吸收液吸收的样品，由于体积很小而忽略不计。

d) 监测结果表示及计算

(1) 污染物排放浓度以标准状况下干排气量的质量体积比浓度(mg/m^3 或μg/m^3)表示。

污染物排放浓度按下式进行计算：

$$C' = \frac{m}{V_{nd}} \times 10^6$$

式中，C'为污染物排放浓度，mg/m^3；V_{nd}为标准状况下采集干排气的体积，L；m为采样所得污染物的质量，g。

(2) 当监测仪器测定结果以体积比浓度(ppm 或 ppb)表示时，应将此浓度换算成质量体积比浓度(mg/m^3或$\mu g/m^3$)，按下式进行换算：

$$C' = \frac{M}{22.4} X$$

式中，C'为污染物质量体积比浓度，mg/m^3或$\mu g/m^3$；M为污染物的摩尔质量，g/mol；22.4为污染物的摩尔体积，L/mol；X为污染物的体积比浓度，ppm 或 ppb。

(3) 污染物平均排放浓度按下式进行计算：

$$\overline{C'} = \frac{\sum_{i=1}^{n} C'}{n}$$

式中，$\overline{C'}$为污染物平均排放浓度，mg/m^3；n为采集的样品数。

(4) 周期性变化的生产设备，若需确定时间加权平均浓度，按下式计算：

$$\overline{C'} = \frac{C'_1 t_1 + C'_2 t_2 + \cdots + C'_n t_n}{t_1 + t_2 + \cdots + t_n}$$

式中，$\overline{C'}$为污染物时间加权平均排放浓度，mg/m^3；C'_1，C'_2，…，C'_n为污染物在t_1，t_2，…，t_n时段内的浓度，mg/m^3；t_1，t_2，…，t_n为监测时间段，min。

(5) 污染物折算排放浓度。

在计算燃料燃烧设备污染物的排放浓度时，应依照所执行的标准要求，将实测的污染物浓度折算为标准规定的过量空气系数下的排放浓度，按下式进行折算：

$$\overline{C} = \overline{C'} \frac{\alpha'}{\alpha}$$

式中，$\overline{C}$为折算成过量空气系数为α时的污染物排放浓度，mg/m^3；$\overline{C'}$为污染物实测排放浓度，mg/m^3；α'为实测过量空气系数；α为有关排放标准中规定的过量空气系数。

(6) 废气排放量。

(a) 废气排放量以单位时间排放的标准状态下干废气体积表示，其单位为m^3/h。

(b) 工况下的湿废气排放量按下式计算：

$$Q_s = 3600 \times F \times V_s$$

式中，Q_s为测量工况下湿排气的排放量，m^3/h；F为管道测定断面面积，m^2；V_s为管道测定断面湿排气的平均流速，m/s。

(c) 标准状态下干废气排放量按下式计算：

$$Q_{sn} = Q_s \times \frac{B_a + P_s}{101325} \times \frac{273}{273 + t_s} \times (1 - X_{sw})$$

式中，Q_{sn}为标准状态下干排气量，m^3/h；B_a为大气压力，Pa；P_s为排气静压，Pa；t_s为排气温度，℃；X_{sw}为排气中水分含量体积百分数，%。

(7) 污染物排放速率。

污染物排放速率以单位小时污染物的排放量表示，其单位为 kg/h。污染物排放速率按下式计算：

$$G = \overline{C'} \times Q_{sn} \times 10^{-6}$$

式中，G为污染物排放速率，kg/h；$\overline{C'}$为污染物实测排放浓度，mg/m^3；Q_{sn}为标准状态下干排气量，m^3/h。

二、无组织排放

1. 无组织排放监测的基本要求

我国相关标准规定在二氧化硫、氮氧化物、颗粒物和氟化物的无组织排放源下风向设监控点，同时在排放源上风向设参照点，以监控点同参照点的浓度差值不超过规定限值来限制无组织排放；其余污染物在单位周界外设监控点和监控点的浓度限值。

二氧化硫、氮氧化物、颗粒物和氟化物的监控点设在无组织排放源下风向 2～50m 范围的浓度最高点，相对应的参照点设在排放源上风向 2～50m 范围；其余物质的监控点设在单位周界外 10m 范围内的浓度最高点。按规定监控点最多可设 4 个，参照点只设 1 个。

对无组织排放实行监测时，实行连续 1h 的采样，或者实行在 1h 内以等时间间隔采集 4 个样品计平均值。在进行实际监测时，为了捕捉到监控点最高浓度的时段，实际安排的采样时间可超过 1h。

2. 监测前的准备

监测前需了解目标单位的基本情况，包括单位性质，规模，立项建设时间，主要原、辅材料和主、副产品，相应用量和产量等；单位主要建筑物的平面布置；有组织排放和无组织排放口及其主要参数；排放污染物的种类和排放速率；单位周界围墙的高度和性质(封闭式或通风式)；单位区域内的主要地形变化等。此外还应对单位周界外的主要环境敏感点，包括影响气流运动的建筑物和地形分布、有无排放被测污染物的源存在等进行调查。

除排放污染物的种类和排放速率(估计值)之外，还应重点调查被测无组织排放源的排出口形状、尺寸、高度及其处于建筑物的具体位置等，应有无组织排放口及其所在建筑物的照片。

一般情况下，可向被测污染源所在地区的气象台(站)了解当地的“常年”气象资料，如有可能，最好直接了解当地的逆温和大气稳定度等污染气象要素的变化规律。

按照《大气污染物综合排放标准》(GB 16297—1996)的有关规定，“无组织排放监控浓度限值”是指监控点的浓度在任何 1h 的平均值不得超过的限值。所以，对无组织排放的监督监测，应选择排放负荷处于相对较高的状态，或者至少要处于正常生产和排放状态，主导风向(平均风向)利于监控点的设置，并可使监控点和被测无组织排放源之间的距离尽可能缩小的时段进行监测。在通常情况下，选择冬季微风的日期，避开阳光辐射较强烈的中午时段进行监测是比较适宜的。

3. 现场气象条件的简易测定和判定

监测前应对现场的风向、风速、局地流场、大气稳定度及涡流现象和涡流孔穴尺寸气象条件进行简易测定和判定，作为设置监控点(即采样点)的依据，也是确定监测在何种气象条件(适宜程度)下进行的真实记录。

4. 无组织排放监控点的布设方法

无组织排放源同其下风向的单位周界之间有一定距离，以致在不必考虑排放源的高度、大小和形状因素的条件下，可以将排放源看作一个点源。此时监控点(最多可设置 4 个)应设置于平均风向轴线的两侧，监控点与无组织排放源所形成的夹角不超出风向变化的±S°(10 个风向读数的标准偏差)范围之内，如图 4-27 所示。

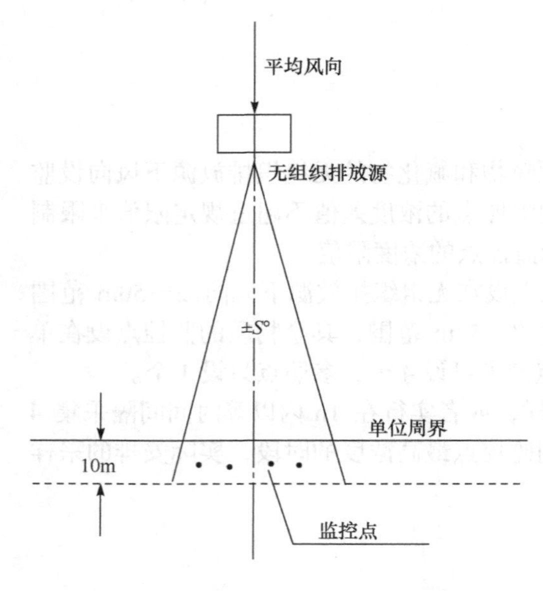

图 4-27　一般情况下的监控点设置图

在单位周界外设置监控点的具体位置，还要考虑到围墙的通透性(即围墙的通风透气性质)，按下面几种方法设置监控点：

(1) 当围墙的通透性很好时，可紧靠围墙外侧设监控点。

(2) 当围墙的通透性不好时，也可紧靠围墙设监控点，但把采气口抬高至高出围墙 20～30cm，如图 4-28 中 A 点处。

(3) 围墙的通透性不好，又不便于把采气口抬高，此时，为避开围墙造成的涡流区，宜将监控点设于距围墙 1.5～2.0h[h 为围墙高度(m)]、距地面 1.5m 处，如图 4-28 中 B 点所示。

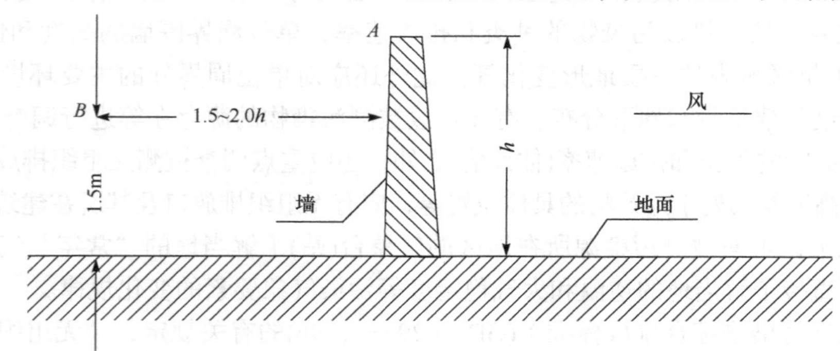

图 4-28　不透风围墙外设监控点的参考方法

1) 存在局地流场变化情况下的监控点设置方法

当无组织排放源与其下风向的围墙(周界)之间存在若干阻挡气流运动的物体时，由于局地流场的变化，将使污染物的迁移运动复杂化。此时需要按照第二节的叙述进行局地流场简易测试，并依据测试结果绘制局地流场平面图。监测人员需要对局地流场平面图进行研究和分析，尤其需要对无组织排放的污染物运动路线中的某些不确定因素进行仔细分析，经分析后确定监控点的位置。

2) 无组织排放源紧靠围墙时的监控点设置方法

无组织排放源紧靠围墙(单位周界)时，即对监测带来有利的一面，同时也有其特殊的复杂性，此时监控点应分别如下几种情况进行设置。

排放源紧靠某一侧围墙，风向朝向与其相邻或相对的围墙时，如该排污单位的范围不大，排放源距与之相对或相邻的围墙(单位边界)不远，仍可按上面的叙述设置监控点。

如果排放源紧靠某一侧围墙，风向朝向与其相邻或相对的围墙，且排污单位的范围很大，此时在排放源下风向设监控点已失去意义，主要的问题是考察无组织排放对其相近的围墙外是否造成污染和超过标准限值。所以，在这种情况下应选择风向朝向排放源相近一侧围墙，在近处围墙外设监控点；处于静风及准静风(风速小于 1.0m/s)状态下，依靠无组织排放污染物的自然扩散，在近处围墙(单位周界)外设置监控点，有关的问题在下面叙述。

无组织排放源靠近围墙(单位周界)，风向朝向排放源近处围墙，且排放源具有一定高度，应分别按下列情况设置监控点：监测人员应首先估算无组织排放污染物的最大落地浓度区域，并将监控点设置于最大落地浓度区域范围之内(图 4-29 中 A 点)。按照 GB 16297—1996 中的有关规定，按此原则设置的监控点位置，可以越出围墙外 10m 范围，按下式估算最大落地浓度区的位置和距离。

$$X_{\max}=\left(\frac{H}{\sqrt{2}b}\right)^{q-1}$$

式中，H 为排放源有效高度，对于无组织排放，通常可以不考虑其热力和动力抬升，所以可用排放源的几何高度代替有效高度，m；b、q 分别为垂直扩散参数 σ_z 幂函数表达式的系数，即 $\sigma_z=bx^q$。

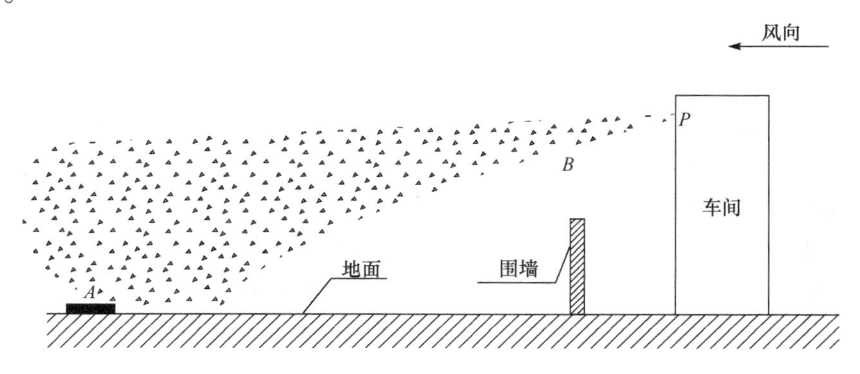

图 4-29　最大落地浓度区域和监控点设置示意图

图 4-29 中的 A 点虽然是最大落地浓度，但无组织排放的污染物由 P 点迁移至 A 点，已经过一段距离的稀释扩散，浓度已大大降低，所以在条件许可的情况下，应仍然将监控点设置于周界围墙边，但将采样进气口提高到图 4-29 中 B 点处，B 点的高度按下式计算：

$$a=\left(\frac{H-X}{\sqrt{2}b}\right)^{q-1}$$

式中，X 为 B 点的高度，m；a 为排放源至 B 点的水平距离，m；H、b、q 同上式。

还应注意，按照 GB 16297—1996 中的有关规定，监控点设置的高度范围为 1.5～15m，

故若计算得到的 *B* 点高度超过 15m，则应将 *B* 点位置作水平移动，直至其计算高度落到 15m 以下的范围。

3) 在排放源上、下风向分别设置参照点和监控点的方法

(1) 参照点的设置方法。

参照点应不受或尽可能少受被测无组织排放源的影响，力求避开其近处的其他无组织排放源和有组织排放源的影响，尤其要注意避开那些可能对参照点造成明显影响而同时对监控点无明显影响的排放源；参照点的设置，要以能够代表监控点的污染物本底浓度为原则。

参照点最好设置在被测无组织排放源的上风向，以排放源为圆心，以距排放源 2m 和 50m 为圆弧，与排放源成 120°夹角所形成的扇形范围内设置。

如图 4-30 所示，由 *CDEF* 围成的扇形，即是设置参照点的适宜范围，这样的安排既符合 GB 16297—1996 的有关规定，又可避开近处污染源的影响。

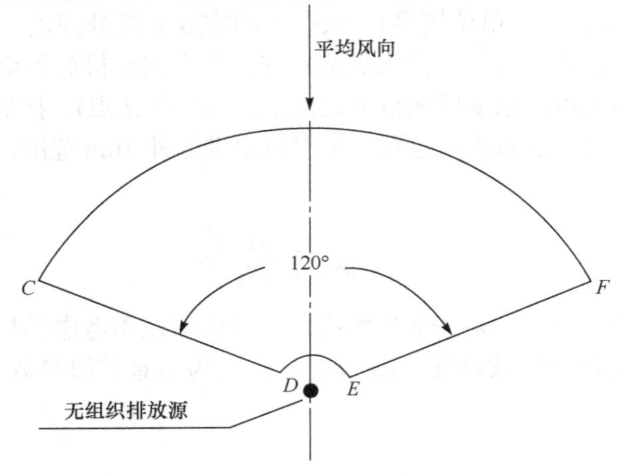

图 4-30 参照点的设置范围

平均风速大于或等于 1m/s 时，由被测排放源排出的污染物一般只能影响其下风向，故参照点可在避开近处污染源影响的前提下，尽可能靠近被测无组织排放源设置，以使参照点可以较好地代表监控点的本底浓度值。

当平均风速小于 1m/s 时，被测无组织排放源排出的污染物随风迁移作用减小，污染物自然扩散作用相对增强，此时污染物可能以不同程度出现在被测排放源上风向，此时设置参照点，既要注意避开近处其他源的影响，又要在规定的扇形范围内比较远离被测无组织排放源处设置。

当被测无组织排放源周围存在较多建筑物和其他物体时，应警惕可能存在局地环流，它有可能使排出的污染物出现在无组织排放源的上风向，此时应对局地流场进行测定和仔细分析后，按照前面所说的原则决定参照点的设置位置。

(2) 监控点的设置方法。

设置监控点于无组织排放源下风向，距排放源 2～50m 范围的浓度最高点。设置监控点时不需要回避其他源的影响。

在无特殊因素影响的情况下，监控点应设置在被测无组织排放源的下风向，尽可能靠近排放源处(距排放源最近不得小于 2m)，4 个监控点要设置在平均风向轴线两侧，与被测排放源形成的夹角不越出风向变化的标准差(±*S*°)的范围(图 4-31)。

如果无组织排放源处于建筑物的正背风面(图 4-32)，其下风向将不可避免处于涡流区内。从理论上判断，由无组织排放的污染物在涡流中将受到搅拌混合，此时监控点的设置将不受上述中的夹角限制，应根据情况于可能的浓度最高处设置监控点。

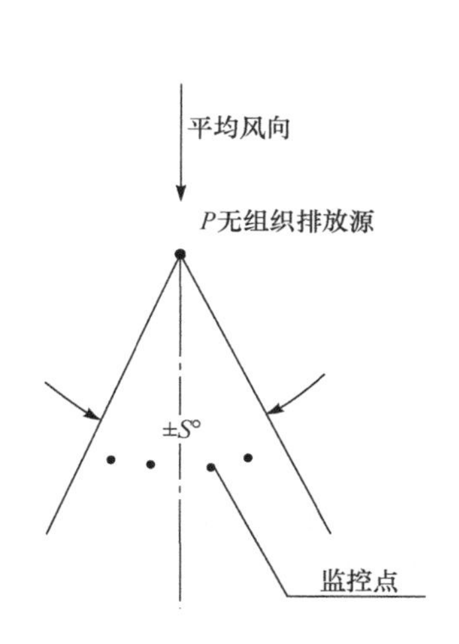

图 4-31 一般情况下设置监控点的方法

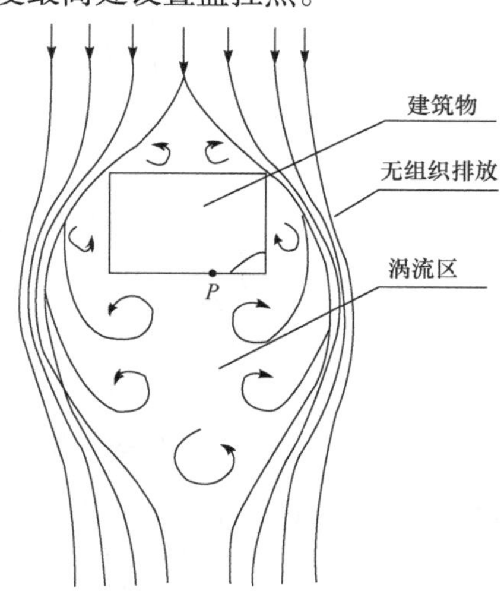

图 4-32 无组织排放的污染物处于涡流区

实际上，建筑物背风面的涡流激烈程度既同风速有关，也同建筑物的大小、形状等因素有关，所以监测人员最好在现场用轻便风向风速表或人造烟源进行简易测定，并按测定结果判断无组织排放的污染物受到搅拌混合的激烈程度和分布情况，决定监控点的布设方法。

无组织排放源处于建筑物的倒背风区(图 4-33)，则排放的污染物可能部分处于涡流区，部分未处于涡流区，此时应尽可能避开涡流区，于非涡流区内设置监控点。

在这样的情况下设置监控点，仍然必须用轻便式风向风速表或人造烟源对排放源附近的流场作一些简易的测定和分析，依据流场的具体情况设定监控点的位置。

无组织排放源处于建筑物的正迎风面时(图 4-34)，排放的污染物向源的两侧运动，此时应将监控点设置在排放源两侧，较靠近排放源，并尽可能避开两侧小涡旋的位置。监测现场排放源近旁的气流状况仍应预先作简易调查，然后才确定监控点的具体位置。

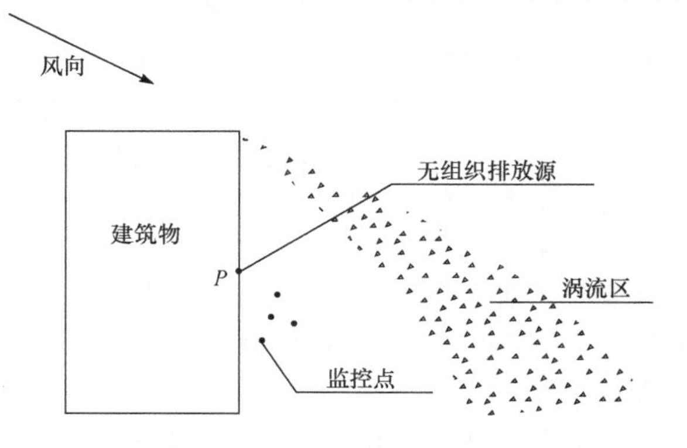

图 4-33 排放源处于侧背风区的监控点设置示意图

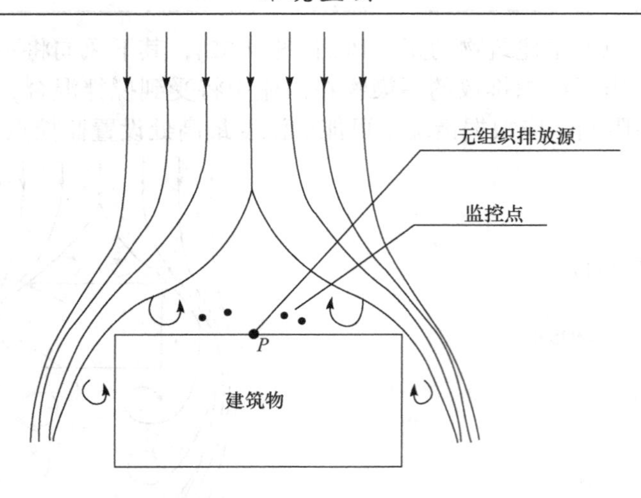

图 4-34　排放源处于正迎风面的监控点设置

无组织排放源处于建筑物的侧迎风面时，污染物将向其下风向紧贴墙面运动，此时应在排放源下风向靠墙(图 4-35*A* 点)设置监控点，也可同时在下风向墙尽头处(图 4-35 中 *B* 点)设监控点。

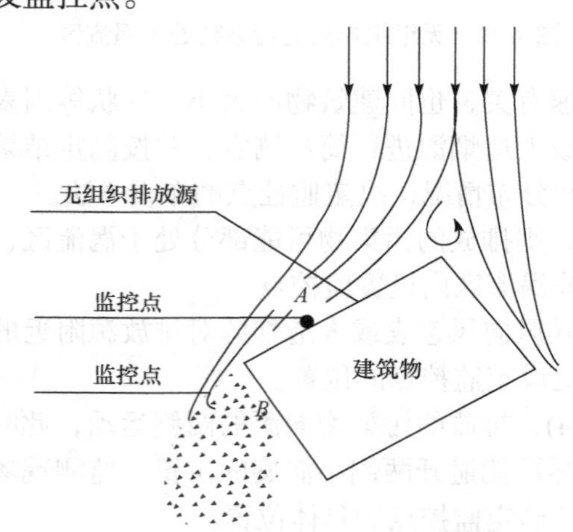

图 4-35　排放源处于建筑物侧迎风面时的监控点位设置

如果存在多个排放点中某一点的排放速率(指单位时间的污染物排放量)明显大于另外的排放点，则监控点应针对其中排放速率最大者设置，另外的排放点可不予考虑。若两个排放点的排放速率较接近，且污染物的扩散条件正常(指无涡流和局地环流等情况)，应通过查 2*Y* 数据表作出估计。当两个排放点间的距离小于表中 2*Y* 时，两排放点下风向的浓度叠加区中的浓度将超过其中任一排放点单独形成的扩散区浓度，此时可将 4 个监控点中的 2 个设于浓度叠加区，另 2 个针对两单独的排放点设置，最终取其中实测浓度最高者计值；若两排放点间的距离大于 2*Y*，应分别针对两个排放点设置监控点，最终取测值最高者计值，不考虑在浓度叠加区设监控点。若存在涡流或局地环流时，两个点排放的污染物混合作用加剧，情况更为复杂，此时要因地制宜，根据现场具体情况设监控点，并更多地考虑在混合区设监控点。

当排放源具有一定高度时，则尽可能提高采气口位置来抵消排放源的高度。若无法提高采样点高度，则需对无组织排放的最大落地浓度区域进行估算后设置监控点。

4) 复杂情况下的监控点设置

在特别复杂的情况下，不可能单独运用上述各点的内容来设置监控点，需对情况作仔细分析，综合运用有关条款设置监控点。监测人员应尽可能利用现场可利用的条件，如利用无组织排放废气的颜色、嗅味、烟雾分布、地形特点等，甚至采用人造烟源或其他手段，借以分析污染物的运动和可能的浓度最高点，并据此设置监控点。

5. 无组织排放监测的采样方法、分析方法和计值方法

1) 无组织排放监测的采样频次

无组织排放监控点的采样，一般采用连续 1h 采样计平均值。若污染物浓度过低，需要时可适当延长采样时间；如果分析方法的灵敏度高，仅需在短时间采集样品时实行等时间间隔采样，在 1h 内采集 4 个样品计平均值。

无组织排放参照点的采样应同监控点的采样同步进行，采样时间和采样频次均应相同。为了捕捉监控点浓度最高的时间分布，每次监测安排的采样时间可多于 1h。

2) 无组织排放监测的采样方法

对于无组织排放的控制是通过对其造成的环境空气污染程度而予以监督的，所以，无组织排放的“监控点”设置于环境空气中。我国已经针对大气污染物排放标准制定了配套的标准分析方法，其中有关的采样部分已分别按有组织排放和无组织排放作出规定，因此，无组织排放监测的采样方法应按照配套标准分析方法中适用于无组织排放采样的方法执行，个别尚缺少配套标准分析方法的污染物项目，应按照适用于环境空气监测方法中的采样要求进行采样。

3) 无组织排放监测分析方法

无组织排放监测的样品分析方法按照国家环保部规定的，与大气污染物排放标准相配套的标准分析方法(其中适用于无组织排放部分)执行，个别没有配套标准分析方法的污染物，应按照该污染物适用于环境空气监测的标准(或统一)分析方法执行。

4) 无组织排放监测对工况的要求

按照《大气污染物综合排放标准》(GB 16297—1996)中 8.3 的规定：在对污染源的日常监测中，采样期间的工况应与当时的运行工况相同，排污单位的人员和实施监测的人员都不应任意改变当时的运行工况；建设项目环境保护设施竣工验收监测的工况要求按国家环保部制定的《建设项目环境保护设施竣工验收监测办法》执行；其他为了处理厂群矛盾等具有特定目的的监测，应根据需要提出对采样期间的工况要求，经当地环境保护行政主管部门批准后执行。

我国大气污染物排放标准对无组织排放实行限制的原则是即使在最大负荷的生产和排放，以及在最不利于污染物扩散稀释的条件下，无组织排放监控值也不应超过排放标准所规定的限值，因此，监测人员应在不违反上述原则的前提下，选择尽可能高的生产负荷及不利于污染物扩散稀释的条件进行监测。

5) “无组织排放监控浓度值”的计值方法

所谓计值方法是确定某污染源的“无组织排放监控浓度值”的方法，它用以同排放标准中的“无组织排放监控浓度限值”进行比较，以判断该污染源的无组织排放是否达到(或超过)标准值。

按照 GB 16297—1996 的有关规定，无组织排放监控浓度值的计值方法分别按下面两种情况进行计算。

(1) 按规定在污染源单位周界外设监控点的监测结果，以最多四个监控点中的测定浓度最高点的测值作为“无组织排放监控浓度值”，注意：浓度最高点的测值应是 1h 连续采样或由等时间间隔采集的四个样品所得的 1h 平均值。

(2) 按规定分别在无组织排放源上、下风向设置参照点和监控点的监测结果，以最多四

个监控点中的浓度最高点测值扣除参照点测值所得的差值，作为“无组织排放监控浓度值”。注意：监控点和参照点测值是指 1h 连续采样或由等时间间隔所得四个样品的 1h 平均值。

例：为对某污染源的大气污染物无组织排放进行监督控制，按规定于无组织排放源上风向设参照点，于排放源下风向的适当位置设四个监控点，如何依据测定结果判断该污染源的无组织排放是否超标？

设：参照点 M 以等时间间隔采集四个样品，测值分别为 m_1、m_2、m_3、m_4。

监控点 A、B、C、D 均分别以等时间间隔采集四个样，测值分别为 a_1、a_2、a_3、a_4；b_1、b_2、b_3、b_4；c_1、c_2、c_3、c_4；d_1、d_2、d_3、d_4。

计算：

Ⅰ. 参照点的 1h 平均值为

$$m = \frac{m_1 + m_2 + m_3 + m_4}{4}$$

Ⅱ. 四个监控点的 1h 平均值分别为

$$a = \frac{a_1 + a_2 + a_3 + a_4}{4}$$

$$b = \frac{b_1 + b_2 + b_3 + b_4}{4}$$

$$c = \frac{c_1 + c_2 + c_3 + c_4}{4}$$

$$d = \frac{d_1 + d_2 + d_3 + d_4}{4}$$

Ⅲ. 比较四个监控点的测值大小(均指 1h 平均值)后，得到 $b > a > c > d$。

Ⅳ. 计算该污染源无组织排放的“监控浓度值 x”，$x = b - m$。

Ⅴ. 判断该污染源无组织排放是否超标(设该污染物的“无组织排放监控浓度限值”为 y)。

结论：因为 $x > y$，所以该源的无组织排放超标。

三、流动污染源监测

本节主要介绍摩托车和轻便摩托车排气污染物双怠速测量方法。

1. 测量仪器

排气污染物测量设备应符合 HJ/T 289—2006 的规定。对只进行怠速排放测量的试验，也可使用符合 HJ/T 3—1993 的排气监测仪，此时可不进行 CO 测量结果的修正。

2. 测量程序

1) 仪器准备和使用

按仪器生产厂使用说明书的规定准备(包括预热)和使用仪器。

2) 燃料及车辆准备

(1) 型式核准试验的燃料应符合 GB 14622—2007 附录 F 的要求，生产一致性检查和在用车检查试验所用的燃料应符合制造厂技术文件的规定。若发动机采用混合润滑方式，加入燃油中的机油数量和等级应符合制造厂技术文件的规定。

(2) 应保证车辆处于制造厂规定的正常状态，排气系统不得有泄漏。

(3) 车辆按制造厂技术文件的规定进行预热。若技术文件中未规定，摩托车按GB 14622—2007、轻便摩托车按GB 18176—2007的规定工况在底盘测功机上至少运行四个循环，或在正常道路条件下至少行驶15min进行预热。应在车辆预热后10min内进行怠速和高怠速排放测量。

(4) 在排气消声器尾部加一长600mm、内径Φ40mm的专用密封接管，并应保证排气背压不超过1.25kPa，且不影响发动机的正常运行。

(5) 若为多排气管时，应采用Y形接管将排气接入同一个管中测量，或分别取气，取各排气管测量结果的算术平均值作为测量结果。

3) 高怠速状态排气污染物的测量

(1) 发动机从怠速状态加速至70%的发动机最大净功率转速，运转10s后降至高怠速状态。

(2) 维持高怠速工况，将取样探头插入接管，保证插入深度不少于400mm，维持15s后，由具有平均值功能的仪器读取30s内的平均值，或者人工读取30s内的最高值和最低值，其平均值即为高怠速污染物测量结果。

4) 怠速状态排气污染物的测量

发动机从高怠速降至怠速状态，维持15s后，由具有平均值功能的仪器读取30s内的平均值，或者人工读取30s内的最高值和最低值，其平均值即为怠速污染物测量结果。

5) 测量结果的记录

需记录试验时的发动机转速，以及排气中的CO、CO_2、HC排放的体积分数值。

6) 测量结果的修正

一氧化碳的修正浓度($C_{CO修正}$)用一氧化碳浓度(C_{CO})和二氧化碳浓度(C_{CO_2})的测量值通过下列公式进行修正。测量结果以修正后的数值为准。

(1) 二冲程发动机一氧化碳的修正浓度为

$$C_{CO修正} = C_{CO} \times \frac{10}{C_{CO} + C_{CO_2}}\%$$

(2) 四冲程发动机一氧化碳的修正浓度为

$$C_{CO修正} = C_{CO} \times \frac{15}{C_{CO} + C_{CO_2}}\%$$

(3) 对二冲程发动机，如果测量的$(C_{CO} + C_{CO_2})$的总浓度数值不小于10%，或对四冲程发动机不小于15%，则测量的一氧化碳浓度值无需根据上面的公式进行修正。

7) 数字修约

结果修约后的一氧化碳(CO)排放值保留一位小数；碳氢化合物(HC)保留到十位。

8) 数据记录

将数据记录在表4-21中。

表4-21　双怠速排气污染物测量记录表

AA.1　车辆信息

车辆型号：________________　　生产企业：________________________

车架编号：________________　　发动机编号：______________________

冲程数：＿＿＿＿＿＿＿＿　　最大净功率转速/(r/min)：＿＿＿＿＿＿＿＿

怠速/(r/min)：＿＿＿＿＿＿＿＿　　高怠速转速/(r/min)：＿＿＿＿＿＿＿＿

燃料规格：＿＿＿＿＿＿＿＿　　润滑油规格：＿＿＿＿＿＿＿＿

燃油供给方式：化油器/电喷＿＿　　燃油喷射系统：开式/闭式＿＿＿＿＿＿＿＿

污染控制装置：＿＿＿＿＿＿＿＿＿＿＿＿＿＿＿＿

AA.2　检测仪器

排气分析仪型号：＿＿＿＿＿＿　转速计型号：＿＿＿＿＿＿

AA.3　检测环境

大气压力：＿＿＿＿＿＿＿＿　温度：＿＿＿＿＿＿＿＿　相对湿度：＿＿＿＿＿＿＿＿

试验地点：＿＿＿＿＿＿＿＿　试验日期：＿＿＿＿＿＿＿＿　试验人员：＿＿＿＿＿＿＿＿

表 AA1

内容	高怠速				怠速			
	转速/(r/min)	CO/%	CO_2/%	HC/10^{-6}	转速/(r/min)	CO/%	CO_2/%	HC/10^{-6}
测量结果								
结果修正	—		—	—	—		—	—
结果修约	—				—			

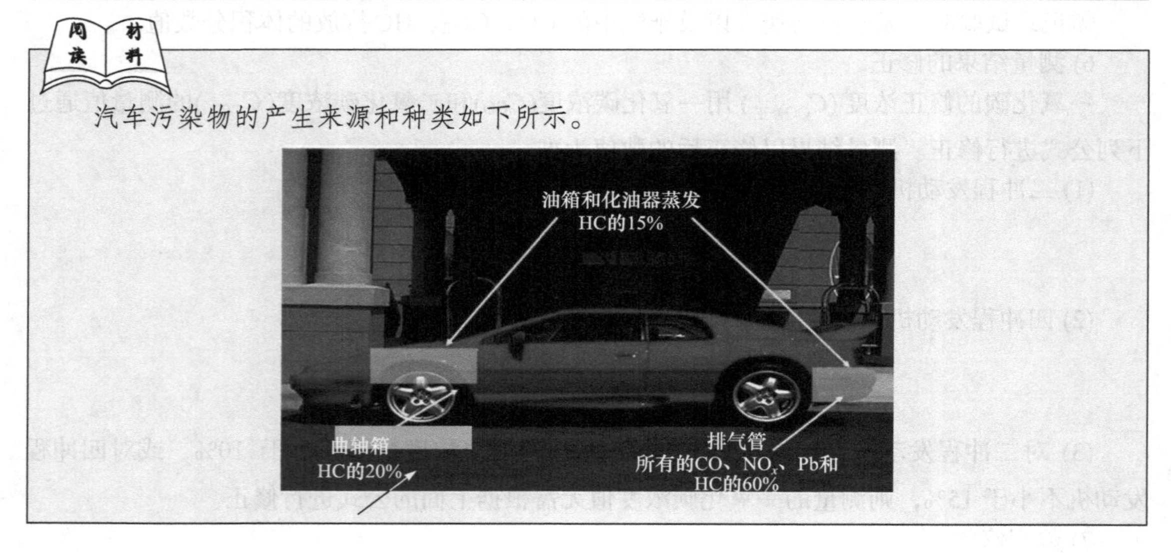

习　　题

一、问答题

1. 一次污染物和二次污染物的区别是什么？说明伦敦的硫酸烟雾事件和洛杉矶的光化学烟雾事件的区别。

2. 大气污染监测的布点方法。

3. 细颗粒物 $PM_{2.5}$ 的含义及其化学成分和危害是什么？

4. 环境空气样品的间断采样的含义是什么?

5. 简述什么是环境空气的无动力采样。

6. 环境空气 24h 连续采样时，气态污染物采样系统由哪几部分组成?

7. 新购置的采集气体样品的吸收管如何进行气密性检查?

8. 简述烟尘采样中的移动采样、定点采样和间断采样之间的不同点。

9. 过剩空气系数α值越大，表示实际供给的空气量比燃料燃烧所需的理论空气量越大，炉膛里的氧气就越充足。空气系数是否越大越好，越有利于炉膛燃烧？为什么?

二、计算题

1. 计算除尘器效率的公式分别有：

(1) $\eta(\%)=(C_j-C_c)/C_j\times100\%$

(2) $\eta(\%)=[(C_j\times Q_j)-(C_c\times Q_c)]/(C_j\times Q_j)\times100\%$

(3) $\eta=\eta_1+\eta_2-\eta_1\times\eta_2$

以上三个计算公式，分别在什么情况下使用?

2. 已测得某台除尘器出口管道中的动压和静压分别是 0.427kPa、−1.659kPa，进口管道中的动压和静压分别是 0.194kPa、−0.059kPa，试计算这台除尘器的阻力。

3. 实测某台非火电厂燃煤锅炉烟尘的排放浓度为 120mg/m^3，过量空气系数为 1.98，试计算出该锅炉折算后的烟尘排放浓度。

4. 某台 2t/h 锅炉在测定时，15min 内软水水表由 123456.7m^{3}变为 123457.1m^3，试求此时锅炉负荷。

5. 测得某台锅炉除尘器入口烟尘标态浓度 C_j=2875mg/m^3，除尘器入口标态 Q_j= 9874m^3/h，除尘器出口烟尘标态浓度 C_c=352mg/m^3，除尘器出口标态风量 Q_c=10350m^3/h，试求该除尘器的除尘效率。

6. 测得某锅炉除尘器入口烟尘标态浓度为 1805mg/m^3，除尘器出口烟尘标态浓度为 21mg/m^3，试求除尘器在无漏风时的除尘器效率。

7. 锅炉用煤量为 1015kg/h，燃煤中收到基硫分含量(S_{ar})为 0.52%，该煤中硫的转化率(P)为 80%，试求二氧化硫的产污系数(kg/t)和每小时二氧化硫排放量。

8. 对某工厂锅炉排放的二氧化硫进行测定，测得锅炉在标准状态下干采气体积为 9.5L，排气流量为 3.95×10^{4}m^3/h；分析二氧化硫时所用碘溶液的浓度为 $C(1/2\ I_2)$= 0.0100mol/L，样品溶液和空白溶液消耗碘溶液的体积分别为 15.80mL、0.02mL，试计算该锅炉排放二氧化硫的浓度和排放量。

9. 已测得某台除尘器出口管道中的动压和静压分别是 0.427kPa、−1.659kPa，进口管道中的动压和静压分别是 0.194kPa、−0.059kPa，试计算这台除尘器的阻力。

10. 干湿球法测定烟气中含湿量。已知干球温度(t_a)为 52℃，湿球温度(t_b)为 40℃，通过湿球表面时的烟气压力(P_b)为−1334Pa，大气压力(B_a)为 101380Pa，测点处烟气静压(P_s)为−883Pa，试求烟气含湿量(X_{sw})的百分含量[湿球温度为 40℃时饱和蒸气压(P_{bv})为 7377Pa，系数 C 为 0.00066)。

11. 已知采样时转子流量计前气体温度 t_r=40℃，转子流量计前气体压力 P_r= −7998Pa，采气流量 Q_r=25L/min，采样时间 t=20min，大气压力 B_a=98.6kPa，滤筒收尘量 0.9001g，排气量 Q_{sn}=6000m^3/h，试求排放浓度与排放量。

12. 已知某固定污染源烟道截面积为 1.181m^2，测得某工况下湿排气平均流速为 15.3m/s，试计算烟气湿排气状况下的流量。

第五章　固体废物监测

【本章教学要点】

知识要点	掌握程度	相关知识
固体废物	掌握固体废物的概念	固体废物来源，定义和分类
危险废物	掌握危险废物的概念和鉴别	危险废物的鉴别标准和鉴别方法
样品的采样和制备	掌握固废采样方法	采集和制备固废样品
城市生活垃圾	掌握城市生活垃圾的组成	生活垃圾来源，分类
生活垃圾特性分析	理解特性分析的几个指标的测定原理和方法	粒度，腐熟度，生物降解度和热值等
垃圾渗滤液	了解渗滤液中各污染物浓度范围和排放标准；理解工业渗滤模型试验	色度、总固体、总溶解性固体与总悬浮性固体、硫酸盐、氨态氮、凯氏氮、氯化物、总磷、pH、BOD、COD、钾、钠、细菌总数、总大肠菌数等指标的测定

【导入案例】

据统计，我国每年因固体废物污染环境造成的直接经济损失已超过 90 亿元人民币，而资源损失——每年固体废物中可利用而未被利用的资源价值就达 250 亿元。因此，了解固体废物的来源和危害，加强固体废物的监测和管理是环境保护工作的重要任务之一。

请大家仔细观察图 5-1，固体废物对大气、水体、土壤和动植物的危害，最后都直接

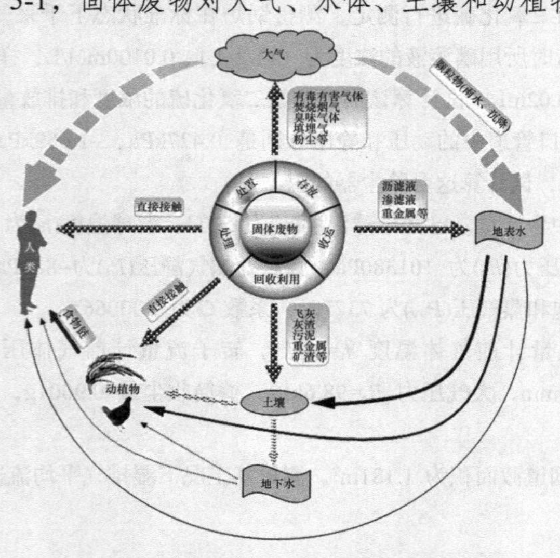

图 5-1　固体废物污染危害途径

或间接地影响到了人类。那么，你知道固体废物的危害有哪些吗？其危害性有多大呢？需要监测固体废物的哪些指标？又是如何监测的？

第一节　概　述

一、固体废物的定义和分类

固体废物是指在生产、生活和其他活动中产生的丧失原有利用价值或者虽未丧失其利用价值但被抛弃或放弃的固态、半固态和置于容器中的气态的物品、物质及法律、行政法规规定纳入固体废物管理的物品、物质。不能排入水体的液态废物和不能排入大气的置于容器中的气态废物，由于多具有较大的危害性，一般归入固体废物管理体系。固体废物是一个相对概念，因为往往从一个生产环节看，被丢弃的物质是废物，是无用的，但从另一生产环节看又往往可作为生产原料，因而是有用的。

根据不同的分类方法，可把固体废物分成多种类型，具体分类见表5-1。

表5-1　固体废物的分类

分类标准	类别
按化学性质	有机固体废物，无机固体废物
按污染特性	一般固体废物，危险固体废物
按来源	城市生活垃圾，工业固体废物，农业固体废物等
按形态	固态，半固态，容器中的液态或气态

在我国，比较普遍采用的是按废物来源分类，据此分为城市固体废物、工业固体废物、农业固体废物和危险固体废物四大类，各类固体废物的来源和组成见表5-2。

表5-2　固体废物的分类、来源和主要组成物

分类	来源	主要组成物
城市固体废物	居民生活	指家庭日常生活过程中产生的废物，如食物垃圾、纸屑、衣物、庭院修剪物、金属、玻璃、塑料、陶瓷、炉渣、灰渣、碎砖瓦、废器具、粪便、杂品、废旧电器等
	商业、机关	指商业、机关日常工作过程中产生的废物，如废纸、食物、管道、碎砌体、沥青及其他建筑材料，废汽车、废电器、废器具，含有易爆、易燃、腐蚀性、放射性的废物，以及类似居民生活中的各种废物
	市政维护与管理	指市政设施维护和管理过程中产生的废物，如碎砖瓦、树叶、死禽死畜、金属、锅炉灰渣、污泥、脏土等
工业固体废物	冶金工业	指各种金属冶炼和加工过程中产生的废弃物，如高炉渣、钢渣、铜铅铬汞渣、赤泥、废矿石、烟尘、各种废旧建筑材料等
	矿　业	指各类矿物开发、加工利用过程中产生的废物，如废矿石、煤矸石、粉煤灰、烟道灰、炉渣等
	石油与化学工业	指石油炼制及其产品加工、化学工业产生的固体废物，如废油、浮渣、含油污泥、炉渣、塑料、橡胶、陶瓷、纤维、沥青、油毡、石棉、涂料、化学药剂、废催化剂和农药等

续表

分类	来源	主要组成物
工业固体废物	轻工业	指食品工业、造纸印刷、纺织服装、木材加工等轻工部门产生的废弃物，如各类食品糟渣、废纸、金属、皮革、塑料、橡胶、布头、线、纤维、染料、刨花、锯末、碎木、化学药剂、金属填料、塑料填料等
	机械电子工业	指机械加工、电器制造及其使用过程中产生的废弃物，如金属碎料、铁屑、炉渣、模具、砂芯、润滑剂、酸洗剂、导线、玻璃、木材、橡胶、塑料、化学药剂、研磨料、陶瓷、绝缘材料，以及废旧汽车、冰箱、微波炉、电视和电扇等
	建筑工业	指建筑施工、建材生产和使用过程中产生的废弃物，如钢筋、水泥、黏土、陶瓷、石膏、石棉、砂石、砖瓦、纤维板等
	电力工业	指电力生产和使用过程中产生的废弃物，如煤渣、粉煤灰、烟道灰等
农业固体废物	种植业	指作物种植生产过程中产生的废弃物，如稻草、麦秸、玉米秸、根茎、落叶、烂菜、废农膜、农用塑料、农药等
	养殖业	指动物养殖生产过程中产生的废弃物，如畜禽粪便、死禽死畜、死鱼死虾、脱落的羽毛等
	农副产品加工业	指农副产品加工过程中产生的废弃物，如畜禽内容物、鱼虾内容物、未被利用的菜叶、菜梗和菜根、秕糠、稻壳、玉米芯、瓜皮、果皮、果核、贝壳、羽毛、皮毛等
危险固体废物	核工业、化学工业、医疗单位、科研单位等	主要为来自于核工业、核电站、化学工业、医疗单位、制药业、科研单位等产生的废弃物，如放射性废渣、粉尘、污泥等、医院使用过的器械和产生的废物、化学药剂、制药厂药渣、废弃农药、炸药、废油等

二、危险废物的定义和鉴别

1. 危险废物的定义

2015 年 4 月 24 日修正实施的《中华人民共和国固体废物污染环境防治法》中规定“危险废物是指列入国家危险废物名录或者根据国家规定的危险废物鉴别标准和鉴别方法认定的具有危险特性的固体废物”。2016 年 8 月 1 日修订实施的《国家危险废物名录》(以下简称《名录》)，也明确了危险废物的鉴别采取《名录》与危险废物鉴别标准相结合的方法，即列入《名录》的废物，属于危险废物；不在《名录》内的废物，经危险废物鉴别标准鉴定，具有危险特性的，也属于危险废物。《名录》中规定了 50 类危险废物，并在附录里列出了《危险废物豁免管理清单》。从形态上看，危险废物既包含固态废物，也包括半固态，以及放在容器中处置的液态、气态废物。此外，放射性废物也是危险性废物，但由于放射性废物在危险特性(放射性)、管理方法和处置技术等方面与危险废物有着明显的差异，许多国家都不将其包含在危险废物范围内，而专门单独管理。《中华人民共和国放射性污染防治法》中，放射性废物是指含有放射性核素或被放射性核素污染，其浓度或比活度大于国家确定的清洁解控水平，预期不再使用的废弃物。

2. 危险废物的鉴别

危险废物的危险特性是指毒性(急性毒性、浸出毒性和其他毒性)、易燃性、腐蚀性、反应性和感染性等。凡具有一种或一种以上危险特性者，即为危险废物。危险废物标识见图 5-2。

图 5-2　危险废物标识

美国对危险废物鉴别按照图 5-3 程序进行，鉴别标准如表 5-3 所示。

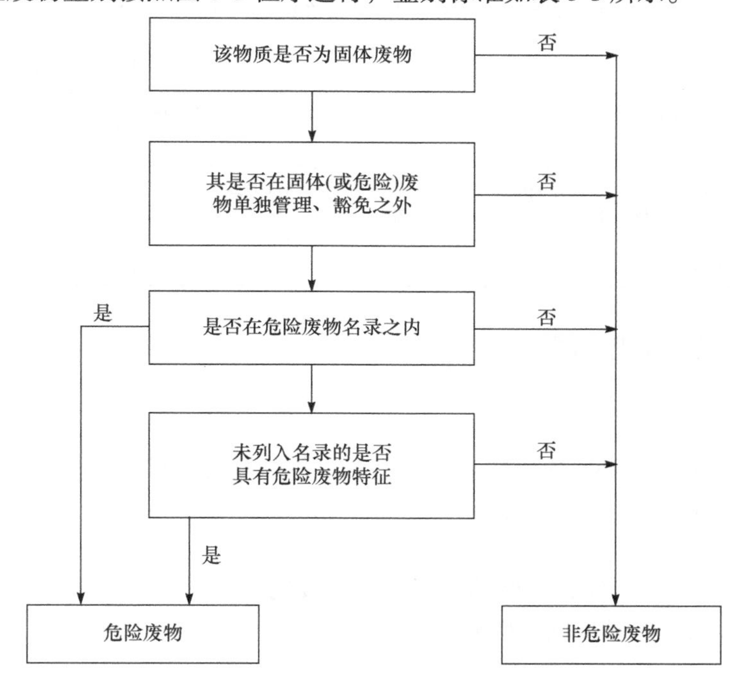

图 5-3　美国危险废物鉴别程序

表 5-3　美国对危险废物危害特性的定义

序号	危险废物的特征及意义		鉴别值
1	易燃性	闪点低于定值；或经过摩擦、吸湿、自发的化学变化有着火的趋势；或在加工、制造过程中发热，在点燃时燃烧剧烈而持续，以致管理期间会引起危险	美国 ASTM 法，闪点低于 60℃
2	腐蚀性	对接触部位作用时，使细胞组织、皮肤有可见性破坏或不可治愈的变化；使接触物质发生质变，使容器泄漏	pH＞12.5 或 pH＜2 的液体；在 55.7℃以下时对钢制品的腐蚀率大于 0.64cm/a

续表

序号	危险废物的特征及意义		鉴别值
3	反应性	同城情况下不稳定，极易发生剧烈化学反应，与水剧烈反应，形成爆炸性混合物或产生有毒的气体、臭气；含有氰化物或硫化物；在常温常压下即可发生爆炸反应，在加热或是有引发源时可爆炸；对热或机械冲击有不稳定性	
4	放射性	由于核衰变而能放出α、β、γ射线的废物中，放射性同位素超过最大允许浓度	226Ra 当量浓度等于或大于10μCi/g 废物
5	浸出毒性	在规定的浸出或萃取方法的浸出液中，任何一种污染物的浓度超过标准值。污染物指镉、汞、铅、铬、银、六氯化苯、甲基氯化物、毒杀芬、2,4-D 和 2,4,5-T 等	美国 EPA/EP 法试验，超过饮用水 100 倍
6	急性毒性	一次投给试验动物的毒性物质，半数致死量(LD_{50})小于规定值的毒性	美国 NIOSH 试验方法，口服毒性 LD_{50}≤50mg/kg 体重，吸入毒性 LD_{50}≤2mg/kg；皮肤吸收毒性 LD_{50}≤200mg/kg 体重
7	水生生物毒性	鱼类试验，常用 96h 半数(TL_m96)受试鱼死亡的浓度值小于定值	TL_m＜1000ppm(96h)
8	植物毒性		半抑制浓度 LD_{50}＜1000mg/L
9	生物蓄积性	生物体内富集某种元素或化合物达到环境水平以上，试验时呈阳性结果	阳性
10	遗传变异性	由毒性引起的有丝分裂或减数分裂细胞的脱氧核糖核酸或核糖核酸的分子变化产生的致癌、致突变、致畸形的严重影响	阳性
11	刺激性	使皮肤发炎	使皮肤发炎≥8 级

我国危险废物鉴别程序如图 5-4 所示。

鉴别标准如下：

1) 急性毒性

能引起小鼠(大鼠)在 48h 内死亡半数以上者，并参考制订有害物质卫生标准的试验方法，进行半致死剂量(LD_{50})试验，评定毒性大小。

2) 易燃性

含闪点低于 60℃的液体，经摩擦、吸湿和自发的变化具有着火倾向的固体，着火时燃烧剧烈而持续，以及在管理期间会引起危害。

3) 腐蚀性

含水废物，或本身不含水，但加入定量水后其浸出液的 pH≤2 或 pH≥12.5 的废物；或最低温度为 55℃，对钢制品的腐蚀深度大于 6.35mm/a 的废物。

4) 反应性

符合下列任何条件之一的固体废物，属于反应性危险废物，参照《危险废物鉴别标准反应性鉴别》(GB 5085.5—2007)。

(1) 具有爆炸性质。①常温常压下不稳定，在无引爆条件下，易发生剧烈变化；②标准温度和压力下(25℃，101.3kPa)，易发生爆轰或爆炸性分解反应；③受强起爆剂作用或在封闭条件下加热，能发生爆轰或爆炸反应。

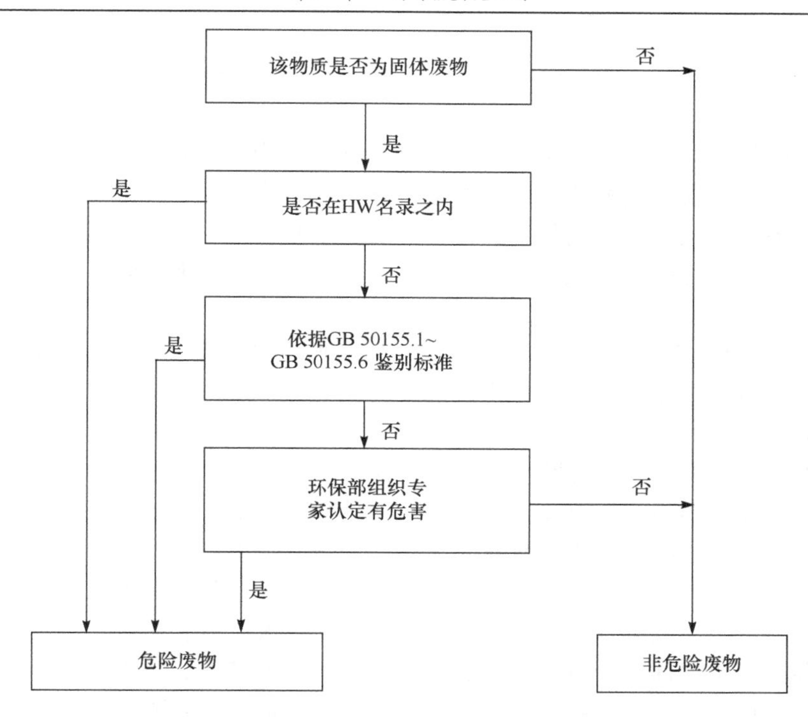

图 5-4　我国危险废物鉴别程序

(2) 与水或酸接触产生易燃气体或有毒气体。①与水混合发生剧烈化学反应，并放出大量易燃气体和热量；②与水混合能产生足以危害人体健康或环境的有毒气体、蒸气或烟雾；③在酸性条件下，每千克含氰化物废物分解产生≥250mg 氰化氢气体，或者每千克含硫化物废物分解产生≥500mg 硫化氢气体。

(3) 废弃氧化剂或有机过氧化物，极易引起燃烧或爆炸的废弃氧化剂；对热、震动或摩擦极为敏感的含过氧基的废弃有机过氧化物。

5) 浸出毒性

浸出液中任何一种污染成分的浓度超过标准值要求者。

美国对有害废物的定义及鉴别标准中还有水生物毒性(鱼类试验 96h TL_m 判别)、生物积蓄性、遗传变异性等与生物毒理有关的有害废物特性。

6) 感染性

含有已知或怀疑能引起动物或人类疾病的微生物和毒素的废物。

危险废物产生量占工业固体废物总量的 5%～10%，并以 3%的年增长率发展。工业固体废物中有很多危险废物，如石化行业产生的铬渣、氰渣、含汞盐泥、含重金属废渣、酸、碱渣等固体废物对人体和环境的潜在危害很大，城市生活垃圾中的医院临床废物、废电池、废日光灯等也都属于危险废物。由于危险废物中含有各种有毒有害物质，如果管理不善，一旦其危害性质爆发出来，将会给人畜和环境带来长久的、难以恢复的影响。因此，国内外都将危险废物作为废物管理的重点。

2011年6月12日云南陆良县村民们发现，放养的山羊莫名其妙的死亡，并将事件上报，经过有关部门调查，造成牲畜死亡的是一种危险固体废物——铬渣，来自于云南陆良和平化工有限公司。这些剧毒废料本应送往贵州一家专业处理厂，但却因两个承运人为了节省运费而将其随意丢弃在了曲靖市麒麟区的多个地点，共计140余车，总量达到了5222.38t。

2011年8月13日，云南省曲靖市政府新闻办向媒体通报，云南省陆良和平化工有限公司剧毒工业废料铬渣非法倾倒致污事件前期处置经过及下一步工作措施。通报称，此次因铬渣非法倾倒导致的污染，共造成倾倒地附近农村77头牲畜死亡。因距当地群众饮用自来水水源地很远，未对群众饮用水安全造成影响，未造成人员死亡。

铬渣主要产生于铬盐行业及少数金属铬企业的重铬酸钠生产过程中，尤以采用有钙焙烧生产工艺的铬盐生产企业产生的数量最多。铬渣遇水后会产生剧毒物质六价铬，而六价铬一旦汇入地表水或渗入地下水，将对地表水、地下水和土壤造成严重污染，从而也会对人的身体健康造成极大危害。六价铬与皮肤接触可能导致过敏；更可能造成遗传性基因缺陷，吸入某些较高浓度的六价铬化合物会引起流鼻涕、打喷嚏、瘙痒、鼻出血、溃疡和鼻中隔穿孔，甚至可能致癌。而在我国，铬污染的处置一直是个难题。

第二节　固体废物样品的采样和制备

固体废物的监测包括采样计划的设计和实施、分析方法、质量保证等方面。其中，采样是一个十分重要的环节。所采样本的质量如何，直接关系到分析结果的可靠性。特别是在分析手段日益精细、分析结果日益精密的今天，采样可能是造成分析结果变异的主要原因，有时甚至起着决定性的作用。

为了使采集样品具有代表性，在采集之前要调查研究生产工艺过程、废物类型、排放数量、堆积历史、危害程度和综合利用情况。如属于危险废物，则应根据其危险特性采取相应的安全措施。

一、样品的采集

1. 工业固体废物的采集

1) 采样工具

工业固体废物的采样工具(图 5-5)包括尖头钢锹、钢锤、钢尖镐、采样探子、采样钻、气动和真空探针、取样铲、带盖盛样桶或内衬塑料薄膜的盛样袋等。

2) 采样程序

(1) 根据固体废物批量大小确定采样单元(采样点)个数。

(2) 根据固体废物的最大粒度(95%以上能通过最小筛孔尺寸)确定采样量。

(3) 根据固体废弃物的赋存状态，选用不同的采样方法，在每一个采样点上采取一定质量的物料，组成总样(图 5-6)，并认真填写采样记录。

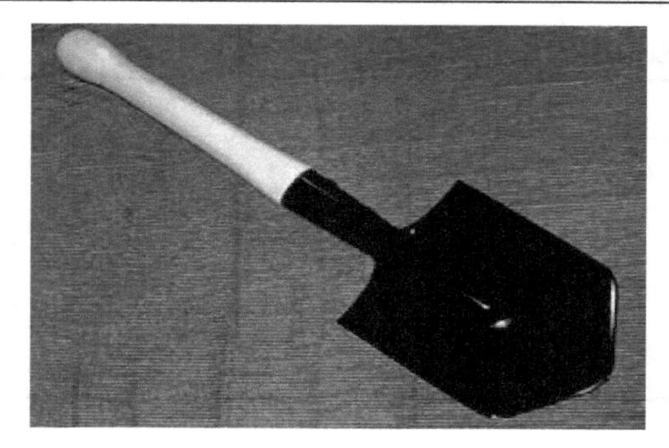

(a) 尖头钢锹

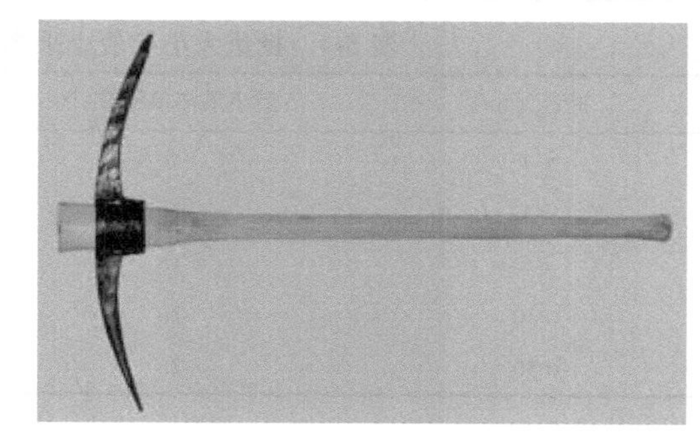

(b) 钢尖镐(腰斧)

(c) 采样钻

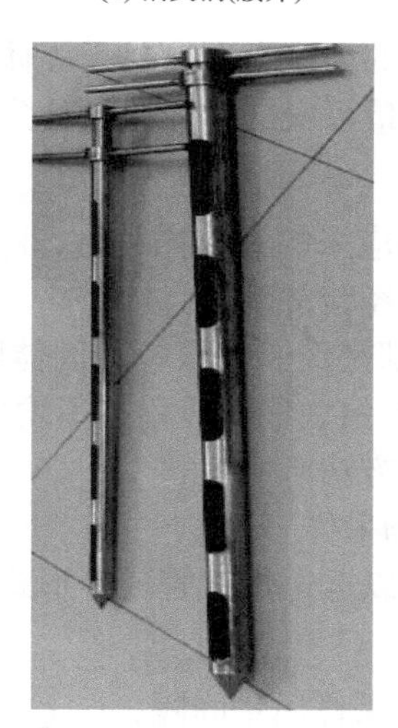

(d) 采样探子

图 5-5　采样工具

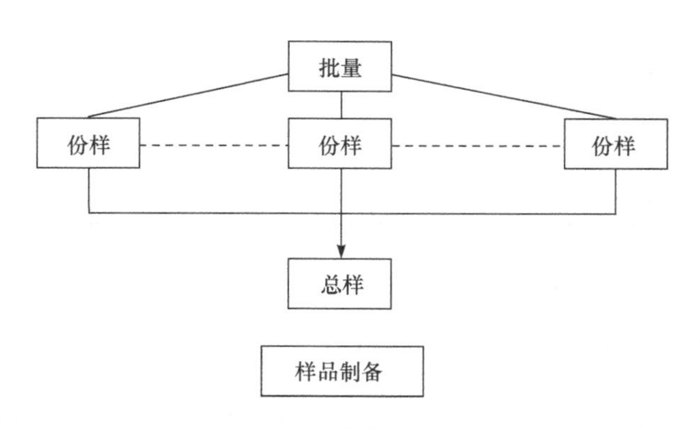

图 5-6　采样示意图

3) 采样单元数

采样单元的多少取决于两个因素：①物料的均匀程度：物料越不均匀，采样单元应越多；②采样的准确度：采样的准确度要求越高，采样单元应越多。最小采样单元数可以根据物料批量的大小进行估计，如表 5-4 所示。

表 5-4　批量大小与最小采样单元数(固体：t；液体：1000L)

批量大小	最小采样单元数/个	批量大小	最小采样单元数/个
＜1	5	≥100	30
≥1	10	≥500	40
≥5	15	≥1000	50
≥30	20	≥5000	60
≥50	25	≥10000	80

4) 采样量

采样量的大小主要取决于固体废物颗粒的最大粒径，颗粒越大，均匀性越差，采样量应越多，采样量可根据切乔特经验公式(又称缩分公式)计算。

$$Q=Kd^{a}$$

式中，Q 为应采的最小样品量，kg；d 为固体废物最大颗粒直径，mm；K 为缩分系数(经验常数)；a 为经验常数。

K、a 都是经验常数，与固体废物的种类、均匀程度和易破碎程度有关。一般矿石的 K 值介于 0.05～1，固体废物越不均匀，K 值就越大。a 的数值介于 1.5～2.7，一般由实验确定。

5) 采样方法

(1) 现场采样。

当废物以运送带、管道等形式连续排出时，须按一定的间隔采样，采样间隔以下式计算：

$$T \leqslant Q/n$$

式中，T 为采样质量间隔，t；Q 为批量，t；n 为表 5-5 中规定的采样单元数。

表 5-5　所需最少采样车数

车数(容器)	所需最少采样车数(容器数)
＜10	5
10～25	10
25～50	20
50～100	30
＞100	50

注意：采第一个试样时，不能在第一间隔的起点开始，可在第一间隔内随机确定。在运送带上或落口处采样，应截取废物流的全截面。

(2) 运输车及容器采样。

在运输一批固体废物时，当车数不多于该批废物规定的采样单元数时，每车应采样单元数按下式计算：

每车应采样单元数(小数应进为整数)=规定采样单元数/车数

当车数多于规定的采样单元数时，按表 5-5 选出所需最少的采样车数后，从所选车中各随机采集一个样。在车中，采样点应均匀分布在车厢的对角线上(图 5-7)，端点距车角应大于 0.5m，表层去掉 30cm。

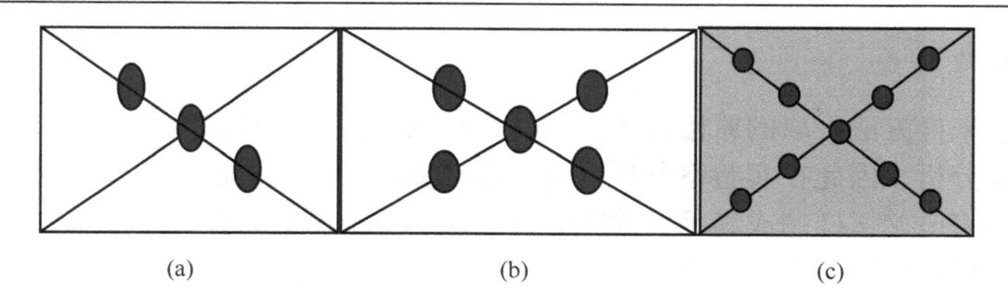

图 5-7　车厢中的采样布点的位置

对于一批若干容器盛装的废物，按表 5-5 选取最少容器数，并且每个容器中均随机采两个样品。

(3) 废渣堆采样法。

在渣堆两侧距堆底 0.5m 处画第一条横线，然后每隔 0.5m 画一条横线；再每隔 2m 画一条横线的垂线，其交点作为采样点。按表 5-5 确定的采样车数(容器数)，确定采样点数，在每点上从 0.5～1.0m 深处各随机采样一份(图 5-8)。

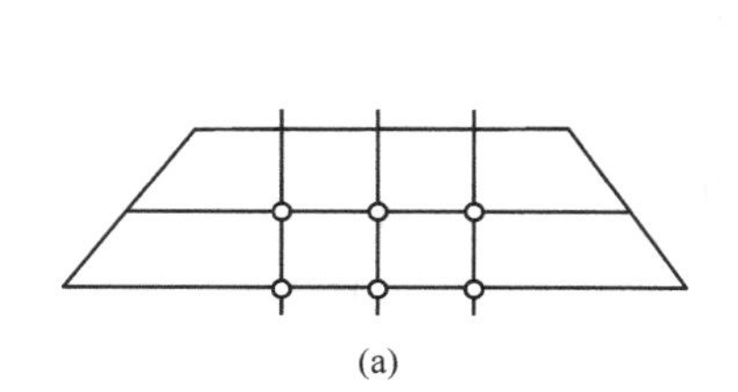

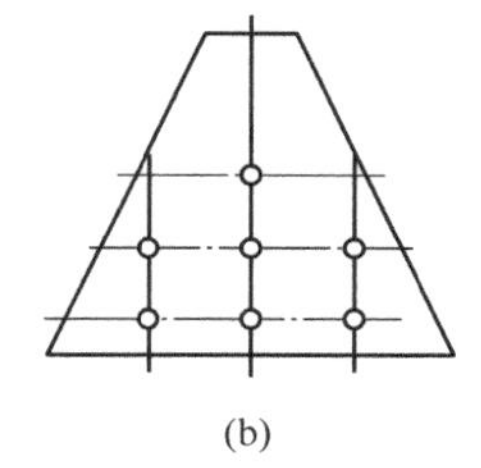

图 5-8　废渣堆中采样点的分布

2. 城市生活垃圾的采集

城市生活垃圾样品的采集可参照工业固体废物，也可按下列步骤进行。

1) 采样工具

50L 搪瓷盆、100kg 磅秤、铁锹、竹夹、橡皮手套、剪刀、小铁锤等。

2) 采样方法与步骤

(1) 采样点的确定：为了使样品具有代表性，采用点面结合确定几个采样点。在市区选择 2～3 个居民生活水平与燃料结构具代表性的居民生活区作为点；再选择一个或几个垃圾堆放场所为面，定期采样。做生活垃圾全面调查分析时，点面采样时间定为半个月一次。

(2) 方法与步骤：采样点确定后，即可按下列步骤采集样品。

将 50L 容器(搪瓷盆)洗净、干燥、称量、记录，然后布置于点上，每个点若干个容器；面上采集时，带好备用容器。

点上采样量为该点 24h 内的全部生活垃圾，到时间后收回容器，并将同一点上若干容器内的样品全部集中；面上的取样数量以 50L 为一个单位，要求从当日卸到垃圾堆放场的每车垃圾中进行采样(即每车 5t)，共取 $1m^3$ 左右(约 20 个垃圾车)。

将各点集中或面上采集的样品中大块物料现场人工破碎，然后用铁锹充分混匀，此过程尽可能迅速完成，以免水分散失。

混合后的样品现场用四分法，把样品缩分到 90～100kg 为止，即为初样品。将初样品装入容器，取回分析。

二、样品的制备

根据以上采样方法采取的原始固体试样，往往数量很大、颗粒大小悬殊、组成不均匀，无法进行实验分析。因此在实验室分析之前，需对原始固体试样进行加工处理，称为制样。制样的目的是将原始试样制成满足实验室分析要求的分析试样，即数量缩减到几百克、组成均匀(能代表原始样品)、粒度细(易于分解)。制样的步骤包括破碎、过筛、混匀、缩分。制样的四个步骤反复进行，直至达到实验室分析试样要求为止，样品的制备过程如图 5-9 所示。

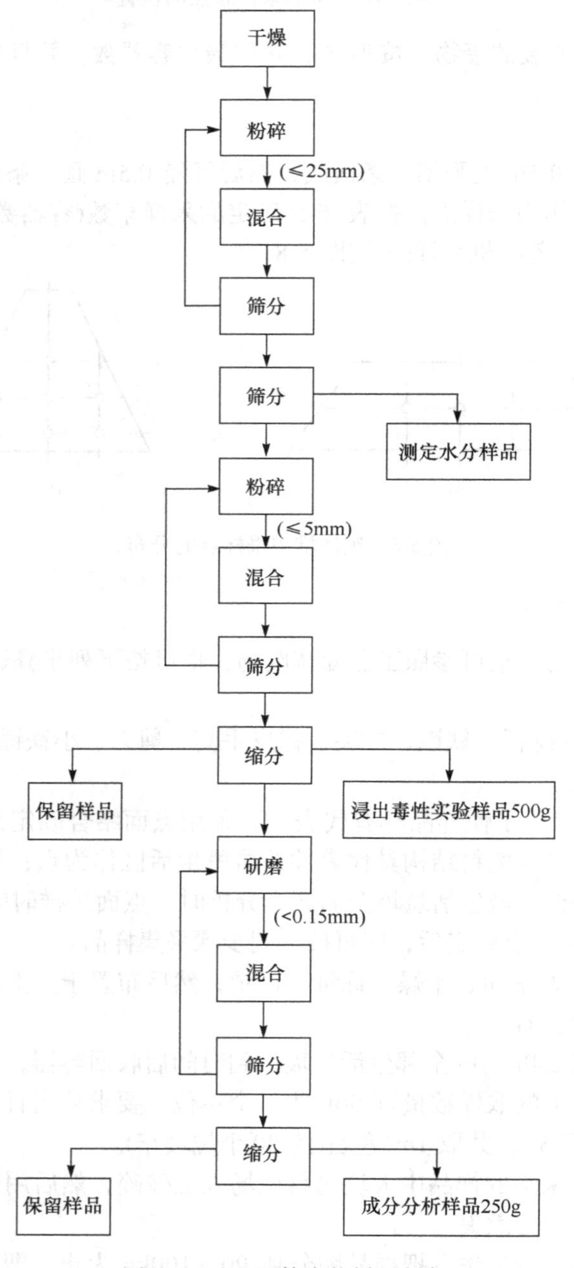

图 5-9　工业固体废物样品制备

1. 制样工具

粉碎机械(粉碎机、破碎机等)、药碾、研钵、钢锤、标准套筛、十字分样板、机械缩分器等。

2. 工业固体废物样品制备

将所采样品均匀平铺在洁净、干燥、通风的房间自然干燥。当房间内有多个样品时，可用大张干净滤纸盖在搪瓷盘表面，以避免样品受外界环境污染和交叉污染。

1) 粉碎

经破碎和研磨以减小样品的粒度：粉碎可用机械或手工方法完成。将干燥后的样品根据其硬度和粒径的大小，采用适宜的粉碎机械，分段粉碎至所要求的粒度(图 5-10)。

(a)

(b)

图 5-10　粉碎机和药碾

2) 筛分

使样品保证 95%以上处于某一粒度范围：根据样品的最大粒径选择相应的筛号，分阶段筛出全部粉碎样品。筛上部分应全部返回粉碎工序重新粉碎，不得随意丢弃(图 5-11)。

(a)

(b)

图 5-11　研钵和标准套筛

3) 混合

使样品达到均匀：混合均匀的方法有堆锥法、环锥法、掀角法和机械拌匀法等，使过筛的样品充分混合。

4) 缩分

将样品缩分，以减少样品的质量：根据制样粒度，使用缩分公式求出保证样品具有代表性前提下应保留的最小质量。采用圆锥四分法进行缩分(图 5-12)。

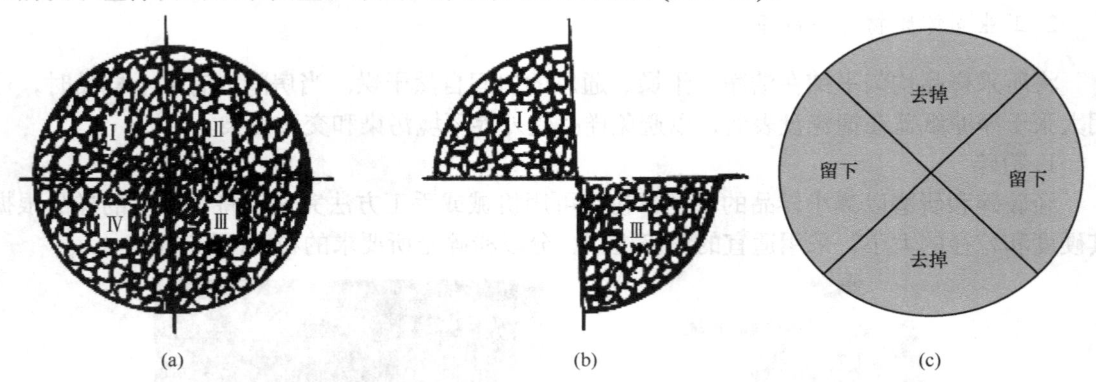

图 5-12 圆锥四分法缩分

圆锥四分法：将样品置于洁净、平整板面(聚乙烯板、木板等)上，堆成圆锥形，将圆锥尖顶压平，用十字分样板自上压下，分成四等分，保留任意对角的两等分，重复上述操作至达到所需分析试样的最小质量。

3. 城市生活垃圾样品的制备

1) 分拣

将采取的生活垃圾样品按表 5-6 的分类方法手工分拣垃圾样品，并记录下各类成分的比例或质量。

表 5-6 垃圾成分分类

类别	有机物		无机物		可回收物						
	动物	植物	灰土	砖瓦陶瓷	纸类	塑料橡胶	纺织物	玻璃	金属	木竹	其他

2) 粉碎

分别对各类废物进行粉碎。对灰土、砖瓦陶瓷类废物，先用手锤将大块敲碎，然后用粉碎机或其他粉碎工具进行粉碎；对动植物、纸类、纺织物、塑料等废物，剪刀剪碎。粉碎后样品的大小，根据分析测定项目确定。

3) 混合缩分

混合缩分采用圆锥四分法。

三、样品的保存

采取的样品应尽快进行分析，以防止其中水分或挥发性物质的散失及其他待测物质含量的变化。如果不能立即进行分析，必须加以妥善保存。样品保存主要有常温常压保存、低温保存、冷冻保存等。

(1) 密封保存。容易腐烂变质的样品需保存在 0～5℃，保存时间也不宜过长，否则，会导致样品变质或待测物的分解。某些国家对特殊样品采用冷冻或充惰性气体等方法保存。在进行冷冻干燥时，先将样品冷冻到冰点以下，水分即变成固态冰，然后在高真空下将冰升华以脱水，样品即被干燥。所用真空度为 133～400Pa 的绝对压强，温度为 10～30℃，而逸出的水分聚集于冷冻的冷凝器上，并用干燥剂将水分吸收或直接用真空泵抽走。

(2) 贴标签。标签上应注明编号、废物名称、采样地点、批量、采样人、制样人、时间。

(3) 制备好的样品，一般有效保存期为三个月，易变质的试样除外。

最后，填好采样记录表，分别存于有关部门。

另外，样品在运送过程中，应避免样品容器的倒置和倒放。

四、样品的水分和 pH 的测定

1. 样品水分的测定

1) 测定无机物

20g 样品在 105℃下干燥 2h，称量后，再干燥 1h，称量，若两次误差＞0.1g，须再次干燥，时间减半，直至恒量至±0.1g。

2) 测定有机物

样品在 60℃下干燥 24h，减重即为水分。

3) 固体废物水分表示

当含水量＜0.1%时，以 mg/kg 表示，含水量＞0.1%时，以百分数表示。

2. 样品 pH 的测定

具体方法参见本章第三节内容。

第三节　危险特性监测

固体废物危险特性鉴别的检测项目应根据固体废物的产生源特性确定。根据固体废物的产生过程可以确定不存在的危险特性项目或不存在的毒性物质，不进行检测。固体废物危险特性鉴别采用《危险废物鉴别标准》(GB 5085—2007)规定的相应方法和指标限值，若无法确认固体废物是否是含有危险特性或毒性物质时，按照以下程序进行检测：①反应性、易燃性、腐蚀性检测；②浸出毒性中无机物质的检测；③浸出毒性中有机物质项目的检测；④毒性物质含量鉴别项目中无机物质项目的检测；⑤毒性物质含量鉴别项目中有机物质项目的检测；⑥急性毒性鉴别项目的检测。

无法确认固体废物产生源时，应首先对这种固体废物进行全成分元素分析和水分、有机分和灰分三成分分析，根据结果确定检测项目。

一、急性毒性的初筛

有害废物中会有多种有害成分，组分分析难度较大。急性毒性的初筛试验可以简便地鉴别其综合急性毒性。方法如下：

(1) 选择试验动物：多以体重 18～24g 的小白鼠(或 200～300g 大白鼠)(图 5-13)作为试验

动物，选健康活泼者，试验前 8～12h 禁食。

图 5-13　试验用小白鼠

(2) 制备浸出液：称取样品 100g，置于 500mL 具塞三角瓶中，加入 100mL 水(即 1 ∶ 1)，振摇 3min，于室温下静置浸泡 24h，然后用中速定量滤纸过滤，滤液留待灌喂用。

(3) 灌喂：对小鼠灌喂采用注射器，注射针磨光，弯曲成新月形。对 10 只小鼠进行一次性灌喂，每只灌 0.5mL[小鼠不超过 0.5mL/20g(体重)，大鼠不超过 1.0mL/100g(体重)]。

(4) 症状观察：对小白鼠进行中毒症状观察，记录 24h、48h 或 96h 动物死亡数。48h 内死亡半数以上者为具有急性毒性。

二、易燃性的测定

鉴别易燃性是测定闪点。具体内容参考《危险废物鉴别标准 易燃性鉴别》(GB 5085.4—2007)。

1) 液态

闪点温度低于 60℃(闭杯试验)的液体、液体混合物或含有固体物质的液体。

闪点：指在标准大气压(101.3kPa)下，液体表面上方释放出的可燃蒸气与空气完全混合后，可以被火焰或火花点燃的最低温度。

测试仪器：闪点测定仪(图 5-14)。测试方法见《石油产品闪点测定法(闭口杯法)》(GB 267—1988)和《石油产品闪点和燃点的测定　克利夫兰开口杯法》(GB/T 3536—2008)。

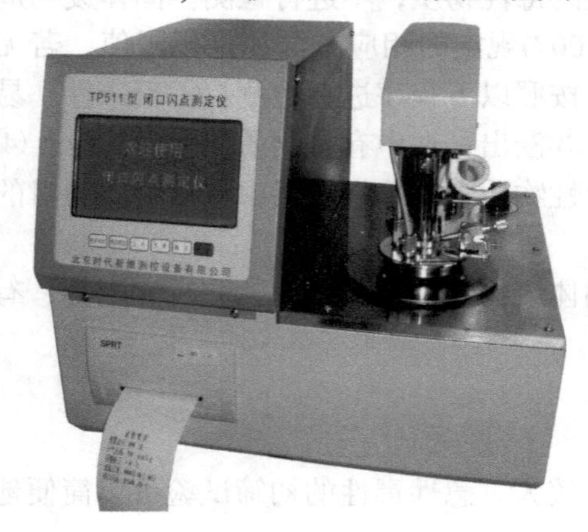

(a) 闭口闪点测定仪

(b) 开口闪点测定仪

图 5-14　闪点测定仪

其中开口杯法标准规定了用克利夫兰开口杯仪器测定石油产品闪点和燃点的方法。适用于除燃料油(燃料油通常按照 GB 267—1988 进行测定)以外的、开口杯闪点高于 79℃的石油产品。

闭杯试验步骤：按标准要求加热试样至一定温度，停止搅拌，每升高 1℃点火一次，至试样上方刚出现蓝色火焰时，立即读出温度计上的温度值，该值即为测定结果。闪点低于60℃的废物为可燃性物质。

2) 固态

在标准温度和压力(即 25℃，101.3kPa)下因摩擦或自发性燃烧而起火，当点燃后能剧烈而持续燃烧并产生危害的固态废物。

测试方法：《易燃固体危险货物危险特性检验安全规范》(GB 19521.1—2004)。

3) 气态

在 20℃，101.3kPa 状态下，在与空气的混合物中体积分数≤13%时可点燃的气体；或者在该状态下，不论易燃下限如何，与空气混合，易燃范围的易燃上限与易燃下限之差大于或等于 12%的气体。

测试方法：按《易燃气体危险货物危险特性检验安全规范》(GB 19521.3—2004)的要求进行。

三、腐蚀性的测定

腐蚀性物质通过接触能损伤生物细胞，或腐蚀物体。鉴别标准参照《危险废物鉴别标准 腐蚀性鉴别》(GB 5085.1—2007)规定：

(1) 一种是测定 pH，pH≥12.5 或 pH≤2 的浸出液具腐蚀性。

(2) 在 55℃条件下，对 GB/T 699 规定的 20 号钢材的腐蚀速率≥6.35mm/a。

测定方法：

(1) pH 测定按照《固体废物腐蚀性测定　玻璃电极法》(GB/T 15555.12—1995)的规定进行。

用 pH 计或酸度计测定方法要点：测定前先用与待测样品 pH 相近的标准液体校正 pH 计，并加以温度补偿，具体方法见表 5-7。

表 5-7　腐蚀性测定方法

样品类型	固体样品	含水率＞99%的液体污泥	含不溶解黏稠污泥
方法要点	无 CO_2 的水稀释(1 ∶ 1 或 2 ∶ 5)振荡 2h，测 pH	pH 计直接插入(30s)	先离心或过滤，测水溶液 pH

注意事项：标准试剂(pH=4.00，pH=6.86 和 pH=9.18)可以自己配，也可以买袋装试剂，室温下保存 1～2 个月，当发现浑浊、发霉或沉淀现象时，不能继续使用。

(2) 腐蚀速率测定按照《金属材料实验室均匀腐蚀全浸试验方法》(GB 10124—1988)的规定进行。

钢制品腐蚀试验方法：将清洁抛光的碳素钢试样浸泡在物料浸出液中，容器水浴加热55℃，经过 30d，用深度千分尺测量最大腐蚀深度，并换算成 mm/a，标准为 6.35mm/a。

测定 pH 的注意事项：①平行测定误差≤0.15，并取中位值报告；②对于 pH＜2 和 pH＞12 的样品，平行测定的误差可放宽到≤0.20。

四、反应性的测定

测定反应性受废物种类等多种因素的影响，需根据废物样品的性质选择相应的鉴别方法，常用反应性鉴别方法包括以下几个方面。

(1) 撞击感度测定：用以确定对机械撞击作用的敏感程度，用立式落锤仪进行测定。

(2) 摩擦感度测定：用以测定样品对摩擦作用的敏感程度，用摆式摩擦仪及摩擦装置进行测定，观察样品受摩擦作用后是否发生爆炸、燃烧和分解。

(3) 差热分析测定：确定样品的热不稳定性，用差热分析仪测定。

(4) 爆炸点测定：测定样品对热的敏感程度，用爆发点测定仪测定。

(5) 火焰感度测定：确定样品对火焰的敏感程度，用爆发点测定仪测定。

具体测定方法标准可参考：

(1)《氧化性危险货物危险特性检验安全规范》(GB 19452—2004)。

(2)《民用爆炸品危险货物危险特性检验安全规范》(GB 19455—2004)。

(3)《遇水放出易燃气体危险货物危险特性检验安全规范》(GB 19521.4—2004)。

(4)《有机过氧化物危险货物危险特性检验安全规范》(GB 19521.12—2004)。

(5)《危险废物鉴别技术规范》(HJ/T 298—2007)。

五、遇水反应性的测定

与水或酸接触产生易燃气体或有毒气体。有些危险废物与水混合发生剧烈的化学反应，并放出大量易燃气体和热量，可按照《遇水放出易燃气体危险货物危险特性检验安全规范》(GB 19521.4—2004)第 5.5.1 和第 5.5.2 条规定进行试验和判定；对于与水混合能产生足以危害人体健康或环境的有毒气体、蒸气或烟雾的废物，主要依据专业知识和经验来判断；对于与酸溶液接触后氢氰酸和硫化物的比释放率的测定，可以在装有定量废物的封闭体系中加入一定量的酸，将产生的气体吹入洗气瓶，测定被分析物，其装置如图 5-15 所示。

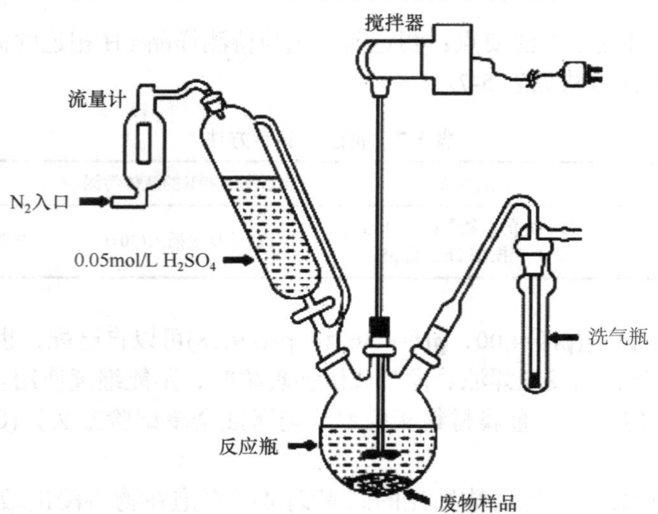

图 5-15　测定废物中氰化物或硫化物的实验装置

六、浸出毒性试验

浸出毒性是指在固体废物按规定的浸出方法的浸出液中，有害物质的浓度超过规定值，从而会对环境造成污染的特性。鉴别固体废物浸出毒性的浸出方法有水平振荡法和翻转法。浸出试验采用规定办法浸出水溶液，然后对浸出液进行分析。我国规定的分析项目有汞、镉、砷、铬、铅、铜、锌、镍、锑、铍、氟化物、氰化物、硫化物、硝基苯类化合物等。

1. 水平振荡法

该法是取干基试样 100g，置于 2L 的具盖广口聚乙烯瓶中，加入 1L 去离子水后，将瓶子垂直固定在水平往复式振荡器上，调节振荡频率为(110±10)次/min，振幅 40mm，在室温下振荡 8h，静置 16h 后取下，经 0.45μm 滤膜过滤得到浸出液，测定污染物浓度。

2. 翻转法

该法是取干基试样 70g，置于 1L 具盖广口聚乙烯瓶中，加入 700mL 去离子水后，将瓶子固定在翻转式搅拌机上，调节转速为(30±2)r/min，在室温下翻转搅拌 18h，静置 30min 后取下，经 0.45μm 滤膜过滤得到浸出液，测定污染物浓度。

浸出液按各分析项目要求进行保护，在合适条件下储存备用。每种样品作两个平行浸出试验，每瓶浸出液对欲测项目平行测定两次，取算术平均值报告结果。试验报告应将被测样品的名称、来源、采集时间、样品粒度级配情况、试验过程的异常情况、浸出液的 pH、颜色、乳化和相分层情况说明清楚。对于含水污泥样品，其滤液也必须同时加以分析并报告结果。如测定有机成分宜用硬质玻璃容器。

中国危险废物浸出毒性鉴别标准如表 5-8 规定的限制。

表 5-8　中国危险废物浸出毒性鉴别标准(GB 5085.3—2007)

<table>
<tr><th>序号</th><th>项目</th><th>浸出液的最高允许浓度/(mg/L)</th><th>分析方法</th></tr>
<tr><td>1</td><td>汞</td><td>0.1(以总汞计)</td><td rowspan="5">电感耦合等离子原子发射光谱法
电感耦合等离子体质谱法
石墨炉原子吸收光谱法
火焰原子吸收光谱法</td></tr>
<tr><td>2</td><td>镉</td><td>1(以总镉计)</td></tr>
<tr><td>3</td><td>铅</td><td>5(以总铅计)</td></tr>
<tr><td>4</td><td>铜</td><td>100(以总铜计)</td></tr>
<tr><td>5</td><td>锌</td><td>100(以总锌计)</td></tr>
<tr><td>6</td><td>铬</td><td>5(以六价铬计)</td><td>GB/T 15555.4—1995</td></tr>
<tr><td>7</td><td>砷</td><td>5(以总砷计)</td><td>石墨炉原子吸收光谱法，原子荧光法</td></tr>
<tr><td>8</td><td>镍</td><td>5(以总镍计)</td><td rowspan="2">电感耦合等离子体质谱法，石墨炉原子吸收光谱法，火焰原子吸收光谱法</td></tr>
<tr><td>9</td><td>铍</td><td>0.02(以总铍计)</td></tr>
<tr><td>10</td><td>无机氟化物</td><td>100(不包括氟化钙)</td><td>离子色谱法</td></tr>
</table>

第四节　城市生活垃圾的特性分析

一、城市生活垃圾及其分类

城市生活垃圾是指城市日常生活中或为城市日常生活提供服务的活动中产生的固体废物。它主要包括厨房垃圾、普通垃圾、庭院垃圾、清扫垃圾、商业垃圾、建筑垃圾、危险垃圾(如医院传染病房、放射性治疗系统、核试验室等排放的各种废物)等。城市生活垃圾的组成很复杂，通常包括食品垃圾、纸类、细碎物、金属、玻璃、塑料等，各组分所占比例随不同国家、不同地区、不同环境而有较大差异。

随着生产力的发展、居民生活水平的提高，城市生活垃圾的产生量也在迅速增加，成分日益庞杂。每年全球城市生活垃圾大致以 1%～3%的速度增长，美国年递增率约为 5%，韩国达 12%。近几年随着经济的发展，城市化进程加快，我国城市生活垃圾的增长也较为迅猛，增长速度为 8%～10%。2009 年，我国城市生活垃圾清运量达 1.65 亿 t，无害化处理率从 1990 年的 2.3%上升到 66.8%。城市生活垃圾的污染问题已经成为世界性城市公害之一。对城市生活垃圾处理技术的研究变得越来越紧迫。

城市生活垃圾的分类见表 5-9。

表 5-9　城市生活垃圾分类简表

分类方法	内容	意义
按可燃性	可燃性垃圾与不可燃性垃圾	为焚烧、热解气化处理提供依据
按发热量	高热值垃圾与低热值垃圾	为焚烧、热解气化处理提供依据
按有机物含量	高有机物含量垃圾与低有机物含量垃圾	为厌氧消化、堆肥化及其他生物处理提供依据
按处理处置方式(或资源回收利用)	1. 可回收物、易堆腐物、可燃物及其他无机废物 2. 有机物、无机物、可回收物	为资源回收、选择合适的处理处置方法提供依据
按产生或收集来源	1. 食品垃圾(也称厨房垃圾)：居民住户排出垃圾的主要成分； 2. 普通垃圾(亦称零散垃圾)：纸类、废旧塑料、罐头盒、玻璃、陶瓷、木片等日用废物，也可统称为家庭垃圾，是城市生活垃圾中可回收利用的主要对象； 3. 庭院垃圾：植物残余、树叶、树杈及庭院其他清扫杂物； 4. 清扫垃圾：城市道路、桥梁、广场、公园及其他露天公共场所由环卫系统清扫收集的垃圾； 5. 商业垃圾：城市商业、各类商业性服务网点或专业性营业场所(如菜市场、饮食店等)产生的垃圾； 6. 建筑垃圾：城市建筑物、构筑物进行维修或兴建的施工现场产生的垃圾； 7. 危险垃圾：医院传染病房、放射治疗系统、核试验室等场所排放的各种废物(常被归到危险废物之列)； 8. 其他垃圾：除以上各类产生源以外场所排放的垃圾的统称	为垃圾分类、收集、加工转化、资源回收、选择合适的处理处置方法提供依据
详细分类	食品垃圾、纸类、细碎物、金属、玻璃、塑料、轮胎、电池、木制品、废旧家电、报废汽车等	为垃圾分类、收集、加工转化、资源回收、选择合适的处理处置方法提供依据
按化学成分	C、H、O、N、S、P 等	为垃圾研究、设计、加工处理等提供依据

目前，国内外广泛采用的城市生活垃圾的处理方式主要有卫生填埋、焚烧(包括热解和气化)、堆肥和再生利用四种方式。针对不同的方式，有不同的监测项目和重点。例如，焚烧，垃圾的热值是决定性参数；而堆肥则需测定生物降解度、堆肥的腐熟程度；对填埋来说，渗滤液分析和堆场周围的蝇类滋生密度则为主要项目。

二、城市生活垃圾特性分析

1. 垃圾的粒度分级

粒度采用筛分法，将一系列不同筛目的筛子按规格序列由小到大排列，筛分时，依次连续摇动 15min，依次转到下一号筛子，然后计算每一粒度微粒所占的百分比。如果需要在试样干燥后再称量，则需在 70℃的温度下烘干 24h，然后再在干燥器中冷却后筛分。

$$微粒(\%)=\frac{(微粒质量+筛子质量)-筛子质量}{总样品质量}\times 100\%$$

2. 淀粉的测定

1) 原理

垃圾在堆肥处理过程中，需借助淀粉量分析来鉴定堆肥的腐熟程度。主要是利用垃圾在堆肥过程中形成的淀粉碘化配合物的颜色变化来判断堆肥的腐熟程度，当堆肥降解尚未结束时，淀粉碘化配合物呈蓝色；降解结束即呈黄色。堆肥颜色的变化过程是深蓝—浅蓝—灰—绿—黄。

2) 步骤和试剂

分析实验的步骤：①将 1g 堆肥置于 100mL 烧杯中，滴入几滴乙醇使其湿润，再加 20mL 36%的高氯酸；②用纹网滤纸(90 号纸)过滤；③加入 20mL 碘反应剂到滤液中并搅动；④将几滴滤液滴到白色板上，观察其颜色变化。

试剂：①碘反应剂：将 2g KI 溶解到 500mL 水中，再加入 0.08g I_2；②36%的高氯酸；③乙醇。

3. 生物降解度的测定

垃圾中含有大量天然的和人工合成的有机物质，有的容易生物降解，有的难以生物降解。目前，通过实验已经寻找出一种可以在室温下对垃圾生物降解作出适当估计的 COD 实验方法。

分析步骤：①称取 0.5g 已烘干磨碎试样于 500mL 锥形瓶中；②准确量取 20mL $C_{1/6(K_2Cr_2O_7)}$=2mol/L 重铬酸钾溶液加入试样瓶中并充分混合；③用另一支量筒量取 20mL 硫酸加到试样瓶中；④在室温下将这一混合物放置 12h 且不断摇动；⑤加入大约 15mL 蒸馏水；⑥再依次加入 10mL 磷酸、0.2g 氟化钠和 30 滴指示剂，每加入一种试剂后必须混合；⑦用标准硫酸亚铁铵溶液滴定，在滴定过程中颜色的变化是从棕绿—绿蓝—蓝—绿，在等当点时出现的是纯绿色；⑧用同样的方法在不放试样的情况下做空白实验；⑨如果加入指示剂时易出现绿色，则实验必须重做，必须再加 30mL 重铬酸钾溶液。

试剂：①二苯胺指示剂：小心地将 100mL 浓硫酸加到 20mL 蒸馏水中，再加入 0.5g 二苯胺；②硫酸亚铁铵 $C_{1/2[(NH_4)_2Fe(SO_4)_2\cdot 6H_2O]}=0.5$mol/L。

生物降解物质的计算：

$$BDM=(V_2-V_1)\times V\times C\times 1.28/V_2$$

式中，BDM为生物降解度；V_1为试样滴定体积，mL；V_2为空白实验滴定体积，mL；V为重铬酸钾的体积，mL；C为重铬酸钾的浓度；1.28为折合系数。

4. 热值的测定

由于焚烧是一种可以同时并快速实现垃圾无害化、稳定化、减量化、资源化的处理技术，在工业发达国家，焚烧已经成为城市生活垃圾处理的重要方法，我国也正在加快垃圾焚烧技术的开发研究，以推进城市垃圾的综合利用。

垃圾焚烧过程中，产生3350kJ/kg热量即可以不需要添加燃料维持自身的燃烧。故热值是废物焚烧处理的重要指标，分高热值和低热值。垃圾中可燃物燃烧产生的热值为高热值。垃圾中含有的不可燃物质(如水和不可燃惰性物质)，在燃烧过程中消耗热量，当燃烧升温时，不可燃惰性物质吸收热量而升温；水吸收热量后气化，以蒸气形式挥发。高热值减去不可燃惰性物质吸收的热量和水气化所吸收的热量，称为低热值。显然，低热值更接近实际情况，在实际工作中意义更大。

两者换算公式为：

$$H_N=H_0\times[(100-(I+W))/(100-W_L)]\times 5.85\times W$$

式中，H_N为低热值，kJ/kg；H_0为高热值，kJ/kg；I为惰性物质含量，%；W为垃圾的表面湿度，%；W_L为剩余的和吸湿性的湿度，%。

热值的测定可以用量热计法或热耗法。测定废物热值的主要困难是要了解废物的比热值，因为垃圾组分变化范围大，各种组分比热差异很大，所以测定某一垃圾的比热是一个复杂的过程，而组分比较简单的(如含油污泥等)就比较容易测定。

三、垃圾渗滤液分析及渗滤液试验

1. 垃圾渗滤液分析

渗滤液是指垃圾本身所带水分，以及降水等与垃圾接触而渗出来的溶液，它提取或溶出了垃圾组成中的污染物质甚至有毒有害物质，一旦进入环境会造成难以挽回的后果，由于渗滤液中的水量主要来源于降水，所以在生活垃圾的三大处理方法中，渗滤液是填埋处理中最主要的污染源。合理的堆肥处理一般不会产生渗滤液，焚烧处理也不产生，只有露天堆肥、裸露堆物可能产生。

1) 渗滤液的特性

渗滤液的特性取决于它的组成和浓度。由于不同国家、不同地区、不同季节的生活垃圾组分变化很大，并且随着填埋时间的不同，渗滤液组分和浓度也会变化。

因此，它的特点有：①成分的不稳定性，主要取决于垃圾的组成；②浓度的可变性，主要取决于填埋时间；③组成的特殊性，渗滤液不同于生活污水，而且垃圾中存在的物质，渗滤液中不一定存在，一般废水中有的它也不一定有。例如，在一般生活污水中，有机物质主要是蛋白质(40%～60%)、碳水化合物(25%～50%)及脂肪、油类(10%)，但在渗滤液中几乎不含油类，因为生活垃圾具有吸收和保持油类的能力，在数量上至少达到2.5g/kg干废物。此外，渗滤液中几乎没有氰化物、金属铬和金属汞等水质必测项目。

2) 渗滤液的分析项目

根据实际情况，我国提出了渗滤液理化分析和细菌学检验方法，内容包括色度、总固体、总溶解性固体与总悬浮性固体、硫酸盐、氨态氮、凯氏氮、氯化物、总磷、pH、BOD、COD、钾、钠、细菌总数、总大肠菌数等。其中细菌总数和大肠菌数是我国已有的检测项目，测定方法基本上参照水质测定方法，并根据渗滤液特点做一些变动。

在生活垃圾填埋场投入使用之前应监测地下水本底水平，在生活垃圾投入使用之时即对地下水进行持续监测，直至封场后填埋场产生的渗滤液中水污染物浓度连续两年低于表 5-10 中的限值时为止。

表 5-10　生活垃圾填埋场水污染物排放浓度限值(GB 16889—2008)

序号	控制污染物	排放浓度限值	污染物排放监控位置
1	色度(稀释倍数)	30	常规污水处理设施排放口
2	化学需氧量(COD_{Cr})/(mg/L)	60	常规污水处理设施排放口
3	生化需氧量(BOD_5)/(mg/L)	20	常规污水处理设施排放口
4	悬浮物/(mg/L)	30	常规污水处理设施排放口
5	总氮/(mg/L)	20	常规污水处理设施排放口
6	氨氮/(mg/L)	8	常规污水处理设施排放口
7	总磷/(mg/L)	1.5	常规污水处理设施排放口
8	粪大肠菌群数/(个/L)	1000	常规污水处理设施排放口
9	总汞/(mg/L)	0.001	常规污水处理设施排放口
10	总镉/(mg/L)	0.01	常规污水处理设施排放口
11	总铬/(mg/L)	0.1	常规污水处理设施排放口
12	六价铬/(mg/L)	0.05	常规污水处理设施排放口
13	总砷/(mg/L)	0.1	常规污水处理设施排放口
14	总铅/(mg/L)	0.1	常规污水处理设施排放口

2. 渗滤液实验

工业固体废物和生活垃圾堆放过程中由于雨水的冲击和自身关系，可能通过渗沥而污染周围土地和地下水，因此，对渗滤液的测定是重要项目。

1) 固体废物堆场渗滤液采样的选择

正规设计的垃圾堆场通常设有渗滤液渠道和集水井，采集比较方便。典型安全堆埋场也设有渗出液取样点，如图 5-16 所示。

生活垃圾填埋场管理机构对排水井的水质监测频率应不少于每周一次，对污染扩散井和污染监视井的水质监测频率应不少于每 2 周一次，对本底井的检测频率应不少于每月一次。渗滤液污染因子的典型浓度见表 5-11。

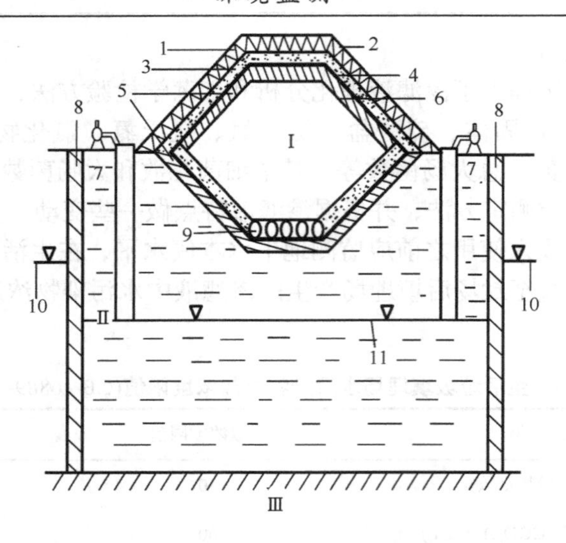

图 5-16　典型安全填埋场示意图及渗滤液采样点图

Ⅰ. 废物堆；Ⅱ. 可渗透性土壤；Ⅲ. 非渗透性土壤；1. 表层植被；2. 土壤；3. 黏土层；4. 双层有机内衬；5. 沙质土；6. 单层有机内衬；7. 渗出液抽汲泵(采样点)；8. 膨润土浆；9. 渗出液收集管；10. 正常地下水位；11. 堆场内地下水位

表 5-11　典型卫生填埋场渗滤液污染物浓度

成分	美国		日本		中国	
	范围	典型值	范围	典型值	范围	典型值
BOD/(mg/L)	2000～30000	10000	1000～30000	12000	1660～24300	9000
TOC/(mg/L)	1500～20000	6000	13000～20000	18000	3095～22230	7500
COD/(mg/L)	3000～45000	18000	20000～45000	22000	5020～43300	15000
SS/(mg/L)	200～1000	500	500～1000	800	6740～48400	1100
有机氮/(mg/L)	10～600	200	25～600	250	46～816	250
氨氮/(mg/L)	10～800	200	500～800	1000	941～2850	1200
硝酸盐/(mg/L)	5～40	25	10～40	35	6～85	30
总磷/(mg/L)	1～70	30	10～70	25	7～44	25
正磷/(mg/L)	1～50	20	—	—	—	—
碱度/(mg/L)	1000～10000	3000	—	—	5000～11000	3500
pH	5.3～8.5	6	±6.0	6.0	6.51～8.25	6.89
总硬度/(mg/L)	300～10000	3500	500～10000	3200	300～5400	2100
钙/(mg/L)	200～3000	1000	200～3000	1100	100～4000	900
镁/(mg/L)	50～1500	250	—	—	—	—
钾/(mg/L)	200～2000	300	—	—	200～1500	300
钠/(mg/L)	200～2000	500	—	—	500～3000	200
氯盐/(mg/L)	100～3000	500	300～3000	750	3～370	600
硫酸盐/(mg/L)	100～1500	300	50～1500	100	5.2～78.6	35
总铁/(mg/L)	50～600	60	10.5～600	85	—	20

2) 渗沥实验

拟议中的废物堆场对地下水和周围环境产生的可能影响可采用渗沥实验法。

(1) 工业固体废物的渗沥模型。

固体废物长期堆放可能通过渗沥污染地下水和周围土地，应进行渗沥模型实验。见图 5-17 固体废物渗沥模型实验装置。

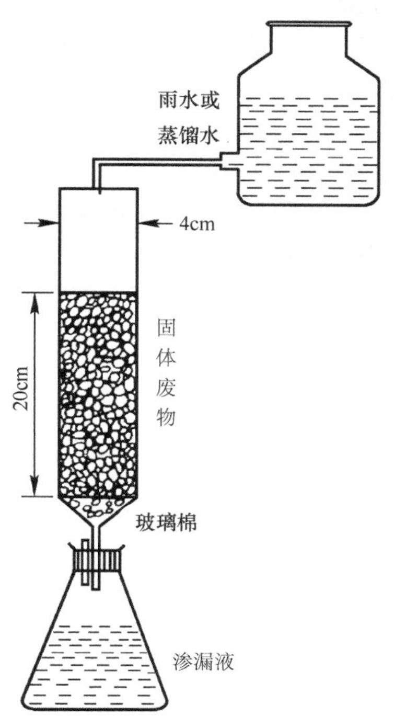

图 5-17 固体废物渗沥模型实验装置

固体废物先经粉碎后，通过 0.5mm 孔径筛，然后装入玻璃柱内，在上面玻璃瓶中加入雨水或蒸馏水以 12mL/min 的速度通过管柱下端的玻璃棉流入锥形瓶内，每隔一定时间测定渗滤液中有害物质的含量，然后画出时间-渗滤液中有害物浓度曲线。这一实验对研究废物堆场对周围环境影响有一定作用。

(2) 生活垃圾渗沥柱。

某环境卫生设计科研所提出了生活垃圾渗沥柱(图 5-18)，用以研究生活垃圾渗滤液的产生过程和组成变化。柱的壳体由钢板制成，总容积为 0.339m^3，柱底铺有碎石层，容积为 0.014m^3，柱上部再铺碎石层和黏土层，容积为 0.056m^3，柱内装垃圾的有效容积为 0.269m^3。黏土和碎石应采自所研究场地，碎石直径为 1～3mm。

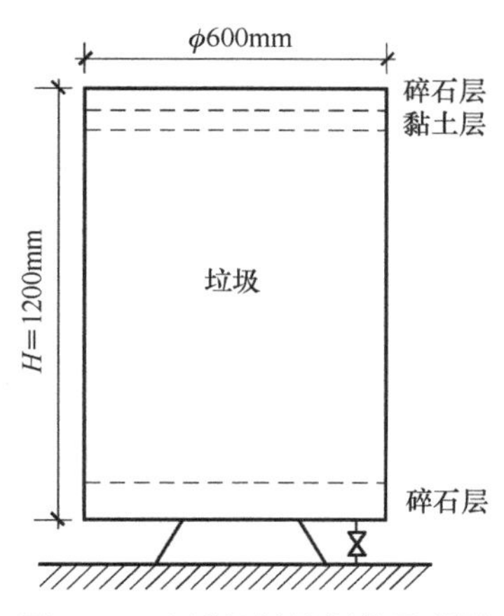

图 5-18 生活垃圾渗沥柱示意图

实验时，添水量应根据当地的降水量。例如，我国某县年平均降水量为 1074.4mm，日平均降水量为 2.9436mm。由于柱的直径为 600mm，柱的面积乘以降水高度即为日添水量。因此，渗沥柱日添水量为 832mL，可以 7d(1 周)添水一次，即添水 5824mL。

习　　题

1. 什么是固体废物？其种类有哪些？
2. 什么是危险废物？其主要判别依据有哪些？
3. 如何采集固体废物样品？采集后应怎样处理才能保存？为什么固体废物采样量与粒度有关系？
4. 简述固体废物样品的制样程序。
5. 固体废物监测的范围是什么？
6. 试述生活垃圾的处理方式及其监测重点。
7. 生活垃圾有何特性？其监测指标主要有哪些？分别试述其测定步骤。
8. 什么是垃圾渗滤液？其主要来源和主要成分是什么？如何测定？

第六章　土壤污染监测

【本章教学要点】

知识要点	掌握程度	相关知识
土壤组成及特性	理解土壤组成及特性	土壤中影响污染物组成及迁移的因素
土壤背景值	掌握土壤背景值概念及其应用	土壤元素背景值、基准值、元素的地球化学分布差异
土壤污染与环境容量	了解土壤污染与环境容量概念	土壤污染的发生与环境承载力
土壤环境质量	了解土壤环境质量概念	土壤环境质量标准
土壤环境质量监测方案的制订	掌握监测方案编制的方法	采样准备、布点与样品数容量、样品采集与流转、样品制备与保存、土壤分析测定、分析记录与监测报告、土壤环境质量评价、质量保证和质量控制
土壤污染物的监测技术	掌握土壤污染物的监测技术	化学分析、仪器分析

【导入案例】

国务院日前发布的《土壤污染防治行动计划》中提出，我国到2020年土壤污染加重趋势得到初步遏制，土壤环境质量总体保持稳定；到2030年土壤环境风险得到全面管控；到21世纪中叶，土壤环境质量全面改善，生态系统实现良性循环。

行动计划提出，深入开展土壤环境质量调查，并建立每10年开展一次的土壤环境质量状况定期调查制度；建设土壤环境质量监测网络，2020年年底前实现土壤环境质量监测点位所有县、市、区全覆盖；提升土壤环境信息化管理水平。重点监测土壤中镉、汞、砷、铅、铬等重金属和多环芳烃、石油烃等有机污染物，重点监管有色金属矿采选、有色金属冶炼、石油开采等行业。

为了达到行动计划要求，必须要全面掌握土壤监测的全过程。

第一节　概　　述

一、土壤组成及特性

(一) 土壤组成

土壤是由固相(矿物质、有机质)、液相(土壤水分)、气相(土壤空气)等三相物质组成的，它们之间是相互联系、相互转化、相互作用的有机整体。从土壤组成物质总体来看，它是一个复杂而分散的多相物质系统。固相主要是矿物质、有机质，也包括一些活的微生物。按容积计，典型的土壤中矿物质约占 38%，有机质约占 12%。按质量计，矿物质可占固相部分的 95%以上，有机质约占 5%。在通常情况下，土壤中溶质的存储，如果可溶于水中并存在一个不可忽略水气压的化学物质，可以三相形态存在于土壤中：以气态存在于土壤空气中，以可溶溶质存在于土壤溶液中，以固态被吸附于土壤有机质或黏土矿物电荷表层。

1. 土壤矿物质

土壤矿物质是土壤的主要组成物质，构成了土壤的“骨骼”。土壤矿物质主要来自成土母质，按其成因可分为原生矿物和次生矿物两大类。

1) 原生矿物和次生矿物

原生矿物是指各种岩石受到不同程度的物理风化，而未经化学风化的碎屑物，其原来的化学组成和结晶构造均未改变。土壤原生矿物的种类和含量，随母质的类型、风化强度和成土过程的不同而异，是土壤中各种化学元素的最初来源。土壤中的粉砂粒、砂粒几乎全是原生矿物。土壤原生矿物种类主要有硅酸盐、铝硅酸盐类矿物、氧化物类矿物、硫化物和磷酸盐类矿物。

次生矿物是由原生矿物经风化后重新形成的新矿物，其化学组成和构造都经过改变，而不同于原来的原生矿物。次生矿物是土壤物质中最细小的部分(粒径＜0.001mm)，具有胶体的性质，所以又常称为黏土矿物或黏粒矿物，它是土壤固体物质中最有影响的部分，影响着土壤许多重要的物理、化学性质，如吸收性、膨胀收缩性、黏着性等。根据其组成、构造和性质可分为三类：次生铝硅酸盐类、次生氧化物类和简单盐类。

2) 土壤质地

土壤是由许多大小不同的土粒按不同的比例组合而成的，这些不同的粒级混合在一起表现出来的土壤粗细状况，称为土壤质地(soil texture)，也称土壤机械组成。国际上土粒粒级的划分有多种标准。

土壤质地分类是以土壤中各粒级含量的相对百分比作为标准。各国土壤质地分类标准也不相同。我国的土壤质地分类见表 6-1。

表 6-1　中国土壤质地分类标准[摘自《中国土壤》(第二版)，1987 年]

<table>
<tr><th colspan="2">质地分类</th><th colspan="3">颗粒组成(粒径：mm)/%</th></tr>
<tr><th>组别</th><th>名称</th><th>砂粒(1～0.05)</th><th>粗粉粒(0.05～0.01)</th><th>细黏粒(＜0.001)</th></tr>
<tr><td rowspan="3">砂土</td><td>粗砂土</td><td>＞70</td><td rowspan="3">—</td><td rowspan="7">＜30</td></tr>
<tr><td>细砂土</td><td>60～70</td></tr>
<tr><td>面砂土</td><td>50～60</td></tr>
<tr><td rowspan="5">壤土</td><td>砂粉土</td><td>＞20</td><td rowspan="2">＞40</td></tr>
<tr><td>粉土</td><td>＜20</td></tr>
<tr><td>砂壤土</td><td>＞20</td><td rowspan="2">＜40</td></tr>
<tr><td>壤土</td><td>＜20</td></tr>
<tr><td>砂黏土</td><td>＞50</td><td>—</td><td>≥30</td></tr>
</table>

续表

<table>
<tr><th colspan="2">质地分类</th><th colspan="3">颗粒组成(粒径：mm)/%</th></tr>
<tr><th>组别</th><th>名称</th><th>砂粒(1～0.05)</th><th>粗粉粒(0.05～0.01)</th><th>细黏粒(＜0.001)</th></tr>
<tr><td rowspan="4">黏土</td><td>粉黏土</td><td colspan="2" rowspan="4">—</td><td>30～35</td></tr>
<tr><td>壤黏土</td><td>35～40</td></tr>
<tr><td>黏土</td><td>40～60</td></tr>
<tr><td>重黏土</td><td>＞60</td></tr>
</table>

土壤质地影响土壤水分、空气和热量的状况，同时影响着物质的转化。不同质地的土壤毛管水传导度是不同的。砂土土壤孔隙过大，传导度很低。黏土孔隙细小，理论上的毛管上升高度虽然很高，但其所产生的流动阻力也很大，因此黏土的毛管运动速率比较缓慢。而孔隙适中的壤质土壤，毛管上升速率最大。

土壤质地影响土壤结构类型。黏粒含量高的土壤易形成水稳性团聚体和裂隙，细砂或极细砂比例大的土壤只能形成不稳定的结构，粗砂土则无法团聚。

3) 土壤结构

土壤结构(soil structure)是指土粒相互排列、胶结在一起而成的团聚体，也称结构体。土壤的许多特性，如水分运动、热传导、通气性、容重及孔隙度等都深受结构的影响。结构类型包括片状结构、棱柱状结构、柱状结构、角块状结构、团块状结构、粒状结构、团粒状结构，一个土壤剖面可以是单一结构型，但更常见的是两种以上结构并存，通常是土壤表层呈团块状或粒状，中、下层呈块状、柱状或棱柱状，而片状和其他结构则常出现于特定土壤中。

2. 土壤有机质

土壤有机质是指土壤中的各种含碳有机化合物，其中包括动植物残体、微生物体和这些生物残体的不同分解阶段的产物，以及由分解产物合成的腐殖质等。土壤的有机物质，按其化学组成可分为下列几类：①碳水化合物。包括各种糖类、淀粉、纤维素、半纤维素等，占植物组成的 80%，占土壤有机质的 15%～27%。简单糖类、淀粉等易溶于水，在土壤中含量甚微。纤维素、木质素易被黏土矿物吸附和与腐殖质结合，或者与金属离子相结合。②含氮化合物。③含磷、含硫化合物。④脂肪、蜡质、单宁、树脂。借助于电子显微镜观察腐殖质的形态，有球状、短棒状和圆盘状。腐殖质的相对分子质量很大，可以从十至几百到大致几百万道尔顿(Dalton，简称 Da)。腐殖质除了含碳水化合物、氨基酸等含氮物质、芳香族化合物外，尚有各种含氧功能团，如羧基、酚羟基。腐殖质分子的中心是一个稠环或易生稠环的芳核，其周围以化学或物理的形式，如共价键、离子键或氢键连接多糖、多肽等。

土壤有机质具有离子代换作用、配位作用和缓冲作用。土壤有机质的羧基、酚羟基、烯醇或羟基使有机胶体带负电荷，具有较强的代换性能，比矿物质代换量要高十到几十倍，可以大量吸收保存植物养分，以免淋溶损失。腐殖质具有较强的络合作用，土壤有机酸(如草酸、乳酸、酒石酸、柠檬酸等)、聚酚和氨基酸等都是配位剂，有机酸和钙、镁、铁、铝形成稳定的配合物，能提高无机磷酸盐矿物的溶解性，二、三羧基羧酸与金属离子形成稳定配合物的能力较强，有活化土壤微量元素的作用。

(一) 有机质对重金属离子的作用

配位重金属离子，减轻重金属污染。

(1) 土壤有机质与重金属离子的配位作用对土壤和水体中重金属离子的固定和迁移有重要影响。

有机质功能团对金属离子的亲和力：

—O— > —NH_2 > —N═N > N > —COOH > —O— > —C═O

烯醇基　氨基　偶氮化合物　环氮　羧基　醚基　羰基

(2) 腐殖物质-金属离子复合体的稳定常数反映了金属离子与有机配位体之间的亲和力，对重金属环境行为的了解有重要价值。

金属-富啡酸复合体稳定常数：

$Fe^{3+} > Al^{3+} > Cu^{2+} > Ni^{2+} > Co^{2+} > Pb^{2+} > Ca^{2+} > Zn^{2+} > Mn^{2+} > Mg^{2+}$

(3) 重金属离子的存在形态受腐殖酸物质的配位作用和氧化还原作用的影响。

胡敏酸作为还原剂可将有毒的 Cr^{6+}还原为 Cr^{3+}，Cr^{3+}能与胡敏酸上的羧基形成稳定的复合体，从而限制了动植物对它的吸收。腐殖物质能将 V^{5+}还原为 V^{4+}，Hg^{2+}还原为 Hg，Fe^{3+}还原为 Fe^{2+}，U^{6+}还原为 U^{4+}。

(4) 腐殖酸对无机矿物有一定的溶解作用。

实际上是其对金属离子的配位、吸附和还原作用的综合结果。

(二) 有机质对农药等有机污染物的固定作用

有机质对有机污染物在土壤中的生物活性、残留、生物降解、迁移和蒸发等过程有重要影响。有机质对农药的固定与腐殖质功能基的数量、类型和空间排列密切相关，也与农药本身的性质有关。极性有机污染物可以通过离子交换和质子化、氢键、范德华力、配位体交换、阳离子桥和水桥等不同机理与溶解性有机质结合；非极性有机污染物可以通过范德华力与之结合。

(三) 土壤有机质对全球碳循环的影响

土壤有机质是全球 C 平衡的重要 C 库。土壤有机碳水平的不断下降，对全球气候变化的影响不亚于人类活动向大气排放的影响。

3. 土壤生物

土壤生物包括细菌、真菌、放线菌、藻类和原生动物 5 大类。土壤生物具有环境净化与指示作用。土壤生物参与土壤有机物的矿化和腐殖化，以及各种物质的氧化-还原反应；参与土壤化学元素的循环；降解土壤中残留有机农药、城市污物和工厂废弃物等，降低残毒危害。细菌在生物修复中变得越来越重要，细菌拥有广泛的酶活性，可以分解杀虫剂、有机毒素、重金属和石油产品。人类可以利用细菌帮助清除污染，过滤和降解土壤和地下水中大量人类制造的污染物。土壤生物多样性可以用来作为土壤质量和生态系统稳定性的指示器。土壤生物对土壤环境变化也具有一定的指示作用。一旦土壤环境发生变化，土壤生物的数量与种群组成、垂直分布等，都会随着改变。可通过这些指标的变化作为生物指示指标来监测土壤、环境，特别是土壤污染状况。

4. 土壤水分和空气

1) 土壤水分

土壤水分实质上以土壤溶液形式存在。土壤水的类型有吸湿水(紧束缚水)、膜状水(松束缚水)、毛管水、重力水。吸湿水受吸附力很强，达 31～10000 个大气压，使$\rho_{水}$增大，可达 1.5g/cm^3；无溶解能力，不移动，通常在 105～110℃条件下烘干除去，对植物无效。膜状水密度较吸湿水小，无溶解性；移动缓慢，对植物有效性低，仅部分有效。毛管水可以在土壤毛管中上下左右移动，具有溶解养分的能力，作物可以吸收利用。土壤重力水是指在重力的作用下沿着大孔隙向下渗漏的多余水。土壤溶液由水、溶解物质及胶体物质组成。土壤溶质是指溶解于土壤水溶液中的化学物质。溶质随着土壤水分的运动而运移，溶质在土壤中的运移过程非常复杂，它受到物理、化学及生物等因素的影响。

污染物的生态环境风险是以生物有效态为基础的，即土壤重金属生物有效性及其风险主要取决于其有效态浓度。降雨、蒸发和植物蒸腾及农业生产灌溉和排水等可导致土壤水分变化，影响土壤的物理、化学与生物性质，如改变土壤的酸碱性、氧化还原电位、氧化物、有机质、碳酸钙及土壤可溶性有机质等，从而间接影响重金属在土壤固、液两相的分配，进而影响重金属的有效性。在淹水或干湿交替条件下的土壤重金属样品，绝大部分是将其风干后测定各形态及评估环境风险，风干样品土壤重金属各形态的赋存状况应当考虑与新鲜样品的差异。

2) 土壤空气

土壤空气主要来自大气，存在于未被水分占据的土壤孔隙中。土壤空气在质与量上均不同于大气中的空气。由于土壤生物生命活动的影响，二氧化碳比大气中含量高，而氧含量比大气的低；土壤空气含 CO_2 为大气的十倍至数百倍；土壤空气中的水汽含量远比大气高。在土壤中由于有机质的厌氧分解，还可能产生甲烷、碳化氢、氢、氨等气体。土壤的通气性影响物质转化和土壤氧化还原电位，影响物质的形态和有效性。

(二) 土壤基本特性

土壤的性质包括物理、化学、生物及农业上的耕性等，如土壤质地、结构、孔性、热性质虽然也与环境物质的转化有关，内容所限，下面仅简单介绍几个基本性质。

1. 土壤的吸附性

土壤胶体是指颗粒直径小于 0.001mm 或 0.002mm 的土壤微粒，它是土壤中高度分散的部分，土壤胶体具有巨大的比表面积和表面能，是土壤中最活跃的物质，其重要性犹如生物中的细胞，土壤的许多理化现象，如土粒的分散与凝聚、离子吸附与交换、酸碱性、缓冲性、黏结性、可塑性等都与胶体的性质有关。土壤胶体具有带电性，由于胶体带有电荷，可以吸收保持带有相反电荷的离子。土壤中的重金属大部分被吸附、固定在黏土颗粒的表面，因此可利用螯合剂、表面活性剂、有机助溶剂及一些阴离子将重金属从土体中解吸并洗脱出来，提取重金属。

土壤胶体对物质的吸附类型包括机械吸附、物理吸附、化学吸附、生物吸附和物理化学吸附。土壤胶体借助于极大的表面积和电性，把土壤溶液中的离子吸附在胶体的表面上保存下来，避免这些水溶性的养分流失，被吸附的养分离子还可被解吸附下来利用，也可通过根系接触代换利用。

土壤胶体一般带负电荷，通过静电力(库仑力)吸附溶液中的阳离子，在胶体表面形成扩散双电层。阳离子专性吸附，指土壤铁、铝、锰等氧化物胶体，其表面阳离子不饱和而水合(化)，产生可离解的水合基(—OH_2)或羟基(—OH)，它们与溶液中过渡金属离子(M^{2+}、MOH^+)作用而生成稳定性高的表面配合物，这种吸附称专性吸附(specific adsorption)，不同于胶体对碱金属和碱土金属离子的静电吸附。专性吸附的金属离子为非交换态，不参与一般的阳离子交换反应。可被与胶体亲和力更强的金属离子置换或部分置换，或在酸性条件下解吸。阳离子专性吸附的环境意义：

(1) 对多种微量重金属离子的富集作用。在红壤、黄壤的铁锰结核中，Zn、Co、Ni、Ti、Cu、V 等都有富集。

(2) 控制土壤溶液中重金属离子浓度。通过专性吸附和解吸，控制土壤溶液中 Zn、Cu、Co、Mo 等微量重金属离子浓度。从而控制其生物有效性和生物毒性。向被 Pb 污染的土壤中加入氧化锰，可抑制植物对 Pb 的吸收，降低毒害。

(3) 净化与污染作用。土壤氧化物胶体对重金属污染离子的专性吸附固定，对水体起一定的净化作用，并对植物从土壤溶液吸收和积累这些金属离子起一定的缓冲和调节作用。但同时给土壤带来潜在的污染危险。

2. 土壤的离子交换性

土壤胶体表面吸收的离子与溶液介质中其电荷符号相同的离子相交换，称为土壤的离子交换作用，其中主要是土壤阳离子的交换。一种阳离子将其他阳离子从胶粒上代换下来的能力，称为阳离子代换力。阳离子交换作用是一种可逆反应，这种交换作用是动态平衡，反应速度很快。阳离子代换能力受下列几种因子支配：随离子价数增加而增大；等价离子代换能力的大小，随原子序数的增加而增大；离子运动速度越大，交换力越强；阳离子代换能力受质量作用定律的支配，即离子浓度越大，交换能力越强。土壤中带正电荷的胶粒所吸附的阴离子与土壤溶液中阴离子的交换作用，称为阴离子交换作用。由于被吸收的阴离子往往转而固定在土壤中，所以常把阴离子交换吸收和其后的化学固定作用，混称为阴离子的吸收作用。

3. 土壤的氧化还原性

土壤中矿物质和有机质转化，许多都属于氧化还原过程，常见的有铁、锰、碳、硫等氧化还原过程。这些元素以不同价态存在于不同的土壤环境中。在通气良好条件下，它们以高价态，即以氧化态出现；土壤渍水时，则变为低价态，即以还原态存在。在一般情况下，参与氧化还原体系比较活跃的是铁和锰。在通气不良情况下，土壤中的铁、锰易还原为低价铁、锰，低价铁、锰常形成易溶解的化合物，随水渗透到下层。当季节干燥时，它可再氧化为高价铁、锰。重金属大多属于过渡性元素,而过渡性元素原子特有的电子层结构使其具有可变价态，能在一定范围内发生氧化还原反应。不同价态的重金属，其活性和毒性是不同的，如 As^{3+}、Cr^{6+}的毒性分别比 As^{5+}、Cr^{3+}的毒性大得多。土壤中 pH 和氧化还原条件变化对铁锰氧化物结合态重金属有重要影响，pH 和氧化还原电位较高时，有利于铁锰氧化物的形成。

4. 土壤的酸碱性

根据土壤中 pH 的大小，可将土壤划分为酸性土、中性土和(微)碱性土。我国长江以南的富铝土多为酸性土和强酸性土，长江以北除了灰化土和淋溶土外，大多为中性土和(微)碱性土。吸附在土壤胶体表面的 H^+和 $A1^{3+}$所引起的酸度，称为潜在酸(potential acid)。在一般情况下，它并不显示其酸度，只有在被其他阳离子交换而转入土壤溶液后才显示其酸度。

pH 显著影响重金属在土壤中的存在形态，当土壤溶液的 pH 小于 5 时，土壤对重金属的吸附量降低，生物有效性增大。加入碱性物质，提高土壤 pH，可增加土壤表面负电荷对重金属的吸附，同时可使重金属与一些阴离子形成氢氧化物和弱酸盐沉淀。因此可施用石灰、矿渣等碱性物质，或钙、镁、磷肥等碱性肥料，减少植物对重金属的吸收。Cd 的活性通常受土壤酸碱性的影响很大，通过对 Cd 污染的土壤施用石灰，可使土壤中重金属有效态含量降低，从而有效地抑制作物对 Cd 的吸收。又如，酸性土壤中以铁型砷占优势，碱性土壤以钙型砷占优势。酸性紫色土吸收铝型砷和铁型砷，中性紫色土吸收交换态砷和钙型砷，石灰性紫色土吸收钙型砷、铁型砷和交换态砷。碳酸盐结合态重金属是指土壤中重金属元素在碳酸盐矿物上形成的共沉淀结合态，对土壤环境条件特别是 pH 最敏感，当 pH 下降时易重新释放出来而进入环境中。

5. 土壤的缓冲性

土壤的缓冲性主要来自土壤胶体及其吸附的阳离子，其次是土壤所含的弱酸如碳酸、重碳酸、磷酸、硅酸和各种有机酸及其弱酸盐。当这些弱酸与其盐类共存，就成为对酸、碱物质具有缓冲作用的体系。土壤胶体交换性阳离子对酸碱的缓冲作用更大。胶体上的交换性 H^+和 Al^{3+}及弱酸，可以缓冲碱性物质。胶体上的交换性盐基和弱酸盐，可以缓冲酸性物质。土壤酸碱度是决定土壤中重金属化学形态转化的最主要因素之一。土壤 pH 通常被看作是主要的土壤变量，因为它控制重金属固相的溶解、沉淀和配位，以及各种重金属的酸碱反应和吸附作用，它影响土壤重金属的生态效应、环境效应，从而是影响其临界含量和环境容量的最为重要的因素之一。土壤酸碱度是土壤重金属污染评价的一个重要的参评指标，它受成土母质、生物、气候及人为活动等各种因素控制。土壤酸碱度由于对土壤成分如对腐殖质官能团解离的影响，也影响对石油等有机污染物在土壤中的吸附。

二、土壤背景值

土壤环境背景值是指在不受或很少受人类活动影响和不受或很少受现代工业污染与破坏的情况下，自然成土过程中土壤固有的化学组成和元素化学水平。它在时间与空间上的概念都具有相对的含义。这是因为人类活动与现代工业的影响已遍布全球，很难找到绝对不受人类活动和污染影响的土壤。不同自然条件下发育的不同土类或同一种土类发育于不同的母质母岩区，其土壤环境背景值也有明显差异；即使同一地点采集的样品，分析结果也不可能完全相同，因此土壤环境背景值是统计性的，即按照统计学的要求进行采样设计与样品采集，分析结果经频数分布类型检验，确定其分布类型，以其特征值表达该元素背景值的集中趋势，以一定的置信度表达该元素背景值的范围。所以土壤环境背景值是一个范围值而不是一个确定值。

“七五”期间，国家将“全国土壤环境背景值调查研究”列为重点科技攻关课题，以土类为基础同时兼顾统计学与制图学的要求，采用了网格法布点，又根据我国东、中、西部地区经济发展的差异及土壤和地理自然环境复杂程度不同，确定了三种不同的布点密度。每个采样点在很少受人类活动影响和不受或未明显受现代工业污染与破坏的情况下，选择典型的土壤发育剖面采样，一般情况下，每个剖面按土壤发育层次采集 A、B、C 三层样品。采集剖面 6095 个，并测试了 As、Cr、Co、Cd、Cu、F、Hg、Mn、Ni、Pb、Se、V、Zn、pH、有机质、土壤粒级等 16 个项目，从 4095 个剖面中选择了 863 个作主剖面，加测了 Li、Na、K、Rb、Cs、Ag、Be 等 48 个元素，通过结果分析，提出了土壤环境背景值区域分异规律研究报告，完成了我国土壤元素背景值系列图件编制，提出了土壤元素背景值在土壤环境标准中的应用及对地方病、农业生产影响的报告。完成了中国土壤元素背景值地域分异规律及影响因素研究，获得了土壤元素背景值的土纲分区和自然区分异规律、东部森林土类元素背景值纬向变化趋势、北部荒漠与草原土类元素背景值的经向变化趋势、东部平原区与上游侵蚀区之间土壤元素背景值的共轭联系、成土条件与土壤元素背景值的关系等重要成果。土壤 A 层部分元素的背景值见表 6-2。

表 6-2　土壤 A 层部分元素的背景值　　　　(单位：μg/kg)

元素	算术平均值	标准偏差	几何平均值	几何标准偏差	95%置信度范围值	元素	算术平均值	标准偏差	几何平均值	几何标准偏差	95%置信度范围值
As	11.2	7.86	9.2	1.91	2.5～33.5	K	1.86	0.463	1.79	1.342	0.94～2.97
Cd	0.097	0.079	0.074	2.118	0.017～0.333	Ag	0.132	0.098	0.105	1.973	0.027～0.409
Co	12.7	6.40	11.2	1.67	4.0～31.2	Be	1.95	0.731	1.82	1.466	0.85～3.91
Cr	61.0	31.07	53.9	1.67	19.3～150.2	Mg	0.78	0.433	0.63	2.080	0.02～1.64
Cu	22.6	11.41	20.0	1.66	7.3～55.1	Ca	1.54	1.633	0.71	4.409	0.01～4.80
F	478	197.7	440	1.50	191～1012	Ba	469	134.7	450	1.30	251～809
Hg	0.065	0.080	0.040	2.602	0.006～0.272	B	47.8	32.55	38.7	1.98	9.9～151.3
Mn	583	362.8	482	1.90	130～1786	Al	6.62	1.626	6.41	1.307	3.37～9.87
Ni	26.9	14.36	23.4	1.74	7.7～71.0	Ge	1.70	0.30	1.70	1.19	1.20～2.40
Pb	26.0	12.37	23.6	1.54	10.0～56.1	Sn	2.60	1.54	2.30	1.71	0.80～6.70
Se	0.290	0.255	0.215	2.146	0.047～0.993	Sb	1.21	0.676	1.06	1.676	0.38～2.98
V	82.4	32.68	76.4	1.48	34.8～168.2	Bi	0.37	0.211	0.32	1.674	0.12～0.88
Zn	74.2	32.78	67.7	1.54	28.4～161.1	Mo	2.0	2.54	1.20	2.86	0.10～9.60
Li	32.5	15.48	29.1	1.62	11.1～76.4	I	3.76	4.443	2.38	2.485	0.39～14.71
Na	1.02	0.626	0.68	3.186	0.01～2.27	Fe	2.94	0.984	2.73	1.602	1.05～4.84

注：本表摘自《中国土壤元素背景值》，A 层指土壤表层或耕层。

土壤背景值测试应有以下质量控制措施：①建立“专家评审组—专题技术组—专职质控员—分析人员”的专家系统是实施质量保证和质量控制的组织保证；②制订质控指标，包括检测限、考核实验室与人员的准确度、精密度指标，在样品分析过程中平行双样比例、允许相对偏差、质控样比例、允许相对误差、累计合格率等；③建立完整的、严密的和有效的、层层把关及时发现问题、及时查找原因予以纠正的质控方法，包括分析测试方法的选择与测试项目的优化组合、技术人员培训、实验室测试方法与测试人员的技术考核与资格确认、室内控制(专职质控员控制和分析人员的自我控制)、室间控制(专题组对各实验室的控制)、数据的审核与复检。土壤背景值研究是以土壤学特别是土壤分析为主线，涉及多学科，技术要求高的一个系统。具有较严密的结构性、整体性及目的性，对各子系统具有严格的技术质量控制，见图 6-1。

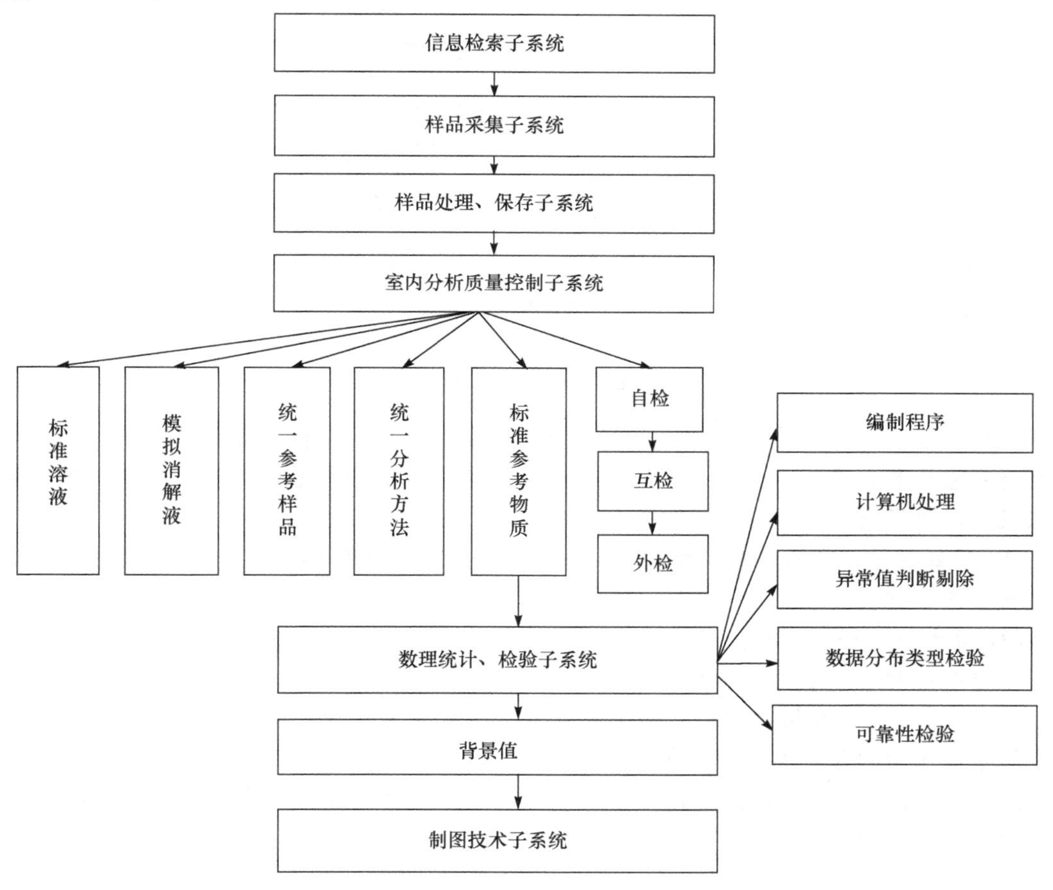

图 6-1　土壤背景值研究的子系统及研究程序

土壤背景值(表 6-2)在土壤污染物累积评估、土壤污染评价等领域是不可缺少的依据。

土壤环境质量标准规定了土壤中污染物的最高允许浓度或范围，是判断土壤质量的依据，我国颁布的主要有《土壤环境质量标准》(GB 15618—1995)、《农产品安全质量　无公害蔬菜产地环境要求》(GB/T 18407.1—2001)等。

土壤元素背景值较为真实地反映了一定时间和空间范围内，一定社会和经济条件下土壤中元素的基本信息及其相互之间的关系，而土壤环境质量标准则是具有法律效力的指标与准则，反映了社会、技术、经济和管理上的要求。我国土壤环境标准的制订程序见图 6-2。

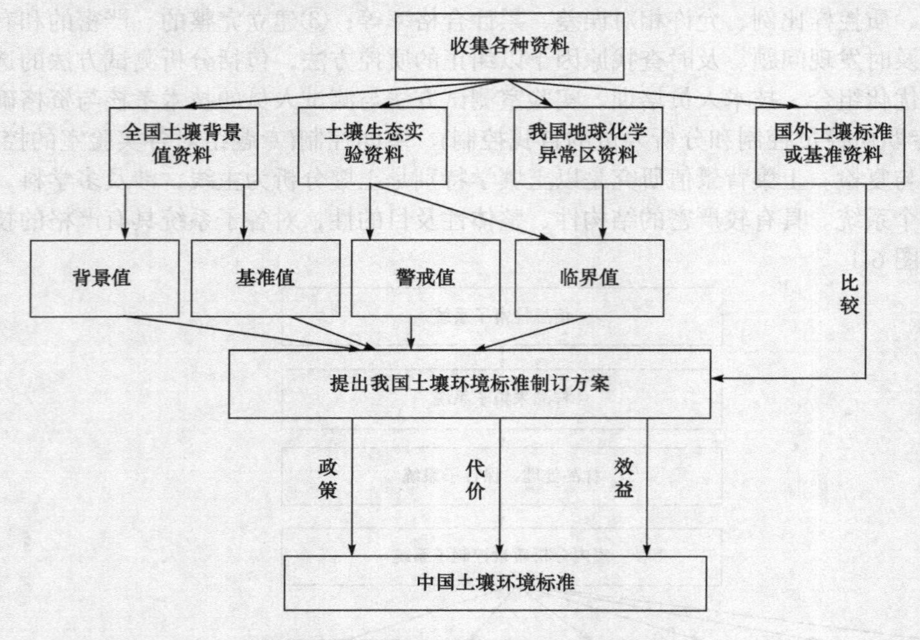

图 6-2　我国土壤环境标准的制订程序

土壤环境质量标准的建立是一个相当复杂的系统工程，在标准研究中基本上可分为土壤环境容量法和元素背景值法。也可将其归纳为生态效应法和地球化学法，在土壤环境容量法或生态效应法中，采用不同的指标体系来确定土壤污染负荷值，这些指标包括：

(1) 产量指标，将农作物产量(主要指可食部分)减少 5%～10%的土壤有害物质的浓度作为土壤有害物质的最大允许浓度。

(2) 微生物与酶学指标，当微生物数量减少 10%～15%或土壤酶活性降低 10%～15%时，土壤有害物质的浓度为最大允许浓度。

(3) 食品卫生标准指标，即当作物可食部分某元素的含量达到食品卫生的限量时，相应土壤中某元素的含量为最大允许值。

(4) 环境效应指标，包括流行病学法和血液浓度。将上述指标进行综合分析比较，采用最敏感因子作为土壤中有害物质的最大允许浓度。

三、土壤污染

土壤污染是指有害物质的含量超过了土壤自然本底的含量和土壤的自净能力，因而破坏了土壤系统原来的平衡，使土壤的作用和理化性质发生了变化。

1. 污染物类型和污染途径

1) 污染物类型

土壤污染物有下列 4 类：

(1) 化学污染物。包括无机污染物和有机污染物。前者如铜(Cu)、锌(Zn)、铬(Cr)、镉(Cd)、铅(Pb)、汞(Hg)、镍(Ni)等重金属、非金属元素氟(F)和类金属砷(As)，污染途径主要是“三废”排放，如污水灌溉、污泥肥料、废渣堆放、大气降尘等；过量的氮、磷化肥施用及氧化物和硫化物(SO_2、NO_x)等；各种化学农药、石油及其裂解产物，以及其他各类有机合成产物等。重金属污染物在土壤中的活性小，易于积累，土壤一旦被其污染则极难消除。

(2) 物理污染物。指来自工厂、矿山的固体废弃物如尾矿、废石、粉煤灰、石灰、水泥、涂料和油漆、塑料、砖、石料和工业垃圾等，作为填土或堆放进入农田污染土壤。

(3) 生物污染物。指带有各种病菌的城市垃圾和由卫生设施(包括医院)排出的废水、废物，以及规模养殖场未经无害化处理的动物粪便等携带的病原菌污染，包括各种细菌、病毒，通过污灌、污泥、垃圾进入土壤。

(4) 放射性污染物。主要存在于核原料开采和大气层核爆炸地区，以锶和铯等在土壤中生存期长的放射性元素为主。核爆炸降落物、核电站废弃物，通过降雨淋滤进入土壤。

2) 污染途径

污染物进入土壤的途径是多样的。由于人口急剧增长，工业迅猛发展，固体废物不断向土壤表面堆放和倾倒，有害废水不断向土壤中渗透，大气中的有害气体及飘尘也不断随雨水降落在土壤中，石油农业生产的化肥和农药大量施用，导致了土壤污染。

(1) 水体污染型。生活污水和工业废水中，含有氮、磷、钾等许多植物所需要的养分，所以合理地使用污水灌溉农田，一般有增产效果。但污水中还含有重金属、酚、氰化物等许多有毒有害的物质，如果污水没有经过必要的处理而直接用于农田灌溉，会将污水中有毒有害的物质带至农田，污染土壤。例如，冶炼、电镀、燃料、汞化物等工业废水能引起镉、汞、铬、铜等重金属污染；石油化工、肥料、农药等工业废水会引起酚、三氯乙醛、农药等有机物的污染。

(2) 大气污染型。大气中的有害气体主要是工业中排出的有毒废气，它的污染面大，会对土壤造成严重污染。工业废气的污染大致分为两类：气体污染，如二氧化硫、氟化物、臭氧、氮氧化物、碳氢化合物等；气溶胶污染，如粉尘、烟尘等固体粒子及烟雾、雾气等液体粒子，它们通过沉降或降水进入土壤，造成污染。例如，有色金属冶炼厂排出的废气中含有铬、铅、铜、镉等重金属，对附近的土壤造成污染；生产磷肥、氟化物的工厂会对附近的土壤造成粉尘污染和氟污染。

(3) 农业污染型。长期大量使用氮肥，会加速土壤酸化，引起土壤重金属污染(Zn、Ni、Cu、Co、Cr 等)、无机非金属污染(F)、有机化合物的污染(磺胺酸盐、缩二脲和三氯乙醛等)、改变微生物区系、生物学性质恶化，导致其他元素的缺乏或过量、影响作物产量和品质、破坏土壤结构，造成土壤板结，影响农作物的产量和质量。过量地使用硝态氮肥，会使饲料作物含有过多的硝酸盐，妨碍牲畜体内氧的输送，使其患病，严重的导致死亡。

农药是一类危害性很大的土壤污染物，施用不当，会引起土壤污染。喷施于作物体上的农药(粉剂、水剂、乳液等)，除部分被植物吸收或逸入大气外，约有一半左右散落于农田，这一部分农药与直接施用于田间的农药(如拌种消毒剂、地下害虫熏蒸剂和杀虫剂等)构成农田土壤中农药的基本来源。农作物从土壤中吸收农药，在根、茎、叶、果实和种子中积累，通过食物、饲料危害人体和牲畜的健康。此外，农药在杀虫、防病的同时，也使有益于农业的微生物、昆虫、鸟类遭到伤害，破坏了生态系统，使农作物遭受间接损失。

(4) 固体废弃物污染型。固体废弃物是指在生产建设、日常生活和其他活动中产生的污染环境的固态、半固态废弃物质。《中华人民共和国固体废物污染环境防治法》把固体废物分为三大类，即工业固体废物、城市生活垃圾和危险废物。工业固体废物是指在工业、交通等生产活动中产生的固体废物，其对人体健康或环境危害性较小，如钢渣、锅炉渣、粉煤灰、煤矸石、工业粉尘等。城市生活垃圾是指在城市日常生活中或为城市日常生活提供服务的活动中产生的固体废物及法律法规规定视为城市生活垃圾的固体废物。危险废物是指列入国家危险废物名录或根据国家规定的危险废物鉴别标准和鉴别方法认定的具有危险特性的废物，即指具有毒性、腐蚀性、反应性、易燃性、浸出毒性等特性之一。各种农用塑料薄膜如果管理、回收不善，大量残膜碎片散落田间，会造成农田“白色污染”。这样的固体污染物既不易蒸发、挥发，也不易被土壤微生物分解，是一种长期滞留土壤的污染物。

2. 土壤污染的特点

(1) 土壤污染具有隐蔽性和滞后性。大气污染、水污染和废弃物污染等问题一般都比较直观，通过感官就能发现。而土壤污染则不同，它往往要通过对土壤样品进行分析化验和农作物的残留检测，甚至通过研究对人畜健康状况的影响才能确定。因此，土壤污染从产生污染到出现问题通常会滞后较长的时间。例如，日本的“痛痛病”经过了 10～20 年才被人们所认识。

(2) 累积性。污染物质在土壤中并不像在大气和水体中那样容易扩散和稀释，因此容易在土壤中不断积累而超标，同时也使土壤污染具有很强的地域性。

(3) 不可逆转性。重金属对土壤的污染基本上是一个不可逆转的过程，许多有机化学物质的污染也需要较长的时间才能降解。被某些重金属污染的土壤可能要 100～200 年时间才能恢复。

(4) 难治理性。积累在污染土壤中的难降解污染物则很难靠稀释作用和自净化作用来消除。土壤污染一旦发生，仅依靠切断污染源的方法往往很难恢复，有时要靠换土、淋洗土壤等方法才能解决问题，其他治理技术可能见效较慢。因此，治理污染土壤通常成本较高、治理周期较长。

土壤临界含量：又称基准值，是土壤所能容纳污染物的最大浓度，是决定土壤环境容量的关键因子。目前，临界含量是以特定的参比手段来获取的，是特定条件下的结果，随着环境条件的改变，该值有较大的变化。目前比较通用的方法是利用土壤中污染物剂量-效应关系来获取的，而且大多采用剂量-植物产量或可食部分的卫生标准来确定。

土壤表观容量：以特定参考手段、在特定条件下所获得的容量值。土壤作为一个复杂的生态系统，其临界含量的确定是一个十分复杂的过程，应根据土壤质量自身的保护和不同的利用类型，采用不同的指标体系，通过分析、比较而获得整个土壤生态系统的临界含量，可惜目前尚缺乏这方面较为深入的研究，一个变通的方法是对用简单的剂量-效应关系获得的临界含量进行适当的修正，将表观临界含量修正为实用临界含量，但是如何求得合理的数值范围，尚需进一步研究。

土壤环境容量数学模式：是土壤生态系统与其边界环境中诸参数构成的定量关系，通过模式来确定土壤环境容量，它可分为静容量和动容量。

土壤静容量是指一定环境单元和一定时限内，假定土壤中污染物不参与环境循环的情况下土壤容纳污染物的最大负荷量。土壤静负载容量虽与实际容量有距离，但因参数简单具有一定的应用价值。

土壤动容量是指一定环境单元一定时限内，假定污染物参与土壤圈中的物质循环时，土壤容纳污染物的最大负荷值。通过计算机算出每一定年限的土壤容许输入量，即土壤变动容量。

目前土壤环境容量研究的基础仍然建立在黑箱理论上，仅考虑输入和输出而不涉及所发生的过程，而这些过程却是影响土壤环境容量的重要因素，但在当前土壤环境容量的研究模式中，缺乏这些过程的参数，因而不能反映模式的理论依据及其适用的土壤条件，在土壤这样一个多介质的复杂体系中，现有的模式显得过于简单，因而目前所获得的容量值仅是一个初步的参考值。土壤性质、指示物的差异、污染历程、环境因素、化合物的类型与形态是当前已知的重要影响因素。

第二节　土壤监测方案的制订

土壤环境质量是指土壤环境(或土壤生态系统)的组成、结构、功能特性及其所处状态的综合体现与定性、定量的表述。它包括在自然环境因素影响下的自然过程及其所形成的土壤环境的组成、结构、功能特性、环境地球化学背景值与土壤元素背景值、净化功能、自我调节功能与抗逆性能、土壤环境容量等相对稳定而仍在不断变化中的环境基本属性及在人类活动影响下的土壤环境污染和土壤生态状态的变化。影响土壤环境质量的因素很多，主要包括土壤污染和土壤退化、破坏两个方面。本书主要介绍土壤环境污染监测的相关内容。

一、监测目的

土壤监测的目的是判断土壤被污染状况，并预测发展变化趋势；确定污染的来源、范围和程度，为行政主管部门采取对策提供科学依据；通过分析测定土壤中某些元素的含量，确定这些元素的背景值水平和变化，了解元素的丰缺和供应情况，为保护土壤生态环境、合理施用微量元素及地方病因的探讨与防治提供依据。充分利用土地的净化能力，防止土壤污染，保护土壤生态环境。可分为监视性监测、研究性监测和特定目的监测。

监视性监测(例行监测、常规监测)包括土壤环境质量监测和土壤污染状况监测，以确定土壤环境质量及污染状况，评价控制措施的效果，衡量环境标准实施情况和环境保护工作的进展。

土壤环境质量监测是为了判断土壤是否被污染及污染状况，并预测发展变化趋势。通过开展土壤环境质量现状调查与评价，掌握土壤环境质量总体状况，重点了解重要农作物产区土壤环境质量，为建立土壤环境质量监督管理体系、保护和合理利用土地资源、防治土壤污染提供基础数据和信息。对人群健康和维持生态平衡有重要影响的物质如汞、镉、铅、砷、铜、镍、锌、硒、铬、硝酸盐、氟化物、卤化物等元素或无机污染物；石油、有机磷和有机氯农药、多环芳烃、多氯联苯、三氯乙醛及其他生物活性物质；由粪便、垃圾和生活污水引入的传染性细菌和病毒等必须进行优先监测。

重点区域土壤污染水平调查与评估，是在普查区域和加密区域土壤环境质量调查的基础上，结合环境综合整治重点，对重点区域开展土壤污染调查，根据国家重点区域布点原则及所选区域资料，主要有 9 种类型。查明土壤污染类型、分布、范围、程度和污染物种类、来源，分析污染成因及发展趋势，提出土壤污染物优先控制清单，建立污染土壤档案。按照《全国土壤污染状况调查技术规定》的有关要求和统一表格，收集重点调查区域有关污染源的基础信息和相关资料。根据不同的污染类型，对土壤样品、地表水、地下水、农产品同步采样并进行分析测试；重点区域农作物监测项目包括《全国土壤污染状况调查农产品样品采集与分析测试技术规定》中指定的必测项目、部分选测项目和行业特征污染物。

研究性监测(科研监测)包括土壤背景值调查和针对特定目的科学研究而进行的高层次监测。土壤环境背景值是土壤环境质量评价和预测，特别是土壤污染综合评价的基本依据，也是土壤污染态势预报、污染物在土壤环境中迁移转化规律的研究、土壤环境容量计算、土壤环境质量标准确立及制订国民经济发展规划的重要基础数据。

特定目的监测(特例监测、应急监测)包括土壤污染事故监测、纠纷仲裁监测和咨询服务监测等。

二、资料的收集

土壤污染与所处的自然环境、社会环境有关。为使所采集的样品具有代表性，监测结果能反映土壤客观情况，把采样误差降至最低，在制订和实施监测方案前，必须对监测地区进行自然环境、社会环境和污染源资料的收集，为优化布点提供依据。资料收集后，要进行现场踏勘，将调查得到的信息进行整理和利用，丰富采样工作图的内容。采样前资料收集与现场调查内容包括以下几点。

1. 自然环境

(1) 地理、地质和地形地貌特点。包括地理位置(经纬度)及面积；地表风化层特征；海拔高度、地形特征(即高低起伏状况)，周围的地貌类型(山地、平原、沟谷、丘陵、海岸)等状况。

(2) 成土母质和土壤类型。成土母质类型(冲积、洪积、坡积、堆积、风积、海积、沉积、淤积、残积等)、分布及其与土壤类型发育的关系。

(3) 区域气候与气象特征区域主要气候与气象特征。包括降水量、降水酸度、年平均相对湿度，蒸发量；年平均气温；年平均风速和主导风向；主要的灾害性天气(如台风、梅雨、冰雹和寒潮)。

(4) 地表水和地下水水文特征。地表水资源的分布、流量及利用情况，地表水文特征及水质现状；浅层和深层地下水的埋藏深度，地下水的矿化度及化学性质等资料，以及相应比例尺的水系图。地下水开采利用情况，地下水的运动状态(径流、排泄、补给等)，水源地及其保护区的划分等。

(5) 植被及生态系统情况。地表特征性植被类型、分布及覆盖情况；农、林、牧业栽植树、草、农作物等资料。土壤生态环境状况：水土流失现状、土壤侵蚀类型、分布面积、沼泽化、潜育化、盐渍化、酸化等退化状况。

2. 社会环境

(1) 人口与健康状况。人口分布、密度，人均收入与寿命，地方性长期的或新出现的疾病、各类疾病的发病率等。

(2) 农业生产与土地利用状况。耕地面积，种植结构，作物产量，主要“菜篮子”种植区肥料(化肥、有机肥)、农药使用品种及施用水平，污水灌溉情况，土地利用类型及规划。

(3) 土壤环境污染状况。农灌水污染状况、大气污染状况、农业固体废弃物投入、农业化学物质投入情况、自然污染源情况等。收集该地区污染历史及现状，造成土壤污染事故的主要污染物的毒性、稳定性及如何消除等资料；已形成的工程建设或生产过程对土壤造成影响的环境研究成果资料。造成土壤污染的工业污染源种类及分布、污染物种类及排放途径和排放量由工业污染源资料收集。

(4) 工业污染源和污染物排放情况。工业污染源类型、数量与分布(并将污染源标注在工作底图上)；污染场地类型、污染源及其历史状况，包括污染场地产权状况及使用者变更情况，工业过程(企业产品、使用的化学品、原材料和中间产物的储存和运输)，废物及废物处理场位置，废水、废气及其主要污染物向土地和水体的排污状况，污染事故发生情况，固体或液体的燃料动力(含燃料储存和灰分处理)，场地的外来填充物，土壤污染事故发生区主要污染物的毒性、稳定性及如何消除等资料。

(5) 土壤环境背景资料。区域土壤元素背景值、农业土壤元素背景值。

3. 其他相关资料和图件

包括土地利用总体规划、农业资源调查规划、行政区划图、土壤类型图、土壤环境质量图、地质图、交通图、大比例尺地形图等。

三、土壤监测项目

土壤监测项目应根据监测目的确定。土壤环境质量监测需测定影响自然生态和植物正常生长及危害人体健康的项目，土壤污染状况监测需测定各种可能的污染因子，土壤污染事故监测仅测定可能造成土壤污染的项目，土壤环境背景值调查需测定土壤中各种元素的含量水平。

国际学术联合会环境问题科学委员会提出的土壤中优先监测物有以下两类：第一类为Hg、Pb、Cd、滴滴涕及其代谢产物和分解产物；第二类为石油产品、滴滴涕以外的长效性有机氯、氯化脂肪族、As、Zn、Se、Cr、Ni、Mn、V、有机磷化合物及其他活性物质如抗生素、激素、致畸性物质、催畸性物质和诱变物质等。

我国《土壤环境质量标准》(GB 15618—1995)规定的必测项目有重金属类(Cd、Hg、As、Cu、Pb、Cr、Zn、Ni)、农药类(六六六、滴滴涕)和 pH 共 11 个项目。《农田土壤环境质量监测技术规范》(NY/T 395—2012)提出根据当地环境污染状况，选择在土壤中累积较多、影响范围广、毒性较强且难降解的污染物，以及根据农作物对污染物的敏感程度，优先选择对农作物产量、安全质量影响较大的污染物，如重金属、农药、除草剂等。《土壤环境监测技术规范》(HJ/T 166—2004)将监测项目分常规项目、特定项目和选测项目，见表 6-3。常规项目原则上为《土壤环境质量标准》中所要求控制的污染物。特定项目为《土壤环境质量标准》中未要求控制的污染物，但根据当地环境污染状况，确认在土壤中积累较多、对环境危害较大、影响范围广、毒性较强的污染物，或者污染事故对土壤环境造成严重不良影响的物质，具体项目由各地自行确定。选测项目一般为新纳入的在土壤中积累较少的污染物、由于环境污染导致土壤性状发生改变的土壤性状指标及生态环境指标等，由各地自行选择测定。上述两种监测技术规范对监测项目的三个分类标准是一致的。针对重点污染源和污染场地监测，往往需要根据污染物排放特征选择合适的监测项目，同时还应当根据土壤环境地学特征及土地利用类型选择采集什么样品(表 6-4，表 6-5)。

表 6-3 土壤监测项目与监测频次

项目类别		监测项目	监测频次
常规项目	基本项目	pH、阳离子交换量	每 3 年一次 农田在夏收或秋收后采样
	重点项目	镉、铬、汞、砷、铅、铜、锌、镍 六六六、滴滴涕	
特定项目(污染事故)		特征项目	及时采样，根据污染物变化趋势决定监测频次
选测项目	影响产量项目	全盐量、硼、氟、氮、磷、钾等	每 3 年监测一次 农田在夏收或秋收后采样
	污水灌溉项目	氰化物、六价铬、挥发酚、烷基汞、苯并[a]芘、有机质、硫化物、石油类等	
	POPs 与高毒类农药	苯、挥发性卤代烃、有机磷农药、PCB、PAH 等	
	其他项目	结合态铝(酸雨区)、硒、钒、氧化稀土总量、钼、铁、锰、镁、钙、钠、铝、硅、放射性比活度等	

注：摘自《土壤环境监测技术规范》(HJ/T 166—2004)。

表 6-4 不同类型重点地区土壤环境污染调查样品采集种类一览表

类型	样品采集			
	土壤	地下水	地表水	农产品(农业区)
污染企业及周边地区土壤	√	√		√
固体废物集中填埋、堆放、焚烧处理处置等场地及其周边土壤	√	√		√
工业(园)区及周边土壤	√	√		√
油田、采矿区及周边地区	√	√		√
污灌区土壤	√剖面	√	√ 灌溉水	√
主要蔬菜基地和规模化畜禽养殖场周边土壤	√	√	√ 灌溉水	√
大型交通干线两侧土壤	√			√
社会关注的环境热点地区土壤	√	√	√	√
其他可能造成土壤污染的场地	√	√	√	√

注：打√表示需同步采集该种类的样品并进行分析测试。

表 6-5　不同类型重点地区污染场地选择范围与监测项目一览表

<table>
<tr><th>序号</th><th>污染类型</th><th>选择范围</th><th colspan="2">监测项目</th></tr>
<tr><td rowspan="4">1</td><td rowspan="4">重污染企业及周边地区土壤</td><td>煤-电-铝-碳素一体化大型工业基地</td><td rowspan="14">1. pH、有机质含量、颗粒组成、阳离子交换量、容重
2. 镉、汞、砷、铅、铬、铜、锌、镍、硒、钒、锰、氟、铍、铊、钼、硼
3. 稀土总量
4. 六六六、滴滴涕
5. 多氯联苯①
6. 多环芳烃②
7. 石油烃总量</td><td rowspan="4">煤化工基地：苯、甲苯、乙苯、二甲苯、等；
石化：苯、甲苯、乙苯、二甲苯；
煤电铝：铝</td></tr>
<tr><td>金属冶炼及压延加工业聚集区</td></tr>
<tr><td>大型煤化工基地</td></tr>
<tr><td>大型石化、化工及医药制造企业</td></tr>
<tr><td>2</td><td>工业(园)区及周边土壤</td><td>主要产业为化工、电子、新材料、生物医药等的省级开发园区</td><td rowspan="7">—</td></tr>
<tr><td rowspan="4">3</td><td rowspan="4">固体废物集中填埋、堆放、焚烧处理处置等场地及其周边地区土壤</td><td>储灰场、赤泥堆场、工业废渣堆放场</td></tr>
<tr><td>垃圾焚烧处理场</td></tr>
<tr><td>城市垃圾填埋场</td></tr>
<tr><td>城市污水处理厂污泥填埋场</td></tr>
<tr><td rowspan="2">4</td><td rowspan="2">油田、采矿区及周边地区土壤</td><td>油田采油区，选择调查区域</td></tr>
<tr><td>有色金属矿开采区</td></tr>
<tr><td>5</td><td>污灌区土壤</td><td>农田污灌用水主要为城市工业和生活污水的污灌区</td><td rowspan="3">六氯苯，艾氏剂，氯丹，狄氏剂，异狄氏剂，七氯，灭蚁灵，阿特拉津(莠去津)，西玛津，敌稗，2,4滴，地亚农(二嗪磷)，邻苯二甲酸酯类等</td></tr>
<tr><td rowspan="2">6</td><td rowspan="2">主要蔬菜基地和畜禽养殖场地周边土壤</td><td>城市周边大型蔬菜基地，选择调查区域</td></tr>
<tr><td>规模化畜禽养殖场</td></tr>
<tr><td>7</td><td>大型交通干线两侧土壤</td><td>主要道路及高速公路</td><td>1. 铅、镉、汞、砷、锌
2. 多环芳烃</td><td rowspan="7">pH、有机质含量、颗粒组成、阳离子交换量、容重</td></tr>
<tr><td rowspan="5">8</td><td rowspan="5">社会关注的环境热点区域土壤</td><td>公路两侧土壤</td><td rowspan="5">汞、砷、镉、铅、铜、锌、铬、镍、硒</td></tr>
<tr><td>金属企业群周围土壤</td></tr>
<tr><td>耐火材料群区土壤</td></tr>
<tr><td>水泥群区土壤</td></tr>
<tr><td>南水北调中线水源涵养区</td></tr>
<tr><td>9</td><td>其他可能造成土壤污染的场地</td><td>选择主要道路及高速公路旁边的大型加油站作为调查区域</td><td>铅、镉、汞、砷、铜、锌、铬、镍</td></tr>
</table>

注：① 多氯联苯(PCBs): PCB-1016，PCB-1242，PCB-1221，PCB-1232，PCB-1248，PCB-1254，PCB-1260 等。

② 多环芳烃(PAHs)：萘、苊、二氢苊、芴、菲、蒽、荧蒽、芘、苯并[a]蒽、屈、苯并[b]荧蒽、苯并[k]荧蒽、苯并[a]芘、茚并[1，2，3-c, d]芘、二苯并[a, h]蒽、苯并[g, h, i]芘等。

四、采样点的布设

采样点的布设包括预先设计采样点在监测区域地理空间的排布和样点数。

(一) 布点的原则

(1) 全面性原则。调查点位要全面覆盖不同类型的土壤及不同利用方式的土壤，重点区域要全面覆盖调查区域内各种污染类型的场地，能代表调查区域内土壤环境质量状况。

(2) 可行性原则。点位布设应兼顾采样现场的实际情况，充分考虑交通、安全等方面可实施采样的环境保障。

(3) 经济性原则。保证样品代表性最大化，最大限度节约采样成本、人力资源和实验室资源。

(4) 连续性原则。点位布设在满足本次调查的基础上，应兼顾背景点位情况，并考虑国家开展土壤环境质量例行监测的需要。

(5) 分级控制原则。土壤调查点位网格布设尺度按国家、省、市不同层次需求分级设定，确定的调查点位实行分级控制、分级管理。

(6) 相对一致性原则。同一采样区域(网格)内的土壤差异性应尽可能小，在性质上具有相对一致性。而不同采样区域(网格)内土壤差异性尽可能大。

(7) “随机”和“等量”原则。样品是由总体中随机采集的一些个体所组成，个体之间存在变异，因此样品与总体之间，既存在同质的“亲缘”关系，样品可作为总体的代表，但同时也存在着一定程度的异质性，差异越小，样品的代表性越好；反之亦然。为了使采集的监测样品具有较好的代表性，必须避免一切主观因素，使组成总体的个体有同样的机会被选入样品，即组成样品的个体应当是随机地取自总体。另外，在一组需要相互之间进行比较的样品应当有同样的个体组成，否则样本大的个体所组成的样品，其代表性会大于样本少的个体组成的样品。所以“随机”和“等量”是决定样品具有同等代表性的重要条件。

根据监测目的和污染途径不同，具体布点有以下不同的原则：

区域土壤背景点布点是指在调查区域内或附近相对未受污染，而母质、土壤类型及农作历史与调查区域土壤相似的土壤样点；代表性强、分布面积大的几种主要土坡类型分别布设同类土壤的背景点；采用随机布点法，每种土坡类型不得低于 3 个背景点。

农田土壤监测点是指人类活动产生的污染物进入土壤并累积到一定程度引起或怀疑引起土壤环境质量恶化的土坡样点。布点原则应坚持哪里有污染就在哪里布点，把监测点布设在怀疑或已证实有污染的地方，根据技术力量和财力条件，优先布设在污染严重、影响农业生产活动的地方。

大气污染型土壤监测布点，以大气污染源为中心，采用放射状布点法。布点密度自中心起由密渐稀，在同一密度圈内均匀布点。此外，在大气污染源主导风下风方向应适当增加监测距离和布点数量。

灌溉水污染型土壤监测布点，在纳污灌溉水体两侧，按水流方向采用带状布点法。布点密度自灌溉水体纳污口起由密渐稀，各引灌段相对均匀。

固体废物堆污染型土壤监测布点，地表固体废物堆可结合地表径流和当地常年主导风向，采用放射布点法和带状布点法；地下填埋废物堆根据填埋位置可采用多种形式的布点法。

农用固体废弃物污染型土壤监测布点，在施用种类、施用量、施用时间等基本一致的情况下采用均匀布点法。农用化学物质污染型土壤监测布点，采用均匀布点法。综合污染型土壤监测布点，以主要污染物排放途径为主，综合采用放射布点法、带状布点法及均匀布点法。

(二) 布点的方法

调查点位布设所需软、硬件，如全国统一布点软件 ArcGIS 软件；全球定位系统(GPS)、数码照相机、计算机、绘图仪、彩色打印机、扫描仪。点位布设底图如 1∶25 万电子地图，包括行政区划(省、市界、市县城区、乡镇区域)、水系(河流、湖库)、土壤类型、公路交通等基本图层。样本编号采用 12 位码，调查点位编码方案参照最新中华人民共和国行政区划代码。

1. 合理地划分采样单元

在进行土壤监测时，往往监测面积较大，需要划分若干个采样单元，同时在不受污染源影响的地方选择对照采样单元。同一采样单元的差别应尽可能小。土壤质量监测或土壤污染监测，可按照土壤接纳污染物的途径(如大气污染、农灌污染、综合污染等)，参考土壤类型、农作物种类、耕作制度等因素，划分采样单元。土壤背景值调查一般按照土壤类型和成土母质划分采样单元。

2. 随机原则的应用

简单随机：将监测单元分成网格，每个网格编上号码，决定采样点样品数后，随机抽取规定样品数的样品，其样本号码对应的网格号，即为采样点。随机数的获得可以利用掷骰子、抽签、查随机数表的方法。关于随机数骰子的使用方法可见《随机数的产生及其在产品质量抽样检验中的应用程序》(GB/T 10111—2008)。简单随机布点是一种完全不带主观限制条件的布点方法。

分块随机：根据收集的资料，如果监测区域内的土壤有明显的几种类型，则可将区域分成几块，每块内污染物较均匀，块间的差异较明显。将每块作为一个监测单元，在每个监测单元内再随机布点。在正确分块的前提下，分块布点的代表性比简单随机布点好，如果分块不正确，分块布点的效果可能会适得其反。

系统随机：将监测区域分成面积相等的几部分(网格划分)，每个网格内布设一个采样点，这种布点称为系统随机布点。如果区域内土壤污染物含量变化较大，系统随机布点比简单随机布点所采样品的代表性要好，见图 6-3。

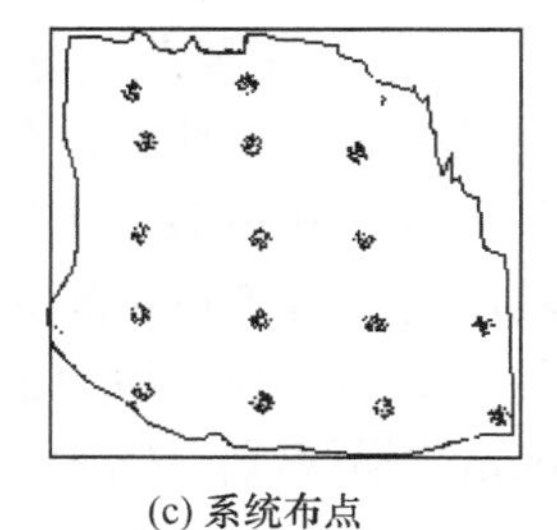

(a) 随机布点　(b) 分块随机布点　(c) 系统布点

图 6-3　布点方式示意图

采样点位

3. 不同监测内容的布点方法

1) 普查区域点位布设

普查区域采用网格法均匀布点，利用 ArcGIS 软件在 1∶25 万电子地图上统一划分网格，按国家要求的耕地 8km×8km、林地(原始林除外)和草地 16km×16km、未利用土地 40km×40km 尺度划分网格，成电子地图网格划分后，利用 GIS 软件在电子地图上制作网格中心点，网格中心点即为土壤调查点位，将中心点经纬度信息转换为数据文件格式，按编码要求进行统一编码，最终形成普查区域内土壤调查监测点位库。加密区域点位布设要求耕地

4km×4km 尺度划分网格，其他技术要求同普查区域。

2) 背景点位布设

依照原来土壤背景值调查时的典型剖面的点位经纬度坐标。原布设点位已不具备采样条件的，取消该背景点，但应提供原背景点的现场景观照片和出具核准书。背景点内包含土壤剖面点，剖面的规格一般为长 1.5m，宽 0.8m，深 1.2m。

3) 重点区域调查点位布设

污染行业企业及周边地区。废气污染企业及其周围土壤，点位以污染源为中心的四个方向放射状布设，每个方向根据废气污染影响范围确定布点数，在主导风向的下风向适当增加监测点；废水污染企业及其周围土壤，沿企业废水排放水道带状布点，监测点按水流方向自纳污口起由密渐疏，布点数量根据废水排放水道的长度确定；综合污染型土壤监测布点综合采用放射状、均匀、带状布点法。

工业(园)区及周边地区。按园区大小进行网格布点，网格尺度根据园区级别、面积而定，省级工业园区不大于 300m×300m。

固体废物集中填埋、堆放、焚烧处理处置场地及其周边地区的点位以填埋场地为中心由密渐疏向四个方向呈放射状布设，每个方向在场地周边 500m 范围内布 3 个点(50m、200m、500m 处)；场地周围有水源流过的，应在河流流经场地的下游 1000m 范围内布设 4 个点(50m、200m、500m、1000m 处)，也可根据实际情况做适当调整，并标明采样位置。油田、采矿区及周边地区的采样点位以油田(或油井群)、主矿区为中心由密渐疏向周围放射状布设；开阔地带油田或矿区，按以油井或矿口区为中心沿四个方向在每个方向的 50m、100m 处布 2 个点，在油井(群)、输油管和落地原油污染严重的地块及矿渣堆放处应根据具体情况适当加密布点。污水灌溉区土壤监测点位要根据收集资料确定灌区边界、干渠及污水流向布设，一般采用网格布点，监测点自污水灌入处按水流方向由密渐疏，污水灌入处 1km 范围内网格不大于 100m×100m，1km 外网格原则上不大于 500m×500m；面积为 1 万亩的灌区，其采样点数可控制在 50 个左右。主要蔬菜基地和畜禽养殖场地多按网格布点，网格尺度按 100m×100m 设定，从中随机抽取 5 个地块，在每个监测地块的中心部位布设 1 个采样点。每个点位采集混合土样，采集 0～20cm 表层土壤。每份样品采样量为 1kg 左右，采样前记录点位坐标；每个畜禽养殖场周边土壤 500m 范围内采用网格法共布设 5 个监测点位，规模化畜禽养殖场地有污水排放的，等同于废水污染企业周边布点。大型交通干线两侧依据所选择公路的里程数，原则上按 50km 等距离划分间距，同时兼顾公路段和车流量，按同一公路段设一个间距点的原则进行调整，在每个间距点两侧 50m、100m、150m、300m、500m、1000m 放射状布点。

4. 采样点位优化调整

若同一网格区域内土壤类型不同，则应按不同土壤类型将该区域分别并入到周围同类土壤网格中，取消该网格内中心点。或按该网格内主要土壤类型进行定类，选取该网格内主要土壤类型区域布点。同时做好土地利用方式情况的纪录。

普查区点位布设经现场勘查，遇到下列几种情形的，应予以调整。

(1) 网格中心点落在大面积的河(湖、库)面，一般耕地中心点四周 4km 内 50%以上面积为水域、加密区中心点四周 2km 内 50%以上面积为水域、林草地中心点四周 8km 内 50%以上面积为水域的，取消该类网格中心点；上述水域面积不足 50%的，应将点位平移至距中心点最近的采样点。

(2) 网格中心点落在山地，中心点所在山地采样困难的，取消该类网格中心点，在山地周围边缘区布点网格内选取(或增加)监测点作为备采点，避免在山区中心选点。

(3) 网格中心点落在公路带的，在公路两侧 150m 以外分别选取一个点作为备采点。

(4) 网格中心点落在城市、村庄等非普查区域的，在满足采样点要求的情况下，就近进行调整。一般耕地网格中心点平移距离应小于 2km，加密区网格中心点平移距离应小于 1km，林草地网格中心点平移距离应小于 4km，如不能满足此条件，应取消该类网格中心点。

点位布设不能最终确定前，可进行现场调查及预采样相结合，根据背景资料与现场考察结果，采集一定数量的样品进行分析测定，用于初步验证污染物空间分异性和判断土壤污染程度，为布点方式作适当的验证。正式采样、监测结束后，若发现布设的样点未能满足调查目的，则要及时增设采样点，进行补充采样和分析测定。

(三) 采样点要求

土壤采样点虽然已预先在地图上确定，但当采样人员进入采样现场后，往往会发现地图上确定的点位与实际情况并不完全一致。还要根据当时的环境、地形、植被、土壤类型、人类活动的干扰等情况，作适当选择和调整。采集土样时应充分考虑土壤类型及属性的典型性、代表性。采样点应设在土壤自然状态良好、地面平坦、各种因素都相对稳定并具有代表性的、面积在 1～2hm^2 的地块；采样点应距离铁路或主要公路 300m 以上。不能在住宅、路旁、沟渠、粪堆、废物堆及坟堆附近等人为干扰明显而缺乏代表性的地点设采样点，不能在坡地、洼地等具有从属景观特征地方设采样点。不宜在水土流失严重、表土破坏很明显的地点采样。不在多种土类、多种母质母岩交错分布且面积较小的边缘地区布设采样点。剖面点尽量选择剖面较完整、发生层段较清晰的土壤，采集剖面土壤样可利用自然环境形成的土壤剖面。采样点一经选定，应作标记，并建立样点档案供长期监控。

(四) 采样点数量

一般要求每个监测单元最少应设 3 个点。土壤污染纠纷的法律仲裁调查的样点数量要大，可采用 1～5 个样点/hm^2；绿色食品产地环境质量监测按《绿色食品产地环境质量现状评价纲要》规定执行；土壤监测的布点数量要根据调查目的、调查精度和调查区域环境状况等因素确定。

1) 由均方差和绝对偏差计算样品数

用下列公式可计算所需的样品数：

$$N=t^2s^2/D^2$$

式中，N 为样品数；t 为选定置信水平(土壤环境监测一般选定为 95%)一定自由度下的 t 值，可查表；s^2 为均方差，可从先前的其他研究或从极差 $R[s^2=(R/4)^2]$估计；D 为可接受的绝对偏差。

2) 由变异系数和相对偏差计算样品数

由 $N=t^2s^2/D^2$ 可变为

$$N=t^2C_V^2/m^2$$

式中，N 为样品数；t 为选定置信水平(土壤环境监测一般选定为 95%)一定自由度下的 t 值(附录 A)；C_V 为变异系数，%，可从先前的其他研究资料中估计；m 为可接受的相对偏差，%，土壤环境监测一般限定为20%～30%。

没有历史资料的地区和土壤变异程度不太大的地区，一般 C_V 可用10%～30%粗略估计。

五、监测方法

根据《土壤环境监测技术规范》要求，根据不同监测要求选择不同类型的方法。规范中第一种方法为标准方法(即仲裁方法)，按《土壤环境质量标准》中选配的分析方法。第二种方法为由权威部门规定或推荐的方法。第三种方法为根据各地实情，自选等效方法，但应作标准样品验证或比对实验，其检测限、准确度、精密度不低于相应的通用方法要求水平或待测物准确定量的要求。

六、土壤监测质量控制

内容包括采样，样品的预处理、储存、运输、实验室供应，仪器设备、器皿的选择和校准，试剂、溶剂和基准物质的选用，统一测量方法，质量控制程序，数据的记录和整理，各类人员的要求和技术培训，实验室的清洁度和安全，以及编写有关的文件、指南和手册等要求。

第三节　土壤样品的采集制备与分析

一、土壤样品的采集

样品采集一般按三个阶段进行：

前期采样：根据背景资料与现场考察结果，采集一定数量的样品分析测定，用于初步验证污染物空间分异性和判断土壤污染程度，为制订监测方案(选择布点方式和确定监测项目及样品数量)提供依据，前期采样可与现场调查同时进行。

正式采样：按照监测方案，实施现场采样。

补充采样：正式采样测试后，发现布设的样点没有满足总体设计需要，则要进行增设采样点补充采样。

面积较小的土壤污染调查和突发性土壤污染事故调查可直接采样。

(一) 采样前准备

组织准备：组织具有一定野外调查经验、熟悉土壤采样技术规程、工作负责的专业人员组成采样组。每个采样小组应由采样人员、技术指导人员、熟悉监测区域情况的人员组成。每组至少有 1 名熟悉点位布设情况、掌握土壤采样技术的人员，1 名了解监测区域环境、交通等状况的人员。采样小组成员应经过全省土壤样品采集培训及考核，采样前组织认真学习监测方案。

资料准备：样点位置图；样点分布一览表，内容包括编号、位置、土类、母质母岩等；各种图件，包括交通图、地质图、土壤图、大比例的地形图(标有居民点、村庄等标记)；采样记录表，土壤标签。

物质准备：采样点位分布图，样品采集清单，GPS、卷尺(或其他测量工具)，数码照相机，样品箱(具冷藏功能)，样品标签，采样记录表，样品流转单，车辆，工作服，防滑鞋，药品等，见表 6-6。

表 6-6 依据土样不同的监测项目区别选择的工具和器材表

物品名称	监测项目	采样工具与容器
采样用具	无机类	木铲、木片、竹片、剖面刀、圆状取土钻或铁铲
	农药类	铁铲、木铲、取土钻
	挥发性有机物	铁铲、木铲、取土钻或不锈钢铲
	半挥发性有机物	
样品容器	无机类	塑料袋或布袋
	土壤理化指标	环刀、比色卡、塑料袋或布袋
	农药类	250mL 棕色磨口玻璃瓶
	挥发性有机物(苯、甲苯、二甲苯等)	40mL 吹扫捕集专用瓶或 250mL 带聚四氟乙烯衬垫棕色广口瓶或磨口玻璃瓶
	半挥发性有机物[多环芳烃类(PAHs)、酞酸酯 PCBs 等]	250mL 带聚四氟乙烯衬垫棕色广口瓶或磨口玻璃瓶
其他物品	挥发性有机物	在容器口用于围成漏斗状的硬纸板
	半挥发性有机物	在容器口用于围成漏斗状的硬纸板或一次性纸杯

(二) 采样方法

选择正确的采样方法，正确使用采样工具，选用符合要求的包装或容器，按相关要求进行采集、包装和保存，保证一次性获得足够质量的样品，严防交叉污染。正确、完整地填写样品标签和现场记录表。

1. 普查点位采样方法

测定挥发性有机物、半挥发性有机物采集单独样品，其他测定项目采集混合样。其中单独样用采样铲挖取面积 25cm×25cm，深度为 20cm 的土壤。挥发性样品可直接采集到 40mL 吹扫捕集专用瓶中(若做平行样需另采一瓶样品)，装满；或采集到 250mL 带有聚四氟乙烯衬垫的棕色广口瓶中，装满。半挥发性样品采集到 250mL 带有聚四氟乙烯衬垫的棕色广口瓶中，装满。为防止样品沾污瓶口，采样时可将硬纸板围成漏斗状或用一次性纸杯(去掉杯底)衬在瓶口。一般农田土壤环境监测采集耕作层土样，种植一般农作物采 0～20cm，种植果林类农作物采 0～60cm，为了保证样品的代表性，减低监测费用，采取采集混合样的方案。每个土壤单元设 3～7 个采样区，每个采样区的样品为农田土壤混合样。单个采样区可以是自然分割的一个田块，也可以由多个田块所构成，采样区即是监测点位，监测点位确定后，在 5m×5m 采样区域内采集分点样品(采样区域可根据现场情况适当扩大，如 10m×10m、50m×50m、100m×100m，200m×200m)。分点数量的确定见表 6-7。一般耕地采用梅花形布点，污灌区采用对角线布点，林草地采用蛇形布点。

表 6-7 混合样品分点数的确定

分点布设方法	分点数	适用条件
蛇形法	10～30 个分点	面积较大、土壤不够均匀、地势不平坦(林草地)
对角线法	5～9 个分点	污灌农田土壤(污灌区)
梅花法	5 个分点	面积较小、地势平坦、土壤组成均匀(一般耕地)

混合样的采集主要有四种方法：

(1) 对角线法：面积较小，接近方形，地势平坦，肥力较均匀的田块可用此法，取样点不少于 5 个。适用于污灌农田土壤，对角线分 5 等分，以等分点为采样分点。

(2) 梅花点法：适用于面积较小、地势平坦、土壤组成和受污染程度相对比较均匀的地块，设分点 5 个左右。

(3) 棋盘式法：适用于中等面积、形状方整、地势平坦、土壤不够均匀的大田块，取样点不少于 10 个。一般设分点 10 个左右；受污泥、垃圾等固体废物污染的土壤，分点应在 20 个以上。

(4) 蛇形法：适宜于面积较大、土壤不够均匀且地势不平坦的地块，设分点 15 个左右，多用于农业污染型土壤。各分点混匀后用四分法取 1kg 土样装入样品袋，多余部分弃去。按此法采样，在田间是曲折前进来分布样点，至于曲折的次数则依田块的长度、样点密度而有变化，一般为 3～7 次，见图 6-4。

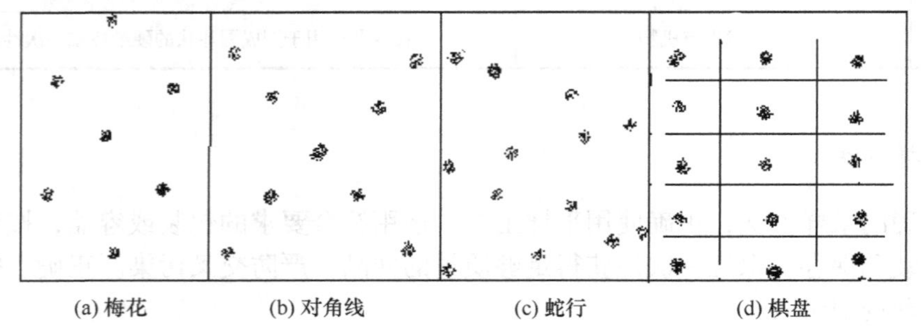

图 6-4 混合土壤采样点布设示意图

在每个分点上，用采样铲向下切取 1 片厚 5cm、宽 10cm 土壤样品，采样深度农田土壤一般为 0～20cm、果园 0～40cm、林草土壤 0～20cm。然后将各分点样品等质量混匀后用四分法弃取保留至少 1kg 土样，见表 6-8。

表 6-8 各类监测点位采样方法

监测点位类型	采样方法	参考条件
普查点位	混合样	适用普查点位，但不适合挥发性、半挥发性项目测定
背景值点位	背景值剖面样	背景值调查
重点区点位	单独样	适用于固体污染、大气沉降污染土壤监测 适用挥发性、半挥发性项目测定
	混合样	适用于污灌区
	分层样	1. 在监测点位分层采集土样，采样的层数和深度根据重点区域的污染类型和具体污染情况由各地区自行确定 2. 如不需要测定污染物向下迁移情况时，也可仅采集表层土壤，采样深度 0～20cm

现场填写采样记录表，进行 GPS 卫星定位，用数码相机记录采样点周围情况，在采样点位分布图上做出标记。采样时有明显障碍的样点可在其附近采取，并做记录。农田土壤的采样点要避开田埂、地头及堆肥处等明显缺乏代表性的地点，有垅的农田要在垄沟处采样。采样时首先清除土壤表层的植物残骸和其他杂物，有植物生长的点位要首先松动土壤，除去植物及其根系。采样现场要剔除土样中大于 15mm 的砾石等异物。注意及时清理采样工具，避免交叉污染。测定重金属的样品，尽量用竹铲、竹片直接采取样品，如用铁铲、土钻挖掘后，必须用竹片刮去与金属采样器接触的部分，再用竹片采取样品。

2. 背景值点位采样方法

土壤环境背景值监测一般以土类为主，省、自治区、直辖市级的土壤环境背景值监测以土类和成土母质母岩类型为主，省级以下或条件许可或特别工作需要的土壤环境背景值监测可划分到亚类或土属。

网格布点，区域土壤环境调查按调查的精度不同可从 2.5km、5km、10km、20km、40km 中选择网距进行网格布点，区域内的网格结点数即为土壤采样点数量。

网格间距 L 按下式计算：

$$L=(A/N)^{1/2}$$

式中，L 为网格间距；A 为采样单元面积；N 为采样点数(前述样品数量)。

A 和 L 的量纲要相匹配，如 A 的单位是 km^2，则 L 的单位就为 km。根据实际情况可适当减小网格间距，适当调整网格的起始经纬度，避开过多网格落在道路或河流上，使样品更具代表性。

剖面样，特定的调查研究监测需了解污染物在土壤中的垂直分布后采集土壤剖面样。剖面的规格一般为长 1.5m、宽 0.8m、深 1.2m。挖掘土壤剖面要使观察面向阳，表土和底土分两侧放置，见图 6-5。

每个采样点均挖掘土壤剖面采样。一般每个剖面采集 A、B、C 三层土样。地下水位较高时，剖面挖至地下水出露时为止；山地丘陵土层较薄时，剖面挖至风化层，见图 6-6。

对 A 层特别深厚、沉积层不甚发育、1m 内见不到母质的土类剖面，按 A 层 0～20cm、A/B 层 60～90cm、B 层 100～200cm 采集土壤。草甸土和潮土一般在 A 层 0～20cm、C_1 层(或 B 层)50cm、C_2 层 100～120cm 处采样。对 B 层发育不完整(不发育)的山地土壤，只采 A、

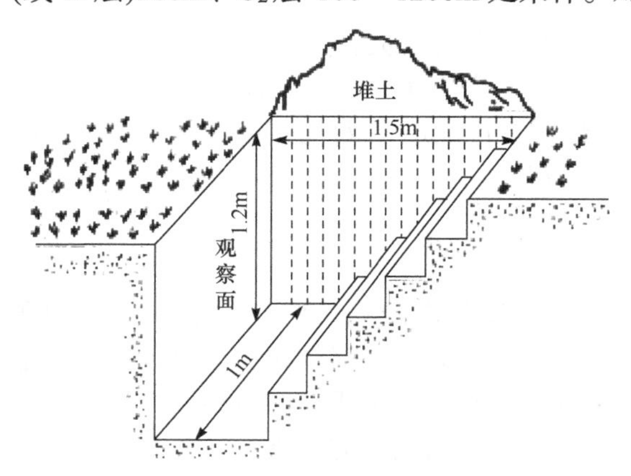

图 6-5 土壤剖面挖掘示意图

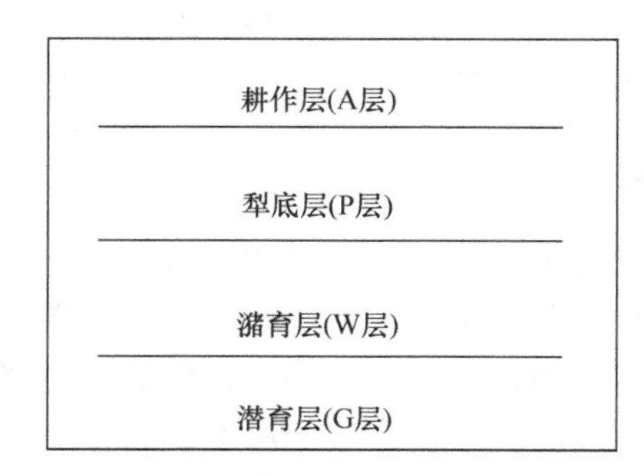

图 6-6 水稻土剖面示意图

C 两层；干旱地区剖面发育不完善的土壤，在表层 5～20cm、心土层 50cm、底土层 100cm 左右采样，见图 6-7 和图 6-8。

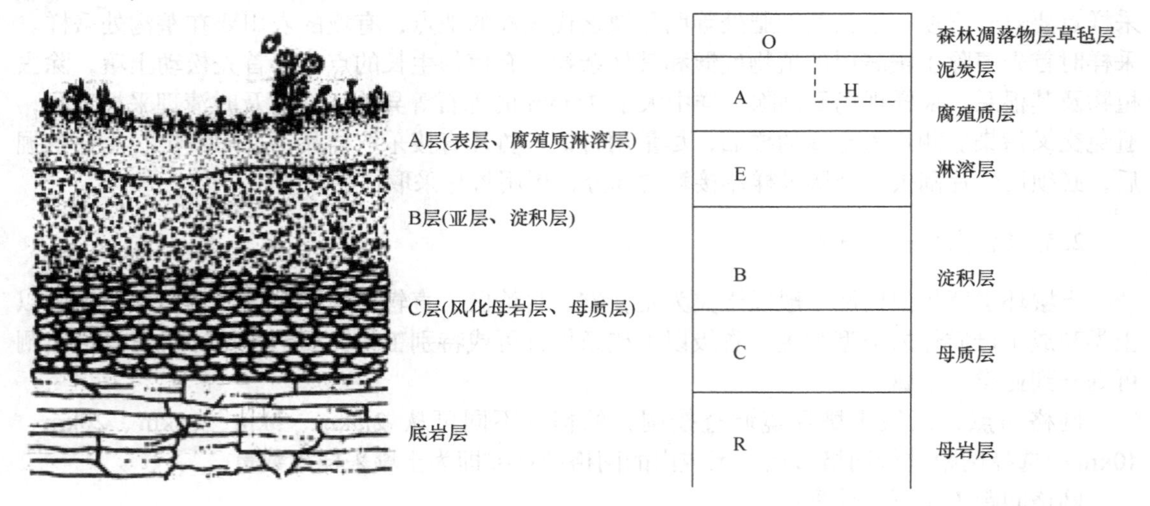

图 6-7　简单的自然土壤剖面　　　　图 6-8　自然土壤剖面构型的一般图式

采样次序自下而上，先采剖面的底层样品，再采中层样品，最后采上层样品。测量重金属的样品尽量用竹片或竹刀去除与金属采样器接触的部分土壤，再用其取样。

剖面每层样品采集 1kg 左右，装入样品袋，样品袋一般由棉布缝制而成，如潮湿样品可内衬塑料袋(供无机化合物测定)或将样品置于玻璃瓶内(供有机化合物测定)。采样的同时，由专人填写样品标签、采样记录；标签一式两份，一份放入袋中，一份系在袋口，标签上标注采样时间、地点、样品编号、监测项目、采样深度和经纬度。采样结束，需逐项检查采样记录、样袋标签和土壤样品，如有缺项和错误，及时补齐更正。将底土和表土按原层回填到采样坑中，方可离开现场，并在采样示意图上标出采样地点，避免下次在相同处采集剖面样。

水稻土按照 A 耕作层、P 犁底层、C 母质层(或 G 潜育层、W 潴育层)分层采样(图 6-6)，对 P 层太薄的剖面，只采 A、C 两层(或 A、G 层或 A、W 层)。

3. 重点区域点位采样方法

可采集单独样、混合样和分层样。单独样和混合样采集方法同普查区域点位采样方法。

分层样采集方法为在监测点位自下而上采集不同深度土壤(如 0～20cm、20～40cm、40～60cm 等，分层情况可根据点位污染特点由本地区自行确定)，每层按梅花法采集中部位置土壤，等质量混匀后用四分法弃取保留至少 1kg 土样。

4. 农田污染土壤采样

农田土壤样品要根据监测目的确定采样方法。采集耕作层土壤，则先在样点部位把地面的作物残茬、杂草、石块等除去。如果是新耕翻的土地，就将土壤略加踩实，以免挖坑时土块散落。用铁铲挖一个小坑，坑的一面修成垂直的切面，再用铁铲垂直向下切取一片土壤，采样深度应等于耕作层的深度，用采土刀把大片切成宽度一致的长方形土块。各个土坑中取的土样数量要基本一致，合并在一起，装入干净的布袋，携回室内。一般每个混合样品约需

1kg 左右，如果样品取得过多，可用四分法将多余的土壤弃去。将土样装入布袋或塑料袋中，用铅笔写两张标签，一张放在布袋内，将有字的一面向里叠好，字迹不得搞模糊。另一张扎在布袋外面。标签上应该填写样品编号、采样地点、土壤名称、采样深度、采样日期、采样人等。

5. 建设项目土壤环境评价监测采样

建设项目土壤环境评价监测采样每 100hm^2 占地不少于 5 个且总数不少于 5 个采样点，其中小型建设项目设 1 个柱状样采样点，大中型建设项目不少于 3 个柱状样采样点，特大性建设项目或对土壤环境影响敏感的建设项目不少于 5 个柱状样采样点。

非机械干扰土，如果建设工程或生产没有翻动土层，表层土受污染的可能性最大，但不排除对中下层土壤的影响。生产或将要生产导致的污染物，以工艺烟雾(尘)、污水、固体废物等形式污染周围土壤环境，采样点以污染源为中心放射状布设为主，在主导风向和地表水的径流方向适当增加采样点(离污染源的距离远于其他点)；以水污染型为主的土壤按水流方向带状布点，采样点自纳污口起由密渐疏；综合污染型土壤监测布点采用综合放射状、均匀、带状布点法。此类监测不采混合样，混合样虽然能降低监测费用，但损失了污染物空间分布的信息，不利于掌握工程及生产对土壤的影响状况。表层土样采集深度 0～20cm；每个柱状样取样深度都为 100cm，分取三个土样：表层样(0～20cm)，中层样(20～60cm)，深层样(60～100cm)。

机械干扰土，由于建设工程或生产中，土层受到翻动影响，污染物在土壤纵向分布不同于非机械干扰土。采样点布设同非机械干扰土。各点取 1kg 装入样品袋。采样总深度由实际情况而定，一般同剖面样的采样深度。

6. 城市土壤采样

城市土壤是城市生态的重要组成部分，虽然城市土壤不用于农业生产，但其环境质量对城市生态系统影响极大。城区内大部分土壤被道路和建筑物覆盖，只有小部分土壤栽植草木，本规范中城市土壤主要是指后者，由于其复杂性分两层采样，上层(0～30cm)可能是回填土或受人为影响大的部分，下层(30～60cm)为人为影响相对较小的部分。两层分别取样监测。城市土壤监测点以网距 2000m 的网格布设为主，功能区布点为辅，每个网格设一个采样点。对于专项研究和调查的采样点可适当加密。

7. 污染事故监测土壤采样

污染事故发生后立即组织采样。现场调查和观察，取证土壤被污染时间，根据污染物及其对土壤的影响确定监测项目，尤其是污染事故的特征污染物是监测的重点。据污染物的颜色、印渍和气味及结合考虑地势、风向等因素，初步界定污染事故对土壤的污染范围。

如果固体污染物为抛洒污染型，等打扫后采集表层 5cm 土样，采样点数不少于 3 个。

如果是液体倾翻污染型，污染物向低洼处流动的同时向深度方向渗透并向两侧横向方向扩散，每个点分层采样，事故发生点样品点较密，采样深度较深，离事故发生点相对远处样品点较疏，采样深度较浅。采样点不少于 5 个。

如果是爆炸污染型，以放射性同心圆方式布点，采样点不少于 5 个，爆炸中心采分层样，周围采表层土(0～20 cm)。

事故土壤监测要设定 2～3 个背景对照点，各点(层)取 1kg 土样装入样品袋，有腐蚀性或要测定挥发性化合物的，改用广口瓶装样。含易分解有机物的待测定样品，采集后置于低温(冰箱)中，直至运送、移交到分析室。

扩展案例 6-1

(一) 特定污染场地六价铬污染浓度监测与评估

孙晓楠，刘安平，姚星星，胡典勤
(重庆大学，重庆市污染场地治理修复技术研究中心)

对某污染场地采用网格法进行布点，钻孔采样分析，每个点位分别在 0.5m，2.5m 及 5m 深处采集一个样品。利用二苯碳酰二肼分光光度法分析样品中六价铬含量。使用风险指数法对该场地六价铬污染情况进行风险评估。结果表明，该场地深 0.5m 处的土壤受到六价铬污染严重，整个场地浓度均值高达 43.81mg/kg。厂房原址附近浓度达到 91mg/kg，存在中等风险，场地其他地方都存在低风险。深 2.5m 处仍存在铬污染，只有厂房原址附近浓度达到 30mg/kg，存在低风险。5m 深处六价铬含量都未超过 4mg/kg，已经是正常水平了，无风险。

综合考虑六价铬经口摄入、皮肤接触、吸入土壤颗粒物、吸入室外空气中气态污染物、室内空气中气态污染物这些暴露途径，采用《污染场地环境监测技术导则》(报批版)中对各种途径的建议评价模式对各种途径进行计算。最终可以得出六价铬在污染场地中的风险评估参考值为 30.2mg/kg。场地中土壤环境质量已经被六价铬严重污染，风险程度主要以中等风险、低风险为主，不存在高等风险。中等风险区主要集中在厂房原址附近。从数据表上可以看到六价铬在纵向上的浓度分布梯度比横向上的大，说明其纵向扩散能力更强。

关键词：六价铬；监测；风险评估

(二) 铅蓄电池厂土壤铅含量分布特征及生态风险

郑立保，陈卫平，焦文涛，魏福祥，黄锦楼
(中国科学院生态环境研究中心，城市与区域生态国家重点实验室，河北科技大学环境科学与工程学院)

目前关于铅蓄电池厂址中铅的分布情况研究比较欠缺。本研究将以重庆市某搬迁铅蓄电池厂为研究对象，系统采集了 15 个样点 0～60cm 的 45 个土壤样本，利用 ICP-OES 检测了土壤中铅的含量，分析了铅在铅蓄电池厂不同车间表层土壤的污染状况和垂直分布特征，并对其进行了生态风险评估。结果表明，该搬迁铅蓄电池厂不同车间表层土壤(0～20cm)铅的含量介于 18.18～52332.50mg/kg，其最大含量严重超过国家标准；污染程度排序为四车间＞二车间＞锅炉区＞污水处理站＞三车间＞五车间＞一车间＞原四车间＞包装车间＞办公区。在该厂区，土壤铅在土壤的 0～20cm、20～40cm、40～60cm 深度均能实现较高的累积，土层深度对铅的含量影响不显著，在三个土层最大富集系数分别为 158.06，195.35，253.67，与自然土壤或城市土壤中铅在表层的累积情况存在明显不同。基于 Hakanson 潜在生态危险指数法的评价结果表明，在铅大量富集的车间存在“很强生态风险”，该铅蓄电池厂搬迁厂址必须经过修复治理才能继续使用。

关键词：铅蓄电池厂；土壤污染；铅；空间分布；生态风险

二、土壤样品的制备与保存

(一) 样品的制备

土壤样品处理程序包括风干、磨碎、过筛、混合、缩分、分装，如图 6-9 所示，制成满足分析要求的土壤样品。加工处理目的是除去非土部分，使测定结果能代表土壤本身组成；

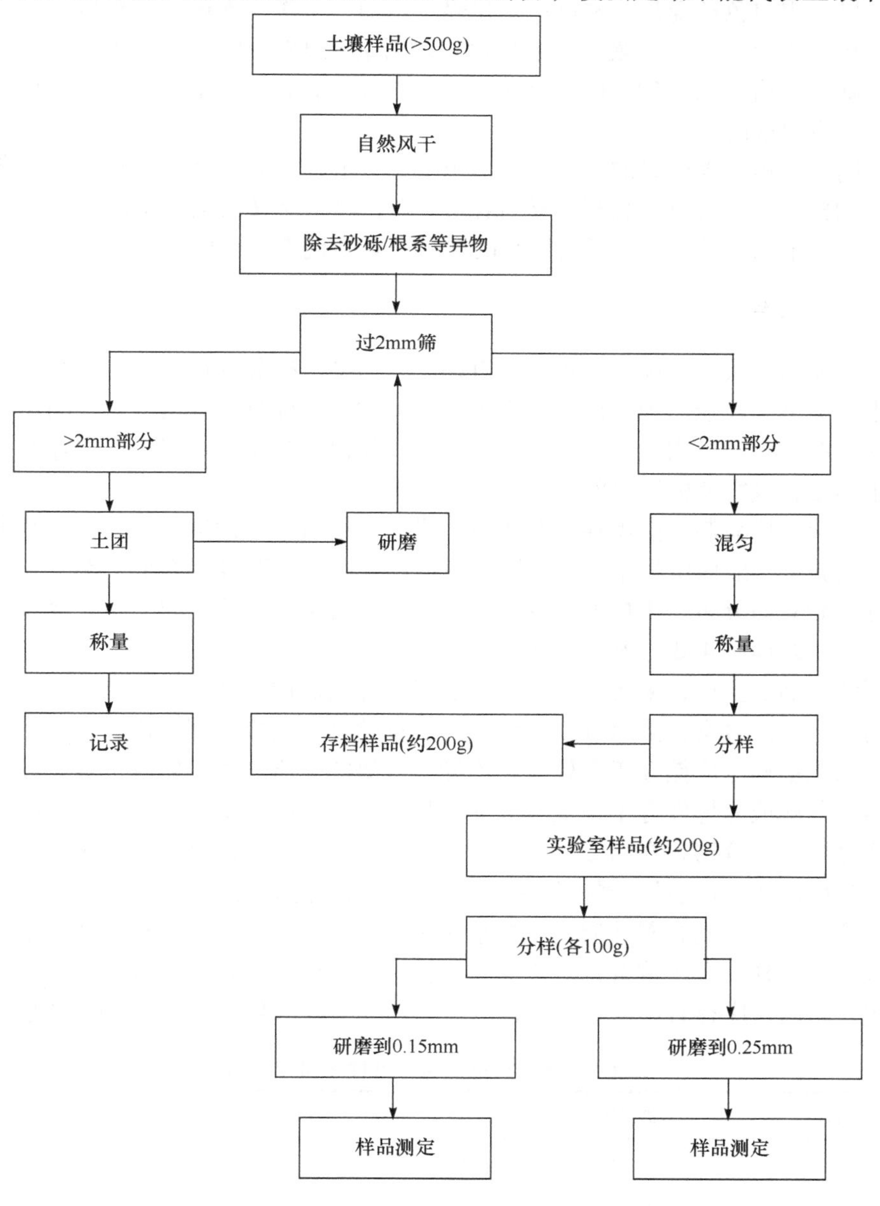

图 6-9 常规监测制样过程图

有利于样品能较长时间保存，防止发霉变质；磨细过筛后，分析时称取的样品具有更高的代表性，减少称样误差；将样品磨细，使分解样品的反应能完全和均匀。

土壤样品制备应分别在风干室、磨样室两处进行，避免加工时互相混样和交叉污染。风干场地应保持清洁，通风良好、整洁、无尘、无易挥发性化学物质，并避免阳光直射。样品不可在阳光下暴晒。房屋四周植被要好，离马路要远。尽量减少尘埃和大气污染对样品的影响。样品加工室的四壁与地面一律不得喷涂油漆，对光敏感的样品应有避光外包装。

制样工具的选择视分析项目而定，制样工具所用材质不能与待监测项目有任何干扰，不破坏样品代表性，不改变样品组成。无机金属项目避免使用金属器具，有机项目避免使用塑料等器具。风干用白色搪瓷盘及木盘；粗粉碎用木槌、木滚、木棒、有机玻璃棒、有机玻璃板、硬质木板、无色聚乙烯薄膜；细磨样用玛瑙研磨机(球磨机)或玛瑙研钵、白色瓷研钵；过筛用尼龙筛，规格为 2～100 目；装样用具塞磨口玻璃瓶、具塞无色聚乙烯塑料瓶或特制牛皮纸袋，规格视量而定。

注意，制样过程中采样时的土壤标签与土壤始终放在一起，严禁混错，样品名称和编码始终不变；制样工具每处理一份样后擦抹(洗)干净，严防交叉污染。不同的分析项目，对土样的磨碎粒度有不同要求。通过任何筛孔的样品，必须代表整个样品的成分。

(二) 样品的保存

样品保存要求干燥、通风、避免阳光直射、无污染。样品保存标签应包含样品编码、采样深度、土壤类型、粒径、地理位置、土地利用类型、采样日期等信息。样品保存标签一式两份，一张贴在瓶上，瓶内放置一张塑料标签。样品保存瓶用石蜡封口。保存的样品要定期清洁，防止霉变、鼠害及标签脱落。

无机监测项目样品制备前需存放在阴凉、避光、通风、无污染处。无机监测项目分析后的剩余样品实验室一般保留半年。挥发性监测项目土样，低于 4℃暗处冷藏，在 14d 内进行前处理，处理后立即分析。半挥发性及农药类监测项目土样，低于 4℃暗处冷藏，须在 14d 内进行前处理，处理后 40d 之内完成分析。

需要新鲜样品的土样，采集后用可密封的聚乙烯或玻璃容器在 4℃以下避光保存，样品要充满容器。避免用含有待测组分或对测试有干扰的材料制成的容器盛装保存样品。测定有机污染物用的土壤样品应储存于带聚四氟乙烯密封垫的硬质玻璃容器内，置于冷藏箱保存。对用于测定易分解或易挥发等不稳定组分的样品，采集后应立即用可密封的聚乙烯或玻璃容器盛装，样品要充满容器，在 4℃以下避光保存。避免用含有待测组分或对测试有干扰的材料制成的容器(必要时事先对容器进行背景检测)。留存样品应使用清洁玻璃瓶或聚乙烯塑料瓶盛装，注意尽可能装满容器并避光，严禁使用再生塑料瓶。入库前核对样品编号并登记造册。重点区域土壤样品和土壤背景点样品在运输过程中要独立包装，避免两种类型样品混装于同一个包装箱内，库存时用独立的冷柜冷藏。鲜样品的保存条件和保存时间见表 6-9。

表 6-9　新鲜样品的保存条件和保存时间

测试项目	容器材质	温度/℃	可保存时间/d	备注
金属(汞和六价铬除外)	聚乙烯、玻璃	＜4	180	
汞	玻璃	＜4	28	

续表

测试项目	容器材质	温度/℃	可保存时间/d	备注
砷	聚乙烯、玻璃	<4	180	
六价铬	聚乙烯、玻璃	<4	1	
氰化物	聚乙烯、玻璃	<4	2	
挥发性有机物	玻璃(棕色)	<4	7	采样瓶装满装实并密封
半挥发性有机物	玻璃(棕色)	<4	10	采样瓶装满装实并密封
难挥发性有机物	玻璃(棕色)	<4	14	

注：保存期超过 10d 的样品，要在<−20℃条件下存放。

如客观条件不能满足上述要求，样品需根据测定方法选择相应的低温条件进行冷冻，一般在−20℃以下。

三、土壤样品的预处理

土壤样品组分复杂，预处理的目的是使土壤样品中待测组分的形态和浓度符合测定方法的要求；减少或消除共存组分的干扰。主要采用分解法和提取法，前者用于元素的测定，后者用于有机污染物和不稳定组分的测定。

土壤样品分解方法的作用是破坏土壤的矿物晶格和有机质，使待测元素进入试样溶液中。

1. 全分解方法

1) 普通酸分解法

准确称取 0.5g(准确到 0.1mg，以下都与此相同)风干土样于聚四氟乙烯坩埚中，用几滴水润湿后，加入 10mL $HCl(\rho=1.19g/mL)$于电热板上低温加热，蒸发至约剩 5mL 时加入 15mL $HNO_3(\rho=1.42g/mL)$，继续加热蒸至近黏稠状，加入 10mL $HF(\rho=1.15g/mL)$并继续加热，为了达到良好的除硅效果，应经常摇动坩埚。最后加入 5mL $HClO_4(\rho=1.67g/mL)$，并加热至白烟冒尽。对于含有机质较多的土样应在加入 $HClO_4$之后加盖消解，土壤分解物应呈白色或淡黄色(含铁较高的土壤)，倾斜坩埚时呈不流动的黏稠状。用稀酸溶液冲洗内壁及坩埚盖，温热溶解残渣，冷却后，定容至 100mL 或 50mL，最终体积依待测成分的含量而定。

2) 高压密闭分解法

称取 0.5g 风干土样于内套聚四氟乙烯坩埚中，加入少许水润湿试样，再加入 $HNO_3(\rho=1.42g/mL)$、$HClO_4(\rho=1.67g/mL)$各 5mL，摇匀后将坩埚放入不锈钢套筒中，拧紧。放在 180℃的烘箱中分解 2h。取出，冷却至室温后，取出坩埚，用水冲洗坩埚盖的内壁，加入 3mL $HF(\rho=1.15g/mL)$，置于电热板上，在 100～120℃加热除硅，待坩埚内剩约 2～3mL 溶液时，调高温度至 150℃，蒸至冒浓白烟后再缓缓蒸至近干，定容后进行测定。

3) 微波分解法

微波分解可分为开放系统和密闭系统两种。开放系统可分解多量试样，且可直接和流动系统相组合实现自动化，但由于要排出酸蒸气，所以分解时使用酸量较大，易受外环境污染，挥发性元素易造成损失，费时且难以分解多数试样。密闭系统的优点较多，酸蒸气不会逸出，仅用少量酸即可，在分解少量试样时十分有效，不受外部环境的污染。在分解试样时不用观察及特殊操作，由于压力高，所以分解试样很快，不会受外筒金属的污染(因为用树脂作外筒)。可同时分解大批量试样。其缺点是需要专门的分解器具，不能分解量大的试样，如果疏忽会有发生爆炸的危险。在进行土样的微波分解时，无论是开放系统还是密闭系统，一般使用 HNO_3-HCl-HF-$HClO_4$、HNO_3-HF-$HClO_4$、HNO_3-HCl-HF-H_2O_2、HNO_3-HF-H_2O_2 等体系。当不使用 HF 时(限于测定常量元素且称样量小于 0.1g)，可将分解试样的溶液适当稀释后直接测定。若使用 HF 或 $HClO_4$ 对待测微量元素有干扰时，可将试样分解液蒸至近干，酸化后稀释定容。

4) 碱融法

碳酸钠熔融法适合测定氟、钼、钨；碳酸锂-硼酸和石墨粉坩埚熔样法适合铝、硅、钛、钙、镁、钾、钠等元素的分析。碳酸锂-硼酸在石墨粉坩埚内熔样，再用超声波提取熔块，分析土壤中的常量元素，速度快，准确度高。

土壤矿质全量分析中土壤样品分解常用酸溶试剂，酸溶试剂一般用氢氟酸加氧化性酸分解样品，其优点是酸度小，适用于仪器分析测定，但对某些难熔矿物分解不完全，特别对铝、钛的测定结果会偏低，且不能测定硅(已被除去)。

2. 酸溶浸法

有 HNO_3、HCl-HNO_3、HCl(适合 Cd、Cu、As 等)溶浸法；以及 HNO_3-H_2SO_4-$HClO_4$ 溶浸法，其方法特点是 H_2SO_4、$HClO_4$ 沸点较高，能使大部分元素溶出，且加热过程中液面比较平静，没有迸溅的危险，但 Pb 等易与 SO_4^{2-}形成难溶性盐类，测定结果偏低。

3. 形态分析样品的处理方法

1) 有效态的溶浸法

土壤中重金属元素能否被植物所吸收，主要取决于该元素矿物的有效态(有效性)，重金属的“有效态”或“有效量”指的是生物有效性，且是一个动态平衡的过程，不是某一种形态决定的。一般地，水提取量最接近植物可吸收量。其他化学提取剂的选择，取决于提取量与生物吸收的相关性。

DTPA 浸提剂适用于石灰性土壤和中性土壤；0.1mol/L HCl 浸提适合酸性土壤。土壤中有效硼常用沸水浸提。关于有效态金属元素的浸提方法较多。例如，有效态 Mn 用 1mol/L 乙酸铵-对苯二酚溶液浸提。有效态 Mo 用草酸-草酸铵溶液浸提，固液比为 1∶10。硅用 pH=4.0 的乙酸-乙酸钠缓冲溶液、0.02mol/L H_2SO_4、0.025%或 1%的柠檬酸溶液浸提。酸性土壤中有效硫用 H_3PO_4-HAc 溶液浸提，中性或石灰性土壤中有效硫用 0.5mol/L $NaHCO_3$ 溶液(pH=8.5)浸提。用 1mol/L NH_4Ac 浸提土壤中有效态钙、镁、钾、钠及用 0.03mol/L NH_4F-0.025mol/L HCl 或 0.5mol/L $NaHCO_3$ 浸提土壤中有效态磷等。

2) 其他形态的提取

土壤重金属化学形态分析多采用多步连续提取分级方法，应用较广的方法有 Tessier 连续萃取法和 BCR 方法。具体方法与第三章水体重金属形态分析相似。

4. 有机污染物的提取方法

1) 常用有机溶剂

土壤中有机污染物尤其是持久性有机污染物(POPs)，在土壤中存留时间长、亲脂性高，对农作物质量和人类生命健康构成潜在的安全隐患，因而对这些物质的测定具有重大意义。土壤基体复杂且干扰物多，难以直接测定，需要一系列提取、纯化方法才能进行色谱分析。

根据相似相溶原理，尽量选择与待测物极性相近的有机溶剂作为提取剂。提取剂必须与样品能很好地分离，且不影响待测物的纯化与测定；不能与样品发生作用，毒性低，价格便宜；此外，还要求提取剂沸点范围在 45～80℃为好。还要考虑溶剂对样品的渗透力，以便将土样中待测物充分提取出来。当单一溶剂不能成为理想的提取剂时，常用两种或两种以上不同极性的溶剂以不同的比例配成混合提取剂。

纯化溶剂多用重蒸馏法。纯化后的溶剂是否符合要求，最常用的检查方法是将纯化后的溶剂浓缩 100 倍，再用与待测物检测相同的方法进行检测，无干扰即可。

2) 有机污染物的提取

(1) 振荡提取。准确称取一定量的土样(新鲜土样加 1～2 倍量的无水 Na_2SO_4 或 $MgSO_4 \cdot H_2O$ 搅匀，放置 15～30min，固化后研成细末)，转入标准口三角瓶中加入约 2 倍体积的提取剂振荡 30min，静置分层或抽滤、离心分出提取液，样品再分别用 1 倍体积提取液提取 2 次，分出提取液，合并，待净化。

(2) 超声波提取。准确称取一定量的土样(或取 30.0g 新鲜土样加 30～60g 无水 Na_2SO_4 混匀)置于 400mL 烧杯中，加入 60～100mL 提取剂，超声振荡 3～5min，真空过滤或离心分出提取液，固体物再用提取剂提取 2 次，分出提取液合并，待净化。

(3) 索氏提取。本法适用于从土壤中提取非挥发及半挥发性有机污染物。准确称取一定量土样或新鲜土样 20.0g 加入等量无水 Na_2SO_4 研磨均匀，转入滤纸筒中，再将滤纸筒置于索氏提取器中。在有 1～2 粒干净沸石的 150mL 圆底烧瓶中加 100mL 提取剂，连接索氏提取器，加热回流 16～24h 即可。

(4) 浸泡回流法。用于一些与土壤作用不大且不易挥发的有机物的提取。

(5) 其他方法。近年来，吹扫蒸馏法(用于提取易挥发性有机物)、超临界提取法(SFE)都发展很快。尤其是 SFE 法由于其快速、高效、安全性(不需任何有机溶剂)，因而是具有很好发展前途的提取法。微波萃取、加速溶剂萃取、基质分散固相萃取、流化床提取等方法也在开发运用中。

四、土壤污染物的测定

1. 土壤无机污染物的检测分析

土壤样品的分析测试方法中，对于我国发布的标准已规定的项目，只列出标准号，对于目前国内尚无标准的分析项目，参考《全国土壤污染状况调查样品分析测试技术规定》。铅、镉、汞、砷、铬、镍、铜、锌总量及有效态含量采用不同前处理方法，参见《全国土壤污染状况调查样品分析测试技术规定》，分析方法统一见表 6-10。

表 6-10　土壤元素含量分析方法

分析项目	分析方法	方法来源	等效方法
镉、铅	石墨炉原子吸收法	GB/T 17141—1997	ICP-MS
汞	微波消解/原子荧光法	HJ 680—2013	
	冷原子吸收法	GB/T 17136—1997	

续表

<table>
<tr><th>分析项目</th><th>分析方法</th><th>方法来源</th><th>等效方法</th></tr>
<tr><td>铬、镍、铜、锌</td><td>火焰原子吸收法</td><td>GB/T 17138—1997
GB/T 17139—1997
GB/T 17140—1997</td><td>石墨炉原子吸收法、等离子体质谱联用法</td></tr>
<tr><td>钴、锰、铁</td><td>火焰原子吸收法</td><td>《土壤元素的近代分析方法》</td><td>ICP-AES、ICP-MS</td></tr>
<tr><td>锂、钠、钾铷、铯</td><td>电感耦合等离子体发射光谱法</td><td>《土壤元素的近代分析方法》</td><td>ICP-MS</td></tr>
<tr><td>氟</td><td>离子选择电极法</td><td>《环境监测分析方法》(第二版)</td><td>—</td></tr>
<tr><td>溴、碘</td><td>离子色谱法</td><td rowspan="9">《土壤元素的近代分析方法》
《全国土壤污染状况调查样品分析测试技术规定》</td><td>—</td></tr>
<tr><td>银、铍</td><td>石墨炉原子吸收法</td><td rowspan="2">ICP-AES</td></tr>
<tr><td>镁、钙</td><td>火焰原子吸收法</td></tr>
<tr><td>砷、硒、锑、铋、碲</td><td>氢化物发生-原子荧光法</td><td rowspan="3">ICP-AES、ICP-MS</td></tr>
<tr><td>钒</td><td>N-BPHA 分光光度法</td></tr>
<tr><td>钡、镓、铟、铊、钪</td><td>石墨炉原子吸收法</td></tr>
<tr><td>锶</td><td>电感耦合等离子体发射光谱法</td><td>ICP-MS</td></tr>
<tr><td>硼</td><td>亚甲蓝分光光度法</td><td>ICP-MS</td></tr>
<tr><td>铝</td><td>配位滴定法</td><td>ICP-AES</td></tr>
<tr><td>稀土总量</td><td>对马尿酸偶氮氯膦分光光度法</td><td>GB 6260—1986</td><td>—</td></tr>
<tr><td>稀土分量</td><td>电感耦合等离子体发射光谱法</td><td rowspan="8">《土壤元素的近代分析方法》</td><td>ICP-MS</td></tr>
<tr><td>钍</td><td>钍试剂Ⅲ光度法</td><td>ICP-AES、ICP-MS</td></tr>
<tr><td>铀</td><td>5-Br-PADAP 光度法</td><td rowspan="3">ICP-MS</td></tr>
<tr><td>锗</td><td>碱熔-氢化物发生原子荧光法</td></tr>
<tr><td>锡、钼、钨</td><td>电感耦合等离子体发射光谱法</td></tr>
<tr><td>钛</td><td>H_2O_2光度法</td><td>ICP-AES</td></tr>
<tr><td>锆、铪</td><td>电感耦合等离子体发射光谱法</td><td rowspan="2">ICP-MS</td></tr>
<tr><td>钽</td><td>电感耦合等离子体发射光谱法</td></tr>
</table>

注：ICP-AES：电感耦合等离子体发射光谱法；ICP-MS：等离子体质谱联用法。

2. 土壤有机污染物的检测分析

有机项目的前处理及分析测试方法中，对于我国发布的标准已规定的项目，只列出标准号，对于目前国内尚无标准的分析项目，参考《全国土壤污染状况调查样品分析测试技术规定》，见表 6-11。

表 6-11　土壤中有机污染物分析测试方法

<table>
<tr><th colspan="2">分析项目</th><th>首选分析方法</th><th>方法来源</th><th>等效方法</th><th>方法来源</th><th>前处理方法</th></tr>
<tr><td rowspan="2">有机氯农药</td><td>六六六、滴滴涕</td><td rowspan="2">GC-ECD</td><td>GB/T 14550—2003</td><td rowspan="2">GC-MS</td><td rowspan="2">EPA 8270C</td><td rowspan="2">振荡提取、索氏提取、自动索氏提取、加速溶剂萃取</td></tr>
<tr><td>七氯、七氯环氧化物、艾氏剂、狄氏剂、异狄氏剂、异狄氏剂醛、硫丹Ⅰ、硫丹Ⅱ、硫丹硫酸盐、甲氧滴滴涕等</td><td>EPA8081a</td></tr>
<tr><td>酞酸酯类</td><td>邻苯二甲酸二乙酯、邻苯二甲酸二丁酯等</td><td>GC-MS</td><td>日本环境省水环境管理课《底质调查方法》</td><td>GC-MS</td><td>EPA 8270C</td><td>索氏提取、超声波、ASE</td></tr>
<tr><td>十六种多环芳烃类</td><td>萘、苊、二氢苊、芴、菲、蒽、荧蒽、芘、苯并[a]蒽、屈、苯并[b]荧蒽、苯并[k]荧蒽、苯并[a]芘、苯并[a,h]蒽、苯并[g,h,i]芘、茚并[1,2,3-cd]芘</td><td>HPLC</td><td>EPA8310
HJ 784—2016</td><td>GC-MS</td><td>EPA 8270C</td><td rowspan="4">索氏提取(含自动索氏提取)、加速溶剂萃取 ASE</td></tr>
<tr><td>多氯联苯</td><td>PCB-28，PCB-52，PCB-101，PCB-81，PCB-77，PCB-123 等</td><td>GC-ECD</td><td>EPA8082a</td><td>GC-MS</td><td>HJ 743—2015</td></tr>
<tr><td>挥发性芳香烃</td><td>苯，甲苯，乙苯，间二甲苯，对-二甲苯等 12 种</td><td>顶空-气相色谱</td><td>HJ 742—2015</td><td></td><td></td></tr>
<tr><td>挥发性卤代烃</td><td>1-二氯二氟甲烷，2-氯甲烷，3-氯甲烷，4-溴甲烷，5-氯乙烷等 37 种</td><td>顶空-气相色谱-质谱</td><td>HJ 736—2015</td><td>吹扫-气相色谱-质谱</td><td>HJ 735—2015</td></tr>
<tr><td>石油烃总量</td><td>—</td><td colspan="5">《全国土壤污染状况调查样品分析测试技术规定》</td></tr>
</table>

习　题

1. 土壤组成有哪些物质成分？
2. 土壤矿物质包括哪些类型？什么是原生矿物？土壤中主要原生矿物有哪些？
3. 什么是次生矿物？次生矿物有哪些？特点如何？
4. 简述土壤矿物质和土壤类型的地理分布，有无规律性？
5. 土壤基本性质有哪些？它们在土壤中的作用如何？
6. 土壤水分与土壤污染物溶解迁移和生态风险有什么关系？
7. 何谓土壤背景值？土壤背景值的调查研究对环境保护和环境科学有何意义？
8. 简述土壤污染的来源、污染类型及其特点。
9. 简述土壤监测的目的和意义。
10. 据环境监测的目的，土壤环境质量监测分为哪几种类型？
11. 如何评价土壤环境质量？
12. 壤环境监测布点的原则和布点方法有哪些?布点方法各适用于什么情况？
13. 如何确定采样点的数量？
14. 根据土壤污染监测的目的，如何确定采样深度?为什么需要多点采集混合土样？

15. 怎样加工制备风干土壤样品？不同监测项目对土壤样品的粒度要求有何不同？

16. 土壤样品预处理的方法有哪些？怎样根据监测目的的性质选择预处理方法？

17. 土壤样品的消解方法主要有哪些？各有何特点？

18. 为什么要进行土壤中重金属元素的形态分析？其总量分析和形态分析之间有何关系？

19. 简述土壤中重金属元素有效态的提取分析方法。

20. 国家标准中规定土壤重金属必测元素有哪些？各有哪些分析方法？

21. 土壤中有机污染物的提取和萃取方法有哪些？各有何特点？

22. 简述石墨炉原子吸收分光光度法测定土壤中铅和镉的原理。

23. 简述火焰原子吸收分光光度法测定土壤总铬的原理。

24. 目前用于检测农药残留的检测方法主要包括哪些？分析其优缺点。

25. 某铅冶炼企业周边的土壤受到了主要含有铅、砷、镉、汞、锌等的大气粉尘污染。试设计一个监测方案，包括布设监测点、采集土壤、土样制备和预处理，以及选择分析测定方法。

第七章　生物与生态监测

【本章教学要点】

知识要点	掌握程度	相关知识
生物监测的概念	理解生物监测的概念	生物监测的特点
水环境污染生物监测	熟悉水环境污染生物监测方法	现代生物监测方法
空气污染生物监测	熟悉空气污染生物监测方法	空气和废气监测
有害物质毒理学监测	了解有害物质毒理学监测方法	固体废物监测中急性毒性的初筛
生物污染监测	熟悉生物污染监测方法	水样的预处理，土壤样品的制备
生态监测	了解生态监测方法	环境监测技术发展中遥感技术的应用

【导入案例】

bbe 藻毒性仪(图 7-1)由德国 bbe 公司(bbe Moldaenke GmbH)生产，多用于环境监测站和水务公司，已在欧洲各地得到广泛应用。该仪器利用藻类对水体毒性进行在线监测，对除草剂和它们的降解产物尤其敏感，能检测到低至 0.5μg/L 的除草剂阿特拉津；该仪器在运行中无需进行测试生物，测试生物更换周期可达 7d，具有自动清洗检测单元，断电后再通电时，系统也可自动恢复；此外，该仪器还具有自动取样装置，可以连续 24h 在线监测，并可通过网络进行远程控制(实时双方向的监控)，基于数据库的软件可以随时保存数据和参数。

图 7-1　bbe 藻毒性仪外形图

该仪器究竟是怎样利用藻类对水体污染进行监测的呢？

第一节　水环境污染生物监测

一、概述

水环境污染生物监测(biological monitoring)是指利用水生生物个体、种群或群落对水体污染或变化所产生的反应来判断水体污染状况的一种水体污染监测方法。污染物进入环境后，会在生态系统中的各级生物学水平上产生影响，引起生态系统固有结构和功能的变化。例如，在分子水平上，会激活或抑制酶活性，抑制 DNA、RNA、蛋白质等的合成；在细胞水平上，引起细胞膜结构和功能的变化，破坏线粒体、内质网等细胞器的结构和功能；在个体水平上，会导致生物个体死亡，行为改变，抑制其生长发育和繁殖等；在种群和群落水平上，引起种群数量的改变、群落结构的变化等。生物监测，就是利用生命有机体对污染物的种种反应，来直接地表征环境质量的好坏及所受污染的程度。

相对于传统的理化监测，生物监测具有以下特点：

(1) 反映长期的污染效应。污染物对环境的危害是一个长期累积的过程，理化监测只能代表取样期间的污染情况，而在一定区域内生活的生物，却可以将长期的污染效应反映出来。

(2) 效果更加直接敏感。某些生物能够对一些连精密仪器都无法检测出的微量污染物产生反应，并表现出相应的受危害的效应。

(3) 监测功能多样化。由于可以用来进行水污染监测的生物种类很多，加上每种生物对不同污染物都能产生反应，并且表现不同的症状，因此更具多功能性。

(4) 便于综合评价。理化监测只能检测特定条件下水环境中污染的类别和含量等，而生物监测可以反映出多种污染物在自然条件下对生物的综合影响，从而可以更客观全面地评价水环境。

(5) 监测成本较低。理化监测使用的监测仪器涉及维修和保养，而生物监测不涉及这些工作，因此监测成本较低。

二、生物群落监测法

(一) 水污染指示生物法

水污染指示生物是指对水体中污染物产生各种定性、定量反应的生物，如浮游生物、着生生物、底栖生物、鱼类和微生物等(图 7-2)。它们对水环境质量的变化特别是化学污染物反应敏感或有较高耐受性。

(a) 颤蚓

(b) 摇蚊幼虫

图 7-2　常见水污染指示生物

(c) 瓶螺　(d) 轮虫

(e) 蜻蜓幼虫　(f) 田螺

图 7-2　(续)

浮游生物是指悬浮在水体中，过着随波逐流生活的微型水生生物，包括浮游植物和浮游动物。浮游植物主要是藻类，以单细胞、群体或丝状体的形式出现。淡水浮游动物主要包括原生动物、轮虫、枝角类和桡足类。浮游生物是水生食物链的基础，许多种类对环境变化敏感，可作为水质变化的指示生物，因此在水污染调查中常被列为主要研究对象之一。

着生生物(即周丛生物)是指附着于长期浸没水中的各种基质(植物、动物、石头等)表面上的有机体群落，如细菌、真菌、藻类、原生动物、轮虫、甲壳动物、线虫、软体动物、昆虫幼虫，甚至鱼卵和幼鱼等。着生生物对河流水质评价效果较佳。

底栖动物是栖息在水体底部淤泥内、石块或砾石表面及其间隙中，以及附着在水生植物之间的肉眼可见的水生无脊椎动物，又称底栖大型无脊椎动物，包括水生昆虫、大型甲壳类、软体动物、环节动物、扁形动物等。底栖动物的移动能力差，故在正常环境下较稳定的水体中，种类较多，群落结构稳定。当水体受到污染后，其群落结构便发生变化。应用底栖动物对污染水体进行监测和评价已被各国广泛应用。

在水生食物链中，鱼类代表最高营养水平。凡能改变浮游和大型无脊椎动物生态平衡的水质因素，也能改变鱼类种群。某些污染物对低等生物可能不引起明显变化，但鱼类却可能受到影响。

水体严重污染的指示生物有颤蚓类、细长摇蚊幼虫、毛蠓、纤毛虫、绿色裸藻、小颤藻等，能在溶解氧较低的条件下生活。其中颤蚓类是有机物污染十分严重水体的优势种。颤蚓数量越多，表示水体的污染越严重。

水体中等污染的指示生物有居栉水虱、瓶螺、轮虫、被甲栅藻、四角盘星藻、环绿藻、脆弱刚毛藻、蜂巢席藻等，它们对低溶解氧有较好的耐受能力，常在中度有机物污染的水体中大量出现。

清洁水体指示生物有蚊石蚕、扁蜉、蜻蜓幼虫、田螺、浮游甲壳动物、簇生枝竹藻等，只能在溶解氧很高、未受污染的水体中大量繁殖。

(二) 污水生物系统法

德国学者 Kolkwitz 和 Marsson 提出的污水生物系统 (saprobic system)已有近百年的历史，但至今仍被广泛应用。其原理是受污染河流由于自净作用导致从上游向下游形成了一系列污染程度由高到低的连续区带，即多污带、α-中污带、β-中污带和寡污带。各污染带水体内存在特有的生物种群，其生物学、化学特征列于表 7-1。根据所监测水体中生物种类存在与否，划分污水生物系统，确定水体的污染程度。

表 7-1　污水生物系统生物学和化学特征

项目	多污带	α-中污带	β-中污带	寡污带
化学过程	还原和分解作用	水和底泥中出现氧化作用	氧化作用较强	氧化使矿化作用完成
溶解氧	没有或极微量	少量	较多	很多
BOD	很高	高	较低	低
硫化氢含量	强烈的硫化氢气味	硫化氢气味消失	无	无
水中有机物	有大量高分子有机物	高分子有机物分解产生氨基酸、氨等	大部分有机物已完成无机化过程	有机物全部分解
底泥	有黑色硫化铁存在，呈黑色	有大量氢氧化铁生成，不呈黑色	有 Fe_2O_3 存在	大部分氧化
水中细菌	大量，＞10^7 个/mL	很多，＞10^6 个/mL	数量少，＜10^6 个/mL	数量少，＜100 个/mL
栖息生物的生态学特征	动物都是摄食细菌者，且耐受 pH 强烈变化，耐低 DO 的厌氧生物，对 H_2S、NH_3 等有毒物质有强烈抗性	摄食细菌动物占优势，肉食性动物增加，对 DO 和 pH 变化表现出高度适应性，对氨有一定耐性，对硫化氢耐性差	对 DO 和 pH 变化耐性较差，并且不能长时间耐腐败性毒物	对 DO 和 pH 变化耐性很差，特别是对腐败性
植物	无硅藻、绿藻、接合藻及高等植物出现	蓝藻、绿藻、接合藻及硅藻等藻类出现	硅藻、绿藻、接合藻的许多种类出现，为鼓藻类主要分布区	水中藻类少，但着生藻类多
动物	微型动物为主，原生动物居优势	微型动物占大多数	多种多样	多种多样
原生动物	有变形虫、纤毛虫，无太阳虫、双鞭毛虫和吸管虫	太阳虫和吸管虫出现，无双鞭毛虫	太阳虫和吸管虫中耐污性弱的种类和双鞭毛虫出现	仅有少量鞭毛虫和纤毛虫出现
后生动物	仅有少数轮虫、蠕形动物、昆虫幼虫出现；无水螅、淡水海绵、苔藓动物、甲壳类和鱼类生存	无淡水海绵、苔藓动物；有小型甲壳类、贝类。鱼类中鲤、鲫、鲶等可在此栖息	有多种淡水海绵、苔藓动物、水螅、小型甲壳类、贝类、两栖动物和鱼类出现	昆虫幼虫种类极多，其他各种动物出现

(三) 聚氨酯泡沫塑料块微型生物群落监测法

微型生物群落(microbial community)是指水生态系统中显微镜下才能看见的微小生物，主要是细菌、真菌、藻类、原生动物和微型原生动物等。它们占据着各自的生态位，彼此间有复杂的相互作用，对其生存环境的变化十分敏感，当水体受到污染后，群落的结构和功能将随之发生相应的改变。

美国的 Cairns 等于 1969 年创建了用聚氨酯泡沫塑料块(polyurethane foam unit，PFU)法测定微型生物群落的群集速度。该法是将 PFU 作为人工基质投入水体中，暴露一定时间后，水体中大部分微型生物种类可群集到 PFU 内。取出 PFU 后，把水全部挤入烧杯内，用显微镜进行微型生物种类观察和活体计数，以评价水质。该法的特点是基质的使用不受时间和空间的限制，能收集到水体中微型生物群落中 85%的种类，因此具有环境的真实性。

根据 MacArthur-Wilson 岛屿地理学理论，原生动物在 PFU 内的群集过程，是原生动物迁入迁出动态平衡结果，因此该过程可用岛屿区域地理平衡模型修正式表示：

$$S_t = \frac{S_{eq}(1-e^{-Gt})}{1-He^{-Gt}}$$

式中，G 为群集速度常数；t 为群集时间；H 为污染强度级；S_t，S_{eq} 分别为 t 时刻原生动物的种类数和平衡时原生动物种类数。

因此，PFU 法除提供结构参数(种类组成、多样性指数)外，还能提供群落的三个功能参数，即 S_{eq}、G 和达到 90%平衡期种类数所需要的时间 t。在受到污染的水体中，原生动物向 PFU 群集的速度受到干扰，使 S_{eq} 和 G 值较清洁水体中低，群集时间 t 变长。在生物组建水平中，群落水平高于种和种群水平，因而在群落水平上的生物监测和毒性试验比种和种群水平更具有环境真实性。

扩展案例 7-1

2007 年，由长江流域水资源保护局和意大利都灵大学公共健康与微生物学系、英国可持续发展协会共同执行的“武汉水环境综合生物监测项目”在武汉启动。在这次试验过程中，选用了国外运用较多的可延展生物指标评价体系，对大型蚤、水芹、大肠菌群、肠球菌等生物进行测试，来判断长江、汉江武汉段的水环境质量。但在试验中发现，由于欧洲水系和中国水系底层环境不同，欧洲水系底层以淤泥为主，而汉江和长江水底以沙石为主，生物生存条件比淤泥要差很多，存活的数量和种类自然也有很大的差异，所以用国外的评价体系无法准确判定长江和汉江水质的好坏。然而，通过合作，有利于全面了解国外生物监测的思路和方法，为进一步深入研究提供了科学的框架和模式。

三、细菌学检验法

细菌能在各种不同的自然环境中生长，地表水、地下水，甚至雨水和雪水中都含有多种细菌。当水体受到人畜粪便、生活污水或某些工农业废水污染时，细菌大量增加。因此，水的细菌学检验，特别是肠道细菌的检验，在卫生学上具有重要的意义。但是，直接检验水中的各种病原菌，方法较复杂，且结果也不能保证绝对准确安全。因此在实际工作中，常以检验细菌总数，特别是检验作为粪便污染的指示细菌，如总大肠菌群、粪大肠菌群、粪链球菌等，来间接判断水的卫生学质量。

(一) 水样采集

采集细菌学检验用水样，必须严格按照无菌操作要求进行；防止在运输过程中被污染，并应迅速进行检验。一般从采样到检验不宜超过2h；在10℃以下保存不得超过6h。

采集江、河、湖、库等水样，可将采样瓶沉入水面下 10～16cm 处，瓶口朝水流上游方向，使水样灌入瓶内。需要采集一定深度的水样时，用采水器采集。采集自来水样，首先用酒精灯灼烧水龙头灭菌或用 70%的乙醇消毒，然后放水 3min，再采集约为采样瓶容积 80%的水量。

(二) 细菌总数的测定

细菌总数是指 1mL 水样在营养琼脂培养基中，于 37℃培养 24h 后，所生长的细菌菌落(CFU)的总数，它是判断饮用水、水源水、地表水等污染程度的标志。

(三) 总大肠菌群的测定

粪便中存在大量的大肠菌群，其在水体中存活时间和对氯的抵抗力等与肠道致病菌(如沙门氏菌、志贺氏菌等)相似，因此将总大肠菌群作为粪便污染的指示细菌是合适的。总大肠菌群是指能在 35℃、48h 内使乳糖发酵产酸、产气、需氧及兼性厌氧的、革兰氏阴性的无芽孢杆菌，以每升水样中所含有的大肠菌群的数目表示。测定方法有多管发酵法和滤膜法。多管发酵法适用于各种水样(包括底质)，但操作较烦琐，耗时较长。滤膜法操作简便、快速，但不适用于浑浊水样。

(四) 其他粪便污染指示细菌的测定

粪大肠菌群是总大肠菌群的一部分，是指存在于温血动物肠道内的大肠菌群细菌，与测定总大肠菌群不同之处在于将培养温度提高到 44.5℃，在该温度下仍能生长并使乳糖发酵产酸、产气的为粪大肠菌群。

沙门氏菌属是常存在于污水中的病原微生物，也是引起水传播疾病的重要来源。由于其含量很低，测定时需先用滤膜法浓缩水样，然后进行培养和平板分离，最后通过生物化学和血清学鉴定确定水样中是否存在沙门氏菌。

链球菌(通称粪链球菌)也是粪便污染的指示细菌。这种菌进入水体后在水中不再自行繁殖，这是它作为粪便污染指示细菌的优点。此外，由于人粪便中粪大肠菌群多于粪链球菌，而动物粪便中粪链球菌多于粪大肠菌群，因此在水质检验时，根据粪大肠菌群与粪链球菌群的比值不同，可以推测粪便污染的来源。粪链球菌数的测定也采用多管发酵法或滤膜法。

四、生物毒性监测法

生物毒性监测是监测生物受到污染物质的毒害作用时所产生的生理机能等变化情况，从而对水体污染状况作出判断。进行水生生物毒性试验可用鱼类、枝角类、藻类等，其中以鱼类的试验应用较广泛。

(一) 鱼类

鱼类对水环境的变化反应十分灵敏，当水体的污染物达到一定浓度或强度时，就会引起一系列的中毒反应。鱼类毒性试验的主要目的是寻找某种毒物或工业废水对鱼类的半致死浓度或安全浓度，为制订水质标准和废水排放标准提供科学的依据，提供测试水体的污染程度、检测水处理效果和水质标准的执行情况。

(二) 枝角类

枝角类(*Cladocera*)通称蚤类，俗称红虫或鱼虫，广泛分布于自然水体中，是鱼类的天然饵料。其繁殖力强，生活周期短，易培养，且对许多毒物敏感，因此在制订渔业水体水质标准和工业废水排放标准时，常配合鱼类毒性试验被广泛采用。我国有蚤类 130 多种，试验常用的有大型蚤、蚤状蚤、隆线蚤和多刺裸腹蚤等。一种蚤在整个生活史中会出现三种个体，即雄蚤、孤雌生殖蚤和有性生殖蚤，它们对毒物的敏感性不同，试验时应该用纯一个体。孤雌生殖雌蚤数量多，试验均采用这种个体。

(三) 发光细菌

发光菌是一类能运动的革兰氏阴性兼性厌氧杆菌，含有荧光素、荧光酶、ATP 等发光要素。在有氧条件下通过细胞内生化反应而产生微弱荧光。发光细菌在毒物作用下，细胞活性下降，导致发光强度的降低。发光细菌法是利用灵敏的光电测量系统测定毒物对发光细菌发光强度的影响，根据发光细菌发光强度的变化判断毒物毒性的大小。自从 20 世纪 80 年代美国 Beckman 公司推出功能完备的生物发光光度计 Microtox 后，这一急性毒性测试技术迅速被推广，因此人们也将其称为 Microtox 技术。随着技术的发展，发光细菌法已和电子技术及光电技术、生物传感器技术、细胞固定化技术及计算机技术紧密结合，逐步发展为在线监测系统，为水质分析提供更加快速有效的测试手段。

五、现代生物监测方法

(一) 在线生物监测

水质的在线生物监测或生物早期警报系统，是近年在生物毒性试验基础上发展起来的，是将活生物置于监测室内，建立生物信号检测系统，根据生物个体的异常生理或行为变化警报污染事件，主要用于监测污染物毒性在短期内的变化。在线监测可以对水质进行连续 24h 不间断监测，能够对水质的突变做出快速响应，从而及时采取应对措施，将危害降到最小。在线生物监测系统主要包括三部分：生活在水体处于连续或半连续流动状态中的测试生物、测试生物行为反应的自动检测系统和根据测试的参数与预设值比较后发出警报信息的警报系统。

(二) 硝化细菌测试法

硝化细菌为专性化能自养细菌，它包括氨氧化菌和亚硝酸氧化菌两个亚群。硝化过程由两个连续而又不同的阶段组成，第一阶段，由氨氧化菌将氨氧化为亚硝酸，第二阶段，由亚硝酸氧化为硝酸。鉴于硝化细菌对多种化学物质比较敏感，通过测定化学物质对硝化细菌硝化作用强度的影响可以很好地表明化学物质毒性的大小和对自然界中氮循环功能的影响程度，使这种方法检测污染物的毒性具有简便、敏感、快速、廉价和定量等特性。

(三) 生物传感器

生物传感器是将生物感应元件与能够产生和待测物浓度成比例的信号传导器结合起来的一种分析装置。生物传感器大致可以分为以下几类：①酶传感器；②组织传感器；③微生物传感器；④免疫和酶-免疫传感器；⑤场效应(FET)生物传感器。

第二节　空气污染生物监测

监测空气污染的生物可以用动物，也可以用植物，但由于动物的管理比较困难，目前尚未形成比较完整的监测方法。而植物分布广、易管理，当遭受污染物侵袭时，有不少植物显示特征明显的受害症状，因此广泛应用于空气污染监测。

一、空气污染指示植物及其受害症状

指示植物是指一些能反映所生长的环境中某些元素或物理化学特性的植物。空气污染植物对空气中有毒物质较敏感，在受到污染物的侵袭后有明显的变化，包括明显的伤害症状、生长和形态的变化、果实或种子的变化及生产力或产量的变化等，可选择一年生草本植物、多年生木本植物及地衣、苔藓等。

(一) SO_2 指示植物及其受害症状

对 SO_2 敏感的植物有几十种之多，如紫花苜蓿、大麦、小麦、棉株、大豆、芝麻、荞麦、辣椒、菠菜、胡萝卜、烟草、白日剧、玫瑰、苹果树、雪松、马尾松、白杨、白桦、合欢、杜仲、腊梅等。

SO_2 使叶片受害的症状主要出现在叶脉间，呈现大小不等、无一定分布规律的点、块状斑点，与正常组织之间界线明显。少数伤斑分布在叶片边缘，或全叶褪绿黄化，仅留叶脉仍为绿色。伤斑的颜色多为红棕色、土黄色。紫花苜蓿对 SO_2 最敏感，当它在 SO_2 浓度为 1.2mg/L 的环境中暴露 1h，就会显示可见受害症状；若浓度为 20mg/L 时，只需暴露 10min，叶面上就会出现灰白色斑点。

(二) 氟化物指示植物及其受害症状

对氟化物敏感的指示植物有唐菖蒲、金荞麦、葡萄、玉簪、杏梅、榆树、郁金香、金丝桃树、慈竹等。植物受到氟化物危害时，大多叶尖、叶缘首先受到伤害出现伤斑，受害伤斑与正常叶组织之间有一明显的暗红色界线。少数为叶脉间伤斑。未成熟叶片更易受伤害，枝梢常枯死，严重时叶片失绿、脱落。

(三) NO_x 指示植物及其受害症状

对 NO_x 敏感的植物有烟草、悬铃木、番茄、秋海棠、向日葵、菠菜等。NO_x 对植物的伤害类似于 SO_2，但危害小于 SO_2，一般很少出现 NO_x 浓度达到能直接伤害植物的程度，它往

往与 O_3 或 SO_2 混合在一起显示危害症状。首先在叶片上形成不规则水渍斑，然后扩展到全叶，并产生不规则白色、黄褐色、棕色点状伤斑，严重时叶片失绿、褪色进而坏死，损伤部位主要出现在较大的叶脉之间，但也会沿叶缘发展。

(四) 光化学氧化剂指示植物及其受害症状

臭氧(O_3)的指示植物有矮牵牛花、马唐、花生、烟草、马铃薯、洋葱、萝卜、丁香、牡丹等。O_3 对已成熟的叶片伤害极为敏感。典型症状是在叶面上出现密集的细小斑点，斑点随叶龄增加而变化，开始有光泽或棕色，之后变为黄褐色或白色，并累积变成斑块，甚至黄萎、脱落。彩斑是 O_3 急性伤害特征，它可能是白色、黑色、红色或淡红色到紫色。慢性伤害是叶子从淡红色到棕色或古铜色，常导致褪色、衰老、落叶。

过氧乙酰硝酸酯(PAN)的指示植物有繁缕、长叶莴苣、早熟禾、矮牵牛花等。对植物叶片的伤害症状多出现在叶片背面，呈银白色、棕色、古铜色或玻璃状，不呈点、块状伤斑，有时在叶片的先端、中部或基部出现坏死带。

二、空气污染植物监测方法

(一) 植物群落监测法

该方法是利用监测区域植物群落受到污染后，用各种植物的反应来评价空气污染状况。根据各种植物对污染物敏感性不同，可将其分为敏感植物、抗性中等植物和抗性较强植物三类。如果敏感植物叶片出现受害症状，表明空气已受到轻度污染；如果抗性中等的植物出现部分受害症状，表明大气已受到中度污染；当抗性中等植物出现明显受害症状，有些抗性较强的植物也出现部分受害症状时，则表明已造成严重污染。根据植物叶片呈现的受害症状和受害面积百分数，可以判断该地区的主要污染物和污染程度。

地衣和苔藓是低等植物，分布广泛，其中某些种群对污染物如 SO_2、HF 等反应敏感。通过调查树干上的地衣和苔藓的种类、数量和生长发育状况后，就可以估计空气污染程度。在工业城市中，通常距中心越近，地衣的种类越少，重污染区内一般仅有少数壳状地衣分布，随着污染程度的减轻，便出现枝状地衣；在轻污染区，叶状地衣数量最多。

(二) 盆栽指示植物检测法

先将指示植物在没有污染的环境中盆栽培植，待生长到适宜大小时移至监测点，定期观察记录其受害症状和程度，估测大气污染情况。

扩展案例 7-2

1998 年 6 月，湖南省桂阳县青兰乡曲木、雍冲等 5 个行政村发生特大大气污染事故，并引发县际间冲突。沿主风向近 15km×10km 范围内的树木和农作物受害，马尾松针叶、针茅、蕨叶等野生植物及大豆、花生等农作物叶片火红一片，严重的呈灼烧状，叶、果脱落；受害较轻的植物叶片也密布了红色斑点。由于当地有不少砷冶炼厂，当时不少人认为是砷化物的危害。桂阳县环境监测站通过对受害植物种类和叶片受害症状的观察，推断污染物为氟化物(F^-)。因此及时消除了人们对砷遗毒性的忧虑。事后，通过市、县两级监测站对受害植物样本和矿物的监测分析证实是由邻县一小厂冶炼高氟矿所致。

第三节　有害物质毒理学监测

通过用试验动物对污染物进行毒性试验，确定污染物的毒性和剂量的关系，找出毒性作用的阈剂量(或阈浓度)，为制订该物质在环境中的最高允许浓度提供资料；为防治污染提供科学依据；也是判断环境质量的一种方法。

一、试验动物的选择及毒性试验分类

(一) 试验动物的选择

试验动物的选择应根据不同的要求来决定，同时还要考虑动物的来源、经济价值和饲养管理等因素。国内外常用的动物有小鼠、大鼠、兔、豚鼠、猫、狗等。鱼类有鲢鱼、草鱼和金鱼等。不同品种、年龄、性别、生长条件的动物对毒物的敏感程度不同，因此试验动物必须标准化。

不同的动物对毒物的反应也不一致。例如，苯在家兔身上所产生的血象变化和人很相似(白细胞减少及造血器官发育不全)，而在狗身上却出现完全不同的反应(白细胞增多及脾淋巴结节增殖)。要判断某种物质在环境中的最高允许浓度，除了根据它的毒性外，还要考虑感官性状、稳定性及自净过程(地表水)等因素。另外，根据对试验动物的毒性试验所得到的毒物的毒性大小、安全浓度和半致死浓度和半数致死浓度等数据也不能直接推断到人体，还要进行流行病学调查研究才能反映人体受影响情况。

(二) 毒性试验分类

毒性试验可分为急性毒性试验、亚急性毒性试验、慢性毒性试验和终生毒性试验等。

1. 急性毒性试验

一次(或几次)投给试验动物较大剂量的毒物，观察其在短期内(一般为 24h～14d)的中毒反应。急性毒性试验由于变化因子少、时间短、经济及操作容易，被广泛采用。

2. 亚急性毒性试验

一般用半致死剂量的 1/20～1/5，每天投毒，连续半个月到三个月，主要了解该毒物毒性是否有积累作用和耐受性。

3. 慢性毒性试验

用较低剂量进行三个月到一年的投毒，观察病理、生理、生化反应，寻找中毒诊断指标，并为制订最大允许浓度提供科学依据。

二、吸入染毒试验

对于气体或挥发性液体，通常是经呼吸道侵入机体而引起中毒。因此，在研究车间和环境空气中有害物质的毒性及最高允许浓度时，需要采用吸入染毒试验。吸入染毒法主要有动态染毒法和静态染毒法两种，此外，还有单个口罩吸入法、喷雾染毒法和现场模拟染毒法等。

(一) 静态染毒法

在一个密闭容器(或称染毒柜)内，加入一定量受检毒物(气体或挥发性液体)，使其均匀分布在染毒柜，经呼吸道侵入试验动物体内，由于静态染毒法是在密闭容器内进行，试验动物呼吸过程消耗氧，并排出二氧化碳，使染毒柜内氧的含量随染毒时间的延长而降低，因此只适宜于急性毒性试验。染毒柜一般包括柜体、发毒装置和气体混匀装置三部分。①柜体要有出入口、毒物加入孔、气体采样孔和气体混匀装置的孔口；②发毒装置因毒物的物理性质而异，最常用的方法是将挥发性的受检毒物滴在纱布条、滤纸上或放在表面皿内，再用电吹风吹，使其挥发并均匀分布；③对于气体毒物，可在染毒柜两端接两个橡皮囊，一个是空的，另一个加入毒气，按计算浓度将毒气橡皮囊中的毒气压入染毒柜，另一个橡皮囊即鼓起，再压回原橡皮囊，如此反复多次，即可混匀。也可直接将毒气按计算浓度压入，用电风扇混匀。

(二) 动态染毒法

将试验动物放在染毒柜内，连续不断地将由受检毒物和新鲜空气配制成的一定浓度混合气体通入染毒柜，并派出等量的污染空气，形成一个稳定的、动态平衡的染毒环境。此法常用于慢性染毒试验。

(三) 注意事项

试验动物应挑选健康、成年并同龄的动物，雌雄各半。取若干组用不同浓度进行试验，要求一组在试验条件下全部存活，一组全部死亡，其他各组有不同的死亡率，然后求出半数致死浓度(LC_{50})，对未死动物取出后继续观察 7～14d，了解其恢复或发展状况，对死亡动物(必要时对未死动物)作病理形态学检验。

三、口服毒性试验

对于非气态毒物，可采用经消化道染毒的口服毒性试验进行测定，可分为饲喂法和灌喂法两种。

1. 饲喂法

将毒物混入动物饲料或饮用水中，为保证动物吃完，一般在早上将毒物混在少量动物喜欢吃的饲料中，待吃完后再继续喂饲料和水。饲喂法符合自然生理条件，但剂量较难控制精确。

2. 灌喂法

此法是将毒物配制成一定浓度的液体或糊状物。所用注射器的针头是用较粗的 8 号或 9 号针头，将针头磨成光滑的椭圆形，并使之弯曲。灌喂时用左手捉住小白鼠，尽量使之呈垂直体位。右手持已吸取毒物的注射器及针头导管，使针头导管弯曲面向腹侧，从口腔正中沿咽喉壁慢慢插入，切勿偏斜。

四、鱼类毒性试验

鱼类对水环境变化的反应十分灵敏，当水体中的污染物达到一定浓度或强度时，就会引起一系列中毒反应。例如，行为异常、生理功能紊乱、组织细胞病变，直至死亡。鱼类毒性试验的主要目的是寻找某种毒物或工业废水对鱼类的半数致死浓度与安全浓度，为制订水质标准和废水排放标准提供科学依据；测试水体的污染程度和检查废水处理效果等。有时鱼类毒性试验也用于一些特殊目的，如比较不同化学物质毒性的高低，测试不同种类鱼对毒物的相对敏感性，测试环境因素对废水毒性的影响等。

试验要选用对毒性较敏感的鱼种，同时要对其进行驯养。试验用鱼大小相近(体长约3cm，体重约 2g)，选择出的鱼必须在与试验条件相似的生活环境下驯养 10d 左右，试验前1d 停止喂食。试验溶液用未污染的河水或湖水配制，pH 为 6.7～8.5，水深大于 16cm。正式试验前，先进行探索性试验，以确定试验溶液的浓度范围。试验溶液通常选 7 个浓度(至少 5 个)，浓度间隔取等对数间距，如 10.0、5.6、3.2、1.8、1.0，可用体积分数或质量浓度(mg/L)表示。另设对照组，对照组若在试验期间鱼死亡率超过 10%，则这个试验结果不能采用。

试验开始前 8h 应连续观察和记录试验情况，之后继续观察并记录第 24h、48h 和 96h 鱼的中毒症状和死亡情况，判断毒物或工业废水的毒性。正式试验最少进行 48h，最好 96h。96h 内鱼类没有出现中毒症状时，可延长时间进行安全浓度验证试验。在鱼类毒性试验中常采用半数致死浓度(LC_{50})评价毒性大小，它是根据试验鱼存活半数以上和半数以下的数据与相应试验毒物浓度绘于半对数坐标纸上，用内插法求得 24h 和 48h 的 LC_{50}值后，计算出安全浓度。计算安全浓度的经验式有多种，下面是常用的三种：

$$\text{安全浓度}=\frac{24LC_{50}\times 0.3}{(24LC_{50}/48LC_{50})^2}$$

$$\text{安全浓度}=\frac{48LC_{50}\times 0.3}{(24LC_{50}/48LC_{50})^2}$$

$$\text{安全浓度}=96LC_{50}\times(0.1-0.01)$$

按公式计算出鱼的安全浓度后，要进一步做验证，特别是具有挥发性和不稳定性的毒物或废水，应当用恒流装置进行长时间的验证，并设对照组进行比较，如发现有中毒症状，应降低毒物或废水的浓度再试验。

第四节　生物污染监测

生物污染监测的对象是生物体，监测的内容是生物体内所含的污染物种类和含量及生物体因污染物的毒害作用所产生的生理机能的变化。生物污染监测方法与水体、大气和土壤污染监测方法基本相同。

一、污染物在生物体内的分布特征

污染物通过各种途径进入生物体后，被传输分布到生物体的不同部位，多数情况下呈不均匀分布，并且与污染物进入生物体内的途径、性质、生物种类有关。

(一) 污染物在植物体内的分布

植物从大气吸收污染物后，污染物在植物体内的残留量常以叶部分分布最多；植物从土壤和水体吸收污染物后，一般的分布规律和残留量顺序为根＞茎＞叶＞穗＞种子。

不同种类的植物吸收无机物后在体内的分布与残留量差别很大，例如，随着土壤含镉量的增加，一般植物根部含镉量都高于叶部，唯有萝卜和胡萝卜相反，其块根部分含镉量低于叶部。

污染物的渗透能力与在植物体内的残留分布关系密切。渗透力强的农药富集于果肉、米粒较多；渗透力弱的农药多停留在果皮、米糠之中。

(二) 污染物在动物体内的分布

污染物被动物吸收后，主要通过血液和淋巴系统分布到全身各组织产生危害。污染物在动物体内主要分布在血流量相对多的部位，其次分布在血流量相对少的组织和器官。肝脏、肺、肾这些血流丰富的器官，污染物分布较多。污染物在动物体内的分布有明显的选择性，多数呈不均匀分布，其分布规律见表 7-2。

表 7-2　污染物在动物体内的分布规律

污染物性质	主要分布部位	污染物质
能溶于体液	均匀分布于体内各组织	钾、钠、锂、氟、溴等
水解后形成胶体	肝脏、其他网状内皮系统	镧、锑、钍等
与骨骼亲和性较强	骨骼	铅、钙、钡、锶、镭、铍等
脂溶性物质	脂肪	有机氯化物(六六六、DDT 等)
对某种器官有特殊亲和性	甲状腺、肾脏	碘、汞、铀

表 7-2 中五种分布类型往往彼此交叉，一种毒物对某器官有特殊的亲和作用，但同时也分布到其他器官。例如，汞对肾具有特殊的亲和性，但也在肝和肠中分布；砷除分布于骨、肝、肾外，还分布于皮肤、毛发或指甲。此外，分布规律还和污染物存在的形态有关，如水溶性汞离子进入脑组织比较少，烷基汞呈脂溶性，可通过脑屏障进入脑组织。

二、生物样品的采集与制备

(一) 生物样品的采集

1. 植物样品的采集

采集的样品要具有代表性、典型性和适时性。代表性是指采集到能代表一定范围污染情况和能反映研究目的的植株为样品；典型性指所采集的植株部位要能充分反映通过监测所要了解的情况；适时性指在植物不同生长发育阶段，适时采样监测，以掌握不同时期的污染状况和对植物生长的影响。

1) 布点方法

在划分好的采样小区内，常采用梅花形五点布点法或交叉间隔布点法采集具有代表性的植株。

2) 采样方法

在每个采样点分别采集 5～10 处植株的根、茎、叶、果实等，混合组成一个代表样；或整株采集，再进行分部位处理。样品的采集量，一般经制备后干重为 20～50g，新鲜样品按含水量 80%～90%计算采集量。

采集根部样品，应尽量保持根部的完整。对一般旱作物，在抖掉附着的泥土时，不要损失根毛；如采集水稻根系，在抖掉泥土后，根系要反复洗净，但不能浸泡。若采集果树样品，要注意树龄、株型、载果数量和果实着生的部位及方向，如要进行新鲜样品分析，则在采集后用清洁、潮湿的纱布包住或装入塑料袋，以免水分蒸发而萎缩。采好的样品装入布袋或聚乙烯塑料袋，贴好标签，注明编号、采样地点、植物名称、分析项目，并填写采样登记表。

2. 动物样品的采集

动物的尿液、血液、唾液、胃液、乳液、粪便、毛发、指甲、骨骼和脏器等均可作为检验样品。

1) 尿液和血液

尿液中的排泄物一般早晨浓度较高，可一次采集。血样一般抽取 10mL，冷藏备用。用血量少时，可采耳垂血和指血。

2) 毛发和指甲

人发样品一般采集 2～5g。男性采集枕部发，女性原则上采集短发。用中性洗涤剂洗涤，去离子水冲洗，最后用乙醚或丙酮洗净，室温下晾干，保存备用。

3) 组织和脏器

一般先剥取被膜，取纤维组织丰富的部位。避免在皮质与髓质结合处采样。检验较大的个体动物时，可在躯干的各部位切取肌肉片制成混合样。采集的样品，常用组织捣碎机捣碎、混匀，制成浆状鲜样备用。

4) 水产食品

一般只取可食部分进行检测。对鱼类，先按种类和大小分类，取其代表性的尾数(大鱼 3～5 尾，小鱼小虾 10～30 尾)，去除鱼鳞、鳍、内脏、皮、骨等，取厚肉制成混合样，切碎、混匀，或捣碎成糊状，立即分析或储存于干样品瓶中，置于冰箱内备用。对于海藻类如海带，选取数条洗净，沿中央筋剪开，各取其半，剪碎混匀制成混合样，按四分法缩分至 100～200g 备用。

伟大的浪漫主义作曲家贝多芬留给后人的不仅是传世佳作，还有诸多不解之谜。他行为偏激、失聪的原因及其死因，一直是人们争议的焦点。如今这些疑问有了最新解答。通过研究贝多芬的头骨碎片，科学家 2007 年 11 月 17 日宣布，多年铅中毒不仅导致贝多芬性格阴沉暴躁，更是夺去他生命的元凶。加州圣何塞贝多芬研究中心的专家分析这两块头骨后，确信贝多芬不仅死于铅中毒，而且生前长期受铅中毒折磨。铅中毒会引起头痛、疲劳、注意力分散等健康问题，由此也就可以解释大师为何喜怒无常。之前，美国科学家曾经分析过贝多芬的 8 根头发，发现其中铅的含量是正常水平的 100 倍，进而怀疑贝多芬去世前铅中毒。最新的头骨化验进一步证实，这位伟人死于铅中毒。至于贝多芬究竟如何中毒，贝多芬研究中心主任威廉·梅雷迪思推测说，在贝多芬生活的那个时代，欧洲人使用铅管输送饮用水，这可能是导致其铅中毒的罪魁祸首。

(二) 生物样品的制备

1. 植物样品的制备

将所采集的样品洗净后切成 4 块或 8 块，根据需要量各取每块的 1/8 或 1/16 混合成平均样。粮食、种子等样品经充分混匀后，平铺于清洁的玻璃板或木板上，用多点取样或四分法多次选取得到缩分后的平均样。最后，对各个平均样品加工处理，制成分析样品。

测定植物内易挥发、转化或降解的污染物，如酚、氰、亚硝酸盐等，测定营养成分如维生素、氨基酸、糖、植物碱等及多汁的瓜、果、蔬菜样品，应使用新鲜样品。分析植物中稳定的污染物，如某些金属、非金属元素、有机农药等，一般用风干样品。

为了便于比较各种样品中某一成分含量的高低，污染物质含量的分析结果常以干重为基础表示(单位为 mg/kg)，因此在对植物样品进行测定时需要测定样品的含水量。对含水量高的蔬菜、水果等，以鲜重表示计算结果。

2. 动物样品的制备

对于液体状态的动物样品无需制备；对于组织、脏器和水产类样品，主要采用捣碎的方法制成浆状鲜样备用。

三、生物样品的预处理

由于生物样品中含有大量有机物，待测污染物含量又很低，因此测定前必须对样品进行分解，对欲测组分进行富集和分离，或对干扰组分进行掩蔽等。

(一) 样品的消解和灰化

测定生物样品中的金属和非金属元素时，通常都要将其大量有机物机体分解，使欲测组分转变成简单的无机化合物或单质，然后进行测定，主要包括湿法消解和干法灰化。

1. 湿法消解

见第三章第四节中“水样的消解”。

2. 灰化法

又称灼烧法或高温分解法。此法分解生物样品可不用或少用化学试剂，并可处理较大量的样品，有利于提高微量元素分析的准确度。根据待测组分性质的不同，可选用不同材料的坩埚和灰化温度。灰化温度一般为 450～550℃，不宜处理含易挥发组分的样品。样品灰化完全后，经酸或水提取供测定。为促进分解和抑制挥发损失，常加适量辅助灰化剂。对易挥发组分的测定，可以采用低温灰化技术如氧瓶燃烧法和高频电场激发氧灰化技术。

(二) 提取法

测定生物样品中的农药、石油烃、酚等有机污染物时，常用溶剂提取法。提取效率的高低直接影响测定结果的准确度。常用的提取方法有振荡浸取法、组织捣碎提取法、索氏提取法、微波萃取法和超声波提取法等。提取剂应根据欲测物的性质和存在形式，利用“相似相溶”原理进行选择。

(三) 分离和浓缩

在提取被测组分的同时，也可能将其他干扰组分提取出来，如用石油醚提取有机磷农药时，会将脂肪、蜡质和色素一同提取出来，干扰测定。因此在测定之前必须对样品进行分离，除掉杂质。常用的分离方法有液-液萃取分离、层析分离、磺化和皂化分离、低温冷冻分离及气提分离等。

生物样品的提取液经过分离净化后，污染物的浓度仍低于分析方法检测限时，需要对其进行浓缩。常用的浓缩方法有蒸馏或减压蒸馏法、K-D浓缩器浓缩法、蒸发法等。

四、污染物的测定

生物样品经预处理后，即可进行测定。其测定方法与水质、底泥、土壤污染测定方法基本相同。例如，测定生物样品中 Cd、Cr、Pb、Hg 和 Zn 时，可选用 SP、AAS、AFS、ICP-AES 等方法；分析生物样品中有机氯、有机磷及有机汞等农药时，则可选用 GC、HPLC、GC-MS 等方法。

第五节　生态监测

随着科学的发展和对环境问题研究的不断深入，人们已逐渐认识到环境问题已不仅是污染物引起的人类健康问题，还包括自然环境的保护和生态平衡，以及维持人类繁衍、发展的资源问题。因此环境监测正从一般意义上的环境污染因子监测向生态监测拓宽，生态监测已成为环境监测的重要组成部分。

一、生态监测概述

生态监测是在地球的全部或局部范围内观察和收集生命支持能力的数据并加以分析研究，以了解生态环境的现状和变化。所谓生命支持能力数据，包括生物(人类、动物、植物和微生物等)和非生物(地球的基本属性)，它可以分为三种：生境、动物群、经济的/社会的。根据生态监测的对象及其涉及的空间尺度，可将生态监测分为宏观生态监测和微观生态监测。

1. 宏观生态监测

宏观生态监测是对区域范围内生态系统的组合方式、镶嵌特征、动态变化和空间分布格局等，以及在人类活动影响下的变化进行的观察和测定，如热带雨林、荒漠、湿地等生态系统的分布及面积的动态变化。宏观生态监测的地域等级至少应在区域生态范围内，最大可扩展到全球一级。其监测手段主要依赖于遥感技术和地理信息系统。监测所得的信息多以图件的方式输出，将其与自然本底图件和专业图件比较，评价生态系统质量的变化。

2. 微观生态监测

微观生态监测是用物理、化学和生物方法对某一特定生态系统或生态系统聚合体的结构和功能特征，以及在人类活动影响下的变化进行的监测。这项工作要以大量的野外生态监测站为基础，每个监测站的地域等级最大可包括由几个生态系统组成的景观生态区，最小也应代表单一的生态类型。按照监测内容又可分为干扰性生态监测、污染性生态监测和治理性生态监测。

只有把宏观和微观两种不同空间尺度的生态监测有机地结合起来，并形成生态监测网，才能全面地了解生态系统受人类活动影响发生的综合变化。

二、生态监测技术大纲

开展生态监测工作，首先要确定生态监测方案，其主要内容是明确生态监测的基本概念和工作范围，并制订相应的技术路线，提出主要的生态问题以便进行优先监测，确定我国主要生态类型和微观生态监测的指标体系，依据目前的分析水平，选出常用的监测指标分析方法。

(一) 生态监测方案的制订及实施程序

生态监测技术路线和方案的制订大体包含以下几点：资源、生态与环境问题的提出，生态监测平台和生态监测站的选址，监测内容、方法及设备的确定，生态系统要素及监测指标的确定，监测场地、监测频率及周期描述，数据(包括监测数据、试验分析数据、统计数据、文字数据、图形及图像数据)的检验与修正，质量与精度的控制，建立数据库，信息或数据输出，信息的利用(编制生态监测项目报表，针对提出的生态问题进行统计分析、建立模型、动态模拟、预测预报、进行评价和规划、制订政策)。

(二) 生态监测平台和生态监测站

生态监测平台是宏观生态监测工作的基础，它以遥感技术作支持，并具备容量足够大的计算机和宇航信息处理装置。生态监测站是微观生态监测工作的基础，它以完整的室内外分析、观测仪器作支持，并具备计算机等信息处理系统。

生态监测平台及生态监测站的选址必须考虑区域内生态系统的代表性、典型性和对全区域的可控性。一个大的监测区域可设置一个生态监测平台和数个生态监测站。

(三) 生态监测频率

生态监测频率应视监测的区域和监测目的而定。一般全国范围的生态环境质量监测和评价应 1～2 年进行一次；重点区域的生态环境质量监测每年进行 1～2 次；特定目的的监测，如沙尘天气监测和近岸海域的赤潮监测要每天进行一次或数次，甚至采取连续自动监测的方式。

三、生态监测技术方法

生态监测应以空中遥感监测为主要技术手段，地面对应监测为辅助措施，结合 GIS 和 GPS 技术，完善生态监测网，建立完整的生态监测指标体系和评价方法，达到科学评价生态环境状况及预测其变化趋势的目的。目前应用的主要有以下方法：

1. 地面监测方法

在所监测区域建立固定监测站，由人徒步或车、船等交通工具按规定的路线进行定期测量和收集数据。它只能收集几千到几十千米范围内的数据，而且费用较高，但这是最基本也是不可缺少的手段。因为地面监测得到的是“直接”数据，可以对空中和卫星监测进行校核，而且某些数据只能在地面监测中获得，如降水量、土壤湿度、小型动物、动物残余物(粪便、尿和残余食物)等。

2. 空中监测方法

一般采用4～6架单引擎轻型飞机，每架飞机由4人执行任务：驾驶员、领航员和两名观察记录员。首先绘制工作区域图，将坐标图覆盖所研究区域，典型的坐标是10km×10km一小格。飞行速度大约150km/h，高度大约100m，观察记录员前方有一观察框，视角约90°，观察地面宽度约250m。

3. 卫星监测方法

利用地球资源卫星监测大气、农作物生长状况、森林病虫害、空气和地表水的污染情况等。卫星监测的最大优点是覆盖面广，可以获得人难以到达的高山、丛林的资料。由于目前资料来源增加，因而费用相对较低。但这种监测方法难以了解地面细微变化。

4. “3S”技术

“3S”技术即遥感(remote sensing, RS)、全球定位系统(global positioning system, GPS)与地理信息系统(geographic information system, GIS)三项技术的集合。

遥感是指非接触的、远距离的探测技术。一般指运用传感器对物体的电磁波的辐射、反射特性的探测，并根据其特性对物体的性质、特征和状态进行分析的理论、方法和应用的科学技术，包括卫星遥感和航空遥感。它可以提供的生态环境信息为土地利用与土地覆盖信息(几何精度可有30m、10m、5m、1m不同级别，如图7-3所示)；生物量信息(植被种类、长势、数量分布)；大气环流及大气沙尘暴信息，气象信息(云层厚度、高度、水蒸气含量、云层走势等)。遥感具有观测范围广、获取信息量大、速度快、实用性好及动态性强等特点，可以节约大量的人力、物力、资金和时间，以较少的投入获得常规方法难以获得的资料，这些资料受人为因素的影响较小，比较可靠。

全球定位系统是利用便携式接收机与均匀分布在空中的24颗卫星中的4颗进行无线电测距而对地面进行三维定位的测试技术。测试点的精度分为十米级、米级、亚米级多种，测试速度可达1s/点，全年可以满足生态环境实地调查的需要。还可用于实时定位，为遥感实况数据提供空间坐标，用于建立实况环境数据库，并同时为遥感实况数据发挥校正、检核的作用。

地理信息系统是将各类信息数据进行集中存储、统一管理、全方位空间分析的计算机系统。使用这项技术，可以结合遥感、全球定位系统的数据和多种地面调查数据，按照各种生态模型，测算各种生态指数，预报、统计沙尘暴的发生、发展走向及危害覆盖区域。还可在生态环境机理研究的基础上，构建机理模型，定量、可视化地模拟生态演化过程，在计算机上进行虚拟调控试验。

以上三项技术形成了对地球进行空间观测、空间定位及空间分析的完整技术体系。它能反映全球尺度的生态系统各要素的相互关系和变化规律，提供全球或大区域精确定位的宏观资源与环境影像，揭示岩石圈、水圈、大气圈和生物圈的相互作用和关系。传统的监测手段只能解决局部问题，而综合且准确、完整的监测结果必然要依赖“3S”技术。

图 7-3 通过遥感技术获得的土地利用状况图

扩展案例 7-3

2005 年江苏省全面启动生态监测试点工作，现已取得一定成果。试点工作主要开展饮用水源地、长江、京杭大运河、太湖等河流湖泊及近岸海域的水生生物多样性调查，湖泊和水库富营养化状况调查，水产养殖区(淡水、海水)水产品生物质量调查，水体和空气微生物监测，环境空气指示生物监测等工作。监测结果表明，全省生态环境状况一般，部分地区的生物多样性过于贫乏或污染较重，亟待恢复。

习 题

1. 什么是生物监测？与物理和化学监测法相比，生物监测有哪些特点？
2. 什么是水污染指示生物？哪些水生生物可作为生物群落监测水体污染的指示生物？
3. 简要说明 SO_2、NO_x 和氟化物污染对植物的受害症状。
4. 如何利用植物群落监测法监测空气污染？
5. 简述污染物进入动物体内后有何蓄积和分布规律。
6. 如何进行植物样品的采集？如何根据监测目的、要求和监测项目的特点制备植物样品？
7. 宏观生态监测和微观生态监测两者之间有何区别与联系？
8. 什么是“3S”技术？

第八章　物理污染监测

【本章教学要点】

知识要点	掌握程度	相关知识
噪声与声音的概念	理解噪声的一些基本概念	噪声的叠加和相减计算
噪声监测仪器	了解声级计、频谱分析仪用法	噪声监测标准对仪器的要求
噪声的测量	掌握各类噪声标准	掌握环境噪声的监测方法
环境振动监测	了解城市区域振动标准	城市区域振动的测量方法
放射性监测	理解放射性的一些基本概念	放射性防护标准与监测方法
光污染监测	了解光污染的概念	光污染监测方法

【导入案例】

某企业领导将生产设备由南侧移到北侧，并重修大门，以改变运势。企业刚刚生产，老总正踌躇满志，等待好运降临，可他等来的却是一纸诉状，企业北侧的居民将该企业投诉到了当地环保局，原因是噪声扰民；环保局迅速派环境监测人员对该企业的厂界噪声进行了监测，厂界和噪声敏感点(上访居民的窗外)处噪声均严重超标，于是环境监察人员依据《中华人民共和国环境噪声污染防治法》对该企业下达了停产整顿通知，噪声达标后才能生产。

环境监测人员是依据什么方法对该企业进行噪声检测的呢？

第一节　噪声监测

一、概述

(一) 声波、声音和噪声

声波与声音是两个既有联系又有区别的概念。

1. 声波

物体的振动会引起周围媒质质点由近及远的波动，称为声波，引起声波的物体称为声源，传播声波的物质称为媒质。简单说声波就是媒质中传播的机械波。空气、水(流体)和钢材(固体)等都能够传播声波，它们都是有弹性的媒质，所以有的资料中又称之为弹性介质。真空中没有媒质，也就没有声波。

扬声器发声时，会引起周围空气的振动而产生声波，其传播方向与空气质点振动方向相同。因而，声波是一种纵波。

2. 声、音和声音

声的本质是声波，声是声源振动引起的声波，传播到听觉器官所产生的感觉称为声音。声是由声源振动、声波传播和听觉感受 3 个环节所形成的，人耳能够听到的声波频率范围在 20～20000Hz。低于 20Hz 的声波称为次声波，而高于 20000Hz 的声波称为超声波。

音的定义是能引起有音调感觉的声波，也就是有意义的声。

声音通常指人在空气中能够听到的声。本章中所说的声音均为空气中传播的声波。

(二) 噪声

1. 噪声的定义

一切不希望存在的干扰声，也就是所有影响人们正常学习、工作和休息的“不需要的声音”，称为噪声。从声音的物理特征来判断，把所有声强和频率无规则变化的声音定义为噪声，如机器的轰鸣声，各种交通工具的马达声、鸣笛声，干扰人休息的音乐声，人的嘈杂声及各种突发的声响等，均为噪声。

2. 噪声的危害

噪声损伤听力，干扰人们的睡眠和工作，诱发疾病，干扰语言交流，强噪声还会影响设备正常运转和损坏建筑结构。

3. 噪声污染的特点

噪声传播三个要素：声源、媒质、受声点，噪声污染属于感觉公害，它与人们的主观意愿和人们的生活状态有关，因而它具有与其他公害不同的特点。①物理性：能量污染，声波特征，点线面传播；②主观性：A 声级评价量，不同环境不同人要求不同；③随机性：测量容易，测准难，监测时段、监测布点是关键；④社会性：城市中无处不在、无时不有，但是有一定规律，不同环境不同地域的标准不同。

4. 噪声的分类与来源

产生机理：机械、空气动力、电磁、火焰等。

随时间变化：稳态、非稳态(又可分为周期性、脉冲性、非规律性)。

产生来源：工业、交通、施工、社会生活等。

空间分布：点、线、面。

二、声音的物理特性与量度

(一) 声音的发生、频率、波长和声速

1. 声音的发生

当物体在空气中振动，使周围空气发生疏、密交替变化并向外传递，且这种振动频率为

20～20000Hz，人耳可以感觉，称为可听声，简称声音。

2. 频率

声源在一秒钟内振动的次数称为频率，记作 f，单位为 Hz。

3. 波长

沿声波传播方向，振动一个周期所传播的距离，或在波形上相位相同的相邻两点间的距离称为波长，用 λ 表示，单位为 m。不同波长与频率的组成构成不同频谱，见图 8-1。

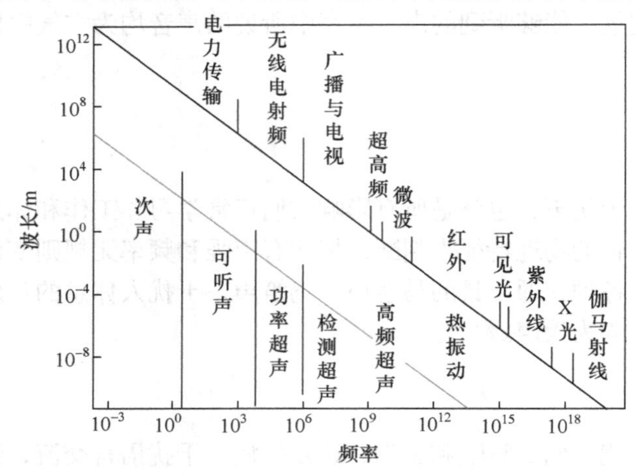

图 8-1　波长与各频谱的频谱关系图

4. 声速

1s 内声波传播的距离称为声波速度，简称声速，记作 C，单位为 m/s。

声速与媒质的密度、弹性等因素有关，而与声波的频率、强度无关。当温度改变时，由于媒质特性的变化，声速也会发生变化。当温度为 20℃时，声波在空气、水和钢中的声速分别为 344m/s、1450m/s 和 5000m/s。

空气中的声速为

$$C = 331.4 + 0.607t$$

式中，t 为空气的温度，℃；一般空气中的声速近似取 340m/s。

5. 频率、波长和声速三者的关系

$$C = f\lambda$$

式中，C 为声速，m/s；f 为频率，Hz；λ 为波长，m。

(二) 声功率、声强和声压

1. 声功率

声功率(W)是指单位时间内，声波通过垂直于传播方向某指定面积的声能量。在噪声监测中，声功率是指声源总声功率，单位为 W。

2. 声强

声强(I)是指单位时间内，声波通过垂直于声波传播方向单位面积的声能量，单位为W/m^2。

3. 声压

声压(p)是由于声波的存在而引起的压力增值。声波是空气分子有指向、有节律的运动，声压单位为 Pa。

(三) 分贝、声功率级、声强级和声压级

1. 分贝

分贝是指两个相同的物理量(如 A_1 和 A_0)之比取以 10 为底的对数并乘以 10(或 20)。分贝符号为“dB”。

$$N = 10\lg\frac{A_1}{A_0}$$

它是无量纲的，是噪声测量中很重要的参量。上式中 A_0 是基准量(或参考量)，A_1 是被量度量。被量度量和基准量之比取对数，该对数值称为被量度量的“级”，即用对数标度时，所得到的是比值，它代表被量度量比基准量高出多少“级”。

2. 声功率级

声功率级常用 L_W 表示，定义为

$$L_W = 10\lg\frac{W}{W_0}$$

式中，L_W 为声功率级，dB；W 为声功率，W；W_0 为基准声功率，为 10^{-12}W。

3. 声强级

声强级常用 L_I 表示，定义为

$$L_I = 10\lg\frac{I}{I_0}$$

式中，L_I 为声强级，dB；I 为声强，W/m^2；I_0 为基准声强，在空气中取 $10^{-12}W/m^2$。

4. 声压级

声压级常用 L_p 表示，定义为

$$L_p = 10\lg\frac{p^2}{{p_0}^2} = 20\lg\frac{p}{p_0}$$

式中，L_p 为声压级，dB；p 为声压，Pa；p_0 为基准声压。

在空气中规定 p_0 为 2×10^{-5}Pa，该值是正常青年人耳朵刚能听到的 1000Hz 纯音的声压值。

5. 声功率级与声压级的关系

设距离声源 r 米处的声压级为 L_p；声源声功率级为 L_W，声源功率为 W，则它们之间的关系为：

如果声源处于自由声场(自由球面，如人工建造的消声室)，则

$$L_p = L_W - 20\lg r - 11$$

如果声源处于半自由声场(周围无反射体的室外和平坦的地面形成半球面，可看作半自由声场)，则

$$L_p = L_W - 20\lg r - 8$$

上式分别代入 $L_W = 10\lg\frac{W}{W_0}$(基准声功率 $W_0=10^{-12}W$)整理后得到：

如果声源处于自由声场，则

$$L_p = 109 + 10\lg W - 20\lg r$$

如果声源处于半自由声场，则

$$L_p = 112 + 10\lg W - 20\lg r$$

如果已知声源的声功率，利用上述公式就可估算距声源一定距离的声压级。

(四) 噪声计算

1. 噪声的叠加

声能量是可以代数相加的，设两个声源的声功率分别为 W_1 和 W_2，那么总声功率 $W_{总}=W_1+W_2$；而两个声源在某点的声强分别为 I_1 和 I_2 时，叠加后的总声强 $I_{总}=I_1+I_2$。声压不能直接相加。

两个声压相加：

$$p_t^2 = p_1^2 + p_2^2$$

多个声压相加：

$$p_t^{\ 2} = \sum_{i=1}^{n} p_i^{\ 2}$$

两个声压级相加：

$$L_p = 10\lg\frac{p_1^{\ 2} + p_2^{\ 2}}{p_0^{\ 2}} = 10\lg\left(10^{0.1L_{p1}} + 10^{0.1L_{p2}}\right)$$

设两声压级 L_{p1} 和 L_{p2}，且 $L_{p1} \geqslant L_{p2}$，L_{pt} 为合成声压级，则可导出如下公式：

$$L_{pt} - L_{p1} = 10\lg\left[1 + 10^{-0.1(L_{p1} - L_{p2})}\right]$$

则可由上式绘制出两噪声源的叠加曲线，如图 8-2 所示。

多个声压级相加：

$$L_p = 10\lg\sum_{i=1}^{n} 10^{0.1L_{pi}}$$

而多声源的叠加，不能使用图 8-2 来计算，每次查图都会产生误差，使最终结果的不确定度大大增加，而应该使用上式来进行计算。

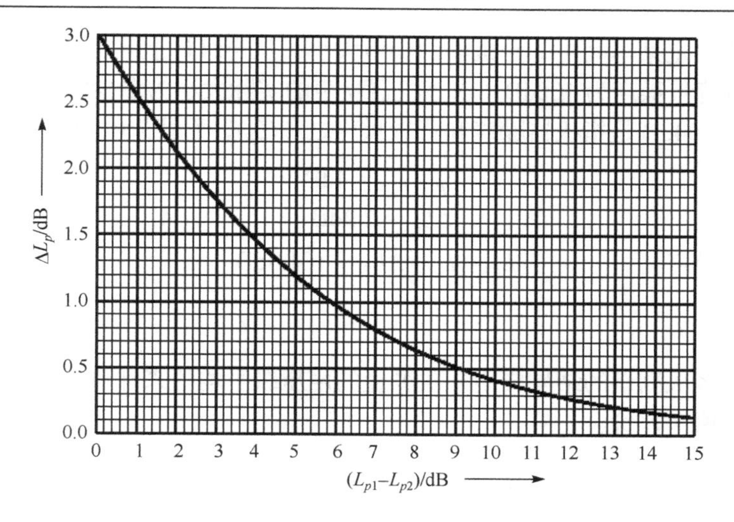

图 8-2　两噪声源的叠加曲线

2. 噪声的相减

很多情况下，由于存在背景噪声，被测对象的噪声级无法直接测定，只能测到它们合成的噪声级。此时，要确定被测对象的声压级，可从测得的总声级中减去背景噪声级后得出。

若设背景噪声为 L_{pb}，背景噪声和被测对象的总声压级为 L_p，被测对象真实的声压级为 L_{ps}，则

$$L_{ps}=10\lg\left(10^{0.1L_p}-10^{0.1L_{pb}}\right)$$

由上式可导出：

$$L_p-L_{ps}=-10\lg\left[1-10^{-0.1(L_p-L_{pb})}\right]$$

则可由上式绘制出背景噪声修正曲线，如图 8-3 所示。

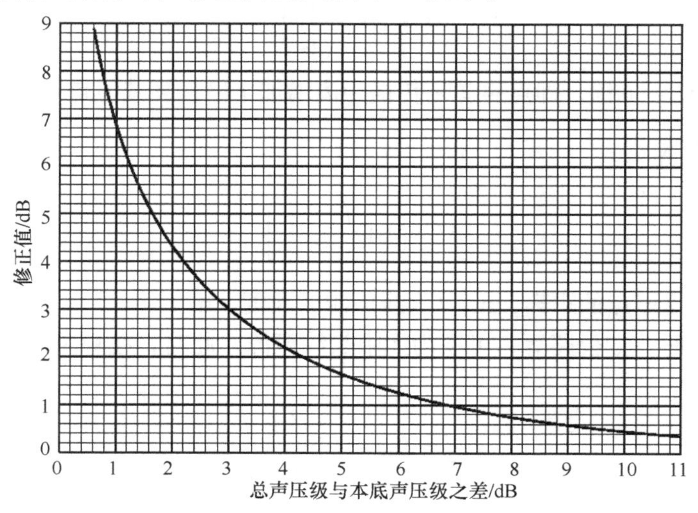

图 8-3　背景噪声修正曲线

【例 8-1】 为测定某车间中一台机器的噪声大小，从声级计上测得声级为 104dB，当机器停止工作，测得背景噪声为 100dB，求该机器噪声的实际大小为多少？

解 由题可知 104dB 是指机器噪声和背景噪声之和(L_p)，而背景噪声是 100dB(L_{ps})。

$$L_p - L_{ps} = 4\text{dB}$$

查图 8-3 得

$$\Delta L_{ps} = 2.2\text{dB}$$

该机器的实际噪声

$$L_{ps} = L_p - \Delta L_{ps} = 101.8\text{dB}$$

3. 声压级平均

同一监测点，多次测量的结果要用多次测量的声压级平均值来评价，而不能用多次测量声压级的算术平均值来评价。

$$\overline{L}_p = 10\lg\left(\frac{1}{n}\sum_{i=1}^{n}10^{0.1L_{pi}}\right)$$

或

$$\overline{L}_p = 10\lg\sum_{i=1}^{n}10^{0.1L_{pi}} - 10\lg n$$

4. 点源的声压级衰减

在自由声场(自由空间)条件下，点声源的声波遵循着球面发散规律，按声功率级作为点声源评价量，其衰减量公式为

$$\Delta L = 10\lg\frac{1}{4\pi r^2}$$

式中，ΔL 为距离增加产生衰减值，dB；r 为点声源至受声点的距离，m。

在距离点声源 r_1 处至 r_2 处的衰减值为

$$L_{p2} = L_{p1} + 20\lg\left(\frac{r_1}{r_2}\right)$$

$$\Delta L = 20\lg\left(\frac{r_1}{r_2}\right)$$

当 $r_2=2r_1$ 时，$\Delta L=-6$dB，即点声源声传播距离增加 1 倍，衰减值是 6dB。

5. 线声源衰减计算公式

$$\Delta L = 10\lg\left(\frac{1}{2\pi rl}\right)$$

式中，r 为线声源至受声点的距离，m；l 为线声源的长度，m。

(1) 当 $r/l < 0.1$ 时，如公路等，可视为无限长线声源，此时，在距离线声源 r_1 至 r_2 处的衰减值为

$$L_{p2} = L_{p1} + 10\lg\left(\frac{r_1}{r_2}\right)$$

$$\Delta L = 10\lg\left(\frac{r_1}{r_2}\right)$$

(2) 当 $r_2=2r_1$ 时，$\Delta L=-3$dB，线声源传播距离增加一倍，衰减值为 3dB。

6. 面声源

面声源随传播距离的增加引起的衰减值与面源形状有关。例如，一个许多建筑机械的施工场地：设面声源短边是 a，长边是 b，随着距离的增加，引起其衰减值与距离 r 的关系为：

(1) 当 $r<a/\pi$，在 r 处 $\Delta L=0$dB。

(2) 当 $b/\pi>r>a/\pi$，在 r 处，距离 r 每增加一倍，$\Delta L=-(0\sim3)$dB。

(3) 当 $b>r>b/\pi$，在 r 处，距离 r 每增加一倍，$\Delta L=-(3\sim6)$dB。

(4) 当 $r>b$，在 r 处，距离 r 每增加一倍，$\Delta L=-6$dB。

上面介绍的噪声衰减都是在自由声场(自由空间)条件下的衰减规律，户外根本找不到自由声场，户外噪声的衰减会受到以下物理效应的影响：几何发散、大气吸收、地面效应、表面反射、障碍物引起的屏蔽等多方面的影响，有兴趣对户外声源衰减深入学习的同学可参考《声学 户外声传播衰减 第 1 部分：大气声吸收的计算》(GB/T 17247.1—2000)和《声学 户外声传播的衰减 第 2 部分：一般计算方法》(GB/T 17247.2—1998)两部国家标准。

GB/T 17247.2—1998 等效采用国际标准 ISO 9613-2—1996《声学 户外声传播的衰减 第 2 部分：一般计算方法》制订，GB/T 17247.1—2000 等效采用国际标准 ISO 9613-1—1993《声学 户外声传播衰减 第 1 部分：大气声吸收的计算》制订，以便使户外声传播衰减的计算方法和国际一致，有利于国际贸易、技术和经济交流。

(五) 响度和响度级

1. 响度

响度(N)是人耳判别声音由轻到响的强度等级概念，响度的单位称为“宋(sone)”，1sone 的定义是声压级为 40dB，频率为 1000Hz，且来自听者正前方的平面波形的强度。如果另一个声音听起来比这个大 n 倍，则声音的响度为 $n$sone。

2. 响度级

定义 1000Hz 纯音声压级的分贝值为响度级(L_N)的数值，任何其他频率的声音，当调节 1000Hz 纯音的强度使之与此声音一样响时，则这 1000Hz 纯音的声压级分贝值就定为这一声音的响度级值。响度级的单位称为“方(phon)”。

显然，响度级是两个声音的主观比较。

与基准声音比较，得到人耳听觉频率范围内一系列响度相等的声压级-频率的关系曲线，即等响曲线(ISO 等响曲线，如图 8-4 所示)。

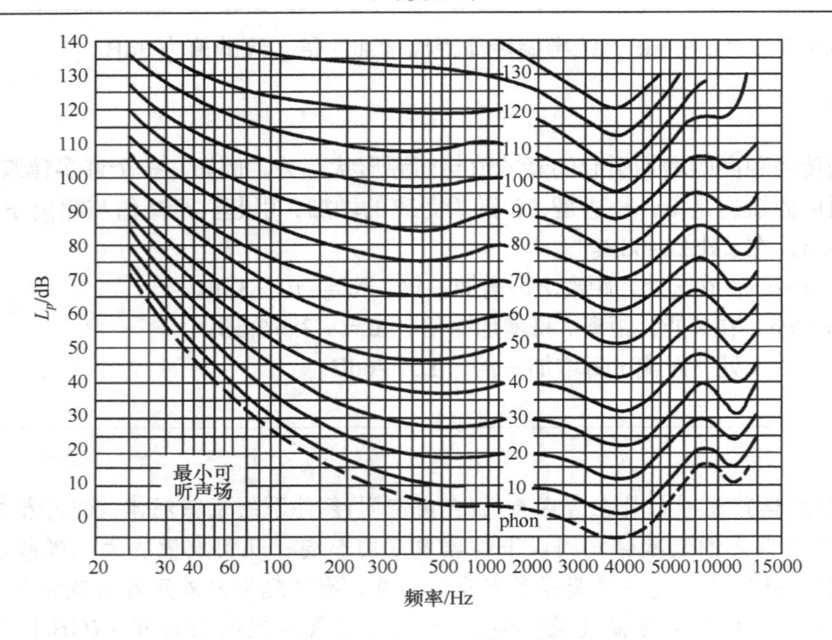

图 8-4　等响曲线(ISO 等响曲线)

3. 响度与响度级的关系

根据大量实验得到，响度级每改变 10 方，响度加倍或减半。

$$N = 2^{\left(\frac{L_N - 40}{10}\right)} \quad 或 \quad L_N = 40 + 33.22\lg N$$

例如

$$L_N = 40\text{phon}, \ N = 1\text{sone}$$

$$L_N = 50\text{phon}, \ N = 2\text{sone}$$

$$L_N = 60\text{phon}, \ N = 4\text{sone}$$

响度可以相加，响度级不能直接相加。

(六) 计权声级

通过声级计权网络(一种特殊的滤波器，当各种频率的声波通过时，它对不同频率成分的衰减不同，图 8-5)测定的声压级称为计权声级。

A 计权声级：模拟人耳对 55dB 以下低强度噪声的频率特性；
B 计权声级：模拟 55～85dB 中等强度噪声的频率特性；
C 计权声级：模拟高强度噪声的频率特性；
D 计权声级：对噪声参量的模拟，专用于测量飞机噪声。

(七) 倍频程

在日常生活中很少遇到单一频率的纯音，包括噪声在内都是由许多不同频率、不同强度的纯音组合而成的复合音。将噪声的强度(声压级)按频率顺序展开，使噪声的强度成为频率的函数，并考查其波形，称为噪声的频率分析(或频谱分析)。

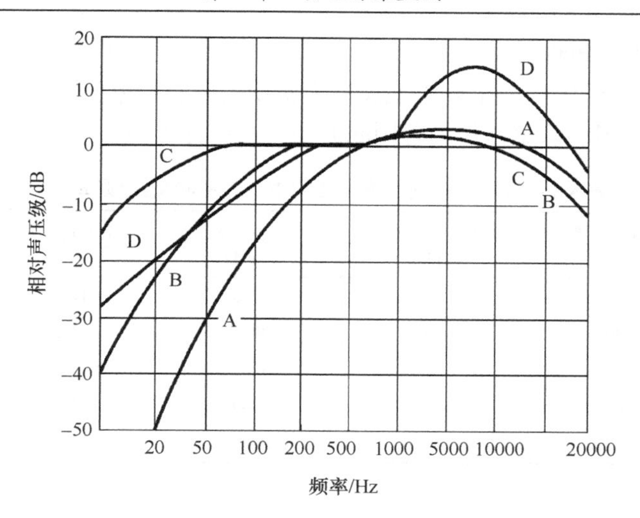

图 8-5　A、B、C、D 计权特性曲线

对噪声进行频谱分析时，使噪声信号通过一定带宽的滤波器，通带越窄，频率展开越详细；反之，展开越粗略。为了方便，本书把宽广的声波频率范围(20～20000Hz)分为几个频段，这就是通常所说的频带或频程。以频率为横坐标，相应的强度(如声压级)为纵坐标作图。经过滤波后各通带对应的声压级的包络线(即轮廓)称为噪声谱。图 8-6 为一次实测的噪声频谱图。

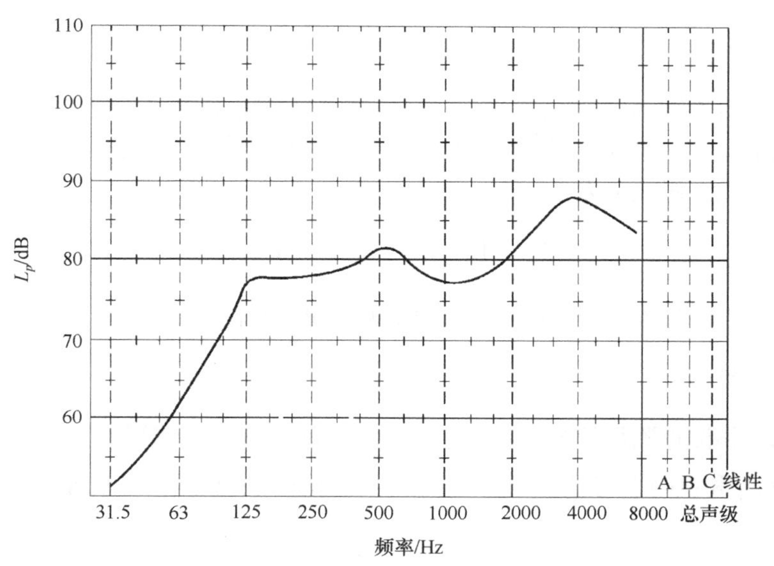

图 8-6　噪声频谱图

噪声监测中所用的滤波器是等比带宽滤波器，它是指滤波器的上、下截止频率(f_2 和 f_1)之比以 2 为底的对数为某一常数，常用的有倍频程滤波器和 1/3 倍频程滤波器等。它们的具体定义是

1 倍频程：$\log_2 \dfrac{f_2}{f_1}=1$　　1/3 倍频程：$\log_2 \dfrac{f_2}{f_1}=\dfrac{1}{3}$　　通式：$\dfrac{f_2}{f_1}=2^n$

1 倍频程常简称为倍频程，在音乐上称为一个八度，是最常用的。我国的噪声标准中使用的是倍频程。表 8-1 列出了 1 倍频程滤波器最常用的中心频率值(f_m)，以及上、下截止频率。这是经国际标准化组织认定并作为各国滤波器产品的标准值。

表 8-1　常用 1 倍频程滤波器的中心频率和截止频率

中心频率 (f_m)/Hz	上截止频率 (f_2)/Hz	下截止频率 (f_1)/Hz	中心频率 (f_m)/Hz	上截止频率 (f_2)/Hz	下截止频率 (f_1)/Hz
31.5	44.5473	22.2737	1000	1414.20	707.100
63	89.0946	44.5473	2000	2828.40	1414.20
125	176.775	88.3875	4000	5656.80	2828.40
250	353.550	176.775	8000	11313.6	5656.80
500	707.100	353.550	16000	22627.2	11313.6

中心频率(f_m)的定义是

$$f_m = \sqrt{f_2 \cdot f_1}$$

(八) 噪声评价参数

1. A 声级

用 A 计权网络测得的声压级，用 L_A 表示，单位 dB(A)。

2.等效声级

等效声级是等效连续 A 声级的简称，指在规定测量时间 T 内 A 声级的能量平均值，用 $L_{Aeq,T}$ 表示(简写为 L_{eq})，单位 dB(A)。除特别指明外，本标准中噪声限值皆为等效声级。

根据定义，等效声级表示为

$$L_{eq} = 10\lg\left(\frac{1}{T}\int_0^T 10^{0.1L_A}\,dt\right)$$

式中，L_A 为 t 时刻的瞬时 A 声级，dB；T 为规定的测量时间段，s。

3. 昼夜等效声级

将城市全部网格测点测得的等效声级分昼间和夜间，按下式计算算术平均值，所得的昼间平均等效声级 $\overline{S_d}$ 和夜间平均等效声级 $\overline{S_n}$ 代表该城市昼间和夜间的环境噪声总体水平。

$$\overline{S} = \frac{1}{n}\sum_{i=1}^{n} L_i$$

式中，$\overline{S}$ 为城市区域昼间平均等效声级($\overline{S}_d$)或夜间平均等效声级($\overline{S}_n$)，dB(A)；L_i 为第 i 个网络测得的等效声级，dB(A)；n 为有效网络总数。

扩展案例 4-1

旧的技术规范中使用昼夜等效声级(L_{dn})反映噪声昼夜间的变化情况。夜间噪声具有更大的烦扰程度而提出的评价指标，也称日夜平均声级。

$$L_{dn} = 10\lg\left[\frac{1}{24}\left(16\times10^{0.1L_d} + 8\times10^{0.1(L_n+10)}\right)\right]$$

式中，L_d 为白天的等效声级；L_n 为夜间的等效声级；16 为白天小时数(6:00～22:00)；8 为夜间小时数(22:00～第二天 6:00)。白天与夜间的时间定义可依地区的不同而异。

而新版本的噪声监测技术规范中要对昼间和夜间的等效连续 A 声级分别评价，不再使用昼夜等效声级。

4. 交通噪声等效声级

将交通噪声监测结果采用路段长度加权算术平均法计算：

$$\overline{L} = \frac{1}{l}\sum_{i=1}^{n}(l_i \times L_i)$$

式中，$\overline{L}$ 为道路交通昼间平均等效声级($\overline{L}_d$)或夜间平均等效声级($\overline{L}_n$)，dB(A)；l 为监测的路段总长，$l = \sum_{i=1}^{n} l_i$, m；l_i 为第 i 测点代表的路段长度，m；L_i 为所测 i 段干线的声级；dB(A)。

5. 最大声级

最大声级(maximum sound level)是在规定的测量时间段内或对某一独立噪声事件，测得的 A 声级最大值，用 L_{max} 表示，单位 dB(A)。

6. 累积百分声级

累积百分声级(percentile sound level)用于评价测量时间段内噪声强度时间统计分布特征的指标，指占测量时间段一定比例的累积时间内 A 声级的最小值，用 L_N 表示，单位为 dB(A)。最常用的是 L_{10}、L_{50} 和 L_{90}，其含义如下：

L_{10}——在测量时间内有 10%的时间 A 声级超过的值，相当于噪声的平均峰值；

L_{50}——在测量时间内有 50%的时间 A 声级超过的值，相当于噪声的平均中值；

L_{90}——在测量时间内有 90%的时间 A 声级超过的值，相当于噪声的平均本底值。

如果数据采集是按等间隔时间进行的，则 L_N 也表示有 N%的数据超过的噪声级。

7. 频发噪声

频发噪声(frequent noise)指频繁发生、发生的时间和间隔有一定规律、单次持续时间较短、强度较高的噪声，如排气噪声、货物装卸噪声等。

8. 偶发噪声

偶发噪声(sporadic noise)指偶然发生、发生的时间和间隔无规律、单次持续时间较短、强度较高的噪声，如短促鸣笛声、工程爆破噪声等。

第二节　噪声测量仪

噪声测量仪器的测量内容有噪声的强度，主要是声场中的声压，至于声强、声功率的直接测量较麻烦，故较少直接测量，只在研究中使用；另外是测量噪声的特征，即声压的各种频率组成成分。

噪声测量仪器主要有声级计、声频频谱仪、记录仪、录音机和实时分析仪等。

一、声级计

1. 声级计的工作原理

声级计，又称噪声计，是一种按照频率计权和时间计权方式测量声音的声压级和声级的仪器。模拟人耳对声波反应速度的时间特性，将声信号转变为电信号，是声学测量中最常用的基本仪器，是一种主观性的电子仪器，如图 8-7 所示。

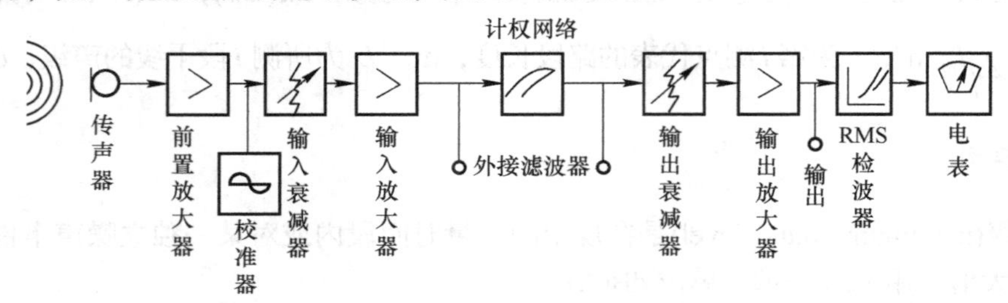

图 8-7　声级计工作方框图

2. 声级计的分类

按精度将声级计分为 1 级和 2 级。两种级别的声级计的各种性能指标具有同样的中心值，仅容许误差不同，而且随着级别数字的增大，容许误差放宽。

根据 IEC651 标准和国家标准，两种声级计在参考频率、参考入射方向、声压级和基准温湿度等条件下，测量的准确度(不考虑测量不确定度)如表 8-2 所示。

表 8-2　两种声级计测量准确度

声级计级别	1	2
准确度	±0.7	±1.0

按体积大小可分为台式声级计、便携式声级计和袖珍式声级计。

按指示方式可分为模拟指示(电表、声级灯)和数字指示声级计。

二、其他噪声测量仪器

1. 声级频谱仪

噪声测量中如需进行频谱分析，通常在精密声级配用倍频程滤波器。根据规定需要使用十挡，即中心频率(Hz)为 31.5、63、125、250、500、1000、2000、4000、8000、16000。

2. 录音机

有些噪声现场，由于某些原因不能当场进行分析，需要储备噪声信号，然后带回实验室分析，这就需要录音机。供测量用的录音机不同于家用录音机，其性能要求高得多。它要求频率范围宽(一般为 20～15000Hz)，失真小(小于 3%)，信噪比大(35dB 以上)，此外，还要求频响特性尽可能平直、动态范围大等。

3. 记录仪

记录仪是将测量的噪声声频信号随时间变化记录下来，从而对环境噪声作出准确评价，记录仪能将交变的声谱电信号作对数转换，整流后将噪声的峰值、均方根值(有效值)和平均值表示出来。

4. 实时分析仪

实时分析仪是一种数字式谱线显示仪，能把测量范围的输入信号在短时间内同时反映在一系列信号通道示屏上，通常用于较高要求的研究、测量。目前使用尚不普遍。

三、常用的噪声监测仪器

噪声监测仪的精度为 1 型及 2 型的积分平均声级计或环境噪声自动监测仪器，性能需符合 GB 3785 和 GB/T 17181 的规定，在环境监测系统中使用最多。

四、噪声标准对测量仪器的要求

《声环境质量标准》(GB 3096—2008)、《建筑施工场界环境噪声排放标准》(GB 12523—2011)对测量仪器的要求：测量仪器精度为 2 型及 2 型以上的积分平均声级计或环境噪声自动监测仪器，其性能需符合 GB 3785 和 GB/T 17181 的规定。声校准器应满足 GB/T 15173 对 1 级或 2 级声校准器的要求。

《工业企业厂界环境噪声排放标准》(GB 12348—2008)、《社会生活环境噪声排放标准》(GB 22337—2008)对测量仪器的要求：测量仪器为积分平均声级计或环境噪声自动监测仪，其性能应不低于 GB 3785 和 GB/T 17181 对 2 型仪器的要求。测量 35dB 以下的噪声应使用 1 型声级计，且测量范围应满足所测量噪声的需要。校准所用仪器应符合 GB/T 15173 对 1 级或 2 级声校准器的要求。当需要进行噪声的频谱分析时，仪器性能应符合 GB/T 3241 中对滤波器的要求。

第三节　噪声监测方案及噪声的测量

关于噪声的测量方法，目前国际标准化组织和各国都有测量规范，除了一般方法外，对许多机器设备，车辆、船舶和城市环境等均有相应的测量方法。

一、环境噪声的监测

《环境噪声监测技术规范　城市声环境常规监测》(HJ 640—2012)规定了城市声环境常规监测的监测内容、点位设置、监测频次、测量时间、评价方法及质量保证和质量控制等技术要求，本标准适用于环境保护部门为监测与评价城市声环境质量状况所开展的城市声环境常规监测。乡村地区声环境监测可参照执行。

城市声环境常规监测也称例行监测，是指为掌握城市声环境质量状况，环境保护部门所开展的区域声环境监测、道路交通声环境监测和功能区声环境监测。声环境监测往往采用测量仪器精度为 2 型及 2 型以上的积分平均声级计或环境噪声自动监测仪器，其性能需符合 GB 3785 和 GB/T 17181 的规定，并定期校验。测量前后使用声校准器校准测量仪器的示值偏差不得大于 0.5dB，否则测量无效。声校准器应满足 GB/T 15173 对 1 级或 2 级声校准器的要求。测量时传声器应加防风罩。

根据监测对象和目的，可选择以下三种测点条件(指传声器所置位置)进行环境噪声的测量：

(1) 一般户外距离任何反射物(地面除外)至少 3.5m 外测量，距地面高度 1.2m 以上。必要时可置于高层建筑上，以扩大监测受声范围。使用监测车辆测量，传声器应固定在车顶部 1.2m 高度处。

(2) 噪声敏感建筑物户外在噪声敏感建筑物外，距墙壁或窗户 1m 处，距地面高度 1.2m 以上。

(3) 噪声敏感建筑物室内距离墙面和其他反射面至少 1m，距窗约 1.5m 处，距地面 1.2～1.5m 高。

环境噪声监测往往应在无雨雪、无雷电天气，风速 5m/s 以下时进行。同时记录采样日期、时间、地点及测定人员；使用仪器型号、编号及其校准记录；测定时间内的气象条件(风向、风速、雨雪等天气状况)；测量项目及测定结果；测点示意图；声源及运行工况说明(如交通噪声测量的交通流量等)等。

二、声环境功能区监测方法

声环境功能区监测是为了评价声环境功能区监测点位的昼间和夜间达标情况，反映城市各类功能区监测点位的声环境质量随时间的变化状况。按照普查监测法，粗选出其等效声级与该功能区平均等效声级无显著差异，能反映该类功能区声环境质量特征的测点若干个，再根据如下原则确定本功能区定点监测点位。

(1) 能满足监测仪器测试条件，安全可靠。

(2) 监测点位能保持长期稳定。

(3) 能避开反射面和附近的固定噪声源。

(4) 监测点位应兼顾行政区划分。

(5) 4 类声环境功能区选择有噪声敏感建筑物的区域。

功能区监测点位数量根据城市人口来确定，一般而言，300 万人口以上的巨大、特大城市不少于 20 个，100 万～300 万人口的大城市不少于 15 个，50 万～100 万人口的中等城市不少于 10 个，小于 50 万人口的小城市不少于 7 个。各类功能区监测点位数量比例按照各自城市功能区面积比例确定。监测点位距地面高度 1.2m 以上，噪声监测过程中选择能反映各类功能区声环境质量特征的监测点 1 至若干个，进行长期定点监测，每次测量的位置、高度应保持不变。每年每季度监测 1 次，各城市每次监测日期应相对固定；对于 0、1、2、3 类声环境功能区，该监测点应为户外长期稳定、距地面高度为声场空间垂直分布的可能最大值处，其位置应能避开反射面和附近的固定噪声源；4 类声环境功能区监测点设于 4 类区内第一排噪声敏感建筑物户外交通噪声空间垂直分布的可能最大值处。声环境功能区监测每次至少进行一昼夜 24h 的连续监测，得出每小时及昼间、夜间的等效声级 L_{eq}、L_d、L_n 和最大声级 L_{max}。用于噪声分析目的，可适当增加监测项目，如累积百分声级 L_{10}、L_{50}、L_{90} 等。监测应避开节假日和非正常工作日。

将某一功能区昼间连续 16h 和夜间 8h 测得的等效声级分别进行能量平均，计算昼间等效声级和夜间等效声级，同时按 GB 3096 中相应的环境噪声限值进行独立评价。各功能区按监测点次分别统计昼间、夜间达标率和功能区声环境质量时间分布图。

三、区域声环境噪声普查监测

区域噪声普查监测用于评价整个城市环境噪声总体水平，分析城市声环境状况的年度变化规律和变化趋势。采样点位置的布设主要依据以下原则：

(1) 将要普查监测的 0～3 类声环境功能区划分成多个等面积的正方格网格(如 1000m×1000m)，对于未连成片的建成区，正方形网格可以不衔接，网格要完全覆盖住被普查的区域，网格中水面面积或无法监测的区域(如禁区)面积为 100%及非建成区面积大于 50%的网格为无效网格，保证有效网格总数应多于 100 个。

(2) 测点应设在每一个网格的中心，若网格中心点不宜测量(如水面、禁区、马路行车道等)，应将监测点位移动到距离中心点最近的可测量位置进行测量。

(3) 测点位置要符合相关国际要求，一般选择在户外，监测点位高度距地面为 1.2～4.0m，并记录点位基础信息。

监测要求分别在昼间工作时间和夜间 22:00～24:00(时间不足可顺延)进行。同时在测量时间内，每次每个测点测量 10min 的等效声级 L_{eq}，同时记录噪声主要来源。一般而言，昼间监测每年 1 次，监测工作应在昼间正常工作时段内进行，并应覆盖整个工作时段。夜间监测每五年 1 次，在每个五年规划的第三年监测，监测从夜间起始时间开始。监测工作应安排在每年的春季或秋季，每个城市监测日期应相对固定，监测应避开节假日和非正常工作日。每个监测点位测量 10min 的等效连续 A 声级 L_{eq}(简称等效声级)，记录累积百分声级 L_{10}、L_{50}、L_{90}、L_{max}、L_{min} 和标准偏差(SD)。

计算城市全部网格测点测得的昼间和夜间等效声级，代表该城市昼间和夜间的环境噪声总体水平。同时将全部网格中心测点测得的 10min 的等效声级 L_{eq} 做算术平均运算和标准偏差，所得到的平均值代表某一声环境功能区的总体环境噪声水平。根据每个网格中心的噪声值及对应的网格面积，统计不同噪声影响水平下的面积百分比，以及昼间、夜间的达标面积比例。

四、道路交通声环境监测

道路交通噪声监测反映道路交通噪声源的噪声强度，分析道路交通噪声声级与车流量、路况等的关系及变化规律和分析城市道路交通噪声的年度变化规律和变化趋势。其布点要求能反映城市建成区内各类道路(城市快速路、城市主干路、城市次干路、含轨道交通走廊的道路及穿过城市的高速公路等)交通噪声排放特征；能反映不同道路特点(考虑车辆类型、车流量、车辆速度、路面结构、道路宽度、敏感建筑物分布等)交通噪声排放特征；道路交通噪声监测点位数量：特大城市不少于 100 个；大城市不少于 80 个；中等城市不少于 50 个；小城市不少于 20 个。一个测点可代表一条或多条相近的道路。根据各类道路的路长比例分配点位数量；测点选在路段两路口之间，距任一路口的距离大于 50m，路段不足 100m 的选路段中点，测点位于人行道上距路面(含慢车道)20cm 处，监测点位高度距地面为 1.2～6.0m。测点应避开非道路交通源的干扰，传声器指向被测声源。监测同时记录测点的位置、参照物、道路路段名称、起止点、长度、宽度、道路等级及路段覆盖人口等相关信息。

监测频次要求昼间监测每年 1 次，监测工作应在昼间正常工作时段内进行，并应覆盖整个工作时段；夜间监测每五年 1 次，在每个五年规划的第三年监测，监测从夜间起始时间开始；监测工作应安排在每年的春季或秋季，每个城市监测日期应相对固定，监测应避开节假日和非正常工作日；每个测点测量 20min 等效声级 L_{eq}，记录累积百分声级 L_{10}、L_{50}、L_{90}、L_{max}、L_{min}和标准偏差(SD)，分类(大型车、中小型车)记录车流量。

五、敏感建筑物噪声监测

敏感建筑物噪声监测的目的是了解噪声敏感建筑物户外(或室内)的环境噪声水平，评价是否符合所处声环境功能区的环境质量要求，其监测点位一般设于噪声敏感建筑物户外。不得不在噪声敏感建筑物室内监测时，应在门窗全打开状况下进行室内噪声测量，并采用较该噪声敏感建筑物所在声环境功能区对应环境噪声限值低 10dB(A)的值作为评价依据。对敏感建筑物的环境噪声监测应在周围环境噪声源正常工作条件下测量，视噪声源的运行工况，分昼、夜两个时段连续进行。根据环境噪声源的特征，可优化测量时间：

(1) 受固定噪声源的噪声影响，稳态噪声测量 1min 的等效声级 L_{eq}；非稳态噪声测量整个正常工作时间(或代表性时段)的等效声级 L_{eq}。

(2) 受交通噪声源的噪声影响，对于铁路、城市轨道交通(地面段)、内河航道，昼、夜各测量不低于平均运行密度的 1h 等效声级 L_{eq}，若城市轨道交通(地面段)的运行车次密集，测量时间可缩短至 20min。

对于道路交通，昼、夜各测量不低于平均运行密度的 20min 等效声级 L_{eq}。

(3) 受突发噪声的影响，以上监测对象夜间存在突发噪声的，应同时监测测量时段内的最大声级 L_{max}。

以昼间、夜间环境噪声源正常工作时段的 L_{eq} 和夜间突发噪声 L_{max} 作为评价噪声敏感建筑物户外(或室内)环境噪声水平，是否符合所处声环境功能区的环境质量要求的依据。

六、扰民噪声的监测

扰民噪声的监测方法大致相同，不同的是各标准的规定不同。在监测时一定要按照监测标准执行，所使用的标准为“作业指导书”。环境监测不同于研究监测，一定要“循规蹈矩”，这里的“规”就是法规，“矩”就是标准，只有按标准出具的数据，才具有法律证明作用(可作司法仲裁的证据)；而研究性监测则可以使用非标准方法，使用非标准方法所出具的数据没有法律证明作用(不能用于司法仲裁)。

扰民噪声的监测仪器为积分平均声级计或环境噪声自动监测仪，测量 35dB 以下的噪声应使用 1 型声级计，且测量范围应满足所测量噪声的需要。校准所用仪器应符合 GB/T 15173 对 1 级或 2 级声校准器的要求。当需要进行噪声的频谱分析时，仪器性能应符合 GB/T 3241 中对滤波器的要求。

测量应在无雨雪、无雷电天气，风速为 5m/s 以下时进行。不得不在特殊气象条件下测量时，应采取必要措施保证测量准确性，同时注明当时所采取的措施及气象情况。同时测量时间需选择被测声源正常工作时间进行，注明当时的工况。

根据工业企业声源、周围噪声敏感建筑物的布局及毗邻的区域类别，在工业企业厂界布设多个测点，其中包括距噪声敏感建筑物较近及受被测声源影响大的位置。测点位置一般情况下选在工业企业厂界外 1m、高度 1.2m 以上、距任一反射面距离不小于 1m 的位置。此外，当厂界有围墙且周围有受影响的噪声敏感建筑物时，测点应选在厂界外 1m、高于围墙 0.5m 以上的位置；当厂界无法测量到声源的实际排放状况时(如声源位于高空、厂界设有声屏障等)，应按测点位置一般规定来设置测点，同时在受影响的噪声敏感建筑物户外 1m 处另设测点；室内噪声测量时，室内测量点位设在距任一反射面至少 0.5m 以上、距地面 1.2m 高度处，在受噪声影响方向的窗户开启状态下测量；固定设备结构传声至噪声敏感建筑物室内，在噪声敏感建筑物室内测量时，测点应距任一反射面至少 0.5m 以上、距地面 1.2m、距外窗 1m 以上，窗户关闭状态下测量。被测房间内的其他可能干扰测量的声源(如电视机、空调机、排气扇及镇流器较响的日光灯、运转时出声的时钟等)应关闭。

扩展案例 8-2

(一) 案例背景

2009 年 11 月 16 日，洮南市环保局接到 50 户居民的联合投诉，称洮南市黑水镇某企业噪声扰民严重，洮南市环保局立即指派环境监测站与环境监理大队组成联合小组，开展现场勘察取证，要求在第一时间尽快解决问题，保障人民群众的合法权益。

(二) 噪声现场监测

(1) 现场勘察。

由于该企业位于洮南市黑水镇，企业周围没有交通干线，北侧是一大片居民区，根据《声环境质量标准》(GB 3096—2008)7.2 条 b 款，将该企业的声功能区定为 1 类声环境功能区，执行《工业企业厂界环境噪声排放标准》中 1 类声环境功能区标准限值。

该企业的四周有 2m 高的围墙，只有北侧有大约 50 户的居民，中间隔一条 6m 宽的巷道，东、南、西侧均有乡路，按《工业企业厂界环境噪声排放标准》中的规定设置噪声监测点和噪声敏感点。

(2) 布设监测点位。

根据现场勘查，所有的噪声源均分布在该企业的北侧，在企业的北侧围墙外 1m 处布设三个监测点，点位高于围墙 0.5m，在正北侧的上访户李某家窗外布设一点噪声敏感点。由于该企业昼间生产，因此分别在昼间和夜间进行监测。监测点位见图 8-8。

(3) 监测步骤。

本次监测使用的是 HS6288B 噪声频谱分析仪，仪器进行检定合格，并在有效期内，使用 ND9 型声校准器在测量前后校准，示值偏差小于 0.5dB，测量时传声器加防风罩，测量仪器时间计权特性设为“F”挡，当时天气晴，风速小于 3.5m/s。

经过现场勘察后，绘制了布点图，与企业沟通后，暂停了生产设备，对各测点的背景噪声检测后，让企业恢复正常生产。首先进行厂界噪声瞬时值检测，声级起伏不大于

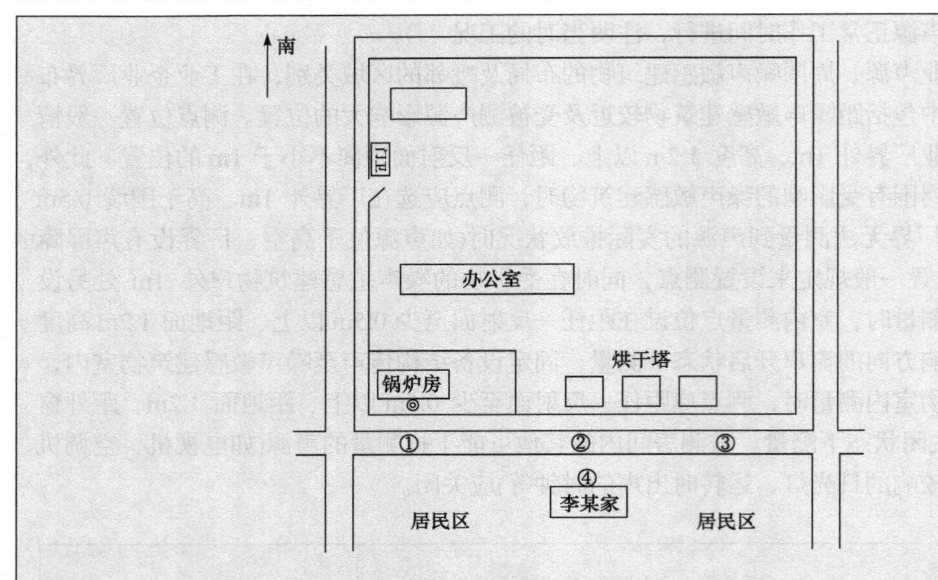

图 8-8　企业噪声监测点

3dB，确定声源为稳态噪声，采用 1min 的等效声级进行检测，按表 8-3 记录原始数据。昼间检测结果如下：

表 8-3　原始数据表

监测日期	监测点	背景值	监测结果	修正后结果	标准值	结论
2009 年 11 月 16 日 昼间	①# 北侧东(厂界外 1m)	43.5	72.5	72.5	55	超标
	②# 正北侧(厂界外 1m)	42.7	76.4	76.4		超标
	③# 北侧西(厂界外 1m)	43.1	71.8	71.8		超标
	④# 李某家窗外 1m (噪声敏感点)	41.4	69.8	69.8		超标

注：噪声测量值与背景噪声值相差大于 10dB(A)，噪声测量值不做修正。

夜间监测应该在 22:00 以后实施，当日晚上 22:10 到达检测现场，由于企业设备出现故障，正好测量了各测点的背景噪声值，依然按表 8-3 记录原始数据。凌晨 1 点钟，企业恢复生产，夜间监测结果见表 8-4。

表 8-4　夜间监测原始数据

监测日期	监测点	背景值	监测结果	修正后结果	标准值	结论
2009 年 11 月 16 日 夜间	①# 北侧东(厂界外 1m)	35.8	70.6	70.6	45	超标
	②# 正北侧(厂界外 1m)	36.3	75.3	75.3		超标
	③# 北侧西(厂界外 1m)	35.2	70.1	70.1		超标
	④# 李某家窗外 1m (噪声敏感点)	36.0	68.2	68.2		超标

注：噪声测量值与背景噪声值相差大于 10dB(A)，噪声测量值不做修正。

(三) 结果处理

根据《工业企业厂界环境噪声排放标准》(GB 12348—2008)中 1 类声环境功能区排放限值标准为昼间 55dB(A)，夜间 45dB(A)。根据监测结果可知：该企业厂界环境噪声昼间超标 16.8dB(A)以上，夜间超标 25.1dB(A)以上；敏感点处噪声昼间超标 14.8dB(A)以上，夜间超标 23.2dB(A)以上。环境监察人员依据《中华人民共和国环境噪声污染防治法》对该企业下达了停产整顿通知，噪声达标后才能生产。

第四节 振动及其测定

物体围绕平衡位置做往复运动称为振动。振动是噪声产生的原因，机械设备产生的噪声有两种传播方式：一种是以空气为介质向外传播，称为空气声；另一种是声源直接激发固体构件振动，这种振动以弹性波的形式在基础、地板、墙壁中传播，并在传播中向外辐射噪声，称为固体声。振动能传播固体声而造成噪声危害；同时振动本身能使机械设备、建筑结构受到破坏，人的机体受到损伤。振动测量在工业上也有许多应用，如检测地下管道泄漏、检查旋转机械的平衡性能等。

振动测量和噪声测量有关，部分仪器可通用。只要将噪声测量系统中声音传感器换成振动传感器，将声音计权网络换成振动计权网络，就成为振动测量系统。但振动频率往往低于噪声的声频率。人感觉振动以振动加速度表示，一般人的可感振动加速度为 $0.03m/s^2$，而感觉难受的振动加速度为 $0.5m/s^2$，不能容忍的振动加速度为 $5m/s^2$，人的可感振动频率最高为 1000Hz，但仅对 100Hz 以下振动才较敏感，而最敏感的振动频率是与人体共振频率数值相等或相近时。人体共振频率在直立时为 4～10Hz，俯卧时为 3～5Hz。

一、城市区域振动标准

《城市区域环境振动标准》(GB 10070—1988)规定了城市区域环境振动的标准值及适用地带范围(表 8-5)。

表 8-5 城市各类区域铅垂向 Z 振级标准值(dB)

适用地带范围	昼间	夜间
特殊住宅区	65	65
居民、文教区	70	67
混合区、商业中心区	75	72
工业集中区	75	72
交通干线道路两侧	75	72
铁路干线两侧	80	80

注：(1) 标准值适用于连续发生的稳定振动、冲击振动和无规则振动。
(2) 每日发生几次的冲击振动，其最大值昼间不允许超过标准值 10dB，夜间不超过 3dB。

二、振动监测方法

环境振动监测包括区域环境振动和振动源环境振动监测。其中区域环境振动是指由稳态振动、冲击振动和无规振动所引起的某一功能区一定时间内的环境振动状况。振动源环境振动是指固定式单个振动源或集合振动源引起的工业企业厂界、施工场界、交通干线两侧等区域边界一定范围内的振动状况。

我国振动测量仪器，一般具有统计分析功能。能在每次测量后自动打印累积百分振级、等效连续振级、最大振级和标准偏差等，足以满足国家标准要求。包括以下几种不同类型的振动测量仪。

(1) 人体响应振动计和环境振动计。测量振动对人体影响的仪器称为人体响应振动计。人体响应振动计是根据振动对人体影响的特点设计的。振动对人体的影响不仅与振动的幅度有关，而且与振动作用于人体的部位与方向、振动的频率和振动的作用时间有关。在人体振动测量中总是测量振动加速度的有效值，而且常常测量计权振级。根据不同频率的振动对人体影响不同的关系，将被测的不同频率的振动加速度值乘以频率计权因数，得到计权振动加速度级，简称计权振级或振级 VL(dB)。人体响应振动级至少应具备表 8-6 所列的一种或几种频率计权特性，它测量计权振动加速度有效值，也可包括峰值特性，时间计权通常为 1s 指数平均和不小于 60s 时间的线性积分均方值，也可以包含 0.125s 及 8s 指数平均特性。主要用于劳动卫生、职业病防治等部门研究分析振动对人体的危害，其中还有一种用于测量评价环境振动的，称为环境振动计。由于环境振动振级和频率都较低，因此选用高灵敏度低频压电加速度计。

表 8-6　振动频率计权特性的频率范围

振动特性	频率范围/Hz	国际标准
全身，严重不舒适，z：称为 W.B.S.D.z	0.1～0.63	ISO2631-3—1985《人承受全身振动暴露的评价　第三部分：在频率范围 0.1～0.63Hz 全身 z 轴垂向振动暴露的评价》
全身，x–y：称为 W.B. x–y	1～80	ISO2631-1—1985《人承受全身振动暴露的评价　第一部分：一般要求》
全身，z：称为 W.B.z	～80	
全身，组合：称为 W.B.Combined	1～80	ISO2631-2—1989《人承受全身振动暴露的评价　第二部分：建筑物内连续与冲击振动(1～80Hz)》
手背：称为 H-A 8	～1000	ISO5349-3—1986《机械振动　人体暴露在手传振动的测量和评价指南》

(2) 1 型仪器和 2 型仪器。照准确度将人体响应振动计分为两种类型：1 型仪器在规定的基准条件下测量准确度为±0.7dB，主要用于振动环境能够严格规定或控制的场合，在一般条件下通常达不到以上准确度；2 型仪器在基准条件下测量准确度为±1.0dB，适用于一般应用。

(3) 振动计的校准。振动监测仪器的校准主要是指振动传感器的校准，尤其是应用得最为广泛的压电式加速度计灵敏度的校准。测量前应测量加速度的响应频率，如加速度计的频率响应变成无规律，或其频率范围明显变窄了，说明加速度计已损坏。加速度计的电容量、质量及环境的影响也是整个校准内容的一部分。

《城市区域振动的测量方法》(GB 10071—1988)规定了城市区域环境振动的监测方法，是现行有效的国家标准。

第五节　放射性监测

在人类生存的环境中，由于自然或人为原因，存在着放射性辐射。尤其在当今世界，原子能工业迅速发展，排放放射性废物量不断增加，核爆炸试验和核事故屡有发生，放射性物质在国防、医学、科研和民用等领域的应用不断扩大，有可能使环境中的放射性水平高于天然本底值，甚至超过标准规定的剂量限值，导致放射性污染，危害人体和生物。因此，对空气(包括居室内空气)、水体、岩石和土壤等环境要素进行经常性的放射性监测，已成为环境保护工作的重要内容。

一、概述

(一) 基础知识

1. 放射性和辐射

(1) 放射性：一种不稳定的原子核(放射性物质)自发地衰变的现象，通常该过程伴随发出能导致电离的辐射(如α、β、γ等放射性)，如图 8-9 所示。

(2) 辐射：是一种特殊的能量传递方式——粒子辐射与电磁辐射。

粒子辐射：α粒子、β粒子及各种核反应或放射性核素自然衰变过程中所放出的高速带电荷粒子及中子等。

电磁辐射：包括可见光、红外线、紫外线、X 射线及γ射线等。

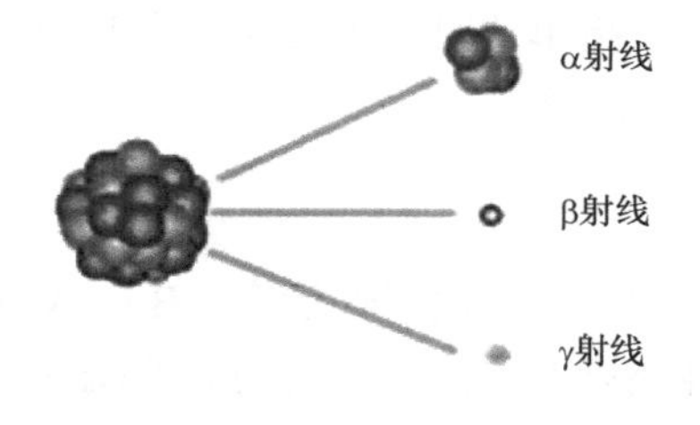

图 8-9　放射性衰变

(3) 核子：即原子核。

(4) 核衰变。

不稳定的原子核能自发地有规律地改变其结构，从原子核内部放出电磁波(γ)或带有一定能量的粒子(α、β)，降低其能级水平，转化为结构稳定的核。这种现象称为核蜕变或“放射性核蜕变”(图 8-10)。

(5) 放射性同位素：不稳定的同位素(原子核内质子数相同，中子数不同)。

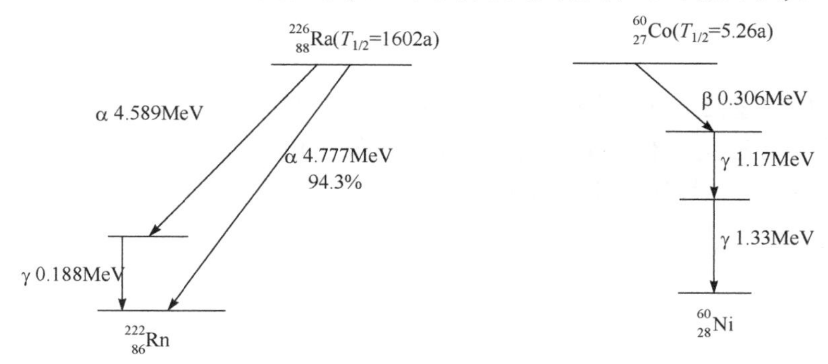

图 8-10　^{226}Ra 和 ^{60}Co 的核衰变

2. 放射性衰变的类型

(1) α衰变：不稳定重核(一般原子序数大于 82)自发放出 ^{4}He 核(α粒子)的过程——α粒子的质量大，速度小，穿透能力小，只能穿过皮肤的角质层。

(2) β衰变：放射性核素放射β粒子(即快速电子)的过程，它是原子核内质子和中子发生互变的结果——穿透能力较强，也能灼伤皮肤。

β衰变可分为负β(β^-)衰变、正β(β^+)衰变和电子俘获三种类型。① β^-衰变：是核素中的中子转变为质子并放出一个β^-粒子和中微子的过程。一般地，中子相对丰富的放射性核素常发生β^-衰变。β^-粒子是带一个单位负电荷的电子。② β^+衰变：是核素中的质子转变为中子并放出一个正电子和中微子的过程。一般地，中子相对缺乏的放射性核素常发生β^+衰变。③ 电子俘获：不稳定的原子核俘获一个核外电子，使核中的质子转变成中子并放出一个中微子的过程。原子核俘获一个 K 层或 L 层电子而衰变成核电荷数减少 1，质量数不变的另一种原子核。由于 K 层最靠近核，所以 K 俘获最易发生。在 K 俘获发生时，必有外层电子去填补内层上的空位，并放射出具有子体特征的标识 X 射线。

(3) γ衰变：原子核从较高能级跃迁到较低能级或基态时所放射的电磁辐射——γ射线是一种波长很短的电磁波(0.007～0.1nm)，穿透能力极强。

3. 放射性活度和半衰期

1) 放射性活度(强度)

指单位时间内发生核衰变的数目。单位为贝可(Bq)，其中 $1Bq=1s^{-1}$，1Bq 表示 1s 内发生 1 次衰变。

$$A=-\frac{dN}{dt}=\lambda N$$

式中，A 为放射性活度，Bq；N 为某时刻的核素数；t 为时间，s；λ 为衰变常数，表示放射性核素在单位时间内的衰变概率。

2) 半衰期($T_{1/2}$)

当放射性的核素因衰变而减少到原来的一半时所需的时间称为半衰期。

$$T_{1/2}=\frac{0.693}{\lambda}$$

半衰期是放射性核素的基本特性之一，不同核素 $T_{1/2}$ 不同。所以对一些 $T_{1/2}$ 长的核素，一旦发生核污染，要通过衰变令其自行消失，需时是十分长久的。

4. 核反应

核反应是指用快速粒子打击靶核而给出新核(核产物)和另一粒子的过程。

进行核反应的方法主要有：①用快速中子轰击发生核反应；②吸收慢中子的核反应；③用带电粒子轰击发生核反应；④用高能光子照射发生核反应等。

5. 照射量和剂量

1) 照射量

$$X=\frac{dQ}{dm}$$

式中，dQ 为 γ 或 X 射线在空气中完全被阻止时，引起质量为 dm 的某一体积元的空气电离所产生的带电粒子(正的或负的)的总电量值，C；X 为照射量，它的 SI 单位为库伦/千克(C/kg)，与它暂时并用的专用单位的名称为伦琴(R)，简称伦，$1R=2.58\times10^{-4}C/kg$。

2) 吸收剂量

它是表示在电离辐射与物质发生相互作用时，单位质量的物质吸收电离辐射能量大小的物理量。

其定义用下式表示：

$$D=\frac{d\bar{\varepsilon}}{dm}$$

式中，D 为吸收剂量，SI 单位为 J/kg，专用单位的名称为戈瑞，简称戈，用符号 Gy 表示；$d\bar{\varepsilon}$ 为电离辐射授予质量为 dm 的物质的平均能量。

3) 剂量当量(H)

在生物机体组织内所考虑的一个体积单元上吸收剂量、品质因数和所有修正因素的乘积，即

$$H=DQN$$

式中，D 为吸收剂量，Gy；Q 为品质因素，其值取决于导致电离粒子的初始动能、种类及照射类型等；N 为所有其他修正因素的乘积。

剂量当量(H)的国际单位：J/kg，专用单位：希沃特(Sv)。

$$1Sv=1J/kg$$

与希沃特暂时并用的专用单位是雷姆(rem)。

$$1rem=10^{-2}Sv$$

剂量当量率：单位时间内的剂量当量，单位为 Sv/s 或 rem/s。

(二) 环境中的放射性

环境中的放射性来源于天然的和人为的放射性核素。其中天然放射性核素有宇宙射线及其产生的放射性核素，天然放射性核素系列——铀系、锕系、钍系及自然界中单独存在的核素等。人为放射性核素包括核试验及航天事故，核工业、工农业、医学、科研等部门的排放废物和放射性矿的开采和利用。

自然环境中土壤和岩石(表 8-7)、水体(表 8-8)及大气中均存在放射性核素的分布。

表 8-7　土壤、岩石中天然放射性核素的含量(单位：Bq/g)

核素	土壤	岩石
^{40}K	2.96×10^{-2}～8.88×10^{-2}	8.14×10^{-2}～8.14×10^{-1}
^{226}Ra	3.7×10^{-3}～7.03×10^{-2}	1.48×10^{-2}～4.81×10^{-2}
^{232}Th	7.4×10^{-4}～5.55×10^{-2}	3.7×10^{-3}～4.81×10^{-2}
^{238}U	1.11×10^{-3}～2.22×10^{-2}	1.48×10^{-2}～4.81×10^{-2}

表 8-8　各类淡水中 226Ra 及其子代产物的放射性比活度(单位：Bq/L)

核素	矿泉及深水井	地下水	地面水	雨水
^{226}Ra	$3.7\times10^{-2}\sim3.7\times10^{-1}$	$<3.7\times10^{-2}$	$<3.7\times10^{-2}$	—
^{222}Rn	$3.7\times10^{2}\sim3.7\times10^{3}$	$3.7\sim37$	3.7×10^{-1}	$3.7\times10\sim3.7\times10^{3}$
^{210}Pb	$<3.7\times10^{-3}$	$<3.7\times10^{-3}$	$<1.85\times10^{-2}$	$1.85\times10^{-2}\sim1.11\times10^{-1}$
^{210}Po	$\approx7.4\times10^{-4}$	$\approx3.7\times10^{-4}$	—	$\approx1.85\times10^{-2}$

大多数放射性核素均可出现在大气中，但主要是氡的同位素(特别是 ^{222}Rn)，它是镭的衰变产物，能从含镭的岩石、土壤、水体和建筑材料中逸散到大气，其衰变产物是金属元素，极易附着于气溶胶颗粒上。

大气中氡的浓度与气象条件有关，日出前浓度最高，日中较低，二者间可相差十倍以上。一般情况下，陆地和海洋上的近地面大气中氡的浓度分别为 $1.11\times10^{-3}\sim9.6\times10^{-3}$Bq/L 和 $1.9\times10^{-5}\sim2.2\times10^{-3}$Bq/L。

此外任何动植物组织中都含有一些天然放射性核素，主要有 ^{40}K、^{226}Ra、^{14}C、^{210}Pb 和 ^{210}Po 等，其含量与这些核素参与环境和生物体之间发生的物质交换过程有关，如植物与土壤、水、肥料中的核素含量有关；动物与饲料、饮水中的核素含量有关。

(三) 放射性污染的危害

环境中的放射性物质通过多种途径造成对人体的危害，不仅能对人体进行外照射，还能进入体内产生危害性更大的内照射。

1. 放射性物质进入人体的途径

放射性物质主要通过三种途径进入人体，即呼吸道、消化道、皮肤或黏膜。由呼吸道吸入的放射性物质，其吸收程度与放射性核素的性质、状态有关，易溶性的吸收较快，气溶胶吸收较慢；被肺泡膜吸收后，可直接进入血液流向全身。由消化道食入的放射性物质，被肠胃吸收后，经肝脏随血液进入全身。可溶性的放射性物质易被皮肤吸收，特别是由伤口侵入时，吸收率很高。人体受环境放射性辐射途径示于图 8-11。

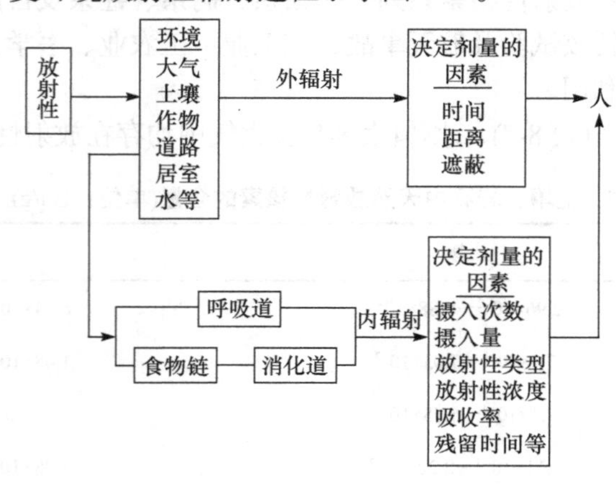

图 8-11　放射性物质辐射人体的途径

2. 放射性的危害

α、β、γ射线照射人体后，常引起肌体细胞分子、原子电离(称电离辐射)，使组织的某些大分子结构被破坏，如使蛋白质及核糖核酸或脱氧核糖核酸分子链断裂等而造成组织破坏。

人体一次或短期内接受大剂量照射，将引起急性辐射损伤，如核爆炸、核反应堆事故等造成的损伤。

全身大剂量外照射会严重伤害人体的各组织、器官和系统，轻者出现发病症状，重者造成死亡。例如，全身吸收剂量达 5Gy 时，1～2h 内即出现恶心、呕吐、腹泻等症状，一周后出现咽炎、体温上升、迅速消瘦等症状，第二周就会死亡，且死亡率为 100%，此为致死剂量。当吸收剂量为 4Gy 时，数小时后出现呕吐，两周内毛发脱落，体温上升，三周内出现紫斑，咽喉感染，四周后有 50%受照射者死亡，存活者六个月后才能恢复健康，此为半致死剂量。例如，吸收剂量为 2Gy 时，经过大约一周的潜伏期，出现毛发脱落、厌食等症状。吸收剂量为 1Gy 时，将有 20%～25%的受照射者发生呕吐等轻度急性放射病症状。0.5Gy 的剂量可使人体血象发生轻度变化。

辐射损伤还会产生远期效应、躯体效应和遗传效应。远期效应指急性照射后若干时间或较低剂量照射后数月或数年才发生病变。躯体效应指导致受照射者发生白血病、白内障、癌症及寿命缩短等损伤效应。遗传效应指在下一代或几代后才显示损伤效应。

二、放射性测量实验室和检测仪器

由于放射性监测的对象是放射性物质，为保证操作人员的安全，防止污染环境，对实验室有特殊的设计要求，并需要制订严格的操作规程。测量放射性需要使用专门仪器。本节对以上两方面内容作简单介绍。

1. 放射性测量实验室

放射性测量实验室分为两个部分：一是放射化学实验室；二是放射性计测实验室。

1) 放射化学实验室

放射性样品的处理一般应在放射化学实验室内进行。为得到准确的监测结果和考虑操作安全问题，该实验室内应符合以下要求：

(1) 墙壁、门窗、天花板等要涂刷耐酸油漆，电灯和电线应装在墙壁内。

(2) 有良好的通风设施，大多数处理样品操作应在通风橱内进行，通风马达应装在管道外。

(3) 地面及各种家具面要用光平材料制作，操作台面上应铺塑料布。

(4) 洗涤池最好不要有尖角，放水用足踏式龙头，下水管道尽量少用弯头和接头等。

此外，实验室工作人员应养成整洁、小心的优良工作习惯，工作时穿戴防护服、手套、口罩，佩戴个人剂量监测仪等；操作放射性物质时用夹子、镊子、盘子、铅玻璃瓶等器具，工作完毕后立即清洗所用器具并放在固定地点，还需洗手和淋浴；实验室必须经常打扫和整理，配置有专用放射性废物桶和废液缸。对放射源要有严格管理制度，实验室工作人员要定期进行体检。

上述要求的宽严程度也因实际操作放射性水平的高低而异。对操作具有微量放射性的环境类样品的实验室，上列各项措施中有些可以省略或修改。

2) 放射性计测实验室

放射性计测实验室装备有灵敏度高、选择性和稳定性好的放射性计量仪器和装置。设计实验室时，特别要考虑放射性本底问题。实验室内放射性本底来源于宇宙射线、地面和建筑材料甚至测量用屏蔽材料中所含的微量放射性物质，以及邻近放射化学实验室的放射性沾污等。对于消除或降低本底的影响，常采用两种措施：一是根据其来源采取相应措施，使之降到最少程度；二是通过数据处理，对测量结果进行修正。此外，对实验室供电电压和频率要求十分稳定，各种电子仪器应有良好的接地线和进行有效的电磁屏蔽；室内最好保持恒温。

2. 放射性检测仪器

放射性检测仪器种类多，需根据监测目的、试样形态、射线类型、强度及能量等因素进行选择。表 8-9 列举了不同类型的常用放射性检测器。

表 8-9 各种常用放射性检测器

射线种类	检测器	特点
α	闪烁检测器	检测灵敏度低，探测面积大
	正比计数管	检测效率高，技术要求高
	半导体检测器	本底小，灵敏度高，探测面积小
	电流电离室	测较大放射性活度
β	正比计数管	检测效率较高，装置体积较大
	盖革计数管	检测效率较高，装置体积较大
	闪烁检测器	检测效率较低，本底小
	半导体检测器	探测面积小，装置体积小
γ	闪烁检测器	检测效率高，能量分辨能力强
	半导体检测器	能量分辨能力强，装置体积小

放射性测量仪器检测放射性的基本原理基于射线与物质间相互作用所产生的各种效应，包括电离、发光、热效应、化学效应和能产生次级粒子的核反应等。

最常用的检测器有三类，即电离型检测器、闪烁检测器(图 8-12)和半导体检测器。

图 8-12 闪烁检测器

1) 电离型检测器

电离型检测器是利用射线通过气体介质时，使气体发生电离的原理制成的探测器。应用气体电离原理的检测器有电流电离室、正比计数管和盖革计数管(GM 管)三种。电流电离室是测量由于电离作用而产生的电离电流，适用于测量强放射性；正比计数管和盖革计数管则是测量由每一入射粒子引起电离作用而产生的脉冲式电压变化，从而对入射粒子逐个计数，适于测量弱放射性。以上三种检测器之所以有不同的工作状态和不同的功能，主要是因为对它们施加的工作电压不同，从而引起电离过程不同。

(1) 电流电离室。

这种检测器用来研究由带电粒子所引起的总电离效应，也就是测量辐射强度及其随时间的变化。由于这种检测器对任何电离都有响应，所以不能用于甄别射线类型。

图 8-13 是电流电离室工作原理示意图。A、B 是两块平行的金属板，加于两板间的电压为 V_{AB}(可变)，室内充空气或其他气体。当有射线进入电离室时，则气体电离产生的正离子和电子在外加电场作用下，分别向异极移动，电阻 R 上即有电流通过。电流与电压的关系如图 8-14 所示。开始时，随电压增大电流不断上升，待电离产生的离子全部被收集后，相应的电流达饱和值，如进一步有限地增加电压，则电流不再增加，达饱和电流时对应的电压称为饱和电压，饱和电压范围(*BC* 段)称为电流电离室的工作区。

由于电离电流很微小(通常在 10^{-12} 左右或更小)，所以需要用高倍数的电流放大器放大后才能测量。

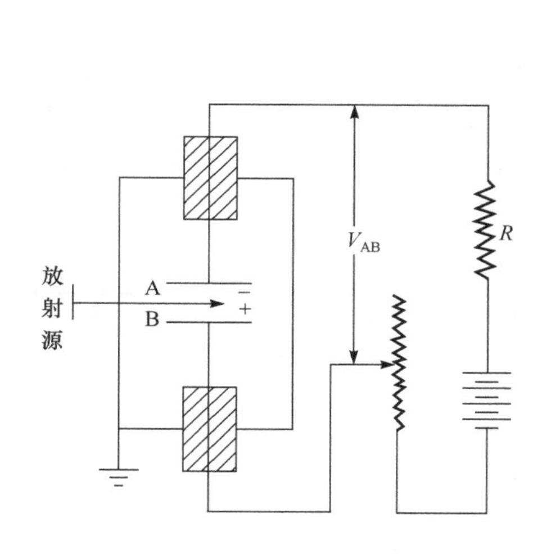

图 8-13　电离室工作原理示意图

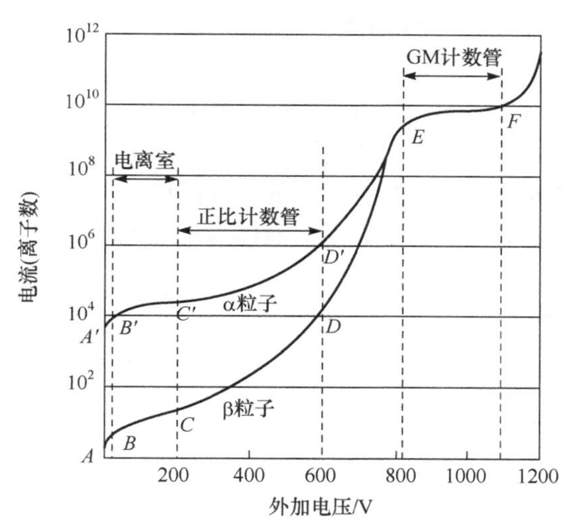

图 8-14　α、β粒子的电离作用与外加电压的关系曲线

(2) 正比计数管。

这种检测器在如图 8-14 所示的电流-电压关系曲线中的正比区(*CD* 段)工作。在此，电离电流突破饱和值，随电压增加继续增大。这是由于在这样的工作电压下，能使初级电离产生的电子在收集极附近高度加速，并在前进中与气体碰撞，使之发生次级电离，而次级电子又可能再与气体碰撞发生三级电离，如此形成“电子雪崩”，使电流放大倍数达 10^4 左右。由于输出脉冲大小正比于入射粒子的初始电离能，故定名为正比计数管。

正比计数管内充甲烷(或氩气)和碳氢化合物气体，充气压力同大气压；两极间电压根据充气的性质选定。这种计数管普遍用于α和β粒子计数，具有性能稳定、本底响应低等优点。因为给出的脉冲幅度正比于初级致电离粒子在管中所消耗的能量，所以还可用于能谱测定，但要求的条件是初级粒子必须将它的全部能量损耗在计数管的气体之内。由于这个原因，它大多用于低能γ射线的能谱测量和鉴定放射性核素用的α射线的能谱测定。

2) 闪烁检测器

闪烁检测器是利用射线与物质作用发生闪光的仪器。它具有一个受带电粒子作用后其内部原子或分子被激发而发射光子的闪烁体。当射线照在闪烁体上时，便发射出荧光光子，并且利用光导和反光材料等将大部分光子收集在光电倍增管的光阴极上。光子在光电倍增管的阴极上打出光电子，经过倍增放大后在阳极上产生电压脉冲，此脉冲还是很小的，需再经电子线路放大和处理后记录下来。图 8-15 是这种检测器测量装置的工作原理。

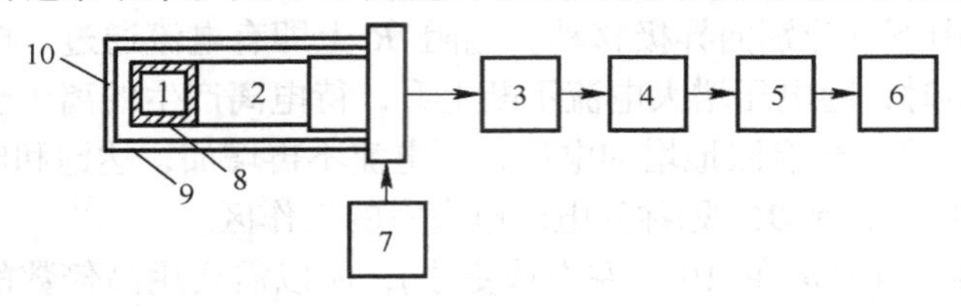

图 8-15　闪烁检测器测量装置示意图

1. 闪烁体；2. 光电倍增管；3. 前置放大器；4. 主放大器；5. 脉冲幅度分析器；6. 定标器；7. 高压电源；8. 光导材料；9. 暗盒；10. 反光材料

闪烁体的材料可为 ZnS、NaI、萘、蒽、芪等无机和有机物质，其性能列于表 8-10 中。探测 α 粒子时，通常用 ZnS 粉末；探测 γ 射线时，可选用密度大、能量转化率高的材料，可做成体积较大并且透明的 NaI 晶体；蒽等有机材料发光持续时间短，可用于高速计数和测量短寿命核素的半衰期；液体闪烁液和塑料闪烁体常用来探测高能粒子。

表 8-10　主要闪烁材料性能

物质	密度/(g/cm³)	最大发光波长/nm	对β射线的相对脉冲高度	闪光持续时间/10^{-8}s
Zn(Ag)粉①	4.10	450	200	4～10
NaI(Tl)①	3.67	420	210	30
蒽	1.25	440	100	3
芪	1.15	410	60	0.4～0.8
液体闪烁液	0.86	350～450	40～60	0.2～0.8
塑料闪烁液	1.06	350～450	28～48	0.3～0.5

注：①Ag、Tl 是激活剂。

闪烁检测器以其高灵敏度和高计数率的优点而被用于测量α、β、γ辐射强度。由于它对不同能量的射线具有很高的分辨率，所以可用测量能谱的方法鉴别放射性核素。这种仪器还可以测量照射量和吸收剂量。

3) 半导体检测器

半导体检测器的工作原理与电离型检测器相似，但其检测元件是固态半导体。当放射性粒子射入这种元件后，产生电子-空穴对，电子和空穴受外加电场的作用，分别向两极运动，并被电极所收集，从而产生脉冲电流，再经放大后，由多道分析器或计数器记录，如图 8-16 所示。

半导体检测器可用作测量α、β和 γ 辐射。与前两类检测器相比，在半导体元件中产生电子-空穴所需能量要小得多。例如，对硅型半导体是 3.6eV，对锗型半导体是 2.8eV，而对 NaI 闪烁探测器来说，从其中发出一个光电子平均需能量 3000eV，也就是说，在同样外加能量下，半导体中生成电子-空穴对比闪烁探测器中生成的光电子多近 1000 倍。因此，前者

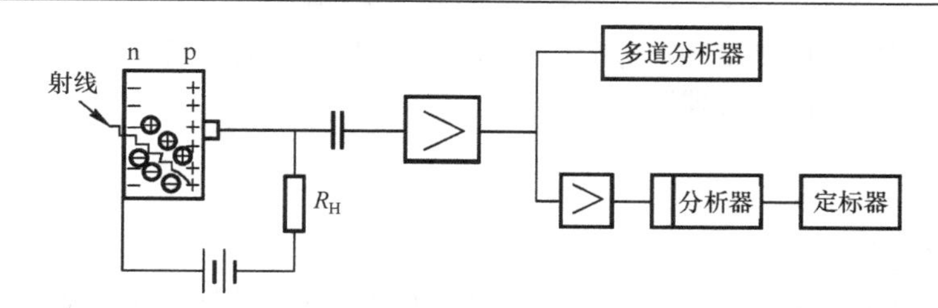

图 8-16　半导体检测器工作原理

n, p 为半导体的 n 极和 p 极；R_H 为电阻

输出脉冲电流大小的统计涨落比较小，对外来射线有很好的分辨率，适于作能谱分析。其缺点是由于制造工艺等方面的原因，检测灵敏区范围较小。但因为元件体积很小，较容易实现对组织中某点进行吸收剂量测定。

硅半导体检测器可用于α计数和测定α能谱及 β 能谱。对 γ 射线一般采用锗半导体作检测元件，因为它的原子序较大，对 γ 射线吸收效果更好。在锗半导体单晶中渗入锂制成锂漂移型锗半导体元件，具有更优良的检测性能。因渗入的锂不取代晶格中的原有原子，而是夹杂其间，从而大大增大了锗的电阻率，使其在探测γ射线时有较大的灵敏区域。应用锂漂移型半导体元件时，因为锂在室温下容易逃逸，所以要在液氮制冷(–196℃)条件下工作。

三、放射性污染监测方案

(一) 监测分类及内容

放射性监测按照监测对象可分为：

(1) 现场监测，即对放射性物质生产或应用单位内部工作区域所作的监测。

(2) 个人剂量监测，即对放射性专业工作人员或公众作内照射和外照射的剂量监测。

(3) 环境监测，即对放射性生产和应用单位外部环境，包括空气、水体、土壤、生物、固体废物等所作的监测。

按主要测定的放射性核素分为 α 放射性核素和 β 放射性核素。

1. α放射性核素

即 ^{239}Pu、^{226}Ra、^{224}Ra、^{222}Rn、^{210}Po、^{222}Th、^{234}U 和 ^{235}U。

2. β放射性核素

即 ^{3}H、^{90}Sr、^{89}Sr、^{134}Cs、^{137}Cs、^{131}I 和 ^{60}Co。这些核素在环境中出现的可能性较大，其毒性也较大。

放射性核素具体测量的内容主要包括放射源强度、半衰期、射线种类及能量；环境和人体中放射性物质含量、放射性强度、空间照射量或电离辐射剂量等相关内容的监测。

(二) 放射性监测方法

环境放射性监测方法有定期监测和连续监测。定期监测的一般步骤是采样、样品预处理、样品总放射性或放射性核素的测定；连续监测是在现场安装放射性自动监测仪器，实现采样、预处理和测定自动化。

对环境样品进行放射性测量和对非放射性环境样品监测过程一样，也是经过样品采集、样品预处理和选择适宜方法、仪器测定三个过程。

1. 样品采集

1) 放射性沉降物的采集

沉降物包括干沉降物和湿沉降物，主要来源于大气层核爆炸所产生的放射性尘埃，小部分来源于人工放射性微粒。

(1) 放射性干沉降物。

对于放射性干沉降物样品可用水盘法、黏纸法、高罐法采集。水盘法是用不锈钢或聚乙烯塑料制圆形水盘采集沉降物，盘内装有适量稀酸，沉降物过少的地区再酌情加数毫克硝酸锶或氯化锶载体。将水盘置于采样点暴露 24h，应始终保持盘底有水。采集的样品经浓缩、灰化等处理后，作总 β 放射性测量。黏纸法是用涂一层黏性油(松香加蓖麻油等)的滤纸贴在圆形盘底部(涂油面向外)，放在采样点暴露 24h，然后再将黏纸灰化，进行总 β 放射性测量。也可以用蘸有三氯甲烷等有机溶剂的滤纸擦拭落有沉降物的刚性固体表面(如道路、门窗、地板等)，以采集沉降物。高罐法系用一不锈钢或聚乙烯圆柱形罐暴露于空气中采集沉降物。因罐壁高，故不必放水，可用于长时间收集沉降物。

(2) 放射性湿沉降物。

湿沉降物是指随雨(雪)降落的沉降物。其采集方法除上述方法外，常用一种能同时对雨水中核素进行浓集的采样器，如图 8-17 所示。这种采样器由一个承接漏斗和一根离子交换柱组成。交换柱上下层分别装有阳离子交换树脂和阴离子交换树脂，欲收集核素被离子交换树脂吸附浓集后，再进行洗脱，收集洗脱液进一步作放射性核素分离。也可以将树脂从柱中取出，经烘干、灰化后制成干样品作总β放射性测量。

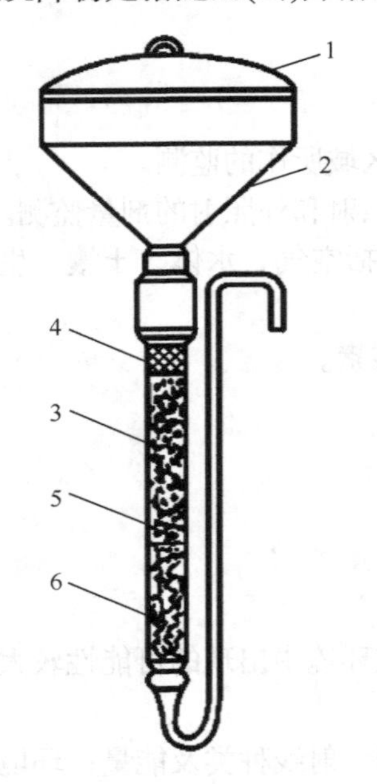

图 8-17　离子交换树脂湿沉降物采集器

1. 漏斗盖；2. 漏斗；3. 离子交换柱；4. 滤纸浆；5. 阳离子交换树脂；6. 阴离子交换树脂

2) 放射性气溶胶的采集

放射性气溶胶包括核爆炸产生的裂变产物，各种来源于人工放射性物质及氡、钍射气的衰变子体等天然放射性物质。这种样品的采集常用滤料阻留采样法，其原理与大气中颗粒物的采集相同。对于被 ^3H 污染的空气，因其在空气中主要存在形态是 HTO，所以除吸附法外，还常用冷阱法收集空气中的水蒸气作为试样。

3) 其他类型样品的采集

对于水体、土壤、生物样品的采集、制备和保存方法与非放射性样品所用的方法大致相同，只是检测项目不同。

2. 样品预处理

对样品进行预处理的目的是将样品处理成适于测量的状态，将样品的欲测核素转变成适于测量的形态并进行浓集，以及去除干扰核素。

常用的样品预处理方法有衰变法、有机溶剂溶解法、蒸馏法、灰化法、溶剂萃取法、离子交换法、共沉淀法、电化学法等。

1) 衰变法

采样后，将其放置一段时间，使样品中一些短寿命的非欲测核素衰变除去，然后再进行放射性测量。例如，测定大气中气溶胶的总α和总β放射性时常用这种方法，即用抽气过滤法采样后，放置4～5h，使短寿命的氡、钍子体衰变除去。

2) 共沉淀法

用一般化学沉淀法分离环境样品中放射性核素，因核素含量很低，达不到溶度积，故不能达到分离目的，但如果加入毫克数量级与欲分离放射性核素性质相近的非放射性元素载体，则由于二者之间发生同晶共沉淀或吸附共沉淀作用，载体将放射性核素载带下来，达到分离和富集的目的。例如，用 ^{59}Co 作载体共沉淀 ^{60}Co，则发生同晶共沉淀；用新沉淀出来的水合二氧化锰作载体沉淀水样中的钚，则二者间发生吸附共沉淀。这种分离富集方法具有简便、实验条件容易满足等优点。

3) 灰化法

对蒸干的水样或固体样品，可在瓷坩埚内于 500℃马弗炉中灰化，冷却后称量，再转入测量盘中铺成薄层检测其放射性。

4) 电化学法

该方法是通过电解将放射性核素沉积在阴极上，或以氧化物形式沉积在阳极上。例如，Ag^{+}、Bi^{2+}、Pb^{2+}等可以金属形式沉积在阴极；Pb^{2+}、Co^{2+}可以氧化物的形式沉积在阳极。其优点是分离核素的纯度高。

如果使放射性核素沉积在惰性金属片电极上，可直接进行放射性测量；如将其沉积在惰性金属丝电极上，可先将沉积物溶出，再制备成样品源。

5) 其他预处理方法

蒸馏法、有机溶剂溶解法、溶剂萃取法、离子交换法的原理和操作与非放射物质大同小异，在此不再介绍。环境样品经用上述方法分解和对欲测放射性核素分离、浓集、纯化后，有的已成为可供放射性测量的样品源，有的尚需用蒸发、悬浮、过滤等方法将其制备成适于测量要求状态(液态、气态、固态)的样品源。蒸发法是指将样品溶液移入测量盘或承托片上，在红外灯下徐徐蒸干，制成固态薄层样品源；悬浮法是将沉淀形式的样品用水或适当有机溶剂进行混悬，再移入测量盘用红外灯徐徐蒸干。过滤法是将待测沉淀抽滤到已称量的滤纸上，用有机溶剂洗涤后，将沉淀连同滤纸一起移入测量盘中，置于干燥器内干燥后进行测量。还可以用电解法制备无载体的 α 或 β 辐射体的样品源；用活性炭等吸附剂浓集放射性惰性气体，再进行热解吸并将其导入电离室或正比计数管等探测器内测量；将低能 β 辐射体的液体试样与液体闪烁剂混合制成液体源，置于闪烁瓶中测量等。

3. 环境中放射性监测

1) 水样的总 α 放射性活度的测定

(1) 水体中常见的辐射 α 粒子的核素有 ^{226}Ra、^{222}Rn 及其衰变产物。目前公认的水样总 α 放射性浓度是 0.1Bq/L，当大于此值时，就应对放射 α 粒子的核素进行鉴定和测量，确定主要的放射性核素，判断水质污染情况。

(2) 测定水样总 α 放射性活度的方法：取一定体积水样，过滤除去固体物质，滤液加硫酸酸化，蒸发至干，在不超过 350℃温度下灰化。将灰化后的样品移入测量盘中并铺成均匀薄层，用闪烁检测器测量。在测量样品之前，先测量空测量盘的本底值和已知活度的标准样品。测定标准样品(标准源)的目的是确定探测器的计数效率，以计算样品源的相对放射性活度，即比放射性活度。标准源最好是欲测核素，并且二者强度相差不大。如果没有相同核素的标准源，可选用放射同一种粒子而能量相近的其他核素。测量总 α 放射性活度的标准源常选择硝酸铀酰。水样的总 α 比放射性活度(Q_α)用下式计算：

$$Q_\alpha = \frac{n_c - n_b}{n_s \cdot V}$$

式中，Q_α 为比放射性活度，Bq(铀)/L；n_c 为用闪烁检测器测量水样得到的计数率品质因素，计数/min；n_b 为空测量盘的本底计数率，计数/min；n_s 为根据标准源的活度计数率计算出的检测器的计数率，计数(Bq · min)；V 为所取水样体积，L。

2) 水样的总 β 放射性活度测量

水样总 β 放射性活度测量步骤基本上与总 α 放射性活度测量相同，但检测器用低本底的盖革计数管，且以含 ^{40}K 的化合物作标准源。

水样中的 β 射线常来自 ^{40}K、^{90}Sr、^{129}I 等核素的衰变，其目前公认的安全水平为 1Bq/L。^{40}K 标准源可用天然钾的化合物(如氯化钾或碳酸钾)制备。天然钾化合物中含 0.011%的 ^{40}K，比放射性活度约为 3.1×10^7Bq/g，发射率为 28.3β(粒子)/(g · s)和 3.3γ(射线)/(g · s)。用 KCl 制备标准源的方法是取经研细过筛的分析纯试剂于 120～130℃烘干 2h，置于干燥器内冷却。准确称取与样品源同样质量的 KCl 标准源，在测量盘中铺成中等厚度层，用计数管测定。

3) 空气中氡的测定

^{222}Rn 是 ^{226}Ra 的衰变产物，为一种放射性惰性气体。它与空气作用时，能使之电离，因而可用电离型探测器通过测量电离电流测定其浓度；也可用闪烁探测器记录由氡衰变时所放出的 α 粒子计算其含量。

前一种方法要点时是用由干燥管、活性炭吸附管及抽气动力组成的采样器以一定流量采集空气样品，则气样中的 ^{222}Rn 被活性炭吸附浓集。将吸附氡的活性炭吸附管置于解吸炉中，于 350℃进行解吸，并将解吸出来的氡导入电离室，因 ^{222}Rn 与空气分子作用而使其电离，用经过 ^{226}Ra 标准源校准的静电计测量产生的电离电流(格)，按下式计算空气中 ^{222}Rn 的含量：

$$A_{\mathrm{Rn}} = \frac{K \cdot (J_c - J_b)}{V} \cdot f$$

式中，A_{Rn} 为空气中 ^{222}Rn 的含量，Bq/L；J_b 为电离室本底电离电流，格/min；J_c 为引入 ^{222}Rn 后的总电离电流，格/min；V 为采气体积，L；K 为检测仪器格值，(Bq · min)/格；f 为换算系数，据 ^{222}Rn 导入电离室后静置时间而定。

4) 土壤中总α、β放射性活度的测量

土壤中α、β放射性活度的测量方法：在采样点选定的范围内，沿直线每隔一定距离采集一份土壤样品，共采集 4～5 份。采样时用取土器或小刀取 10cm×10cm、深 1cm 的表土，除去土壤中的石块、草类等杂物，在实验室内晾干或烘干，移至干净的平板上压碎，铺成1～2cm 厚方块，用四分法反复缩分，直到剩余 200～300g 土样，再于 500℃灼烧，待冷却后研细、过筛备用。称取适量制备好的土样放于测量盘中，铺成均匀的样品层，用相应的探测器分别测量 α 和 β 比放射性活度(测 β 放射性的样品层应厚于测 α 放射性的样品层)。α 比放射性活度(Q_α)和 β 比放射性活度(Q_β)分别用以下两式计算：

$$Q_\alpha = \frac{(n_c - n_b)\times 10^6}{60\varepsilon SlF}$$

$$Q_\beta = 1.48\times 10^4 \frac{n_\beta}{n_{KCl}}$$

式中，Q_α为 α 比放射性活度，Bq/kg(干土)；Q_β为β比放射性活度，Bq/kg(干土)；n_c 为样品α放射性总计数率，计数(min)；n_b 为本底计数率，计数(min)；ε 为检测器计数效率，Bq/min；S 为样品面积，cm^2；l 为样品厚度，mg/cm^2；F 为自吸收校正因子，对较厚的样品一般取0.5；n_β为样品β放射性总计数率，计数(min)；n_{KCl} 为氯化钾标准源的计数率，计数(min)；1.48×10^4 为 1kg 氯化钾所含 ^{40}K 的β放射性的贝可数。

4. 个人外照射剂量

个人外照射剂量用佩戴在身体适当部位的个人剂量计测量，这是一种能对放射性辐射进行累积剂量的小型、轻便、容易使用的仪器。常用的个人剂量计有袖珍电离室、胶片剂量计、热释光体和荧光玻璃。

扩展案例 8-3

(一) 案例背景

2011 年 4 月 11 日，上海外高桥出入境检验检疫局对来自日本的集装箱及其货物(轴承滚子等)采用便携式仪器放射性监测时发现，集装箱周围 γ 辐射水平介于 0.12～0.24μSv/h，箱内货物约为 0.19μSv/h，超过天然本底水平(0.07μSv/h)；经采用车载式检测系统进行核素识别，仪器显示有放射性核素铯-137，可信度为 100%。外高桥出入境检验检疫局发现情况立即上报上海出入境检验检疫局管理部门，并对该集装箱采取隔离防护措施。

上海出入境检验检疫局收到报告后立即组织放射性专业组，研究制订针对来自日本集装箱及货物放射性污染检测的工作方案，在采取防护措施的情况下，采用便携式仪器进行 γ 辐射核查，并对集装箱表面进行 α、β 放射性污染水平检测，结果发现集装箱箱门及左、后侧 β 表面污染水平分别为 $0.83Bq/cm^2$、$0.73Bq/cm^2$ 和 $0.67Bq/cm^2$(均已扣除本底值 $0.21Bq/cm^2$)，超过标准规定的限量值 $0.4Bq/cm^2$ 约一倍，未发现 α 辐射超标情况；经开箱对靠近箱门货物进行放射性污染水平检测，未发现超标情况。

(二) 案例分析

该案例是日本核电厂核泄漏危机后上海口岸首次发现来自日本进境集装箱放射性污染超标。案例显示集装箱表面的 γ 剂量率水平并不是很高(最高点约为本底 3 倍)，但 β 表面污染水平相对较高，最高值约为本底值的5倍，超过我国国家标准限量要求约1倍。

据企业提供的资料，该批货物分别来自日本长野县、琦玉县，在横滨某仓库装集装箱并装船运至上海。根据相关报道，日本核泄漏核素主要是碘-131、铯-137等，其中铯-137半衰期相对较长，容易通过各种途径扩散。因此，对于来自日本货物，如果通过核素识别发现存在铯-137核素，极有可能已受到放射性污染。

习 题

一、问答题

1. 什么是噪声？
2. 噪声的危害有哪些？
3. 噪声污染的特点有哪些？
4. 噪声的分类与来源有哪些？
5. 什么是分贝？
6. 声压级的定义是什么？
7. 什么是频谱分析？
8. 什么是等效声级？
9. 简述声级计的工作原理。
10. 噪声标准对测量仪器有什么要求？
11. 《城市区域环境振动测量方法》(GB/T 10071—1988)中，稳态振动的测量量、读数方法和评价量分别是什么？
12. 《城市区域环境振动测量方法》(GB/T 10071—1988)中，冲击振动的测量量、读数方法和评价量分别是什么？
13. 《城市区域环境振动测量方法》(GB/T 10071—1988)中，无规振动的测量量、读数方法和评价量分别是什么？
14. 《城市区域环境振动测量方法》(GB/T 10071—1988)中，铁路振动的测量量、读数方法和评价量分别是什么？
15. 环境噪声测量中应该记录哪些相关信息？
16. 城市声环境监测报告的内容有哪些？
17. 放射性核衰变有哪几种形式？各有什么特征？
18. 什么是放射性活度、半衰期、照射量和剂量？它们的单位及物理意义是什么？
19. 造成环境放射性污染的原因有哪些？放射性污染对人体产生哪些危害作用？
20. 常用于测量放射性的检测器有哪几种？分别说明其工作原理和适用范围。
21. 怎样测定水样中总α比放射性活度？
22. 怎样测定土壤中总α比放射性活度和总β比放射性活度？
23. 试比较放射性环境样品的采集方法与非放射性环境样品的采集方法有何不同之处。

二、计算题

1. 波长为 10cm 的声波，在空气、水、钢中的频率分别为多少？其周期 T 分别为多少？(已知空气中声速 C=340m/s，水中声速 C=1483m/s，钢中声速 C=6100m/s)

2. 某一机动车在某地卸货，距离该车 18m 处测得的噪声级为 78dB(A)，则距离车辆 160m 处居民住宅区的噪声级为多少？

3. 测量某条道路的交通噪声取得 3 个路段的等效声级，试求整条道路的等效声级。

各路段声级分别为 75dB(A)、73dB(A)、69dB(A)，对应的路段长度为 600m、500m、1000m。

4. 如某车间待测机器噪声和背景噪声在声级计上的综合值为 104dB(A)，待测机器不工作时背景噪声读数为 100dB(A)，求待测机器实际的噪声值(允许用计算器，或提供噪声修正曲线)。

5. 已知距声源 S 10m 处 A 点的声压级为 90dB(A)，试求距点声源多远的 B 点的声压级达 70dB(A)。

6. ^{40}K 是一种 β 放射源，其半衰期为 12.36h，计算 2h、30h 和 60h 后残留的百分率。

第九章　突发环境污染事件应急监测

【本章教学要点】

知识要点	掌握程度	相关知识
突发事件和突发环境事件	了解突发事件和突发环境事件的一些基本概念	突发环境事件的分类、分级和特征
突发环境事件的应急监测	了解应急监测的基本要求及应急监测准备	应急监测准备的内容、环境监测预案的制订、应急监测体系的组成
突发环境事件应急监测方案的制订	掌握应急监测布点的原则及应急监测点位的布设方法	布点、采样和现场监测的安全防护
突发环境事件的应急监测技术	了解应急监测的主要技术	典型污染事件的监测方法和快速应急监测技术

【导入案例】

2015 年 8 月 12 日晚，天津滨海新区危险品仓库发生爆炸(图 9-1)。截止到 8 月 18 日 24 点期间，水质监测点位 40 个，其中警戒区内点位 26 个、警戒区外点位 14 个，现场采集各类水样品共 70 个。累计共有 25 个点位检出氰化物，其中 8 个点位超标，超标点位全部位于警戒区内，最大超标 277 倍(一号泵站雨水管口)；警戒区外 14 个点位尚未发现氰化物超标，其中 7 个点位有氰化物检出，最高浓度值相当于控制标准的 13.6%。

(a)

(b)

图 9-1　天津滨海新区危险品仓库爆炸事故现场

环境监测人员如何有效开展突发环境污染事故监测呢？

第一节 概 述

一、基本概念

1. 突发事件

突发事件是指在某种必然因素支配下出人意料地发生，给社会造成严重危害、损失或影响且需要立即处理的负面事件。按其产生原因可以分为自然灾害类和事故灾难类；按其影响目标可以分为突发公共卫生事件类、突发社会安全事件类和经济危机类。

2. 突发环境事件

突发环境事件是指由于污染物排放或自然灾害、生产安全事故等因素，导致污染物或放射性物质等有毒有害物质进入大气、水体、土壤等环境介质，突然造成或可能造成环境质量下降，危及公众身体健康和财产安全，或造成生态环境破坏，造成重大社会影响，需要采取紧急措施予以应对的事件，主要包括大气污染、水体污染、土壤污染等突发性环境污染事件和辐射污染事件。

二、突发环境事件的分类与特征

1. 突发环境事件的分类

1) 按造成突发环境污染事件的物质分类

包括光污染、噪声污染、核污染、电磁辐射污染、微生物污染等。

2) 按造成突发环境污染事件的原因分类

(1) 生产事故：在化工、石油、煤炭、医药、核工业等生产过程中使用、生产极毒化学品、易燃易爆物质或放射性物质，由于不遵守操作规程或设备、管、阀破裂造成有毒物、放射性物质泄漏、燃烧爆炸等事故。

(2) 储运事故：有毒有害物品在储存过程中，发生储罐腐蚀、破损、仓库火灾、爆炸等事故；危险品在运输或输送途中，发生沉船、翻车、输送管道泄漏或爆炸、燃烧等事故。

(3) 自然灾害：地质、台风、龙卷风、暴雨、泥石流、山体滑坡等自然灾害造成工厂、仓库倒塌，船只沉没，车辆倾翻，如果伴随危险品流失，将引发恶性环境污染事故。

(4) 人类战争：一类是战争破坏工厂、仓库、设施、油田、输油管道等；二类是战争中使用化学武器、核武器、生化武器等所造成严重的环境污染。

3) 按突发环境污染事件所涉及的地域空间(或介质)分类

包括突发水污染、大气污染、土壤污染和其他突发污染事件。

2. 突发环境事件的特征

我国突发环境事件覆盖了几乎所有的环境要素，时间、季节特点较为突出，地域、流域分布不均，具有起因复杂、难以判断、损害多样的特征，同时污染后果严重，难以消除，易造成二次污染。具体而言突发环境事件具有以下特征：

1) 发生发展的不确定性

突发环境事件往往是由同一系列微小环境问题相互联系、逐渐发展而来的，存在一个由量变到质变的过程。一旦爆发，其时间、规模、具体态势和影响深度却往往出人意料，破坏性影响难以及时有效地预防和控制。同时，突发环境事件大多演变迅速，具有连带效应，导致人们对事件的进一步发展方向、持续时间、影响范围及后果等很难给出准确的预测和评判。

2) 成因的复杂性

不同类型的突发环境事件发生和发展的情景不同，表现形式多种多样，涉及行业与领域众多，影响因素及其相互作用关系错综复杂。同一类型的环境事件可能存在不同的内因，从而导致污染因素出现巨大差别；不同类型的突发环境事件在一定条件下可以相互转化，甚至不可分割，难以区分。突发环境污染事件成因的复杂性造成了其预防、处理处置的困难性，也为环境应急管理工作的发展提供了新的思路。

3) 时空分布的差异性

近年来我国发生的突发环境污染事件数量呈逐年增加的态势，每年的节假日、第四季度出现事件频次相对较多，且存在枯水期水污染事件较多，冬季大气污染事件较多的特点。从地域角度看经济发达的省份出现突发环境事件的频次相对较多。

4) 侵害对象的公共性

与其他突发事件相同，突发环境事件涉及和影响的主体包括个体、组织和社会等，可能影响范围巨大。但也有部分突发事件直接涉及的范围并不太大，但由于事件传播迅速引起社会公众的普遍关注，成为社会热点问题，并可能造成巨大的公共损失、公众心理恐慌和社会混乱等。

5) 危害后果的严重性

突发环境污染事件导致大量有毒有害物质进入环境，事件发生瞬间可引起急性中毒、刺激作用，造成群死群伤；具有慢性毒作用、环境中降解很慢的持久性污染物，则可以对人群产生慢性危害和长期效应，难以恢复。由此带来的监测和处理处置往往比一般环境污染事件更为艰巨与复杂。

三、突发环境事件的分级

按照事件严重程度，《国家突发环境事件应急预案》(2014.12)将突发环境事件分为特别重大、重大、较大和一般四级。

1. 特别重大突发环境事件

凡符合下列情形之一的，为特别重大突发环境事件：

(1) 因环境污染直接导致30人以上死亡或100人以上中毒或重伤的。

(2) 因环境污染疏散、转移人员5万人以上的。

(3) 因环境污染造成直接经济损失1亿元以上的。

(4) 因环境污染造成区域生态功能丧失或该区域国家重点保护物种灭绝的。

(5) 因环境污染造成设区的市级以上城市集中式饮用水水源地取水中断的。

(6) Ⅰ、Ⅱ类放射源丢失、被盗、失控并造成大范围严重辐射污染后果的；放射性同位素和射线装置失控导致3人以上急性死亡的；放射性物质泄漏，造成大范围辐射污染后果的。

(7) 造成重大跨国境影响的境内突发环境事件。

2. 重大突发环境事件

凡符合下列情形之一的，为重大突发环境事件：

(1) 因环境污染直接导致 10 人以上 30 人以下死亡或 50 人以上 100 人以下中毒或重伤的。

(2) 因环境污染疏散、转移人员 1 万人以上 5 万人以下的。

(3) 因环境污染造成直接经济损失 2000 万元以上 1 亿元以下的。

(4) 因环境污染造成区域生态功能部分丧失或该区域国家重点保护野生动植物种群大批死亡的。

(5) 因环境污染造成县级城市集中式饮用水水源地取水中断的。

(6) Ⅰ、Ⅱ类放射源丢失、被盗的；放射性同位素和射线装置失控导致 3 人以下急性死亡或 10 人以上急性重度放射病、局部器官残疾的；放射性物质泄漏，造成较大范围辐射污染后果的。

(7) 造成跨省级行政区域影响的突发环境事件。

3. 较大突发环境事件

凡符合下列情形之一的，为较大突发环境事件：

(1) 因环境污染直接导致 3 人以上 10 人以下死亡或 10 人以上 50 人以下中毒或重伤的。

(2) 因环境污染疏散、转移群众 5000 人以上 1 万人以下的。

(3) 因环境污染造成直接经济损失 500 万元以上 2000 万元以下的。

(4) 因环境污染造成国家重点保护的动植物物种受到破坏的。

(5) 因环境污染造成乡镇集中式饮用水水源地取水中断的。

(6) Ⅲ类放射源丢失、被盗的；放射性同位素和射线装置失控导致 10 人以下急性重度放射病、局部器官残疾的；放射性物质泄漏，造成小范围辐射污染后果的。

(7) 造成跨设区的市级行政区域影响的突发环境事件。

4. 一般突发环境事件

凡符合下列情形之一的，为一般突发环境事件：

(1) 因环境污染直接导致 3 人以下死亡或 10 人以下中毒或重伤的。

(2) 因环境污染疏散、转移群众 5000 人以下的。

(3) 因环境污染造成直接经济损失 500 万元以下的。

(4) 因环境污染造成跨县级行政区域纠纷，引起一般性群体影响的。

(5) 因环境污染造成乡镇集中式饮用水水源地取水中断的。

(6) Ⅳ、Ⅴ类放射源丢失、被盗的；放射性同位素和射线装置失控导致人员受到超过年剂量限值的照射的；放射性物质泄漏，造成厂区内或设施内局部辐射污染后果的；铀矿冶、伴生矿超标排放，造成环境辐射污染后果的。

(7) 对环境造成一定影响，尚未达到较大突发环境事件级别的。

上述分级标准有关数量的表述中，“以上”含本数，“以下”不含本数。

国内重大环境污染事件：

2011年：杭州高速公路发生苯酚槽罐车泄漏事故，造成部分水体受到污染，市民疯狂抢购矿泉水。

2012年：广西龙江镉污染事件，镉泄漏量约20t。专家称污染事件波及河段将达到约300km。

2012年，镇江苯酚污染事件，市民恐慌性抢水。

2013年：贺州市汇威选矿厂涉嫌偷排含镉、铊废水，直接威胁贺江沿线及下游广东省相关地区饮用水安全。

2013年：环保部组织全面排查华北平原地区工业企业废水排放去向和污染物达标排放情况，发现华北地区55家企业存在利用渗井、渗坑或无防渗漏措施的沟渠、坑塘排放、输送或存储污水的违法问题。

2014年：广东省茂名市茂南区公馆镇部分师生吸入受污染空气致身体不适事件。同时，学校附近的白沙河公馆镇河段出现大量油污。

2014年：湖北省汉江武汉段入境断面出现氨氮浓度超标，造成武汉市多家水厂因出厂水质氨氮超标，先后停止供水。

2015年：天津港爆炸事故，爆炸区域警戒线内有8个监测点检出氰化物超标，超标点位全部位于警戒区内，最大超标356倍。

国外重大环境污染事件：

1986年：苏联，切尔诺贝利核泄漏，250多人死亡，300多人受辐射，事故造成北欧其他国家放射物质含量剧增。

1986年：欧洲莱茵河沿岸化工厂排放有机物，造成大量水生生物死亡，波及4个国家数百万人口。

1990年：海湾战争油污染事件，先后泄入海湾的石油达150万t。

2010年：墨西哥湾漏油事件，沿海一石油钻井平台爆炸，造成7人重伤、至少11人失踪，严重威胁在墨西哥湾生存的数百种鱼类、鸟类和其他生物，当地渔民赖以生存的捕捞业有可能遭到毁灭性的打击。

2011年：日本福岛核泄漏事件，21万人正紧急疏散，日本以东及东南方向的西太平洋海域已受到福岛核泄漏事故的显著影响。

第二节　突发环境污染事件的应急监测

一、环境污染应急监测概述

1. 突发环境污染事件应急监测的含义

突发环境污染事件应急监测是指针对可能或已发生的突发环境污染事故，由环境管理部门组织的为发现和查明环境污染情况(污染物种类、污染范围和污染程度等)而进行的由环境监测机构完成的环境监测，其超出正常监测工作程序，包括定点监测和动态监测。

突发环境污染事件应急监测要求监测人员在第一时间到达事故现场，采用便携、快速的监测仪器和设备，以说清环境质量状况及其变化趋势为出发点，在尽可能短的时间内对污染物的种类、来源、去向及潜在的次生危害做出正确的判断，在事前预警、事中监测、事后恢复的各个过程中起着重要的作用，是事故应急处置和善后处理始终依赖的基础工作，也为事故处理决策部门快速、准确地提供现场资料动态信息，为有效控制污染范围、缩短事故持续时间提供最有力的技术支持。

由于突发环境污染事故瞬时、突然，具有较强的时空性，对事故中污染物的监测就必须由静态到动态、从地区性到区域性甚至更大的范围内实时现场监测，现场立刻回答“是否安全”的问题，及时了解事故影响区域的环境质量状况并迅速提供有关的监测快报、专报。

2. 突发环境污染事件应急监测的基本要求

由于突发环境污染事故形式多样，发生突然、危害严重，为尽快采取有效措施遏制事态扩大，降低次生危害发生的风险，就必须做好应急监测工作，其基本要求主要有以下几点：

(1) 及时。突发环境污染事故危害严重，社会影响较大，对事故处置的分秒延误都可能酿成更大的生态灾难，导致社会不安定事件的发生，这就要求应急监测人员提早介入、及时开展工作，及时出具监测数据，及时为事故的处置的正确决策提供依据。

(2) 准确。现场应急监测任务的紧迫性，要求在事故的开始阶段，准确报出定性监测结果，准确查明造成事故的污染物种类；同时，要进行精确的定量检测，确定在不同源强、不同气象条件下，不同环境介质中污染物的浓度分布情况，为污染事故的准确分级提供直接的证据。这就要求对分析方法和监测仪器做出正确的选择，分析方法的选择性和抗干扰性要强，分析结果要直观、易判断，且结果具有较好的再现性，监测仪器要轻便、易携，最好有较快速的扫描功能，且具备较高的灵敏度和准确度。

(3) 有代表性。由于事发突然、现场复杂，应急监测人员不可能在整个事故影响区域广泛布点，就要求在现场选取最少、最具代表性的监测点位，既能准确表征事故特征，又能为事故处置进程赢得时间。

二、环境应急监测的特点及作用

1. 环境应急监测的特点

由于突发环境事件存在突然性、不可预见性、危害后果的严重性、形式和种类的多样性、处理处置和恢复的艰巨性等特点，应急监测必须充分考虑突发环境事件的特点，其监测时间、地点难以预先确定，同时监测对象的种类、数量、浓度及排放方式、排放途径等信息也往往难以预料。

应急监测工作包括日常应急监测和事故应急监测，在突发环境事件发生前、中、后不同时期进行监测，为事故的预警、防范及事件期间的应急响应处理和环境恢复提供科学的决策依据。

2. 环境应急监测的作用

应急监测在突发环境污染事故中的基础和特殊地位直接决定了应急处置的成功概率。通过环境应急监测，可以及时发布信息，以正视听，让人民群众满意，让政府放心。因此，环境应急监测也是一项严肃的、特殊的、重要的政治任务。

环境应急监测以迅速开展监测分析，准确判断污染物的来源、种类、污染物的浓度、污染程度、污染范围、发展趋势和可能产生的环境危害为核心，通过应急监测确定污染性质，提供个人防护的要求，提供事故污染排放源的位置、规模等信息，提供事故现场污染控制与污染物清理和处理效果的相关信息。其目的是发现和查明环境污染状况，掌握污染的范围和程度及其变化趋势。其主要作用有以下方面。

1) 对突发环境事件做出初步分析

由应急监测迅速获得污染事故的初步分析结果，可掌握污染物的种类、排放量、存在形态和排放浓度，结合气象条件、地理地质条件、水文水利条件等，预测其向周边环境扩散的区域和范围、扩散速率、有无复合型污染、污染物削减或降解速率及污染物的理化特性(含残留毒性、挥发性)等。

2) 为应急处置提供技术支持

由于突发环境污染事故事发突然、后果严重，可根据现场初步分析结果迅速、合理地制订应急处置措施，确保应急反应的有效性，降低事故的危害程度。

3) 为实验室精确分析提供第一手的信息

由于现场实验条件的限制，有时不能准确判断引发污染的污染物种类，需要实验室分析精确判定污染物种类，但可根据现场测试结果，为进一步的实验室分析提供第一手的信息，如样品采集地点、范围、方法、数量及分析方法等信息。

4) 跟踪事态发展

由于在特定的时间或空间，随着现场形势的变化，相应的应急处置措施就要进行相应的修正，因此，连续、实时的应急监测对于判断事故对影响区域环境的延续性影响、事故处置措施的改进尤其重要。

5) 为事故评价和事后恢复提供依据

通过对应急监测数据的分析，可以掌握污染事故的类型、等级等信息，为污染事故的后评估提供重要的参考资料，并且可以为特定的突发环境污染事故事后恢复计划制订和修订，持续提供翔实、充分的信息和数据。

三、环境应急监测准备

应急监测是突发环境事件处置过程中的重要环节，为了保证应急监测的快速响应能力，应针对各种可能发生的突发环境事件预先做好各方面的准备。

应急监测准备主要包括制订应急监测预案、做好应急监测能力建设(包括仪器设备、物资储备、人员配备、监测技术准备等)、建立环境污染应急监测信息数据库、开展应急监测培训及应急监测演习等环节。

(一) 环境应急监测预案的分级

根据潜在环境事件的影响范围、地点及应急方式，按照不同的责任主体，环境应急预案可分为五个级别，即Ⅰ级(企业级)、Ⅱ级(县、区、工业园区级)、Ⅲ级(地区、市级)、Ⅳ级(省级)、Ⅴ级(国家级)。针对五个级别的环境应急预案，环境污染事故应急监测预案也分为五个不同层次，每个层次应急监测预案的结构及内容基本相同，主要区别在于适用范围不同。

(二) 环境应急监测预案的制订

应急监测预案是污染事故防范和应急监测的重要组成部分，制订一个行之有效的应急监测预案，能够有效提高应对突发环境污染事故的能力，及时、高效地实施应急监测工作，充分发挥应急监测在突发环境事故处置工作中的技术支持作用，是确保顺利实施应急监测工作的重要保证。

为了有效实施应急监测，各级环境监测部门应根据环保部门的整体环境突发事件应急预案编制相应的环境监测应急预案。对突发事件的事前、事发、事中、事后的应急监测工作做出统筹安排，突出应急监测中的预警、现场监测、应急终止、损害评估、环境恢复等几个环节，建立应急环境监测预案。

国家突发环境事件应急监测预案的内容主要包括总则、组织指挥体系、监测预警和信息报告、应急响应、后期工作、应急保障、附则等方面。为提高应急监测预案的科学性及可操作性，在编制应急监测预案时应建立技术支持系统，并给予不断地完善。应急监测技术支持系统包括国家相应法律、法规、环境监测技术规范、当地危险源调查数据库、各类化学品基本特性数据库、常见突发环境事件处置技术、专家库等。环境污染事故应急监测预案应定期评审，并提出修改意见，确保预案的持续适用性和有效性。

(三) 环境应急装备和应急能力建设

按应急监测预案的要求，做好应急监测装备和应急能力建设。应急装备包括：

(1) 应急监测仪器装备。对必要的现场应急监测项目配备设备，如便携式水检测仪、便携式有害气体检测仪、便携式红外光谱仪、便携式气相色谱仪、便携式色谱-质谱联用仪、气体检测管、水质检测管、便携式应急监测箱、检测试纸等。应定期检查，保证监测设备完好，进行定期维护，并应配套实验室内设备、保证完好，试剂定期配制更换。

(2) 配备应急取证设备，如照相机、录像机、录音机等。

(3) 应急监测人员防护装备，如防毒面具、防护手套、过滤呼吸器、防化服、护目镜等。

(4) 应急监测急救装备，如应急药品、简易医疗仪器等。

(5) 应急监测通讯装备，如对讲机、GPS 定位仪、笔记本电脑等。

(6) 可以调用的应急力量。对一些特殊的监测分析仪器，由于财力有限，也可不用购置，确定本辖区内某单位具有检测仪器和能力，可作为应急的备用检测，需要时调用，但应事先确认，并明确联系方式。如有条件还可以装备应急监测车。

应急能力建设包括：

(1) 应急监测人员准备。配备应急监测人员队伍是开展应急监测的首要环节，应急监测人员包括应急监测专家队伍、应急监测专业人员队伍、后勤保障及服务人员队伍等，在日常管理中应建立应急监测人员档案库，内容包括人员姓名、联系方式、职能等内容。国家环境应急监测队伍、公安消防部队、大型国有骨干企业应急救援队伍及其他相关方面应急救援队伍等力量，要积极参加突发环境事件应急监测、应急处置与救援、调查处理等工作任务。发挥国家环境应急专家组作用，为重特大突发环境事件应急处置方案制订、污染损害评估和调查处理工作提供决策建议。县级以上地方人民政府要强化环境应急救援队伍能力建设，加强环境应急专家队伍管理，提高突发环境事件快速响应及应急处置能力。

(2) 应急监测技术准备。支持突发环境事件应急处置和监测先进技术、装备的研发。依托环境应急指挥技术平台，实现信息综合集成、分析处理、污染损害评估的智能化和数字化。应急监测技术准备包括制订应急监测技术支持系统，并不断地完善，以及应急监测方法的准备、应急监测方案的编写、应急监测报告的编写等。应急监测技术支持系统包括国家相应法律、法规、环境监测技术规范、当地危险源调查数据库、各类化学品基本特性数据库、常见突发环境事件处置技术、专家库。

(3) 应急监测物资与资金保障准备。国务院有关部门按照职责分工，组织做好环境应急救援物资紧急生产、储备调拨和紧急配送工作，保障支援突发环境事件应急处置和环境恢复治理工作的需要。县级以上地方人民政府及其有关部门要加强应急物资储备，鼓励支持社会化应急物资储备，保障应急物资、生活必需品的生产和供给。环境保护主管部门要加强对当地环境应急物资储备信息的动态管理。应急监测物资准备主要有应急监测所需仪器、设备、安全防护装置、交通通信等。突发环境事件应急处置所需经费首先由事件责任单位承担。县级以上地方人民政府对突发环境事件应急处置工作提供资金保障。

(4) 通信、交通与运输保障准备。地方各级人民政府及其通信主管部门要建立健全突发环境事件应急通信保障体系，确保应急期间通信联络和信息传递需要。交通运输部门要健全公路、铁路、航空、水运紧急运输保障体系，保障应急响应所需人员、物资、装备、器材等的运输。公安部门要加强应急交通管理，保障运送伤病员、应急救援人员、物资、装备、器材车辆的优先通行。

(5) 应急监测演练。应急监测演练是针对假想的环境污染事故，执行实际紧急事故发生时各种职责和任务的排练活动，是检查重大环境污染事故应急监测管理工作最好的衡量标准，是评价应急监测预案准确性的关键措施，给应急监测队伍提供一个实际锻炼的平台。通过经常性的、有针对性的演练使应急监测做到常备不懈。

(四) 建立环境应急监测数据库

(1) 平时编制辖区内的危险源动态档案数据库，包括从事有毒有害物质生产、加工、储运、处理的单位名录，这些单位存在的危险源种类、规模、位置等基本情况；危险源存在的危险品的危险等级、毒性分类、潜在危害、事故预防措施等企业应急信息；如有可能还可以建立辖区内的危险源地理信息系统，便于突发事件发生后评估对周围的影响。

(2) 建立应急监测技术咨询数据库，包含常见化学品和污染物的标识、理化性质、毒性、化学性质、防护措施、应急消解措施等；有关应急监测仪器的操作步骤和使用信息；各类应急监测仪器和后勤器材的维护和管理信息；应急监测分析方法信息；应急处置(泄漏处理、消防措施、现场急救等)措施。

(3) 建立环境应急法律法规、标准、制度的决策数据库，包含国家对危险化学品、危险废物、化工生产的一系列法律、法规、条例、办法、管理制度，各类相关标准(控制标准、排放标准、安全防护标准、安全生产规范、环境监测方法标准)以便需要时调用。

(4) 建立典型污染事故案例数据库，通过对以往发生的典型污染事故案例分析和评估，为今后可能发生突发事件提供借鉴资料。

此外还需进行建立应急监测预警系统、编制应急监测报告及环境应急监测演习等准备工作。

四、环境应急监测体系

环境应急监测体系包括质量管理、组织保障、技术支持三部分。

1. 应急监测质量管理

对突发性污染事故应急监测质量管理应包括前期质量管理和运行中的质量管理。前期质量管理(即质量保障支持部分)是应急监测质量管理的基础性工作，其主要内容：①建立应急监测工作手册、应急监测数据库和应急监测地理信息系统；②组织应急监测人员技术培训；③做好监测方法和监测仪器的筛选，做好监测仪器、设备的计量检定，做好试剂、车辆等后勤保障。运行中的质量管理，其主要内容：①注重污染事故现场勘查和监测方案制订中的质量管理；②污染事故现场监测和采样中的质量管理；③实验室分析、监测数据处理的质量管理，以及编制监测报告的质量管理。

2. 应急监测组织保障

应急监测组织保障包括应急监测领导小组、应急监测技术小组、应急监测专家咨询小组、应急监测联络及后勤保障小组等(图 9-2)。明确应急监测各小组的组织机构、岗位职责、相互配合，各小组的主要任务应急响应的程序、内容、信息互动、信息流向。

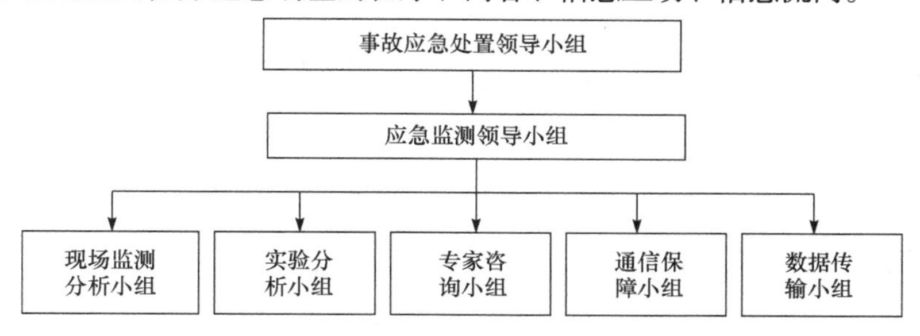

图 9-2　应急监测组织机构图

应急监测领导小组负责组织、协调各成员小组及在应急监测日常管理以及事故应急监测过程中做出决策性的决定，负责制订应急监测预案、协调应急监测各相关小组工作，负责应急监测人员培训和落实应急监测装备，负责组织应急监测演练、组织编写应急监测报告。应急监测咨询小组应由对应急监测技术和相关方面技术专家组成，对突发事件的危害范围、发展趋势作出预测，参与事故等级、危害范围、污染程度的确认，对监测方案、监测数据分析、检测响应终止的重大决策发表意见，直到应急监测方案的制订和实施。应急监测联络及后勤保障小组负责保证应急监测过程中的通信畅通及应急监测车辆等后勤装备，负责转达指挥领导小组的命令、指示、信息等，负责各类监测人员的联络，负责信息联络和后勤供应，联络和调动其他相应监测力量，报告应急工作进展情况。

应急监测组织保障系统中，应建立全国和地区的监测机构网络，既考虑纵向的管理和支持，又兼顾横向的联系与协作，实现监测资源的合理配置，形成一套切实可行的应急监测管理办法和实施方案，根据管辖范围内污染隐患特征，有重点地开展特征污染物的监测能力建设，配备必要的应急监测仪器设备，最好是采用网络辐射的方法来优化配备各地区的应急监测仪器设备。定期组织技术培训和应急监测实战演练，培养和锻炼一支技术优良的应急监测队伍，提升应急监测能力。

应急监测工作基本程序主要包括应急监测工作网络运作程序、具体工作程序和质量保证工作程序三方面内容。应急监测工作网络运行程序指环境监测站所在区域的、自上而下的网络关系(图 9-3)。具体工作程序指环境监测站内部应急监测工作从接到指令开始到监测数据上报全过程的工作路线流程(图 9-4)。

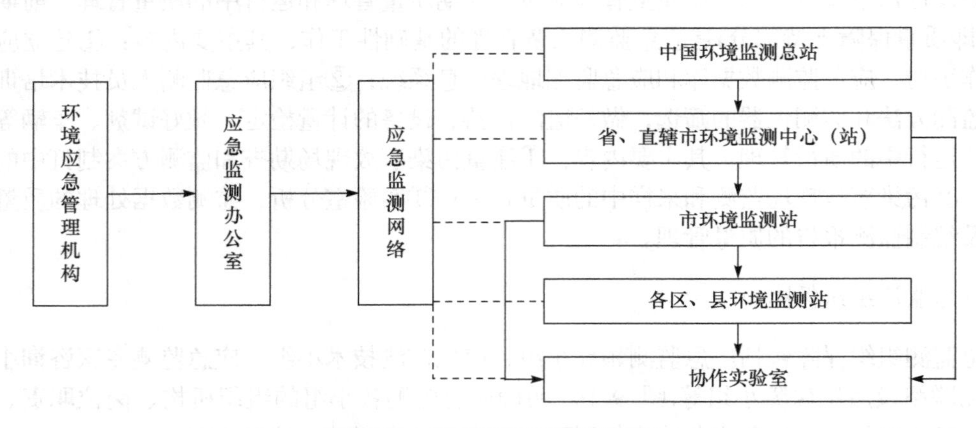

图 9-3　应急监测工作网络图

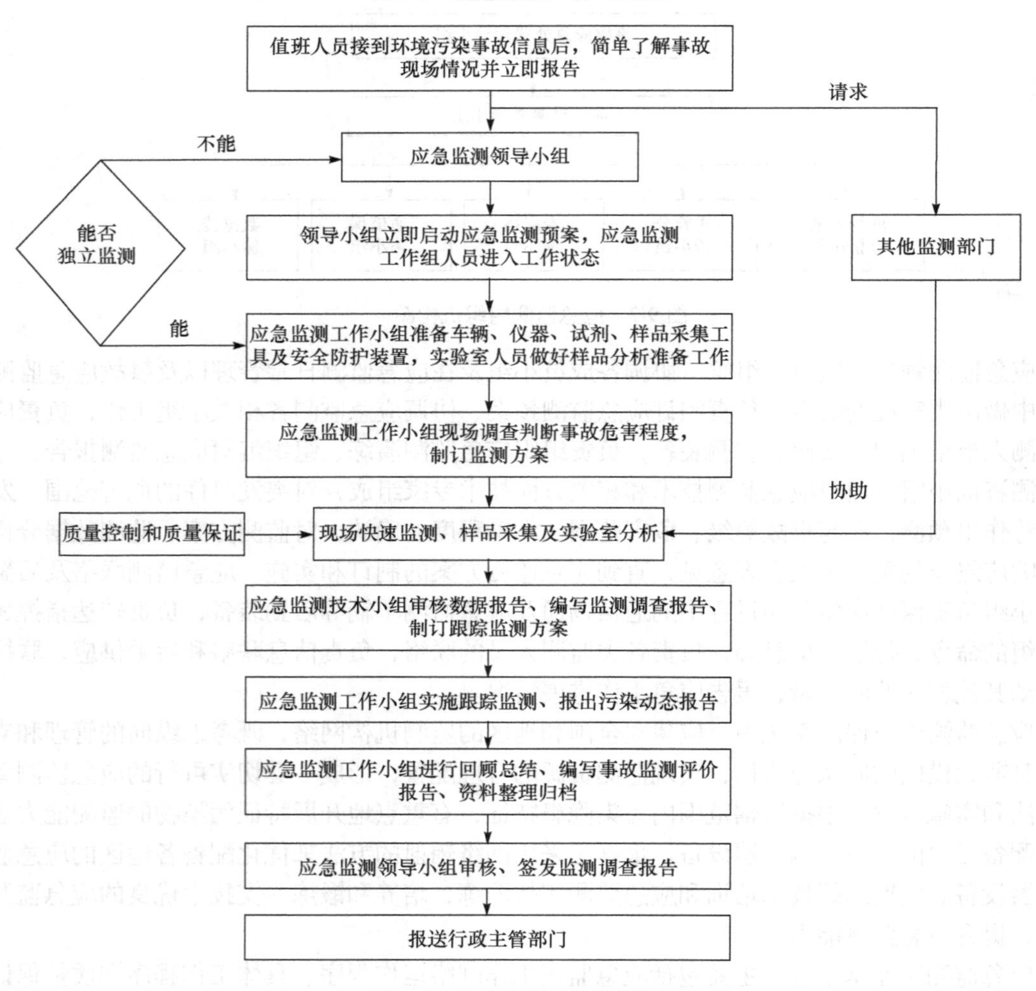

图 9-4　应急监测工作流程图

3. 应急监测技术支持

内容包括本地区可能引发事故的危险品和污染物特性及环境标准，建立快速监测方法、安全防护措施和处置技术，制订应急监测预案，汇编应急监测实际案例，为应急监测的实施和事故处理提供技术支持。应急监测技术支持系统见图 9-5。

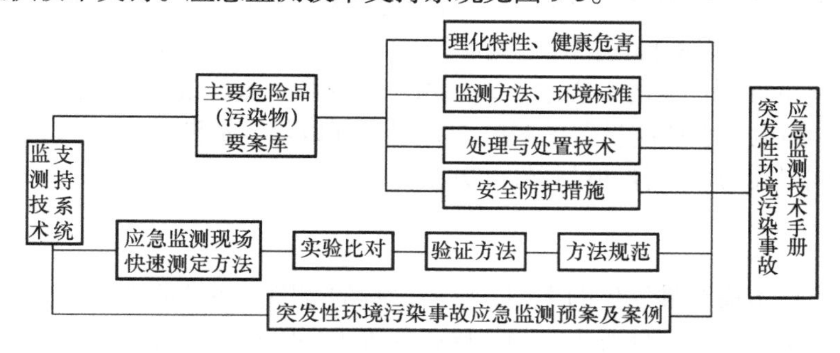

图 9-5　应急监测技术支持系统

环境监测站常用应急监测仪器设备有：

(1) 便携式溶解氧测定仪；
(2) 光谱仪；
(3) 便携式分光光度计；
(4) 简易快速检测管；
(5) 便携式多功能水质检测仪；
(6) COD 快速检测仪；
(7) 通信设施(对讲机)；
(8) 笔记本电脑(数据处理、传输)；
(9) 现场(水质)样品采集、保存装置；
(10) 便携式测油仪；
(11) BOD 快速检测仪；
(12) 流量计；
(13) 气体检测仪；
(14) 甲醛测定仪；
(15) 臭氧测定仪；
(16) 风速、风量测定仪；
(17) CO、CO2、PM10、PM2.5 测定仪；
(18) 挥发性有机物检测仪；
(19) 防化服及自救装备；
(20) 监测车；
(21) 监测船。

第三节　突发环境污染事件应急监测技术方案

由于环境突发事件的事故类型、污染物、发生原因、危害程度千差万别，很难制订一套固定的环境应急技术方案，只能确定环境应急监测的技术规范，事发后，根据环境应急监测的技术规范和具体事故的现场情况，再确定一个突发事件的环境应急监测方案。任何一个环境应急监测方案都必须考虑布点、采样；监测频次与跟踪监测方案；污染物监测项目与分析方法；数据处理与 QA/QC；监测报告与上报程序等。

环境应急监测技术方案主要包括监测点位的布点、采样，样品的分类保存；确定监测频次；检测项目的筛选，项目的确定；确定应急监测方法；选择应急监测仪器和器材；应急监测数据的统计处理(原始记录、监测数据有效性检验、应急监测报告)；应急监测的质量保证。

一、应急监测的布点要求

1. 布点原则

采样断面(点)的设置一般以突发环境事件发生地及其附近区域为主，同时必须注重人群和生活环境，重点关注对饮用水水源地、人群活动区域的空气、农田土壤等区域的影响，并合理设置监测断面(点)，以掌握污染发生地状况、反映事故发生区域环境的污染程度和范围。

对被突发环境事件所污染的地表水、地下水、大气和土壤应设置对照断面(点)、控制断面(点)，对地表水和地下水还应设置消减断面，尽可能以最少的断面(点)获取足够的有代表性的所需信息，同时需考虑采样的可行性和方便性。

2. 布点方法

应急监测布点应考虑事件发生的类型、污染影响的范围、污染危害程度、事故发生中心区域周围的地理社会环境、事件发生时的气候条件等重要因素。应根据污染现场的具体情况和污染区域的特性进行布点。

1) 固定污染源和流动污染源的监测方法

布点应根据现场的具体情况，产生污染物的不同工况(部位)或不同容器分别布设采样点。

2) 地表水污染事件应急监测方法

以事发地为中心根据水流方向、速度和现场地理条件，进行布点采样，同时测定流量，以便测定污染物下泄量。现场应采集平行双样，一份供现场检测用，另一份加保护剂，速送回实验室检测，如需要还可采集事发中心水域沉积物进行检测。对江河污染的，在事发地江河下游按一定距离设置采样点，上游一定距离设对照断面采样点，在污染影响区域内的农灌取水口处必须设置采样断面。对于湖库水污染，以事发中心水流方向按一定间隔圆形布点，根据污染特征同一断面，可分不同水层采样后，再混为一个水样，在上游一定距离设对照断面采样点。在湖库出水口和饮用取水口处设置采样断面。

3) 地下水污染事件应急监测方法

应以事故地点为中心，根据本地区地下水流向采用网格法或辐射法布设监测井采样，同时视地下水主要补给来源，在垂直于地下水流的上方向，设置对照监测井采样；在以地下水为饮用水源的取水处必须设置采样点。

4) 大气污染事件应急监测方法

应以事故地点为中心，在下风向按一定间隔的扇形或圆形布点，并根据污染物的特性在不同高度采样，同时在事故点的上风向适当位置布设对照点；在可能受污染影响的居民住宅区或人群活动区等敏感点必须设置采样点，采样过程中应注意风向变化，及时调整采样点位置。

5) 土壤污染事件应急监测方法

应以事故地点为中心，按一定间隔的圆形布点采样，并根据污染物的特性在不同深度采样，同时采集对照样品，必要时在事故地附近采集作物样品。

对于现场无法测定的项目，应尽快将样品送至实验室检测。样品必须保存至应急结束后才可废弃。

二、采样与监测

1. 采样前的准备

1) 采样计划制订

应根据突发环境事件应急监测预案初步制订有关采样计划，包括布点原则、监测频次、采样方法、监测项目、采样人员及分工、采样器材、安全防护设备、必要的简易快速检测器材等，必要时，根据事故现场具体情况制订更详细的采样计划。

2) 采样器材准备

采样器材主要指采样器和样品容器，常见的器材材质及洗涤要求可参照相应的水、大气和土壤监测技术规范，有条件的应专门配备一套用于应急监测的采样设备。此外还可以利用当地的水质或大气自动在线监测设备进行采样。

2. 采样方法及采样量的确定

(1) 应急监测通常采集瞬时样品，采样量根据分析项目及分析方法确定，采样量还应满足留样要求。

(2) 污染发生后，应首先采集污染源样品，注意采样的代表性。

(3) 具体采样方法及采样量可参照相关的规范和标准。

3. 采样范围或采样断面(点)的确定

采样人员到达现场后，应根据事故发生地的具体情况，迅速划定采样、控制区域，按布点方法进行布点，确定采样断面(点)。

4. 采样频次的确定

采样频次主要根据现场污染状况确定，应急监测频次的确定原则如表 9-1 所示。事故刚发生时，采样频次可适当增加，待摸清污染物变化规律后，可减少采样频次。依据不同的环境区域功能和事故发生地的实际情况，力求以最低的采样频次，取得最有代表性的样品，既满足反映环境污染程度、范围的要求，又切实可行。

表 9-1 应急监测频次确定原则

事故类型	监测点位	应急监测频次	跟踪监测频次
大气污染	事发地	初始加密(数次/天)，随污染物浓度下降逐渐降低频次	连续两次监测浓度均低于空气质量标准值或已接近可忽略水平为止
	事发地周围敏感区域	初始加密(数次/天)，随污染物浓度下降逐渐降低频次	连续两次监测浓度均低于空气质量标准值或已接近可忽略水平为止
	事发地下风向	3～4 次/天或与事故发生地同频次(应急期间)	3～4 次/天连续 2～3 天
	事发地上风向对照点	2～3 次/天(应急期间)	
地表水污染	江河事发地及其下游	初始加密(数次/天)，随污染物浓度下降逐渐降低频次	连续两次监测浓度均低于地表水质量标准值或已接近可忽略水平为止
	湖库事发地及受影响的出水口	2～4 次/天(应急期间)	连续两次监测浓度均低于地表水质量标准值或已接近可忽略水平为止

续表

事故类型	监测点位	应急监测频次	跟踪监测频次
地表水污染	江河事发地其上游对照点	1次/天(应急期间)，以平行双样数据为准	
	近海海域监测点	2～4次/天，随污染物浓度下降逐渐降低频次	连续两次监测浓度均低于海水质量标准值或已接近可忽略水平为止
地下水污染	事发地中心周围2km内的水井	初始1～2次/天，第3天后，1次/周直至应急结束	连续两次监测浓度均低于地下水质量标准值或已接近可忽略水平为止
	地下水流经区域沿线水井	初始1～2次/天，第3天后，1次/周直至应急结束	连续两次监测浓度均低于地下水质量标准值或已接近可忽略水平为止
	事发地对照点	1次/天(应急期间)，以平行双样数据为准	
土壤污染	事发地污染区域	初始1～2次/天(应急期间)，视处置进展情况逐渐降低频次	应急结束后，1次
	对照点	1次/天(应急期间)，以平行双样数据为准	

注：摘自李国刚编著的《环境化学污染事故应急监测技术与装备》。

5. 采样注意事项

除常规监测的注意事项以外还应当注意污染物质进入周围环境后，随着稀释、扩散和降解等作用，其浓度会逐渐降低。为了掌握事故发生后的污染程度、范围及变化趋势，常需要进行连续的跟踪监测，直至环境恢复正常或达标。在污染事故责任不清的情况下，可采用逆向跟踪监测和确定特征污染物的方法，追查确定污染来源或事故责任者。同时将质量控制贯穿于监测全过程。

三、现场监测

现场监测应能快速鉴定、鉴别污染物，并能给出定性、半定量或定量的检测结果，直接读数，使用方便，易于携带，对样品的前处理要求低。凡具备现场测定条件的监测项目，应尽量进行现场测定。必要时，另采集一份样品送实验室分析测定，以确认现场的定性或定量分析结果。用检测试纸、快速检测管和便携式监测仪器进行测定时，应至少连续平行测定两次，以确认现场测定结果；必要时，送实验室用不同的分析方法对现场监测结果加以确认、鉴别。

在现场监测的同时，应按格式规范记录，保证信息完整，可充分利用常规例行监测表格进行规范记录，主要包括环境条件、分析项目、分析方法、分析日期、样品类型、仪器名称、仪器型号、仪器编号、测定结果、监测断面(点位)示意图、分析人员、校核人员、审核人员签名等，根据需要并在可能的情况下，同时记录风向、风速、水流流向、流速等气象水文信息。

同时还应当注意便携式监测仪器定期检定/校准或核查，日常维护、保养及检测试纸、快速检测管等应按规定的保存要求进行保管，并保证在有效期内使用等质量保障过程。

四、采样和现场监测的安全防护

进入突发环境事件现场的应急监测人员，必须注意自身的安全防护，对事故现场不熟悉、不能确认现场安全或不按规定佩戴必需的防护设备(如防护服、防毒呼吸器等)，未经现场指挥/警戒人员许可，不应进入事故现场进行采样监测。

1. 采样和现场监测人员安全防护设备的准备

各地应根据当地的具体情况，配备必要的现场监测人员安全防护设备。常用的有：

(1) 测爆仪、一氧化碳、硫化氢、氯化氢、氯气、氨等现场测定仪等。

(2) 防护服、防护手套、胶靴等防酸碱、防有机物渗透的各类防护用品。

(3) 各类防毒面具、防毒呼吸器(带氧气呼吸器)及常用的解毒药品。

(4) 防爆应急灯、醒目安全帽、带明显标志的小背心(色彩鲜艳且有荧光反射物)、救生衣、防护安全带(绳)、呼救器等。

2. 采样和现场监测安全事项

(1) 应急监测，至少两人同行。

(2) 进入事故现场进行采样监测，应经现场指挥/警戒人员许可，在确认安全的情况下，按规定佩戴必需的防护设备(如防护服、防毒呼吸器等)。

(3) 进入易燃易爆事故现场的应急监测车辆应有防火、防爆安全装置，应使用防爆的现场应急监测仪器设备(包括附件如电源等)进行现场监测，或在确认安全的情况下使用现场应急监测仪器设备进行现场监测。

(4) 进入水体或登高采样，应穿戴救生衣或佩戴防护安全带(绳)。

五、样品管理

样品管理的目的是保证样品的采集、保存、运输、接收、分析、处置工作有序进行，确保样品在传递过程中始终处于受控状态。

1. 样品标志

样品应以一定的方法进行分类，如可按环境要素或其他方法进行分类，并在样品标签采样记录单上记录相应的唯一性标志。

样品标志至少应包含样品编号、采样地点、监测项目(如可能)、采样时间、采样人等信息。对有毒有害、易燃易爆样品，特别是污染源样品应用特别标志(如图案、文字)加以注明。

2. 样品保存

除现场测定项目外，对需送实验室进行分析的样品，应选择合适的存放容器和样品保存方法进行存放和保存。

根据不同样品的性状和监测项目，选择合适的容器存放样品。选择合适的样品保存剂和保存条件等样品保存方法，尽量避免样品在保存和运输过程中发生变化。对易燃易爆及有毒有害的应急样品，必须分类存放，保证安全。

3. 样品的运送和交接

(1) 对需送实验室进行分析的样品，立即送实验室进行分析，尽可能缩短运输时间，避免样品在保存和运输过程中发生变化。

(2) 对易挥发性的化合物或高温不稳定的化合物，注意降温保存运输，在条件允许情况下可用车载冰箱或机制冰块降温保存，还可采用食用冰或大量深井水(湖水)、冰凉泉水等临时降温措施。

(3) 样品运输前应将样品容器内、外盖(塞)盖(塞)紧。

(4) 样品交实验室时，双方应有交接手续，双方核对样品编号、样品名称、样品性状、样品数量、保存剂加入情况、采样日期、送样日期等信息确认无误后在送样单或接样单上签字。

(5) 对有毒有害、易燃易爆或性状不明的应急监测样品，特别是污染源样品，送样人员在送实验室时应告知接样人员或实验室人员样品的危险性，接样人员同时向实验室人员说明样品的危险性，实验室分析人员在分析时应注意安全。

4. 样品的处置

对应急监测样品，应留样，直至事故处理完毕。

对含有剧毒或大量有毒、有害化合物的样品，特别是污染源样品，不应随意处置，应作无害化处理或送有资质的处理单位进行无害化处理。

5. 样品管理的质量保证

应保证样品采集、保存、运输、分析、处置的全过程都有记录，确保样品管理处在受控状态。

样品在采集和运输过程中应防止样品被污染及样品对环境的污染。运输工具应合适，运输中应采取必要的防震、防雨、防尘、防爆等措施，以保证人员和样品的安全。

实验室接样人员接收样品后应立即送检测人员进行分析。

六、监测项目和分析方法

环境突发事件现场情况由于其发生的突然性、形式的多样性和成分的复杂性，除非事故的起因和背景十分清楚，可以很快确定主要污染物，有时因现场情况复杂或事故背景不清，很难迅速确定主要污染物质，需要通过多种途径筛选污染物，尽快确定主要污染物和监测项目。可以通过现场事故的分析或现场调查情况(污染源资料、生产背景情况、污染物颜色、气味、人员与动植物中毒反应等)确定主要污染物，也可以采用便携式检测仪器、快速检测管等快速检测手段确定主要污染物，还可以根据企业的环境应急预案对相应危险源设定的污染要素确定主要污染物。

1. 监测项目的筛选原则

(1) 对于已知污染物的突发环境事件，应根据已知污染物确定主要监测项目。同时应考虑该污染物在环境中可能产生的反应，衍生成其他有毒有害物质。

(2) 对固定源引发的突发环境事件，通过对引发突发环境事件固定源单位的有关人员(如管理、技术人员和使用人员等)的调查询问，以及对引发突发环境事件的位置、所用设备、原辅材料、生产的产品等的调查，同时采集有代表性的污染源样品，确认主要污染物和监测项目。

(3) 对流动源引发的突发环境事件，通过对有关人员(如货主、驾驶员、押运员等)的询问及运送危险化学品或危险废物的外包装、准运证、押运证、上岗证、驾驶证、车号(或船号)等信息，调查运输危险化学品的名称、数量、来源、生产或使用单位，同时采集有代表性的污染源样品，鉴定和确认主要污染物和监测项目。

(4) 对未知污染源产生的突发环境事件，则可通过以下方法确定主要污染物和监测项目。

(a) 通过污染事故现场的一些特征，如气味、挥发性、遇水的反应特性、颜色及对周围环境、作物的影响等，初步确定主要污染物和监测项目。如发生人员或动物中毒事故，可根据中毒反应的特殊症状，初步确定主要污染物和监测项目。

(b) 通过事故现场周围可能产生污染的排放源的生产、环保、安全记录，初步确定主要污染物和监测项目。

(c) 利用空气自动监测站、水质自动监测站和污染源在线监测系统等现有仪器设备进行监测，确定主要污染物和监测项目。

(d) 通过现场采样分析，包括采集有代表性的污染源样品，利用试纸、快速检测管和便携式监测仪器等现场快速分析手段，确定主要污染物和监测项目。

(e) 通过采集样品，包括采集有代表性的污染源样品，送实验室分析后，确定主要污染物和监测项目。

2. 利用感官初步确定污染物的定性方法

环境事件应急监测时还可根据事故表象特征初步对污染物质进行定性分析，具体可参考表 9-2。

表 9-2　利用感官初步确定污染物的定性方法

表象类型	特征	根据表象特征估计污染物质
颜色	黄色	可能是硝基化合物；也可能是亚硝基化合物(固态多为淡黄色或无色，液态多为无色)，偶氮类化合物(也有红色、橙色、棕色或紫色)，氧化氮类化合物(也有橙黄色的)，醌(有淡黄色、棕色、红色)，醌亚胺类，邻二酮类，芳香族多羟酮类等
	红色	可能是某些偶氮化合物(多为黄色、橙色，也有棕色或紫色)，某些醌，在空气中放置久了的苯酚
	棕色	可能是某些偶氮化合物(多为黄色、橙色，也有棕色或紫色)，苯胺(新蒸馏出来的为淡黄色)
	紫色	可能是某些偶氮化合物(多为黄色、橙色，也有棕色或紫色)
	绿色或蓝色	可能是液体
气味	醚香	典型的化合物有乙酸乙酯、乙酸戊醇、乙醇、丙酮等
	苦杏仁香	典型的化合物有硝基苯、苯甲醛、苯甲腈等
	樟脑香	典型的化合物有樟脑、百里香酚、黄樟素、丁(子)香酚、香芹酚等
	柠檬香	典型的化合物有柠檬醛、乙酸沉香酯等
	花香	典型的化合物有邻氨基苯甲酸甲酯、香茅醇、萜品醇等
	百合香	典型的化合物有胡椒醛、肉桂醇等
	香草香	典型的化合物有香草醛、对甲氧基苯甲醛等
	麝香味	典型的化合物有三硝基异丁基甲苯、麝香精、麝香酮等

续表

表象类型	特征	根据表象特征估计污染物质
气味	蒜臭味	典型的化合物有二硫醚等
	二甲胂臭	典型的化合物有四甲二胂、三甲胺等
	焦臭味	典型的化合物有异丁醇、苯胺、枯胺、苯、甲酚、愈创木酚等
	腐臭味	典型的化合物有戊酸、己酸、甲基庚基甲酮、甲基壬基甲酮等
	麻醉味	典型的化合物有吡啶、胡薄荷酮等
	粪臭味	典型的化合物有粪臭素(3-甲基吲哚)、吲哚等

注：摘自李国刚编著的《环境化学污染事故应急监测技术与装备》。

3. 分析方法

在环境突发事件发生后，尽快确定对环境影响大的主要污染物的种类及污染程度，是应急监测在现场的首要工作。这项工作就是力争在最短时间内，采用最合适、最简单的分析方法获得最准确的环境监测数据，这里就涉及如何选择最佳应急监测方法。在此过程中可遵循以下原则：

(1) 为迅速查明突发环境事件污染物的种类(或名称)、污染程度和范围及污染发展趋势，在已有调查资料的基础上，充分利用现场快速监测方法和实验室现有的分析方法进行鉴别、确认。

(2) 为快速监测突发环境事件的污染物，可采用检测试纸、快速检测管和便携式监测仪器等的监测方法；现有的空气自动监测站、水质自动监测站和污染源在线监测系统等在用的监测方法和现行实验室分析方法。

(3) 从速送实验室进行确认、鉴别，实验室应优先采用国家环境保护标准或行业标准。

(4) 当上述分析方法不能满足要求时，可根据各地具体情况和仪器设备条件，选用其他适宜的方法，如 ISO、美国 EPA、日本 JIS 等国外的分析方法。

实际工作中，也可根据现场实际参考表 9-3 进行应急监测方法的选择。

表 9-3　合理的应急监测方法

	事故及污染物种类	可供选择的监测方法
事故	大气污染事故	优先考虑选用气体检测管、便携式气体检测仪、便携式气相色谱法、便携式红外光谱法和便携式气相色谱-质谱联用仪器法等，还可以从企业在线自动监测系统和环境自动监测站的连续监测数据得到相关信息
	水或土壤污染事故	优先考虑选用检测试纸法、水质检测管法、化学比色法、便携式分光光度计法、便携式综合水质检测仪器法、便携式电化学检测仪器法、便携式气相色谱法、便携式红外光谱法和便携式气相色谱-质谱联用仪器法等，还可以从企业在线自动监测系统和环境自动监测站的连续监测数据得到相关信息
	无机物污染事故	优先考虑选用检测试纸法、气体或水质检测管法、便携式检测仪、化学比色法、便携式分光光度计法、便携式综合检测仪器法、便携式离子选择电极法及便携式离子色谱法等
	有机物污染事故	优先考虑选用气体或水质检测管法、便携式气相色谱法、便携式红外光谱法、便携式质谱仪和便携式色谱-质谱联用仪器法等
	不确定污染事故	对于现场无法分析的污染物，尽快采集样品，迅速送到实验室进行分析，必要时，可采用生物监测法对样品毒性进行综合测试

续表

	事故及污染物种类	可供选择的监测方法
大气污染物	氯气	可采用检测试纸法、便携式分光光度法、气体检测管法、便携式电化学传感器法
	氯化氢	可采用检测试纸法、便携式分光光度法、气体检测管法、便携式电化学传感器法
	氨	可采用检测试纸法、气体检测管法、便携光学式检测器法
	硫化氢	可采用检测试纸法、便携光学式检测器法、便携式分光光度法、便携式离子色谱法、气体检测管法、便携式电化学传感器法
	二氧化硫	可采用检测试纸法、便携光学式检测器法、气体检测管法、便携式电化学传感器法
	氟化物	可采用检测试纸法、气体检测管法、化学测试组件法(茜素磺酸锆指示液)
	光气	可采用检测试纸法(二甲苯胺指示剂)、便携式分光光度法、气体检测管法、便携式仪器法
	氰化物	可采用检测试纸法、便携式分光光度法、气体检测管法、便携式电化学传感器法
	沥青烟	气体检测管法、便携式 VOC 检测仪法、便携式气相色谱法
	酸雾	可采用检测试纸法(pH 试纸)、气体检测管法、便携式仪器法(酸度计)
	PH_3	可采用检测试纸法(pH 试纸)、气体检测管法、便携式气相色谱法、便携式电化学传感器法
	AsH_3	可采用检测试纸法(氯化汞指示剂)、气体检测管法、便携式电化学传感器法
	总烃	可采用气体检测管法、目视比色法、便携式 VOC 检测仪法
	铅雾	可采用气体检测管法、便携式离子计法、便携式比色计/光度计法
	一氧化碳	可采用检测试纸法、气体检测管法、便携式电化学传感器法、便携光学式(非分散红外吸收)检测器法
	氮氧化物	可采用检测试纸法、气体检测管法、便携式电化学传感器法、便携光学式检测器法
污染大气、水、土壤的污染物	二硫化碳	可采用现场吹脱捕集-检测管法、化学测试组件法(乙酸铜指示剂)、便携式气相色谱法
	甲醛	可采用检测试纸法、气体检测管法、水质检测管法、化学测试组件法、便携式检测仪法
	醇类	可采用气体检测管法、便携式气相色谱法、便携式气相色谱-质谱联用仪器法、实验室快速气相色谱法、便携式红外分光光度计法
	苯系物(芳烃)	可采用气体检测管法、现场吹脱捕集-检测管法、便携式 VOC 检测仪法、便携式气相色谱法、便携式气相色谱-质谱联用仪器法、实验室快速气相色谱法、便携式红外分光光度法
	酚类物质及衍生物	可采用气体检测管法、水质检测管法、化学测试组件法、便携式比色计/光度计法、便携式分光光度计法、便携式气相色谱法、便携式气相色谱-质谱联用仪器法、实验室快速气相色谱法、便携式红外分光光度法
	醛酮类	可采用气体检测管法、便携式气相色谱法、实验室快速气相色谱法、便携式气相色谱-质谱联用仪器法、实验室快速液相色谱法、便携式红外分光光度法
	氯苯类 硝基苯类 醚酯类	可采用气体检测管法、便携式气相色谱法、实验室快速气相色谱法、便携式气相色谱-质谱联用仪器法、便携式红外分光光度法
	苯胺类	可采用气体检测管法、便携式气相色谱法、实验室快速气相色谱法、便携式气相色谱-质谱联用仪器法、便携式红外分光光度法
	石油类	可采用气体检测管法、水质检测管法、便携式 VOC 检测仪法、便携式气相色谱法、便携式红外分光光度计法

续表

	事故及污染物种类	可供选择的监测方法
污染大气、水、土壤的污染物	烯炔烃类	可采用气体检测管法、便携式VOC检测仪法、便携式气相色谱法、便携式红外分光光度法
	有机磷农药	可采用残留农药测试组件法(>1.6ppb西玛津除草剂)、便携式气相色谱法、便携式气相色谱-质谱联用仪器法、实验室快速气相色谱法、便携式红外分光光度法
	铅、铬、钡、镉、锌、锰、锡	可采用检测试纸法、水质检测管法、化学测试组件法、便携式比色计/光度计法、便携式分光光度计法、便携式X射线荧光光谱仪法
	汞	可采用气体检测管法、水质检测管法、便携式分光光度计法
	铍	可采用化学测试组件法、便携式分光光度计法、便携式X射线荧光光谱仪法
	砷	可采用检测试纸法、砷检测管法、便携式分光光度计法、便携式X射线荧光光谱仪法
	氰化物、氟化物、碘化物、氯化物、硝酸盐、磷酸盐	可采用检测试纸法、水质检测管法、化学测试组件法、便携式比色计/光度计法、便携式分光光度计法、便携式离子计法、便携式离子色谱法
	总氮	可采用水质检测管法、便携式比色计/光度计法、便携式分光光度计法
	总磷	可采用水质检测管法、化学测试组件法、便携式分光光度计法
	硫氰酸盐	可采用便携式比色计/光度计法、便携式分光光度计法、便携式离子色谱法
	α、β放射性	可采用液体闪烁谱仪、α、β测量仪、X剂量率应急检测仪、α、β表面污染测量仪
	γ放射性	可采用γ辐射应急检测仪、便携式巡测γ谱仪

注：摘自李国刚编著的《环境化学污染事故应急监测技术与装备》。

4. 典型突发环境事件的监测特点和方法

1) 有毒气体应急监测特点和方法

当氯气、氰化氢、硫化氢、二硫化碳、氟化氢、光气、一氧化碳、砷化氢等有毒气体泄漏时，有毒有害气体污染的特点如下：污染范围广，能随风扩散一定距离，尤其是事故源下风向污染浓度较高；受气候和地形影响较大，如风力、风向、山地、森林都会对污染浓度分布有较大影响。

可以使用便携式气体监测仪器，常用快速化学分析方法进行应急监测。

2) 有毒化学品应急监测特点和方法

有毒化学品种类繁多，性质区别较大，现场应急监测有以下特点：能对浓度分布非常不均匀的各类样品进行有选择的分析；可以进行快速、便捷和连续的监测；定性和定量分析都能做到快速实现。现场应急监测的设备往往不够，为了做出准确的分析判断，还须根据现场监测结果，准确确定用于实验室分析的采样地点、采样方法及分析方法。最终确定污染事件的各项特征，如化学物质的理化性质、毒性、挥发性、残留性、泄漏量、向环境的扩散速度、水和大气中主要污染物的浓度、污染的区域、降解的速率等指标。

目前这类监测技术主要有试纸法、水质速测管法-显色反应型、气体速测管法-填充管型、化学测试组件法、便携式分析仪器测试法。

3) 易燃易爆性物质应急监测特点和方法

易燃易爆危险物质包括易爆性物质(包括易爆固体和凝结性液体，如氧化物、硝铵、硝基、硝胺和硝酸酯等的化合物等)；混合型易爆物质(混合产生易燃易爆性)；可燃性气体或挥发蒸气(如石油气、天然气、乙烯、乙炔、乙醚、苯、乙醇等)；易燃液体(乙醇、汽油、柴油等)；可燃性粉尘(铝粉、镁粉、硫磺粉等)；水解易燃性物质(吸收水分时，产生易燃易爆性物质)。

燃烧和爆炸的条件：有可燃性物质存在；有助燃物质存在；有导致燃烧的能源(如明火、高温表面、过热、电火花、撞击、摩擦、绝热压缩等)。

在燃烧爆炸现场应使用快速监测仪器，快速测定燃爆产生物质的成分和浓度，确定是否为对人体有毒有害的物质，以便采取防护措施；确定是否对环境有明显危害，以便采取控制污染和消除污染的措施。监测方法有各种检测管技术。

4) 溢油污染事件的应急监测特点和方法

溢油是在石油开采、炼制、加工、储运过程中由于突发事故或操作失误，造成油品泄漏进入地表水面的事件。水面产生溢油，首先要准确了解泄漏的油量，溢流的流向和流速。溢流的快速监测或实验室监测，水样的采集十分重要，要有代表性。分析方法有气相色谱法、红外分析法、GC-MS 法、元素分析法、紫外分析法，国外多采用红外分析法，人为干扰小、比较灵敏。

习　　题

1. 什么是突发环境事件？具有哪些典型特征？

2. 按照事件的严重程度，可将突发环境事件分为哪四级？

3. 什么是突发环境污染事件的应急监测？相比于常规例行环境监测，环境应急监测有哪些特殊要求？

4. 环境应急监测准备包括哪些方面的内容？

5. 环境应急监测的作用体现在哪些方面？

6. 如何进行应急监测预案的编制？应急监测体系由哪些部分组成？

7. 突发环境污染事件应急监测的技术方案包括哪些方面的内容？如何进行采样点的布设和监测项目的筛选？

8. 环境应急监测过程中如何进行项目分析方法的科学选择？

第十章　现代环境监测技术

【本章教学要点】

知识要点	掌握程度	相关知识
连续自动监测	了解大气和水体的连续自动监测	连续自动监测的构成，监测网点的布设
遥感监测技术	了解遥感监测技术	水质遥感，大气遥感，生态遥感
环境监测网	了解我国环境监测网的现状	环境监测网络信息

【导入案例】

沙尘天气是由特殊的地理环境和气象条件形成的一种较为常见的自然现象(图 10-1)。沙尘天气会对大气环境、人类健康、城市交通、通信造成严重影响，沙尘天气过程对生态系统的破坏力极强，能够加速土地荒漠化进程。我国已实现对沙尘发生的范围、强度及发展过程的动态监测。

图 10-1　沙尘暴天气

如此大范围的监测是如何实现的？怎样做到实时掌握环境质量数据？

随着经济的快速发展，近年来环境问题发生了深刻的变化。局部范围内的问题突破区域和国家的疆界演化成全球性问题，暂时性的问题相互贯通、相互影响而转化成长远性的问题，潜在性的问题进一步恶化蔓延成为公开性的问题，痕量或超痕量的环境污染物对环境产生严重的影响。与此同时，环境监测技术也随之发展，发展的主要趋势是从单一的环境分析到物理监测、生物监测、生态监测、遥感监测、卫星监测；从间断性监测过渡到自动连续监测；从一个断面发展到一个城市、一个区域、一个国家乃至全球监测；开发连续自动监测和遥感监测技术，发展联用技术和微区分析技术；微量分析向痕量与超痕量分析发展，污染物成分分析发展为化学形态分析，手工操作与监测管理向计算机自动化发展，监测仪器向高精密度、便携式及多组分同时监测的方向发展。

第一节　连续自动监测

20 世纪 50 年代后期，欧美许多国家开始建立区域性环境监测网络，应用自动监测的仪器，到 60 年代已经初具规模，到 70 年代已形成全国范围内的全天候的监测网络，成为对空气、水质常规监测的主要手段。水质自动监测在国外起步较早。例如，1959 年美国开始对俄亥俄河进行水质自动监测；1960 年纽约州环保局开始着手对本州的水系建立自动监测系统；1966 年安装了第一个水质监测自动电化学监测器；1973 年全国水质监测系统分为 12 个自动监测网，每个自动监测网由 4～15 个自动监测站组成；1975 年将全国各州 13000 个监测站建成为水质自动监测网。在这些流域和各州(地区)分布设置的监测网中，由 150 个站组成联邦水质监测站网——国家水质监测网(NWMS)。

我国也于 20 世纪 80 年代开始建立自己的自动监测站，到 2001 年为止，共有专业、行业监测站 4800 多个，其中环保系统 2200 多个监测站，行业监测站 2600 多个。国控的空气质量监测网站 103 个、酸雨监测网站 113 个、水质监测网站 135 个。此外还建有噪声监测网、辐射监测网、区域监测网等。到 2005 年，国控环境监测网络调整为环境空气监测网站 226 个，测点数 793 个；酸雨监测网站 239 个，测点数 472 个；水质监测网站 197 个，监测断面 1074 个；生态监测网站 15 个。

一、空气连续自动监测系统

空气连续自动监测系统在国内外城市空气监测中均十分普及，物理和物理化学方法逐渐成为空气自动监测技术的主导方向。目前，我国广泛采用的是点式空气质量自动监测系统和长光程差分光谱吸收法两种自动监测系统。建立完善且运行良好的空气监测系统，发布空气污染警报，并进行污染预报是空气污染防治的要求，也是建立高效空气监测网络的根本目的。

1. 空气连续自动监测系统的组成

空气连续自动监测系统是一套区域性空气质量的实时监测网络，主要由自动监测子站(包括流动监测车)、监控中心(含数据中心)、质量保证及系统审核室、系统支持实验室等部分组成，如图 10-2 所示。监测子站和监控中心通过有线或无线方式相互传输数据信号和状态及控制信号，整个系统为全自动无人值守的监测系统，系统正常运行保证了监测数据的精密性、准确性、代表性、可比性和完整性。

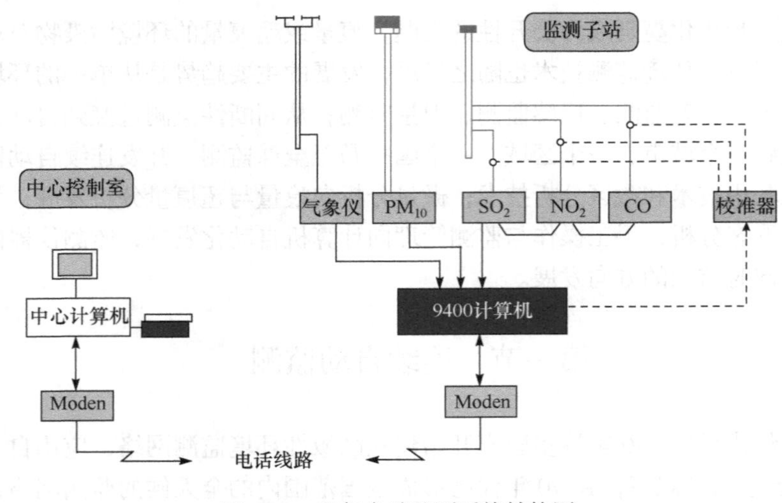

图 10-2　空气自动监测系统结构图

—— 气路；----- 校准气路；—— 电路

监控中心设有功能齐全的计算机系统和无线电台，其主要任务是向各子站发送各种工作指令；管理子站的工作；定时收集各子站的监测数据并进行处理；对所收取的监测数据进行判别、检查和存储，对采集的数据进行统计、处理与分析，对子站的仪器进行远程诊断与校准。

子站按其任务不同可分为两种，一种是为评价地区整体的大气污染状况设置的，装备有大气污染连续自动监测仪(包括校准仪器)，气象参数测量仪和一台环境微机；另一种是为掌握污染源排放污染物浓度等参数变化情况而设置的，装备有烟气污染组分监测仪和气象参数测量仪。环境微机及时采集大气污染监测仪等仪器的测量数据，将其进行处理和存储，并通过有线或无线信息传输系统传输到中心站，或记入子站磁带机，或由打印机打印。

质量保证及系统审核实验室是对系统所用的监测设备进行标定、标准和审核，对检修后的仪器设备进行校准并对主要技术指标的运行考核，制订和落实系统有关的监测质量控制措施。

系统支持实验室的主要任务是根据仪器设备的运行要求，对系统仪器设备进行日常保养、维护，及时对发生故障的仪器设备进行检修与更换。

2. 子站布设及监测项目

自动监测系统中各子站的布点方法和设置数目取决于监测目的、监测网覆盖区域面积、人口数量及分布、污染程度、气象条件和地形地貌等因素，可用经验法、统计法、模式法、综合优化法等方法确定。经验法是常用的方法，包括功能区划分法、几何图形法、人口数量法等。这些方法在第四章已作介绍。统计法是依据城市空气污染因子的变化在时间与空间上的相关关系，运用相关原理设计布点方案的方法。模式法是用建立污染扩散模式，预测某种条件下污染物分布情况，并结合监测目的进行布点的方法。综合优化法是考虑以上方法依据的主要因素，按照一定程序进行综合、比较和优化，最后确定布点方案。例如，先用网格布点法经统计法优化后得出一批点位，再与计算机按模式法计算得出的另一批点位比较、综合和优化，获得最佳方案。这种方法近年来在国内外已较为普遍地采用。

子站的建设及其内部设计应满足以下条件：

(1) 子站站房用面积应以保证操作人员方便地操作和维修仪器为原则，一般不少于 $10m^2$。

(2) 站房为无窗或双层密封窗结构，墙体应有较好的保温性能。有条件时，门与仪器房之间可设有缓冲间，以保持站房内温湿度恒定和防止灰尘和泥土带入站房内。

(3) 站房内应安装温湿度控制设备，使站房室内温度在(25±5)℃，相对湿度控制在 80%以下。

(4) 站房应有防水、防潮措施，一般站房地层应离地面(或房顶)有 25cm 的距离。

(5) 采样装置抽气风机排气口和监测仪器排气口的位置，应设置在靠近站房下部的墙壁上，排气口离站房内地面的距离应保持在 20cm 以上。

(6) 在站房顶上设置用于固定气象传感器的气象杆或气象塔时，气象杆、塔与站房顶的垂直高度应大于 2m，并且气象杆、塔和子站房的建筑结构应能经受 10 级以上的风力(南方沿海地区应能经受 12 级以上的风力)。

(7) 站房供电建议采用三相供电，分相使用；站房监测仪器供电线路应独立走线。

(8) 子站站房供电系统应配有电源过压、过载和漏电保护装置，电源电压波动不超过 220V(±10%)。

(9) 站房应有防雷电和防电磁波干扰的措施。站房应有良好的接地线路，接地电阻小于 4Ω。

(10) 在已有建筑物屋顶上建立站房时，若站房质量经正规建筑设计部门核实超过屋顶承重，在建站房前应先对建筑物屋顶进行加固。

(11) 开放光程监测仪器的发射光源和监测光束接收端应固定安装在站房外的基座上。基座不能建在金属构件上，应建在受环境变化影响不大的建筑物主承重混凝土结构上。基座应采用实心砖平台结构或混凝土水泥桩结构，建议离地高度为 0.6～1.2m，长度和宽度尺寸应按发射光源和接收端底座四个边缘多加 15cm 计算。

(12) 开放光程监测系统的固定发射和接收端的基座位置应远离振动源，并且基座应设置在便于安全操作的地方。

各国大气污染自动监测系统的监测项目基本相同，有二氧化硫、氮氧化物、一氧化碳、总悬浮颗粒物或飘尘、臭氧、硫化氢、总碳氢化合物、甲烷、非甲烷烃及气象参数等。我国《环境监测技术规范》中，将地面大气自动监测系统的监测点分为Ⅰ类测点和Ⅱ类测点。Ⅰ类测点数据按要求进国家环境数据库，Ⅱ类测点数据由各省、市管理。Ⅰ类测点除测定气温、湿度、大气压、风向、风速五项气象参数外，规定测定的污染因子列于表 10-1。Ⅱ类测点的测定项目可根据具体情况确定。

表 10-1　Ⅰ类测定监测项目

必测项目	选测项目
二氧化硫	臭氧
氮氧化物	总碳氢化合物
总悬浮颗粒物或飘尘	
一氧化碳	

3. 大气污染自动监测仪器

大气污染自动监测仪器是获得准确污染信息的关键设备，必须具备连续运转能力强、灵敏度高、准确可靠等特点。表 10-2 列出美国、日本和中国采用的主要监测方法和监测仪器。

表 10-2　美国、日本、中国大气污染自动监测仪器比较

国家	项目	测定方法	监测仪器及性能
美国	SO_2	脉冲紫外荧光法	脉冲紫外荧光 SO_2 分析仪，0～5ppm，0～10ppm
	CO	相关红外吸收法	相关红外 CO 分析仪，0～50ppm，0～100ppm
	NO_x	化学发光法	化学发光 NO_x 分析仪，0～10ppm
	O_3	紫外分光光度法	紫外光度 O_3 分析仪，0～10ppm
	总烃	气相色谱法	气相色谱仪
	飘尘	β射线吸收法	β射线飘尘监测仪
	TSP	大容量滤尘称量法	大容量采样 TSP 测定仪(非自动)
日本	SO_2	紫外荧光法	紫外荧光 SO_2 分析仪，0～5ppm，0～1000ppb
	CO	非色散红外吸收法	非色散红外 CO 分析仪，0～100ppm，0～200ppm
	NO_x	化学发光法	化学发光 NO_x 分析仪，0～2ppm
	O_3	紫外分光光度法	紫外光度 O_3 分析仪，0～2ppm
	总烃	气相色谱法	气相色谱仪
	飘尘	β射线吸收法	β射线飘尘监测仪，0～1000μg/m^3
	TSP	大容量滤尘称量法	大容量采样 TSP 测定仪(非自动)
中国	SO_2	紫外荧光法	紫外荧光 SO_2 分析仪，0～10ppm
	CO	非色散红外吸收法	非色散红外 CO 分析仪，0～30ppm
	NO_x	化学发光法	化学发光 NO_x 分析仪，0～10ppm
	O_3	紫外分光光度法	紫外光度 O_3 分析仪，0～10ppm
	总烃	气相色谱法	气相色谱仪
	飘尘	β射线吸收法	β射线飘尘监测仪，5～1000μg/m^3
	TSP	大容量滤尘称量法	大容量采样 TSP 测定仪(非自动)

4. 气象观测仪器

大气污染状况与气象条件有着密切关系，因此，在进行污染物质监测的同时，往往还要进行气象观测，气象观测包括两部分，即地面常规气象观测和梯度观测。前者是对地面的气象要素进行观测，其观测项目有风向、风速、温度、湿度、气压、太阳辐射、雨量等。梯度观测是在一定高度气层内观测温度、风向、风速等随高度的变化情况。

大、中城市一般都设置了气象塔，可以连续观测各种气象参数，为分析大气污染趋势、研究污染物扩散迁移规律等提供了基础数据。但是，气象部门的资料不是为大气污染监测而收集的，并且观测站往往设在远离城市的郊外。为取得所监测地区的主要气象数据，一般大气监测系统的各子站内都安装有风向、风速、气压、温度、湿度及太阳辐射等参数的自动观测仪器。

5. 大气污染监测车

大气污染监测车是装备有大气污染自动监测仪器、气象参数观测仪器、计算机数据处理系统及其他辅助设备的汽车。它是一种流动监测站，也是大气环境自动监测系统的补充，可以随时开到污染事故现场或可疑点采样测定，以便及时掌握污染情况，采取有效措施。

我国生产的大气污染监测车装备的监测仪器有 SO_2 自动监测仪、NO_x 自动监测仪、O_3 自动监测仪、CO 自动监测仪和空气质量专用色谱仪(可测定总烃、甲烷、乙烯、乙炔及 CO)；测量风向、风速、温度、湿度的小型气象仪；用于进行程序控制、数据处理的电子计算机及结果显示、记录、打印仪器；辅助设备有标准气源及载气源，采样管及风机、配电系统等。除大气污染监测车外，还有污染源监测车，只是装备的监测仪器有所不同。

北京市空气质量自动监测系统由35个监测点位组成(图 10-3)。按照监测功能可分为4类。

(1) 城市环境评价点：用以评估城市环境下空气质量的平均状况与变化规律，包括植物园，丰台花园，云岗，万寿西宫，东四，天坛，奥体中心，农展馆，古城，官园，北部新区，万柳，顺义，延庆，平谷，房山，亦庄，怀柔，昌平，门头沟，通州，大兴和密云。

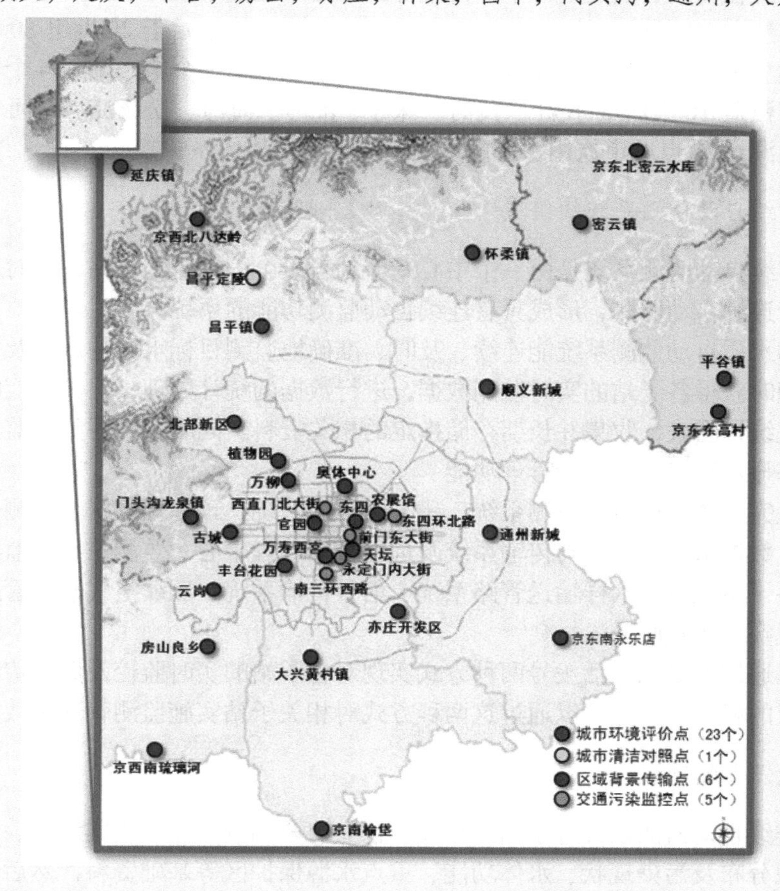

图 10-3　北京市大气自动监测站点

(2) 城市清洁对照点：用以反映不受当地城市污染影响的城市地区空气质量背景水平，为定陵子站。

(3) 区域背景传输点：用以表征区域环境背景水平，并可反映区域内污染的传输情况，包括八达岭，密云水库，东高村，永乐店，榆垡和琉璃河。

(4) 交通污染监控点：用以监测道路交通污染源对环境空气质量产生的影响，包括永定门内，前门，南三环，东四环和西直门北。

每个监测子站都配备二氧化硫(SO_2)、二氧化氮(NO_2)、一氧化碳(CO)、臭氧(O_3)、可吸入颗粒物(PM_{10})和细颗粒物($PM_{2.5}$)的自动监测仪器，实时获取环境空气浓度并发布。

二、水环境连续自动监测系统

水质连续自动监测系统是一套以在线自动分析仪器为核心，运用现代传感器技术、自动测量技术、自动控制技术、计算机应用技术及相关的专用分析软件和通信网络所组成的一个综合性的在线自动监测体系。早在 1970 年美国和日本等发达国家对河流、湖泊等地表水体开展了自动在线监测工作，同时也对城市和企业的污水排放实行了自动在线监测。时到今日水质自动监测系统在美国、英国、日本、荷兰等国家已广泛应用，并纳入网络化的“环境评价体系”和“自然灾害防御体系”。我国的水质自动监测工作起始于 20 世纪 80 年代，1988 年我国在天津建立了第一个水质连续自动监测系统，系统包括一个中心站和 4 个子站。目前我国已经形成了覆盖 10 大流域(长江、黄河、珠江、淮河、海河、松花江、辽河 7 大水系及太湖、滇池、巢湖)及重点城市饮用水源的水质连续自动监测体系。

1. 水环境连续自动监测系统的组成

水质污染连续自动监测系统是由一个中心站控制若干个固定监测子站，随时对该区的水质污染状况进行连续自动监测，形成具有连续自动监测功能的系统。

一套完整的水质自动监测系统能连续、及时、准确地监测目标水域的水质及其变化状况。中心控制室可随时获得各子站的实时监测数据，进行数据的统计处理，出具相应的监测统计数据报告和相关统计图表，收集并长期存储指定的相关资料。同时系统还具有监测项目超标及子站运行状态显示和警报等运行管理功能。

子站是独立完整的水质自动监测系统，一般由采样系统、预处理系统、监测仪器系统、PLC 控制系统、数据采集、处理与传输系统及远程数据管理中心、监测站房或监测小屋 6 个子系统组成。各子系统通过水样输送管路系统、信号传输系统、压缩空气输送管路系统、纯水输送管路系统实现相互联系。

中心站可以通过卫星和电话拨号两种方式实现对各子站的实时监控及数据传输，此外托管站和其他授权的相关部门也可以通过这两种方式对相关子站实施监测管理和数据传输。

2. 子站布设及监测项目

对水污染连续自动监测系统各子站的布设，首先也要调查研究，收集水文、气象、地质和地貌、污染源分布及污染现状、水体功能、重点水源保护区等基础资料，然后经过综合分析，确定各子站的位置，设置代表性的监测断面和监测点。监测站点位置的选择需考虑以下条件：

(1) 基础条件的可行性。具备土地、交通、通信、水、电、地质等良好的条件。

(2) 水质的代表性。根据监测目的和断面的功能，具有较好的水质代表性。

(3) 站点的长期性。站点不受城市、农村、水利等建设的影响，水深和河流宽度比较稳定，保证系统长期运行。

(4) 系统的安全性。自动站周围条件安全可靠。

(5) 运行的经济性。便于承担管理任务的监测站日常运行和管理。

(6) 管理的规范性。具有相应的管理水平、技术能力和经济能力。

目前许多国家都建立了以监测水质一般指标和某些特定污染指标为基础的水污染连续自动监测系统。目前国内外比较成熟的常规监测项目有水温、pH、溶解氧、电导率、浊度、氧化还原电位、流速和水位等，常用的监测项目有 COD、高锰酸盐指数、TOC、氨氮、总氮、总磷等，表 10-3 列出了监测系统可进行连续自动监测的项目及其测定方法。水质指标需与水文、气象参数同时监测，其主要有水位、流速、潮汐、风向、风速、气温、湿度、日照量、降水量等。

表 10-3　水污染可连续自动监测的项目及方法

项目		监测方法
一般指标	水温	铂电阻法或热敏电阻法
	pH	电位法(pH 玻璃电极法)
	电导率	电导电极法
	浊度	光散射法
	溶解氧	隔膜电极法(极谱或原电池型)
综合指标	化学需氧量(COD)	库仑滴定法或比色法
	高锰酸盐指数	电位滴定法
	总需氧量(TOD)	高温氧化——氧化锆氧量仪法
	总有机碳(TOC)	燃烧氧化——非色散红外吸收法；或紫外催化氧化——非色散红外吸收法
	生化需氧量(BOD)	微生物膜电极法
单项污染指标	总氮	紫外分光光度法
	总磷	钼酸铵分光光度法
	氟离子	离子选择性电极法
	氯离子	
	氰离子	
	氨氮	
	六价铬	湿化学自动比色法
	苯酚	比色法或紫外吸收法

水污染连续自动监测系统不仅用于环境水域如河流、湖泊等，也应用于大型企业的给排水水质监测。

水污染连续自动监测系统目前存在的主要问题是监测仪器长期运转的可靠性尚差；经常发生传感器沾污，采水器、样品流路堵塞等故障。

3. 水质污染监测船

水质污染监测船是一种水上流动的水质分析实验室，它用船作运载工具，装上必要的监测仪器、相关设备和实验材料，可以灵活地开到需要监测的水域进行监测工作，以弥补固定监测站的不足；可以方便地追踪寻找污染源，进行污染物扩散、迁移规律的研究；可以在大水域范围内进行物理、化学、生物、底质和水文等参数的综合测量，取得多方面的数据。

在水质污染监测船上，一般装备有水体、底质、浮游生物等采样系统或工具，固定监测站和水质分析实验室中必备的分析仪器、化学试剂、玻璃仪器及材料，水文、气象参数测量仪器及其他辅助设备和设施，如标准源、烘箱、冰箱、试验台、通风及生活设施等。有的还备有浸入式多参数水质监测仪，可以垂直放入水体不同深度同时测量 pH、水温、溶解氧、电导率、氧化还原电位和浊度等参数。

我国设计制造的长清号水质污染监测船早已用于长江等水系的水质监测。船上装备有 pH 计，电导率仪，溶解氧测定仪，氧化还原电位测定仪，浊度测定仪，水中油测定仪，总有机碳测定仪，总需氧量测定仪，氟、氯、氰、铵等离子活度计及分光光度计，原子吸收分光光度计，气相色谱仪，化学分析法仪器，水文、气象观测仪器及相关辅助设备和设施等，能够较全面地分析监测水体有关物理参数及污染物组分，综合进行底质、水生生物等项目的考察和测量。

为应对太湖蓝藻暴发，江苏省太湖流域水环境自动监控系统项目共建成 112 个水质自动站、3 个水源地预警自动站和 11 个湖体浮标站，配备 3 艘应急监测船艇和 12 辆监测车，初步形成了太湖流域水质自动监控站网系统。其中苏州、无锡、常州等地区 9 个水站，为调水引流和监控交界断面水质提供技术依据；同时启动了 40 个省市交界和重点考核断面站点建设，实现了对省市主要出入境河流的水环境动态监测监控。自动站主要具备了常规水质五参数、高锰酸盐指数、氨氮、总磷、总氮、总有机碳、叶绿素 a、蓝绿藻、总酚、流量等指标分析能力。

在河面窄、流量小但又经常发生污染纠纷的重要支流上建设了 55 个站点，采取人工巡测和部分在线监测仪器相结合的方式进行监测。吸取无锡水危机的教训，蓝藻预警成重点。为此，江苏省建立了水源地水质监测系统，建设了 3 个饮用水水源地预警站和 11 个浮标站。浮标站和预警站有机组合，为水质安全提前预警。

这些监测站点覆盖了太湖流域主要省市交界断面、国控断面、出入湖主要河流、饮用水水源地等重要位置，涵盖了 pH、溶解氧、高锰酸盐指数、氨氮、总磷、总氮等主要监测指标，部分还增配了重金属、VOC 等指标，初步形成了太湖流域水质自动监控站网系统。

第二节 遥感监测技术

遥感是以地物波谱特征为基础，通过卫星或飞机上搭载的探测仪器对环境进行探测，然后以电磁波为信息载体进行传输并被地面接收系统接收后，进行数据处理和专题应用的过程。根据探测波长，可以将遥感系统分为光学-反射红外遥感、热红外遥感、微波遥感三类，前两者统称为光学遥感。相比较而言，微波遥感由于起步较晚且数据获取难度大、数据应用处理复杂等，在生态与环境领域的应用广度和深度均不如光学遥感。但是由于微波遥感具有光学遥感无法实现的全天时、全天候的对生态与环境的监测能力，再加上微波的强穿透能力和对地表理化特征(如介电常数、湿度、粗糙度)的敏感性，使得微波遥感技术在生态与环境常规监测领域的应用前景被广泛认可。目前，正在运行的“环境一号”星座设计有合成孔径雷达小卫星(即将发射)，与星座内的其他光学小卫星优势互补，实现对我国生态与环境的全天时、全天候、全方位监测。

环境遥感一词最早是 1962 年提出的，经历了半个世纪的发展，目前的环境遥感已覆盖了紫外、可见光、红外、微波等波段，地面覆盖率由千米级发展到米级、厘米级，波谱分辨率由几百纳米发展到几个纳米，重访周期由月发展到几小时、几十分钟。

我国的环境遥感监测起步于 20 世纪 70 年代末期，与环境监测大体同步发展，其发展大体可分为 4 个阶段：第一阶段，20 世纪 70 年代末期到 80 年代初，以学术探讨、调研试验、技术模仿为主，开展的主要工作集中在土地利用遥感分类和环境污染监测方面；第二阶段，20 世纪 80 年代中期到 90 年代初期，土地分类精度提高，污染监测对象由海洋扩展到内陆水体、大气、绿地、土壤重金属污染及城市固体废物等；第三阶段，20 世纪 90 年代中期到 21 世纪初，遥感监测技术进入实用化阶段，城市中心区、工业区、矿区及环境污染相对严重的区域成为了遥感监测的主要对象；第四阶段，21 世纪初至今，遥感监测最活跃的阶段，这一阶段中水质监测从传统的定性分析已扩展到特征污染物(COD、SS、叶绿素等)的定量分析，大气监测也由宏观的气溶胶、臭氧扩散到大气特征污染物(CO_2、SO_2、NO_x、CH_4 等)浓度分析。

目前环境遥感监测主要应用于生态环境遥感监测、水环境遥感监测、大气环境遥感监测三个方面。

一、生态环境遥感监测

生态环境遥感监测的内容主要包括以下几个方面：①利用遥感技术开展区域生态环境遥感调查，动态反映区域土地覆盖、生物物理参数(如植被指数、叶面积指数、生物量、净初级生产力、土壤含水量等)的时空变化；②利用遥感技术支持区域生态功能区划，确定不同地区的生态环境承载力和主导生态功能，指导生态保护分区、分级、分类工作；③对自然保护区、重要水源涵养区、洪水调蓄区、防风固沙区、水土保持区及重要物种资源集中分布区等国家重点生态功能保护区进行动态监测；④对天然植被、土地退化、草原沙化、湿地生态、海洋生态环境动态变化进行遥感宏观监测；⑤对天然林保护、天然草原植被恢复、退耕还林、退牧还草、退田还湖、防沙治沙、水土保持和防治石漠化等生态治理工程进行遥感宏观监测。

生态环境监测的应用主要以土地生态分类、生态景观、生态系统及生物多样性调查为基础，反映区域生态环境问题，并开展区域生态环境质量及生态建设成效评估。利用遥感技术可进行土地生态分类分区，我国已建立国家、区域、局地三个尺度的土地生态分类分区体系，在全国范围内形成一级分区32个，二级分区89个，三级分区主要依据实际工作的需要具体展开。

利用遥感技术可以定量提取生态遥感参数，主要包括植被指数、植被覆盖度、叶面积指数、光合有效辐射比率、植被生化组分、植物生物量、植被初级生产力、地表反照率、地表温度、地表蒸散、土壤含水量、景观指数等。通过光学遥感、微波雷达和激光雷达等传感器对森林生态系统进行调查，从而形成多种遥感数据应用于生态环境的估算，可以大大提高估算的准确性和快速性，且不会对实地生物产生破坏，可以长期、动态、连续估算森林地上生物量，在大尺度森林地上生物量估算中具有不可替代的优势。

在土地生态分类分区及生态遥感参数的基础上，可以开展生态环境质量遥感监测与评价、生态交错带遥感监测与评价、城市生态遥感监测与评价、环境污染的生态效应遥感监测与评价、生物多样性遥感监测与评价、自然保护区遥感监测与评价、大型工程与区域开发遥感监测与评价、生态建设区遥感监测与评价、重要生态服务功能区遥感监测与评价、区域生态环境灾害遥感监测与评价、土壤退化遥感监测与评价及全球环境变化遥感监测与评价等研究与应用，形成一系列生态环境遥感专题数据产品和应用数据产品。

二、水环境遥感监测

水环境质量遥感监测的内容主要包括三个方面。①流域和近海海域水污染监测方面，以大型水体叶绿素、悬浮物、可溶性有机物、水温、透明度等遥感监测为重点，对淮河、海河、辽河、松花江、三峡水库库区及上游、黄河小浪底水库库区及上游、南水北调水源地及沿线、太湖、滇池、巢湖，以及渤海等重点海域和河口地区水环境质量进行遥感监测、预警和评价。②饮用水水源区环境监测方面，利用卫星遥感技术协助划定饮用水水源保护区，开展饮用水水源地环境状况遥感调查；开展水源地水土保持、水源涵养、面源污染遥感监测；对水源保护区上游建设水污染严重的化工、造纸、印染等大型企业进行遥感监控。③工业废水排放监测方面，以沿江沿河的化工企业为重点，利用遥感技术调查有毒有害物质的工业污染源及工业污水排放口，并定期提交调查报告。

水环境遥感主要以遥感数据定量反演水体中物理或化学组分及其空间分布特征开展研究。利用经验、半经验模型、分析、半分析模型、分光光度法等已有算法模型，对水环境可以直接遥感监测指标包括水面积、叶绿素 a、悬浮物、有色溶解有机物、水面温度与透明度等，可以间接遥感监测指标包括营养状态指数、化学需氧量、五日生化需氧量、总有机碳、总氮、总磷与溶解氧等。在定量反演水体物理和化学组分之后，可开展水体富营养化(图10-4)、水体污染程度遥感监测与评估。

利用遥感技术，可开展重点流域与大型湖泊水华遥感监测、内陆水体水质及富营养化遥感监测与评价、饮用水水源地水体水质遥感监测与评价、河口水体水质及流域水生态遥感监测与评价、近岸海域赤潮与溢油遥感监测、近岸海域水质遥感监测与评价。目前，针对太湖、巢湖、滇池、三峡库区等典型内陆水体，针对渤海湾、长江口、珠江口等河口海岸水体，已经开展了水华、水体富营养化、悬浮泥沙、溢油、赤潮、水体热污染等遥感监测、反演与评价研究。

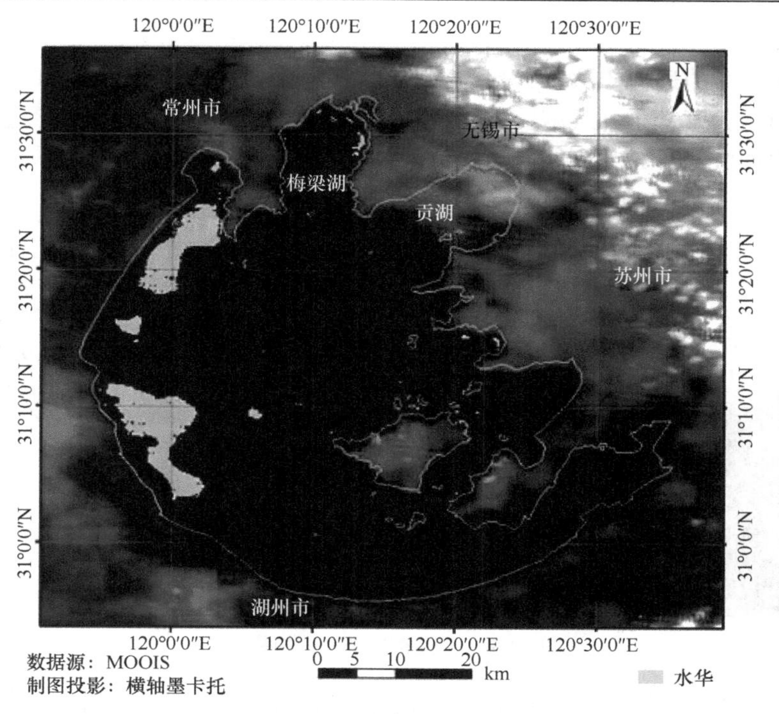

图 10-4 太湖水华分布

三、大气环境遥感监测

大气环境遥感监测主要包括以下几个方面：城市环境空气质量监测方面，以颗粒物，特别是可吸入颗粒物遥感监测为重点，对长三角、珠三角、京津冀等城市群及典型环境空气污染区域进行遥感监测、预警和评价。酸雨和二氧化硫污染监测方面，以重工业区二氧化硫和氮氧化物排放遥感监测为重点，对大中城市及其近郊、酸雨污染严重和大气二氧化硫浓度不达标地区及大型燃煤电厂建设进行遥感监测、预警和评价；工业废气污染源监测方面，以二氧化硫排放量较大的 6000 多家国控重点污染源监测为重点，对煤炭、冶金、石油化工、建材等行业的工业废气污染源进行遥感监测、预警和评价；温室气体监测方面，以二氧化碳、甲烷、臭氧等气体遥感监测为重点，对全球变化敏感区域与敏感生态系统的环境空气质量变化进行遥感监测、预警和评价；农业区秸秆焚烧监测方面，以全国主要农业区为遥感监测的重点，对农作物秸秆焚烧进行监测和评价。

大气环境遥感以大气环境组分为研究对象，主要应用于三个方面的研究。一是以大气微量气体为对象，利用遥感影像监测大气微量气体的变化，这些气体包括臭氧、二氧化硫、二氧化氮、甲烷、一氧化碳等，遥感监测微量气体的算法比较成熟，但我国缺乏专门的遥感传感器，还处于探索阶段。二是以大气中微粒为对象，开展大气气溶胶、可吸入颗粒物、雾、霾及沙尘暴遥感监测研究，通过定量反演大气气溶胶光学厚度、可吸入颗粒物浓度、雾分布、霾分布及光学厚度、沙尘分布范围及等级，来间接反映大气污染程度。三是以区域环境空气质量为对象，通过结合天地协同监测资料，建立区域环境空气质量评价模型，评价区域环境空气质量等级、污染状况及对人体健康的影响。目前以 TM、MODIS、NOAA、FY、HJ-1 等卫星遥感数据为基础，对北京、上海、广州、呼和浩特等大中城市，京津唐地区、长江三角洲、珠江三角洲等经济发达地区，开展了气溶胶、二氧化硫、二氧化氮、环境空气质量等遥感监测与评价研究。

激光雷达是独立的远程传感器，是一种获取高分辨率气溶胶消光垂直廓线的有效方法。它利用激光辐射与大气分子和气溶胶粒子发生相互作用，其探测系统接收穿过大气后光强衰减的后向散射回波信号，并利用合适的方法反演出气溶胶颗粒物的消光系数、后向散射总系数(图 10-5)。

图 10-5　地基激光雷达工作图

大气的消光主要是由气溶胶粒子吸收与散射造成，根据消光系数的时空变化，可获得污染物空间分布及变化过程。从不同等级霾日的消光系数垂直分布图(10-6)可以看出：①由轻微霾到重度霾，气溶胶层高度不断升高，大气消光系数逐渐增大，其中重、中度霾天消光系数大于 1.0km^{-1} 的气溶胶分布高度可达 500m 以上，且夜间高于白天，由 CE-318 所观测不同霾天的气溶胶体积谱分布可知，当重度霾天时细模态粒子较多，细模态粒子较易悬浮于上空；②白天大气消光系数小于夜间，这主要是由于白天受太阳辐射的影响大气边界层较高；③由轻微度霾至重度霾日消光系数的昼夜差异性逐渐减小，这主要是由于雾霾严重时到达地面的太阳辐射被削弱，热辐射能力减弱导致热湍流扩散能力减弱，大气边界层无法正常发育。

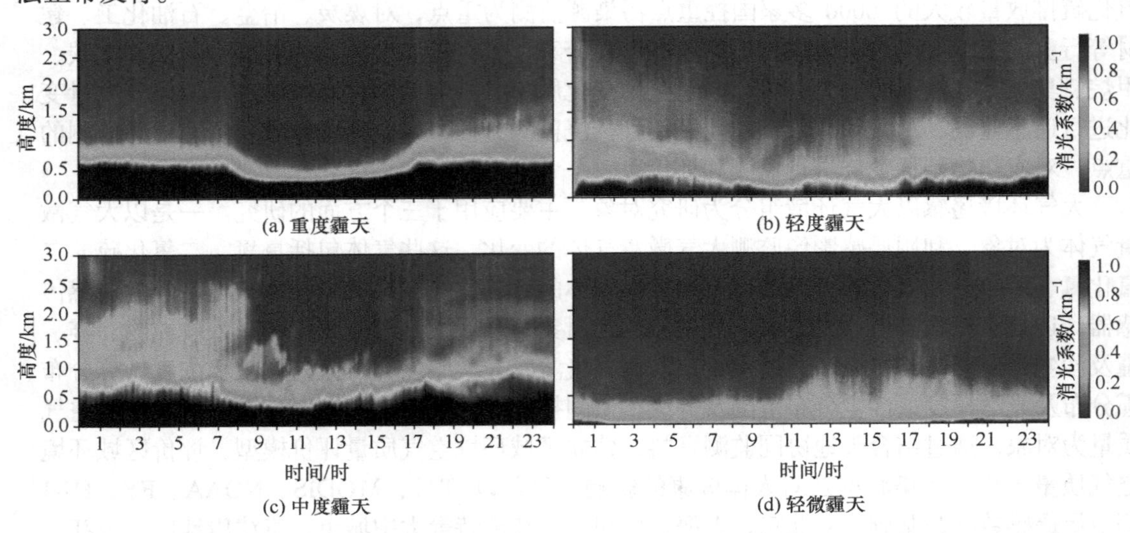

图 10-6　不同等级霾日的消光系数垂直分布日变化

四、环境遥感监测的发展趋势

1. 环境遥感传感器将向着高分辨率、高光谱、多模式、多角度的方向发展

环境问题是非常复杂的全球问题，随着环境遥感技术的发展及人们对环境质量要求的提高，大家对环境遥感图像的空间分辨率、光谱波段、观测模式、观测角度的要求越来越高，环境遥感传感器将向着高分辨率、高光谱、多模式、多角度的方向发展。局地环境监测、重大工程环境影响评价、突发性环境事故环境影响评价等，由于监测区域小，往往需要空间分辨率高的遥感图像，目前环境遥感图像空间分辨率由千米级发展到米级和亚米级，美国的WorldView-1和GeoEy-1卫星的空间分辨率分别为0.5m和0.41m，是世界商业卫星中分辨率最高的两颗卫星。水环境中的叶绿素、悬浮物、有色溶解有机物等物理化学成分的定量反演，往往需要高光谱遥感数据才能实现，遥感图像的波段从几个波段发展到几百个波段，美国星载高光谱传感器Hyperion的波段达到220个，星载高光谱传感器FTHSI的波段达到256个，中国机载高光谱传感器PHI的波段有244个，芬兰机载高光谱传感器AISA的波段有288个。微波遥感具有很强的穿透性，能全天候、全天时观测地面环境，特别是在溢油、水灾、水环境污染等方面发挥重要作用，微波遥感由单极化向多极化发展，由单一观测模式向多模式发展，观测角度由单一角度向多角度发展。加拿大RADARSAT-2遥感卫星有宽幅扫描、窄幅扫描、精细、超精细等11个波束模式，有水平极化、垂直极化、水平垂直极化、垂直水平极化4种极化方式，有20°～41°、20°～49°、30°～40°、49°～60°等多种角度。

2. 环境遥感卫星将向着小型化、星座化、系统化的方向发展

以前遥感卫星质量大、功能全，卫星携带的传感器多，卫星研制成本高，研制周期长，风险大。随着各行业对遥感卫星需求加大，一种小型化、星座化、系统化的遥感卫星逐渐被采纳与应用。1998年，国家环保局与国家减灾委员会共同提出“环境与灾害监测预报小卫星星座系统”建设方案，2002年原国防科学技术工业委员会正式将“环境与灾害监测预报小卫星星座系统”命名为“环境一号卫星”(代号HJ-1)，2008年在太原卫星发射中心以一箭双星的方式成功发射两颗光学小卫星(HJ-1A、HJ-1B，2009年交付应用)，2011年发射了一个合成孔径雷达小卫星(HJ-1C)。在未来一段时间内将继续发射四颗光学卫星(HJ-1-A02，HJ-1-B02，HJ-1-A03，HJ-1-B03)和三颗S波段合成孔径雷达卫星(HJ-1-C02，HJ-1-C03，HJ-1-C04)形成在轨“4+4”星座，具备对全球任一地区优于12h的高时效重访观测能力，实现对环境和灾害的大范围、动态、全天候、全天时的监测能力及灾情与环境污染破坏状况详查、风险评估与预警能力。

3. 环境遥感监测将向着天地一体化、协同化、集成化的方向发展

环境遥感监测离不开环境地面监测，缺乏地面监测实际资料，许多遥感参数无法定量反演，无法真实反演地面实际状况。环境地面监测站点有限，又难以全面、及时、准确地反映区域、流域及全球环境状况及其发展趋势。将遥感监测与地面监测集成起来，充分发挥各自优势，协同应用，向空间立体监测与天地一体化监测方向发展。

遥感监测、地面监测、野外调查等都离不开导航定位技术，需要导航定位技术准确记录监测地点的位置、样线的位置、区域的范围。遥感监测信息与地面监测信息，通过地理信息

系统技术，建立各种复杂环境模型，来重建与模拟环境演变过程、污染扩散过程，来评价区域环境质量状况、环境安全、环境风险等，预测及预警环境变化趋势。当突发性环境事故发生时，卫星遥感由于重返周期长、分辨率不够高，往往难以获取卫星遥感数据。而航空遥感及无人机遥感携带灵活方便，很容易实现在环境事故现场的数据监测，在突发性环境事故及自然灾害中发挥重要作用。在突发性及应急环境监测中，往往需要将卫星遥感监测与航空遥感监测有机集成起来，发挥更大的空间监测作用。

因此遥感技术(RS)、地理信息技术(GIS)、导航定位技术(GPS)将与地面监测技术有机综合应用起来，向天地一体化、协同化、集成化的方向发展。

4. 环境遥感监测将向着业务化、综合化、平台化的方向发展

为了促进我国环境保护的科技水平，使我国的环境监测和保护水平再上一个新的台阶，根据我国环境监测的实际需要，与地面环境监测相结合，利用卫星遥感技术，兼顾环境一号小卫星的预研，建立一套实用性、业务化遥感环境监测运行体系，实现星地一体化环境监测、预报目标，业务化应用平台建设。2010 年，环境保护部卫星环境应用中心已经开发环境一号小卫星环境应用系统，它是基于环境一号卫星的国家级生态环境遥感监测野外平台，其主要功能是环境一号卫星等国内外卫星数据的获取、处理、环境应用、数据产品生产和分发。环境应用系统由野外运行管理分系统、数据管理与用户服务分系统、图像处理分系统、环境空气遥感应用分系统、地表水环境遥感应用分系统、生态环境遥感应用分系统和地面数据采集分系统 7 个业务系统和一个计算机支撑平台组成。

第三节　简易监测方法

随着突发环境事件对监测技术需求的日益迫切，简易监测技术也相应地得到了快速发展，根据检测技术的原理及形式不同，环境分析专家们将其分为试纸技术、检测管技术、试剂盒技术、袖珍式爆炸和有毒有害气体检测仪技术、便携式分析技术等。在应急监测初期进行污染物初步筛查时，可首先采用快速定性、半定量分析技术进行快速监测。如对于一般已知污染物种类的突发环境事件，检测管法可发挥较大的作用。但对于那些污染物未知及污染物种类多，尤其是有机污染事件时，仅靠检测管已不能满足现场定性和定量分析的要求。此时可采用便携式色质联用仪及各种高性能便携式气体检测仪器(如袖珍式爆炸和有毒有害气体检测仪)等进行监测。

一、试纸技术

试纸技术的基本原理是根据某污染物的特效反应，将试纸浸渍与该污染物具有选择性反应的分析试剂后制成该污染物的专用分析试纸。试纸的颜色变化可作定性分析，而将变化后的色度与标准色阶比较即可作半定量分析。近年来试纸技术被广泛应用于医学、农业、食品、环境、质检等多个领域。试纸技术可给出某化合物是否存在的信息，以及是否超过某一浓度的信息，被认为是一种前导性的测试。

(一) 技术原理与特点

1. 技术原理

被测物质与试纸中的显色剂发生显色反应，根据被测物质浓度，显色剂按照一定规律变色。根据试纸所示颜色与标准比色板比对确定被测物质浓度。

2. 技术特点

操作简便、快速、测定范围宽，但测量范围及色阶间隔较粗、干扰多、精度较差。

(二) 主要产品与应用范围

1. 主要产品

试纸技术由于其应用的广泛性被国内外多家公司开发、销售。同时由于其技术原理简单，而被国内多家科研机构自主研发使用。

2. 应用范围

伴随着科技的发展，试纸技术从单一的 pH 试纸发展到如今的可对多种有害物质进行定性或半定量测量。由于其具有从几百微克每升至数百毫克每升的大跨度的测试范围，故其既可用于高浓度污染物或应急监测初期阶段污染较重水体中相关污染物的测定，同时也可以作为有害物质定性检测的辅助手段。目前已知的试纸类型如下：

金属及其化合物类：铜、锌、铅、镍、铁、钴、砷、六价铬、铝、二价铁、锑、铋等。

无机阴离子类：氰化物、硫酸盐、硫化物、氟化物等。

营养盐类：氨氮、磷酸盐、亚硫酸盐、亚硝酸盐等。

二、检测管技术

检测管技术是根据被测气体或液体通过检测管时检测管内填充物颜色的变化程度来测定特定的气体或水体污染物的方法。按检测污染物介质不同，检测管包括气体检测管、水质检测管，气体检测管有短程检测管、长程检测管等，水质检测管有直接检测管、色柱检测管等。

(一) 技术原理与特点

1. 技术原理

检测管是一种使用简便、快速、直读式的、价格低廉的气体或水质现场快速检测工具，可以定性、定量地检测有害的气体或水体污染物。检测管种类形式多样，但基本原理大致相同，即在一个固定长度内径的玻璃管内，装填一定量的指示粉，用塞料加以固定，再将玻璃管的两端密封加工而成。指示粉是一种表面吸附了化学试剂的固体载体颗粒。其中化学试剂能与待测物质发生化学反应，并产生颜色变化。化学试剂通常只对一种或一组化合物有效。当被测物质通过检测管时，其与管内指示粉迅速发生化学反应，并显示出颜色。根据变色环所示的刻度位置，就可以定性及半定量地读出被测物质的浓度。

2. 技术特点

检测管作为环境污染现场快速检测的基本配备，具有以下优点：

(1) 操作简便。用检测管测定气体浓度时，不需要同化学分析那样加入多种化学试剂和使用各种玻璃仪器，一般也无需进行计算，也无需仪器分析那样做复杂的测前准备。工作步骤仅有采样和结果显示两步，而这两步又几乎是同时进行的，这就为专业分析人员提供了极大方便，即使对没有分析基础知识的人，如现场工程技术或操作人员，只要参照使用说明或对其稍加指导就可以应用。

(2) 分析快速。由于操作简便，可使每一次样品分析所需时间大为缩短，一般只需几十秒至几分钟即可得知分析结果，其分析速度是任何化学分析方法所不能比拟的。

(3) 可信度高。精度和灵敏度均高于试纸法，气体检测管含量标度的确定是模拟了现场分析条件，采用不同浓度标准气标定的，因而克服了化学分析中易带入的方法误差。因为气体检测管是工业化生产，加之操作简单，使用时人为误差也易克服。

(4) 适应性好。检测管成为系列产品后，可检测的气体多种多样，每种气体的测量范围可由 10^{-7} 到百分之几十，因而在实际应用时只要选择合适型号的检测管，即可进行各种气体不同含量的定量分析，尤其在炼油、天然气及石化行业分析，如硫化氢测定在不同工序其含量有很大波动，化学分析法往往根据不同含量采用不同的分析方法，而检测管法由于测量范围宽，只采用一种方法就可代替，也减少了不同方法所带来的方法误差，特别适合现场检测需要，对不具备化学分析条件的地方更为适用。

(5) 由于用检测管进行测定时无需热源、电源，可确保现场使用安全。

(6) 另外气体检测管在使用时不需维护、价格低廉、携带方便也是其他方法不可比拟的。

但是，检测管技术在环境监测中的应用也有一定的局限性：

(1) 一种检测管能够检测的污染物种类有限，多数检测管只能对一种污染物进行定向、半定量分析。

(2) 检测管一般只能提供瞬间的浓度测量，不能提供连续检测；对化学性质相似的复杂物质，不能很好地区分，只能显示它们浓度的总和。

(3) 检测管仅限于检测常见化合物，很多化合物还没有对应的检测管可以检测。

(4) 各种检测管都有一定的有效期，超出期限将很难达到预期的检测效果。

(5) 一些检测管对化合物的显色时间较长，难以达到快速定性定量的检测结果。

(二) 检测管的选择使用

对于各类不同的生产场合和检测要求，选择合适的检测管是每一个从事环境监测和安全卫生工作人员都必须十分注重的工作。若已知待测物的种类，则根据污染现场的信息大体确定可能存在的污染物的种类，根据可能存在的污染物选择其相应的检测管。如甲烷和其他毒性较小的烷烃类居多，选择相应的烷烃检测管无疑是最为合适的。这不仅是因为检测管原理简单，应用较广，同时它还具有维修、校准方便的特点。如存在一氧化碳、硫化氢等有害气体，就要优先选择一个特定气体检测仪才能保证操作人员的安全。如果污染物的来源等信息未知，而根据现场情况也难以判断可能存在的污染物种类时，应该首先使用检测范围较广的多指标检测管进行快速定性检测；有条件的情况下，也应该采用其他扫描型检测仪进行快速定性，然后可根据获得的信息选择相应的检测管进行检测。例如，有机有毒有害气体，考虑到其可能引起人员中毒的浓度较低，如芳香烃、卤代烃、氨(胺)、醚、醇、脂等，就应当选择光离子化检测仪，而绝对不要仅仅使用检测管应付，因为这可能会导致人员伤亡。

检测管的正确使用是决定检测结果正确与否的关键因素，因此在使用检测管测定污染物时需要遵循以下原则：

(1) 检测管应在使用期限内使用。一般检测管的有效期不小于 1 年，且通常检测管可使用到有效期月份的最后一天。检测管失效后会出现变色长度变长或变短、变色界限模糊、指示粉变色等。

(2) 检测管及其采样器应根据使用标准对检测管进行保管与校对。检测管保存条件对检测管的有效期有较大影响，如低温保存能够明显延长检测管的有效期。因此，检测管必须根据相应的标准进行保存，并对其进行定期校订，以确保随时可用。

(3) 需根据下面几条原则正确读取检测管的显示值：测试后在规定时间内读数；利用检测背景读数；当变色终点偏流时，读数应为最长和最短的平均值。当偏流较为严重时，应重新测定；当检测管变色终点颜色较浅或模糊时，应以可见的最弱色为准；测定过程中要注意观察检测管的变色情况，瞬间全部变色时，需更换大量程检测管。

总之，检测管的使用应该严格按照相应的国家或行业标准，进行保管和使用，以保证其检测结果的可靠性。

三、试剂盒技术

试剂盒技术基于待测物与某特定试剂进行化学或生物等反应并可通过颜色变化表现反应程度的特性，通过目视比色或辅助仪器比色、滴定等方法即可获得待测物浓度值。用于环境污染物检测的试剂盒主要有化学显色试剂盒、生物酶学试剂盒、酶联免疫试剂盒、微生物试剂盒等，具有携带方便、操作简单、适合现场快速检测、经济实用等优点。

1. 技术原理

试剂盒是用于盛放检测化学成分、药物残留、病毒种类等化学或生物试剂的盒子，盒内配有进行检测分析所必需的全部试剂的成套用品。按检测原理则可分为化学显色试剂盒、酶抑制试剂盒、酶联免疫吸附剂测定(ELISA)试剂盒、微生物发光试剂盒等。

2. 技术特点

(1) 方便携带与使用。试剂盒的小包装中包含了一次测定所需的准确剂量的化学试剂，避免了交叉污染及散逸，而且包装和配置好的试剂减少了复杂的混合标定过程，配上合适的现场检测器具，无需多重准备即可快速进行分析工作。

(2) 性价比高。试剂一般选用绿色环保、无毒、便于弃置的材料制成，使用更加经济。

(3)操作简便、反应较迅速、反应结果都能产生颜色或颜色变化、便于目视或利用便携式分光光度计进行定量测定、结果可直接读出、可进行多组分的现场分析、测定准确度较好。由于器材简单、监测成本低，所以易于推广使用。

(4) 特异性较好。试剂盒中的检测试剂一般都是对某一种污染物具有特异性检测性能，可较好地排除其他污染物的干扰。

(5) 扫描检测功能较差。试剂盒虽然一般能够特异性地对某一种污染物进行定性或定量分析，但很难一次性检测多种污染物的种类及其浓度。

四、袖珍式爆炸和有毒有害气体检测仪技术

根据可燃性气体和有毒有害气体的热学、光学、电化学及色谱学等特点设计的，能在事故现场对某种或多种可燃性气体和有毒有害气体进行采集、测量、分析和报警的仪器。各种类型高性能便携式气体检测器的出现，在突发性大气环境污染事故的应急监测和调查中发挥了重要作用。

除以上监测技术外，简易监测方法还有便携式光学分析技术、便携式气相色谱技术、便携式离子色谱技术、便携式气-质联用技术、便携式电化学仪技术、快速生物应急技术等。

第四节　我国环境监测网

环境监测网是运用计算机和现代通信技术将一个地区、一个国家乃至全球若干个业务相近的监测管理层按一定组织、程序相互联系，传递环境监测数据、信息的网络系统。通过该系统的运行，达到信息共享、提高区域性监测数据的质量、为评价大尺度范围环境和科学管理提供依据的目的。

完善的国家环境监测网络应包括环境要素的监测业务网络(包括环境空气、地表水、地下水、近岸海域、噪声、污染源、生态、固体废物、土壤、生物等环境监测网络)、监测管理网络(包括国家、省、市、县四级管理网络)和监测信息网络(包括数据报告、信息传递和在线监控网络系统)。全国环境监测网由国家环境监测网、各部门环境监测网、各行政区域监测网三部分组成。

我国环境网建设始于 2000 年，目前已经形成覆盖全国范围的地表水、大气、酸雨及沙尘暴的监测体系。

一、国家地表水水质环境监测系统

(一) 国家地表水环境监测网

2003 年国家环保局下发了《关于新建和调整重点流域环境监测网的通知》，新建和重新调整了国家环境监测网。文件确定了长江、黄河、淮河、海河、珠江、辽河、松花江、太湖、巢湖和滇池十大流域国家环境监测网。

1. 流域环境监测网概况

常规监测主要以流域为单元、优化断面为基础。采用手工采样、实验室分析的方式。

目前，环保部在全国重点水域共布设环境空气质量监测点位 3001 个(其中国控监测点位 1436 个)、酸雨监测点位 1176 个、沙尘天气影响环境质量监测点位 82 个、地表水水质监测断面点位 9414 个(其中国控断面点位 972 个)、饮用水水源地监测点位 912 个、近岸海域监测点位 882 个。

2. 流域环境监测情况

2003 年以前，按水期进行监测，每年进行枯、平、丰 3 个水期共 6 次监测。自 2003 年

开始，每月开展监测。监测时间为每月的1～10日。

每月河流的监测项目为水温、pH、电导率、溶解氧、高锰酸盐指数、五日生化需氧量、氨氮、石油类、挥发酚、汞、铅11项，部分省界断面还进行流量监测，以计算污染物通量。湖库的监测项目在河流监测项目的基础上，增加总磷、总氮、叶绿素a、透明度、水位5项。

每个水期河流和湖泊的监测项目按照《地表水环境质量标准》(GB 3838—2002)中表1规定的24个项目进行。

地表水常规监测的监测断面布设、样品采集方法、保存和运输、监测等均按照《地表水和污水监测技术规范》(HJ/T 91—2002)进行，分析方法均采用国家标准方法。

质量保证和质量控制按照《环境水质监测质量保证手册》(第二版)的要求执行。

(二) 国家地表水水质自动监测系统介绍

实施地表水水质的自动监测，可以实现水质的实时连续监测和远程监控，及时掌握主要流域重点断面水体的水质状况，预警预报重大或流域性水质污染事故，解决跨行政区域的水污染事故纠纷，监督总量控制制度落实情况。

及时、准确、有效是水质自动监测的技术特点，近年来，水质自动监测技术在许多国家地表水监测中得到了广泛的应用，我国的水质自动监测站(以下简称水站)的建设也取得了较大的进展，环保部已在我国重要河流的干支流、重要支流汇入口及河流入海口、重要湖库湖体及环湖河流、国界河流及出入境河流、重大水利工程项目等断面上建设了100个水质自动监测站，分布在25个省(自治区、直辖市)，由85个托管站负责日常运行维护管理工作。其中，①位于河流上有83个水站，湖库17个；②位于国界或出入国境河流有6个水站，省界断面37个，入海口5个，其他52个。目前还有36个水站正在建设中，水站仪器设备更新项目也在实施中。

水质自动监测站的监测项目包括水温、pH、溶解氧(DO)、电导率、浊度、高锰酸盐指数、总有机碳(TOC)、氨氮，湖泊水质自动监测站的监测项目还包括总氮和总磷。以后将选择部分点位进行挥发性有机物(VOCs)、生物毒性及叶绿素a试点工作。

水质自动监测站的监测频次一般采用每4h采样分析一次。每天各监测项目可以得到6个监测结果，可根据管理需要提高监测频次。监测数据通过公外网VPN方式传送到各水质自动站的托管站、省级监测中心站及中国环境监测总站。

为充分发挥已建成的100个国家地表水质自动监测站的实时监视和预警功能，经研究决定于2009年7月1日在互联网上发布国家水站的实时监测数据。每个水站的监测频次为每4h一次，按0:00、4:00、8:00、12:00、16:00、20:00、24:00整点启动监测，发布数据为最近一次监测值。每个水站发布的监测项目为pH、溶解氧(DO)、总有机碳(TOC)或高锰酸盐指数(COD_{Mn})及氨氮(NH_3-N)共5项。执行《地表水环境质量标准》(GB 3838—2002)中相应标准，对每个监测项目的结果给出相应的水质类别。总有机碳(TOC)目前没有评价标准。

水质自动监测站为在线连续监测设备，在仪器故障检查维修、日常维护校准时将出现数据缺失现象。水质自动监测站在日常运行中也会经常受到停电、洪水、断流、雷击破坏、通讯中断等意外影响，造成水站暂停运行。目前部分水站的仪器设备已运行8～9年，已超过使用寿命，造成故障率较高或停止运行，目前已列更新计划，年底前实施完毕。

二、国家大气监测网

我国大气监测网包括沙尘暴监测网、酸雨监测网和空气自动监测网三部分。

1. 沙尘暴监测网

2000 年起，中国环境监测总站组织 43 个地方环境监测站建立了沙尘暴监视网。这些监测站主要分布在新疆、甘肃、宁夏、内蒙古、山西、河北和北京等中国北方地区。多数站采用手工监测。主要监测项目为 TSP、PM_{10}。各站通过传真方式向总站报送数据和报告。

在“十一五”期间，总站计划将全国沙尘暴监测网扩大为包括 3 个省监测站和 76 个城市监测站，为各站配备 TSP、PM_{10} 和气象设备等自动监测设备，实时监测沙尘暴的发生、传输、影响范围和影响程度。

2. 酸雨监测网

2001 年，为了解我国酸雨污染现状和发展趋势，根据国家环保局的要求，总站组织各级监测站在 2002 年度开展了全国酸雨普查工作，并向总局提交了调查报告。为进一步核实我国酸雨污染的年际变化规律，更准确地确定全国酸雨区域分布状况和污染程度，更好地为制订酸雨防治战略提供依据，国家环保局决定在 2004 年和 2005 年继续开展酸雨普查工作。参加 2004 年至 2005 年全国酸雨普查的城市共有 679 个，其中地级以上城市 283 个，县级市、县(区)共 396 个，点位 1122 个(其中城区点 864 个，郊区点 258 个)；全国目前有 190 个监测点安装了降水自动采样器；全国开展离子组分监测的城市有 301 个，能够开展 8 项离子测定的城市有 201 个。

3. 空气自动监测网

2000 年开始，中国环境监测总站根据国家环保局的有关要求，组织 47 个环境保护重点城市开展城市环境空气质量日报和预报工作，监测项目为 SO_2、CO、O_3、NO_2、$PM_{2.5}$ 和 PM_{10}，发布形式为空气质量指数(AQI)、首要空气污染物、空气质量级别和空气质量状况。于 2000 年 6 月 5 日实现 42 个环境保护重点城市日报，并向社会发布。2001 年 6 月 5 日全部 47 个环境保护重点城市实现空气质量日报和预报。到目前为止，全国已有 180 个地级以上城市(109 个大气污染防治重点城市)实现了环境空气质量日报，其中 90 个地级城市(83 个大气污染防治重点城市)还实现了环境空气质量预报，并通过地方电视台、电台、报纸或因特网站等媒体向社会发布。

目前，在国家级媒体上发布城市空气质量日报和预报的 47 个环境保护重点城市名单如下：北京、天津、上海、重庆、石家庄、太原、呼和浩特、沈阳、长春、哈尔滨、南京、杭州、合肥、福州、南昌、济南、郑州、武汉、长沙、广州、南宁、海口、成都、贵阳、昆明、拉萨、西安、兰州、银川、西宁、乌鲁木齐、深圳、珠海、汕头、厦门、大连、秦皇岛、苏州、南通、连云港、宁波、温州、湛江、北海、青岛、烟台、桂林。

习　题

1. 何谓环境质量自动监测系统？连续自动监测环境中的污染物质较定时采集瞬时试样监测有何优点？

2. 简要说明大气环境自动监测系统组成部分及各部分的功能。
3. 地面大气自动监测站内，一般装备哪几种污染物组分自动监测仪?
4. 为什么水环境质量连续自动监测目前多限于一般指标的测定?
5. 举例说明摄影遥感监测的原理，试与红外扫描遥感的原理比较。
6. 激光雷达遥感技术有哪几种类型？它遥测环境污染的依据是什么?
7. 用检气管测定气态或蒸气污染物质的原理是什么？怎样标定检气管?
8. 说明用环炉技术对水样中欲测污染组分进行分离、浓缩和测定的原理。